Florian Ion PETRESCU

TEORIA MECANISMELOR

-CURS ŞI APLICAŢII-

-USA 2012-

Scientific reviewer:

Dr. Veturia CHIROIU
Honorific member of
Technical Sciences Academy of Romania (ASTR)
PhD supervisor in Mechanical Engineering

Copyright

Title book: Teoria Mecanismelor
Author book: Florian Ion PETRESCU

petrescuflorian@yahoo.com

ISBN 978-1-4792-9362-9

CUPRINS

CAP. I STRUCTURA MECANISMELOR

1.1. Maşina şi mecanismul ca sisteme tehnice

Maşina este un sistem tehnic alcătuit din părţi componente distincte cinematic (numite elemente cinematice) care realizează, în urma imprimării de mişcări impuse unui element sau mai multor elemente (considerate elemente conducătoare), mişcări determinate la toate celelalte elemente cinematice, cu scopul de a executa un lucru mecanic util, sau de a transforma o formă oarecare de energie în energie mecanică. Rezultă din definiţia anterioară, trei caracteristici esenţiale ale maşinii:

-maşina reprezintă un sistem tehnic;

-elementele sale cinematice au mişcări determinate (desmodromice);

-ea execută fie un lucru mecanic util, numindu-se maşină lucrativă, ori transformă o formă oarecare de energie în energie mecanică, purtând denumirea de maşină motoare.

Maşinile lucrative sunt autovehiculele, locomotivele, vagoanele motor, presele, maşinile unelte, pompele, compresoarele, maşinile agricole, maşinile de ridicat şi transportat, etc.

Maşinile motoare sunt motoarele termice cu ardere externă (Stirling, Watt), sau cele cu ardere internă (Lenoir, Otto, Diesel, Wankel, în stea), turbinele, motoarele hidraulice, motoarele cu reacţie, motoarele pneumatice, motoarele sonice, motoarele electrice (electromagnetice), motoarele ionice, motoarele cu fascicule energetice sau cu LASER, etc.

Observaţie: Maşinile motoare pot fi trecute şi ele în categoria maşinilor lucrative, dar numai a celor complexe (maşini de lucru complexe) denumite agregate.

1.2. Mecanismul

Mecanismul este un sistem tehnic alcătuit din părţi componente distincte cinematic (numite elemente cinematice), ce posedă mişcări determinate şi periodice, care au scopul de a transmite şi sau transforma mişcarea iniţială (dată de unul sau mai multe elemente motoare, de intrare) la elementul (sau elementele) final(e) (de ieşire).

Mecanismul îndeplineşte astfel primele două caracteristici esenţiale ale maşinii.

Mecanismele pot funcţiona fie separat, fie ca dispozitive incluse în ansamblurile maşinilor lucrative sau motoare.

Trebuie făcută precizarea că o maşină conţine în general mai multe mecanisme.

Mecanismul are în componenţa sa elemente cinematice şi cuple cinematice.

În continuare se vor prezenta câteva mecanisme.

Mecanismele cel mai des întâlnite sunt cele plane, cu bare, cu roţi dinţate, cu came, cu cruce de malta, cu lanţuri, cu curele, cu şenile, cu bolţuri, cu lichide (hidraulice, sau sonice), cu aer (pneumatice). Se utilizează însă tot mai des şi mecanismele spaţiale, cu cruce cardanică (articulaţia universală) şi transmisie cardanică, cu angrenaje hiperboloidale (cu axe încrucişate), cu pivoţi (cuple sferice) mai ales la mecanismele de direcţie şi suspensie, mecanisme cu tripode, mecanisme cu came spaţiale, mecanisme cu şurub şi piuliţă, roboţi, sisteme seriale şi paralele, păşitori, etc.

În figura 1 a este prezentată biela legată de piston (printr-un bolţ), iar în figura 1 b se prezintă arborele motor (sau cotit), care împreună constituie cele trei elemente mobile ale unui motor termic, sau compresor. În figura 2 se poate observa partea principală a ambielajului unui motor clasic în V (lipseşte arborele cotit).

a) b)

Fig. 1. *Componentele mobile ale unui motor termic*

În figura 3 sunt prezentate două mecanisme cu bare, plane: a)mecanismul bielă-manivelă-piston; b)mecanismul patrulater plan (sau articulat).

În figura 4 sunt prezentate alte două mecanisme plane cu bare: a)mecanismul cu tijă oscilantă; b)mecanismul cu culisă oscilantă.

Fig. 2. *Componente ale unui motor în V*

a) b)

Fig. 3. *Mecanisme cu bare: a)mec. piston; b)mec. patrulater*

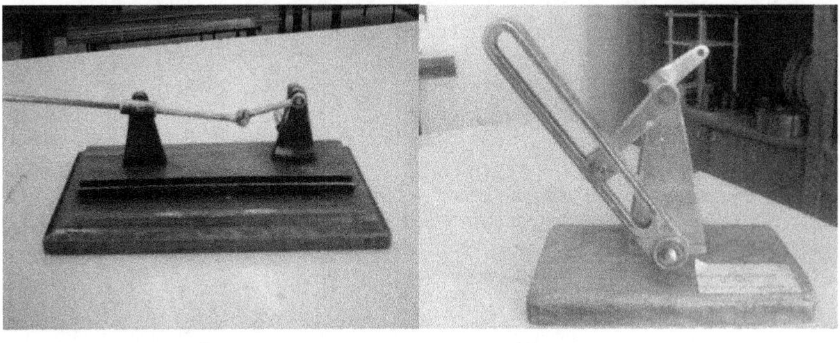

a) b)

Fig. 4. *Mecanisme plane cu bare: a)mec. cu tijă oscilantă; b)mec. culisă-oscilantă*

În figura 5 sunt prezentate alte două mecanisme plane cu bare: a)mecanismul transportor cu cruce; b)mecanismul motorului în V.

a) b)

Fig. 5. *a)mecanismul transportor cu cruce; b)mecanismul unui motor clasic în V*

În figura 6 sunt prezentate alte două mecanisme: a)mecanismul unui motor Lenoir (motorul în doi timpi); b)mecanismul unui schimbător de viteze clasic (manual).

a) b)

Fig. 6. *a)mecanismul unui motor Lenoir (motorul în doi timpi); b)mecanismul unui schimbător de viteze clasic (manual)*

În figura 7 sunt prezentate alte două mecanisme: a)mecanismul articulaţiei cardanice sau universale (crucea cardanică); b)mecanismul cu cruce de Malta cu două începuturi.

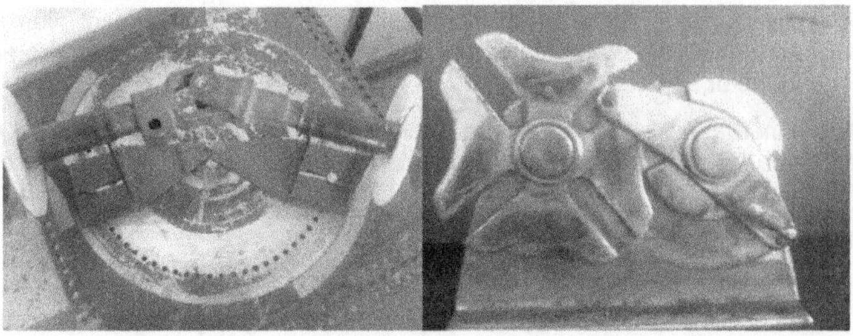

a) b)

Fig. 7. *a)mecanismul articulaţiei cardanice sau universale (crucea cardanică); b)mecanismul cu cruce de Malta cu două începuturi*

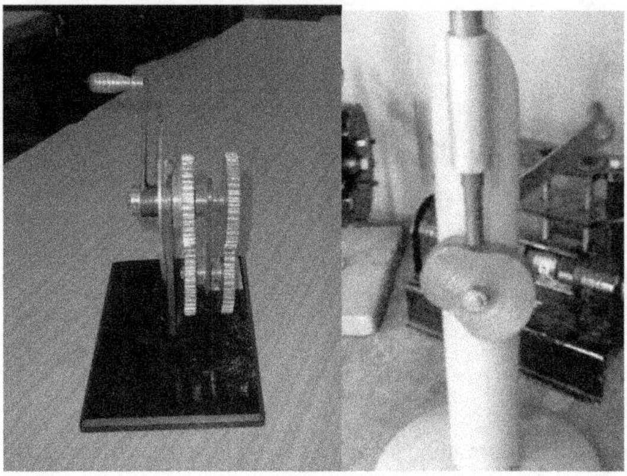

a) b)

Fig. 8. *a)mecanism planetar; b)mecanism cu camă rotativă şi tachet translant*

În figura 8 sunt prezentate alte două mecanisme: a)mecanismul planetar; b)mecanismul cu camă rotativă şi tachet translant.

1.3. Elemente şi cuple cinematice

Mecanismul aşa cum am arătat deja este compus din elemente cinematice, legate între ele prin articulaţii (sau cuple) cinematice.

Definiţie: „***Cupla cinematică este legătura permanentă, directă şi mobilă dintre două elemente cinematice***."

Clasificarea cuplelor cinematice se poate face după patru criterii principale: ***geometric, cinematic, constructiv şi structural***.

a)*Criteriul geometric*

Din punct de vedere geometric există cuple cinematice inferioare şi superioare.

Cuplele cinematice inferioare sunt cele la care contactul dintre elemente se realizează pe o suprafaţă. Această suprafaţă poate fi cilindrică, conică, sferică, plană, elicoidală, etc.

Cuplele cinematice inferioare sunt reversibile, suprafeţele în contact fiind geometric identice, mişcarea relativă a elementelor nemodificându-se indiferent care dintre ele este fix sau mobil, conducător sau condus.

Cuplele cinematice superioare sunt cele la care contactul dintre elemente se realizează după o linie sau pe un punct. Linia poate fi dreaptă sau curbă (arc de cerc).

Cuplele cinematice superioare sunt ireversibile. Cel mai bun exemplu este cel al cuplei şină roată (figura 9).

În situaţia când şina 2 este fixă iar roata 1 se rostogoleşte punctul de contact I va descrie cicloda C_{12}. Dacă roata 1 este fixă şi şina 2 se rostogoleşte, punctul de contact I va descrie evolventa E_{21} [1].

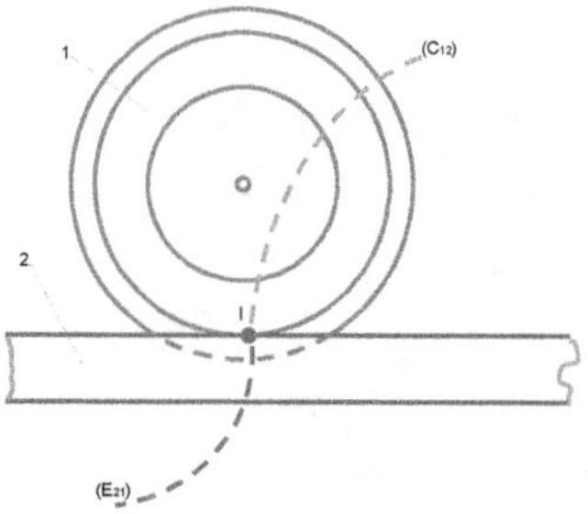

Fig. 9. *Cuplă superioară roată-şină*

b)*Criteriul cinematic*

Din punct de vedere cinematic distingem cuple plane şi cuple spaţiale.

Cuplele cinematice plane permit elementelor componente numai mişcări plane (într-un singur plan, sau în mai multe plane paralele între ele).

Cuplele cinematice spaţiale permit elementelor componente mişcări spaţiale (există cel puţin un punct care nu se poate încadra cu mişcarea sa doar într-un singur plan).

c)*Criteriul constructiv*

Din punct de vedere constructiv se disting cuple cinematice închise şi cuple cinematice deschise.

Cuplele cinematice închise sunt cele la care contactul dintre elementele cuplei se face prin ghidare, prin calare, iar cele două elemente ale cuplei nu pot fi separate fără demontare, sau rupere.

Cuplele cinematice deschise sunt cele la care contactul dintre elementele cuplei se face direct prin forţe exterioare (de greutate, electromagnetice, de tensiune, elastice, etc), iar cele două elemente ale cuplei pot fi separate uşor şi direct fără demontare, sau rupere.

d)*Criteriul structural*

Din punct de vedere structural cuplele cinematice se împart în cinci clase, în funcţie de numărul gradelor de libertate anulate (răpite), C_1-C_5.

Dacă notăm cu l numărul gradelor de libertate relative pe care cupla cinematică le permite (l=1,5), şi cu k numărul mişcărilor oprite (restricţionate de cuplă), (k=1,5), putem scrie relaţiile (1).

$$\begin{cases} l + k = 6 \\ l = 6 - k \\ k = 6 - l \end{cases} \quad (1)$$

Clasa cuplei cinematice va fi dată de k (numărul de restricţii impuse de cuplă).

În tabelul din figura 10 sunt prezentate câteva cuple, aşezate pe clase [2]. La cuplele de clasa 1, care au o singură restricţie şi 5 libertăţi, se prezintă cupla sferă pe plan (superioară, spaţială, deschisă, C_1). La cuplele de clasa a doua, avem sfera în cilindru (superioară, spaţială, închisă, C_2) şi cilindru pe plan (superioară, spaţială, deschisă, C_2). La cuplele de clasa a treia, avem sfera în sferă (inferioară, spaţială, închisă, C_3), sfera în cilindru, cu deget (superioară, spaţială, închisă, C_3), şi plan pe plan (inferioară, plană, deschisă, C_3).

La cuplele de clasa a patra, avem un tor care ghidează pe alt tor (superioară, spaţială, închisă, C_4), şi cilindru în cilindru (inferioară, spaţială, închisă, C_4). Tot aici putem aminti şi cuplele superioare, cu came, cu roţi dinţate, cu bolţ, cruce de Malta, articulaţia cardanică sau universală (fig. 11), tripodele (planetarele, fig. 13), cupla Thompson (fig. 12), cuplele cu viteză constantă, sau cu bile (fig. 14), etc.

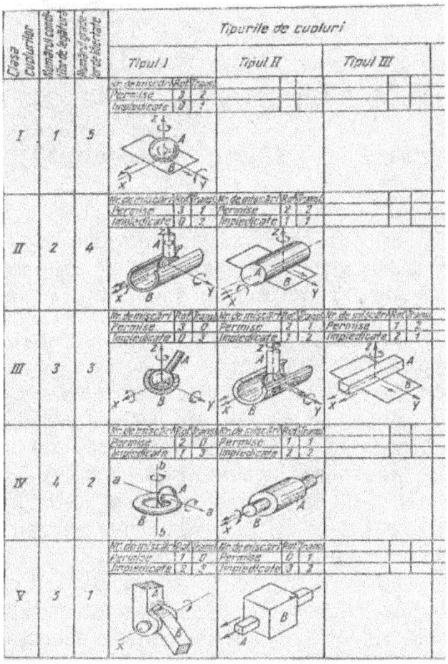

Fig. 10. *Clasificarea structurală a cuplelor*

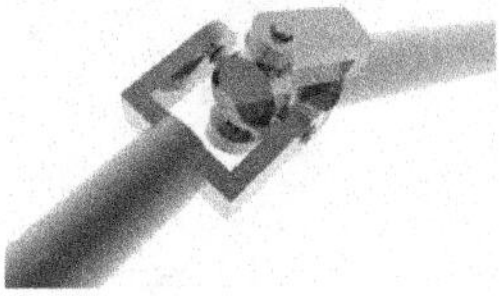

Fig. 11. *Crucea cardanică*

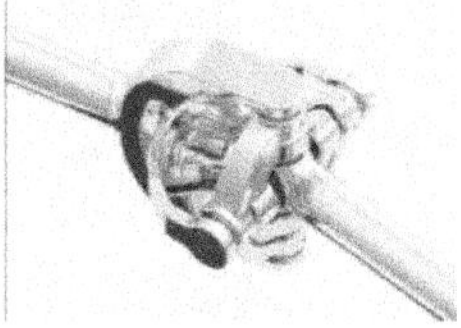

Fig. 12. *Cupla Thompson*

La cuplele de clasa a cincea, avem cupla de rotaţie (inferioară, plană, închisă, C_5) şi cupla de translaţie (inferioară, plană, închisă, C_5). Mai putem însă aminti şi cupla şurub-piuliţă (fig. 15).

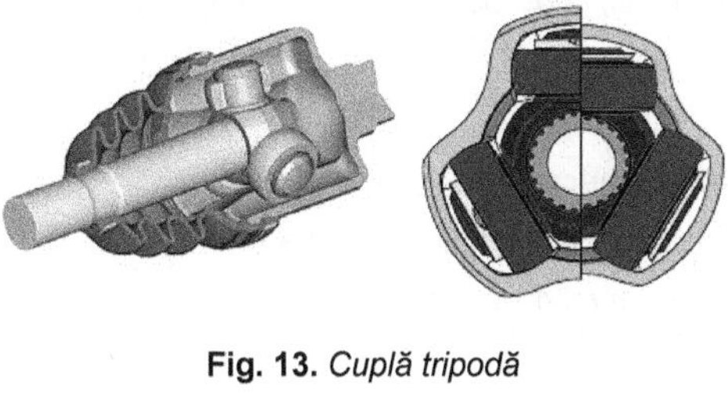

Fig. 13. *Cuplă tripodă*

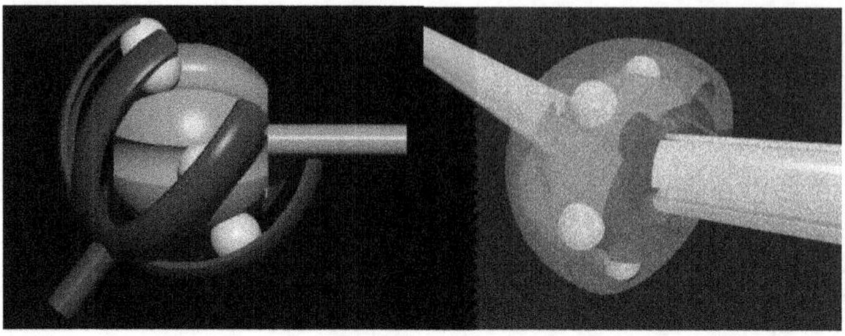

Fig. 14. *Cuplă cu viteză constantă (cuplă cu bile)*

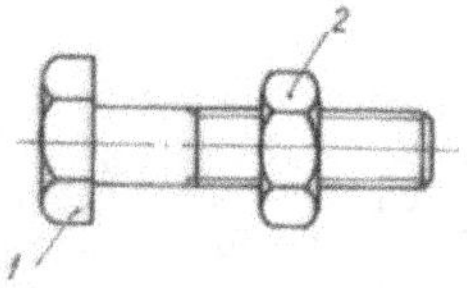

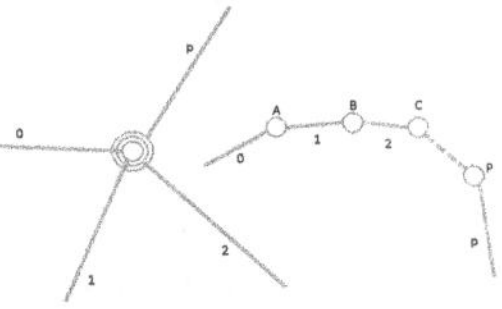

Fig. 15. *Cupla şurub-piuliţă* **Fig. 16.** *Cuple complexe* **Fig. 17.** *Cuplă complexă*

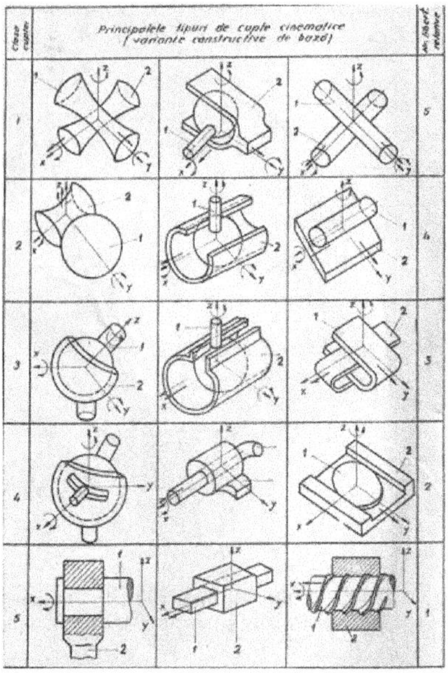

Fig. 18. *Tabel cu reprezentări constructiv axonometrice ale cuplelor elementare*

Prin definiţie cuplele cinematice leagă două elemente cinematice între ele, dar nici mai puţin nici mai mult de două.

În unele clasificări din acest motiv cuplele normale sunt denumite simple, iar complexe (sau compuse, ori multicuple) sunt denumite cuplele care încalcă definiţia fiind formate din mai multe elemente, dar şi din mai multe legături (cuple simple). O astfel de cuplă are întotdeauna p-1 legături şi p elemente, şi are elementele aşezate radial (în paralel, fig. 16 a), în serie (fig. 16 b), sau mixt [3]. Se consideră ca fiind o singură cuplă compusă, şi se analizează toate mişcările ei date de libertăţile adunate de la toate cuplele simple componente (fig. 17). Astfel, cupla din figura 17 este compusă din patru elemente cinematice distincte şi trei cuple simple. În tabelul din figura 18 sunt prezentate schemele constructiv axonometrice ale cuplelor elementare.

1.4. Analiza structurală a mecanismelor

1.4.1. Analiza structurală a mecanismelor plane

În continuare se va urmări analiza structurală a mecanismelor plane, ele fiind mecanismele cel mai des întâlnite. Se urmăreşte determinarea modului de formare a mecanismului, precizându-se numărul şi tipul elementelor şi cuplelor cinematice componente, gradul de mobilitate al mecanismului, precum şi clasa din care face parte (în acest scop se determină schema cinematică, schema structurală şi schema bloc sau de conexiuni).

Schema constructivă a unui mecanism plan (cu bare)

În figura 19 se prezintă schema constructivă a unui mecanism plan cu bare.

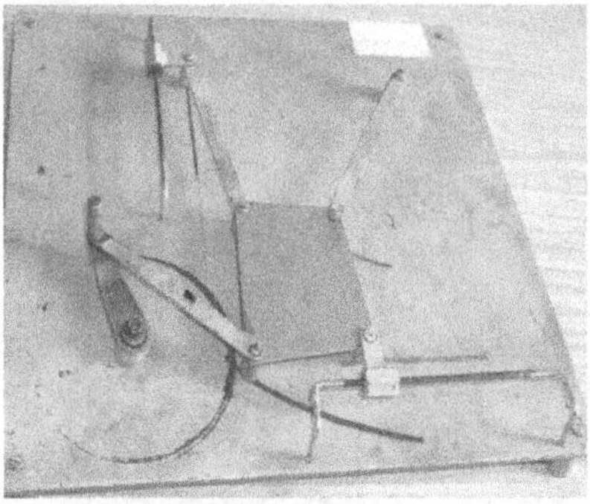

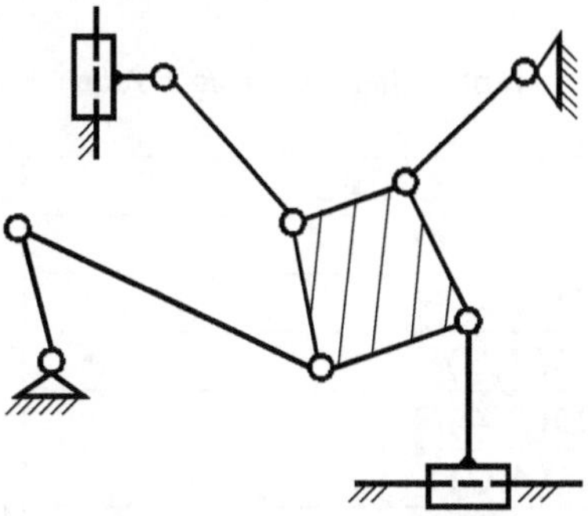

Fig. 19. *Schemă constructivă mec. plan cu bare* **Fig. 20.** *Schema cinematică a mec.*

Determinarea schemei cinematice a mecanismului din figura 1

În figura 20 se poate urmări schema cinematică a mecanismului plan din figura 1, schemă simplificată, care ajută la studiul mecanismului (cinematic, structural, cinetostatic, dinamic, etc...). În fig. 21 se arată modul de determinare a elementelor cinematice pornind de la elementul 1 conducător care execută o rotaţie completă (mişcare de manivelă), iar în fig. 22 se identifică cuplele cinematice ale mecanismului, urmând ca în figura 23 să apară schema cinematică completă, cu elementele şi cuplele cinematice identificate.

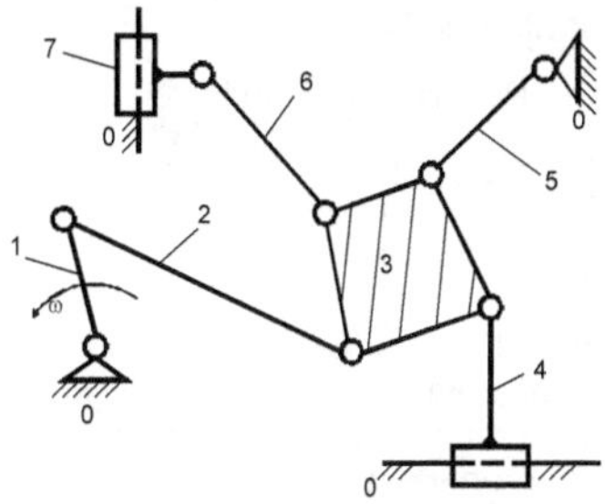

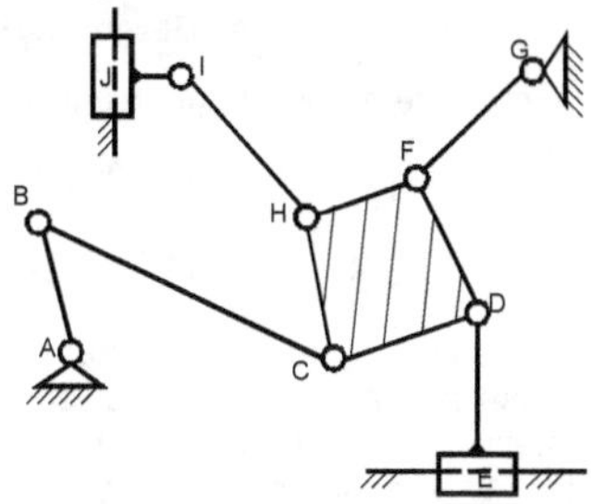

Fig. 21. *Identificarea elementelor cinematice* **Fig. 22.** *Identificarea cuplelor cinematice*

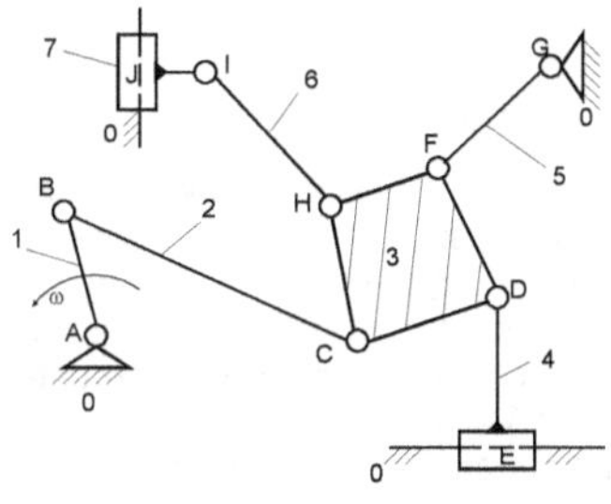

Fig. 23. *Schema cinematică a mecanismului, cu identificarea elementelor şi cuplelor cinematice. Cuplele se notează cu litere mari, iar elementele mobile cu cifre pornind de la 1; cifra 0 se atribuie elementului fix (batiul)*

Identificarea cuplelor şi elementelor cinematice (tabel cuple, tabel elemente)

Elementele şi cuplele cinematice au fost deja identificate intuitiv pe desen, astfel încât se pot trasa cu uşurinţă tabelele cuplelor şi elementelor cinematice, care arată cum se formează fiecare cuplă în parte prin legarea a două elemente (cupla rezultantă, de clasa a V-a, putând fi de rotaţie - R sau de translaţie - T), dar şi câte legături are fiecare element în parte (a se vedea tabelul 1):

Tabelul 1: *Tabel Cuple şi Tabel Elemente Cinematice*

Tabel Cuple
A(0,1)R
B(1,2)R
C(2,3)R
D(3,4)R
E(4,0)T
F(3,5)R
G(5,0)R
H(3,6)R
I(6,7)R
J(7,0)T

Tabel Elemente	
0(A,E,G,J)IV	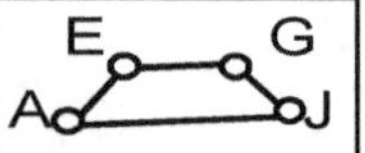
1(A,B)II	
2(B,C)II	
3(C,D,F,H)IV	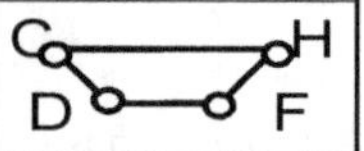
4(D,E)II	
5(F,G)II	
6(H,I)II	
7(I,J)II	

Determinarea mobilităţii mecanismului

Gradul de mobilitate al mecanismului plan cu bare se determină cu formula (2):

$$M_3 = 3 \cdot m - 2 \cdot C_5 - C_4 = 3 \cdot m - 2 \cdot i - s = \\ = 3 \cdot 7 - 2 \cdot 10 - 0 = 21 - 20 - 0 = 1 \qquad (2)$$

Unde m este numărul elementelor mobile (în cazul de faţă m=7), C_5=i=numărul cuplelor de clasa a V-a sau inferioare, cuprinzând atât cuplele de rotaţie - R, cât şi pe cele de translaţie - T, (pentru mecanismul dat i=10), iar C_4=s reprezintă numărul cuplelor de clasa a patra sau superioare (cuple formate din camă-tachet, angrenaje cu roţi dinţate, cruce de Malta, profile în contact, etc...), (în cazul mecanismului analizat cuplele superioare nefiind prezente, se va lua s=0).

Construirea schemei structurale a mecanismului şi identificarea grupelor structurale

Schema structurală a mecanismului se construieşte pornind de la tabelul elementelor cinematice. Se pleacă de la elementul fix (0). După desenarea lui având cuplele cinematice potenţiale construite (în cazul de faţă A, E, G, J), se lipeşte la batiu primul element cinematic mobil (elementul 1), având grijă să potrivim cupla A de la batiu cu cea de la elementul 1. I se adaugă acestuia cupla B; apoi lipim elementele 2, 3, 4 şi 5 potrivind mereu cuplele respective. Se mai adaugă elementele 6 şi 7; se notează toate elementele şi cuplele cinematice, după care schema structurală este gata (vezi figura 24). Observaţie importantă: în schema structurală toate cuplele sunt inferioare (după echivalarea cinematică a celor superioare) şi toate se reprezintă la fel, cu cerculeţe, ca şi cum ar fi numai de rotaţie, chiar dacă unele dintre ele sunt de translaţie. Cuplele active (motoare), se înnegresc.

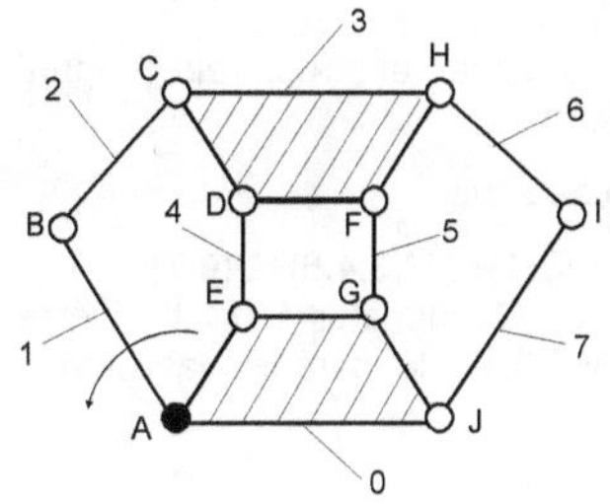

Fig. 24. *Schema structurală a mec.*

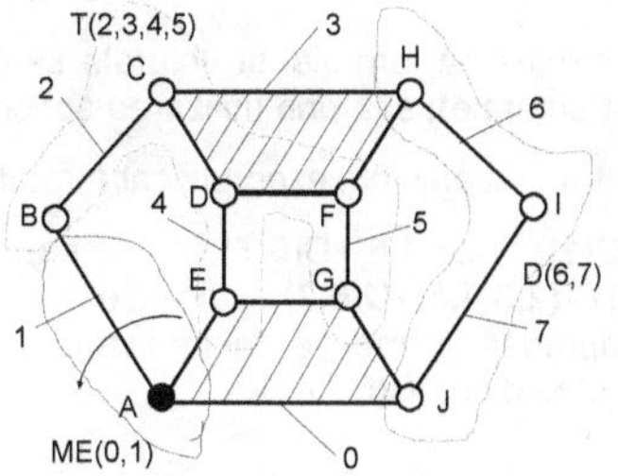

Fig. 25. *Schema structurală a mecanismului cu bare împărţită în grupele structurale componente: apare o triadă T(2,3,4,5) şi o diadă D(6,7)*

În continuare se împarte mecanismul în grupe structurale (vezi figura 25). Se izolează elementul fix, batiul (0) şi elementul 1-conducător (prin care intră mişcarea în mecanism), împreună cu cupla activă dintre aceste două elemente (A) – înnegrită. Se caută să se împartă mecanismul numai în diade (diada fiind grupa structurală cea mai mică, de clasa a II-a). Dacă nu este posibil se urmăreşte posibilitatea existenţei unei grupe superioare (triada de clasa a treia, sau tetrada de clasa a patra, etc...), sau o combinată.

Studiul structural (determinarea grupelor structurale) se putea face şi direct pe schema cinematică a mecanismului din figura 23, (a se vedea figura 26).

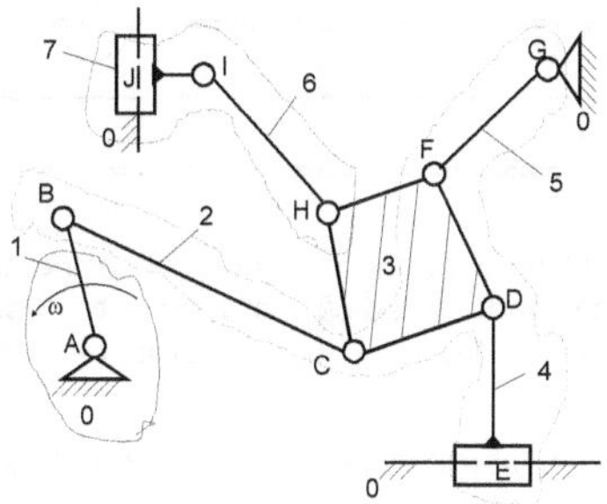

Fig. 26. *Schema cinematică a mec., cu identificarea grupelor structurale*

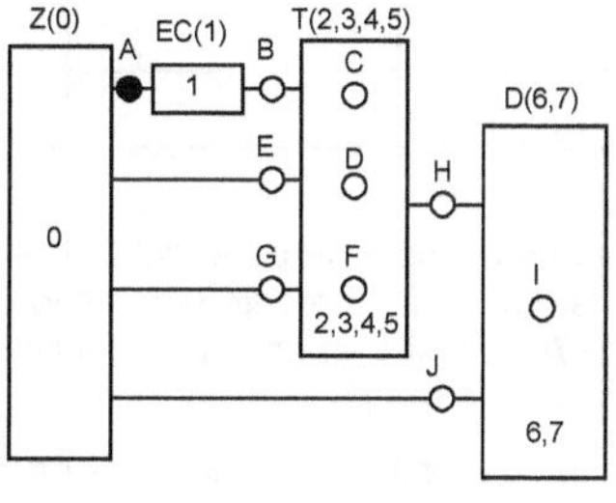

Fig. 27. *Schema de conexiuni a mec.*

Construirea schemei de conexiuni

Schema de conexiuni a mecanismului (figura 27) este formată din blocuri dreptunghiulare, legate între ele. Se pleacă de la blocul 0, reprezentând elementul fix care are numai butoane de ieşiri (A, E, G, J). Primul buton legat este A, care reprezintă în acelaşi timp ieşirea din blocul 0 dar şi intrarea în blocul 1 (elementul conducător EC, sau moto elementul ME). Pentru 1 butonul B este ieşire iar pentru triada (2,3,4,5) el este intrare, la fel ca şi butoanele (E şi G). Triada are trei intrări (B, E, G) şi trei cuple interioare (C, D, F); I se adaugă o cuplă de ieşire, H, care devine cuplă de intrare pentru diada D(6,7), la fel ca şi cupla J ce iese din batiu. Diada are totdeauna două cuple de intrare (în cazul de faţă, H şi J) şi o cuplă interioară (la mecanismul dat, cupla I). Diadei (6,7) nu i se mai adaugă nici o cuplă de ieşire, astfel încât mecanismul este studiat complet.

Formula structurală

Determinarea formulei structurale se face cu ajutorul schemei structurale (împărţită în grupe structurale), sau prin utilizarea schemei de conexiuni:

Pentru mecanismul exemplificat formula structurală se scrie:

Z(0)+EC(1)+T(2,3,4,5)+D(6,7) sau **Z(0)+ME(1)+T(2,3,4,5)+D(6,7)** sau **MF(0,1)+T(2,3,4,5)+D(6,7),** adică zero polul + Elementul Conducător 1 (Moto Elementul) care împreună formează mecanismul fundamental MF(0,1), la care se adaugă triada T(2,3,4,5) şi diada D(6,7).

Exemple de grupe structurale

Cea mai simplă grupă structurală, este diada.

O grupă structurală (sau Assurică), trebuie să nu modifice gradul de mobilitate al mecanismului la care se adaugă; altfel spus grupa structurală are gradul de mobilitate egal cu zero. Pentru mecanismele plane se utilizează grupe structurale plane, care se sintetizează după formula structurală: $3 \cdot m - 2 \cdot i - s = 0$

După echivalarea cuplelor cinematice superioare, formula capătă forma (3):

$$3 \cdot m - 2 \cdot i = 0 \qquad (3)$$

În tabelul 2 se dau câteva perechi de numere care satisfac relaţia (3), perechi cu ajutorul cărora se vor construi grupele structurale (Assurice) plane, conţinând doar cuple i.

Tabelul 2: ***Perechi de numere care satisfac relaţia (3)***

M	2	4	6	...
i	3	6	9	...

Cea mai simplă grupă structurală este diada (vezi prima celulă din figura 28). Ea este alcătuită din două elemente cinematice (ambele având rangul II, adică atât elementul 1 de lungime AB cât şi elementul 2 de lungime BC, au fiecare numai două cuple cinematice, deci fiecare este de rang II).

La orice grupă structurală clasa grupei este dată de conturul închis deformabil cu rangul cel mai mare, sau de elementul cinematic cu rangul cel mai mare.

La diadă nu există contur închis deformabil, deci clasa ei este dată de elementul cu rangul cel mai mare. Cum ambele elemente ale unei diade au rangul II, rezultă că şi clasa diadei este tot II.

Ordinul unei grupe structurale este dat de cuplele de intrare ale grupei, cuple care se mai numesc şi semicuple sau cuple potenţiale (deoarece ele se întregesc doar atunci când grupa structurală se leagă la un mecanism).

Orice grupă structurală are (a+b) cuple:

a) <u>cuple (semicuple) de intrare (acestea dau ordinul grupei)</u>;
b) <u>cuple interioare</u>;
c) cuple (semicuple) de ieşire; acestea putând fi adăugate în număr nelimitat, sau putând chiar să lipsească, nu se reprezintă pe schema de definiţie a unei grupe structurale, ele adăugându-se, dar nefăcând parte din grupa structurală respectivă.

Diada are două cuple (potenţiale) de intrare, (în figura 28, notate cu A şi B), deci ordinul oricărei diade este 2.

Orice diadă are şi o cuplă interioară (în tabelul din figura 28, ea fiind notată cu C).

În concluzie, diada este grupa structurală cea mai simplă, de clasa a II-a, ordinul 2, având 2 elemente şi trei cuple (din care 2 sunt semicuple deoarece sunt de intrare, iar a treia este interioară).

În tabelul din figura 28, imediat sub diadă se prezintă triada. Aceasta are 4 elemente şi şase cuple cinematice, din care 3 (trei) sunt cuple exterioare, de intrare (A, B, C), iar alte trei sunt cuple interioare (D, E, F). Triada nu are nici un contur închis deformabil, astfel încât clasa ei va fi dată de elementul cu rangul cel mai mare. Cum ea are trei elemente de rang II şi unul de rang III (triunghiul), rezultă că orice triadă simplă are clasa a III-a.

Ordinul triadei este dat de cuplele de intrare (trei la număr), deci triada are ordinul 3.

Tot cu patru elemente mobile şi şase cuple se poate construi o altă grupă structurală şi anume tetrada (vezi tot coloana din stânga, rândul trei, din tabelul cuprins în figura 28).

Tetrada are un contur închis deformabil de rang IV, deci ea este o grupă structurală de clasa a IV-a.

Deoarece patru cuple sunt interioare şi numai două de intrare (A şi B), tetrada este de ordinul 2.

În acelaşi tabel în dreapta tetradei se poate vedea o tetradă în cruce, care este tot de clasa a IV-a, ordinul 2.

În rândul 1, a doua coloană, se poate observa o dublă triadă (având 6 elemente şi 9 cuple), ea este tot de clasa a III-a, dar de ordinul 4.

Sub ea se prezintă o triplă triadă (cu 8 elemente şi 12 cuple), având clasa a III-a, ordinul 5.

Există şi pentadă, hexadă, etc..., dar uzuale sunt numai: diada, triada sau dubla triadă şi tetrada normală sau în cruce.

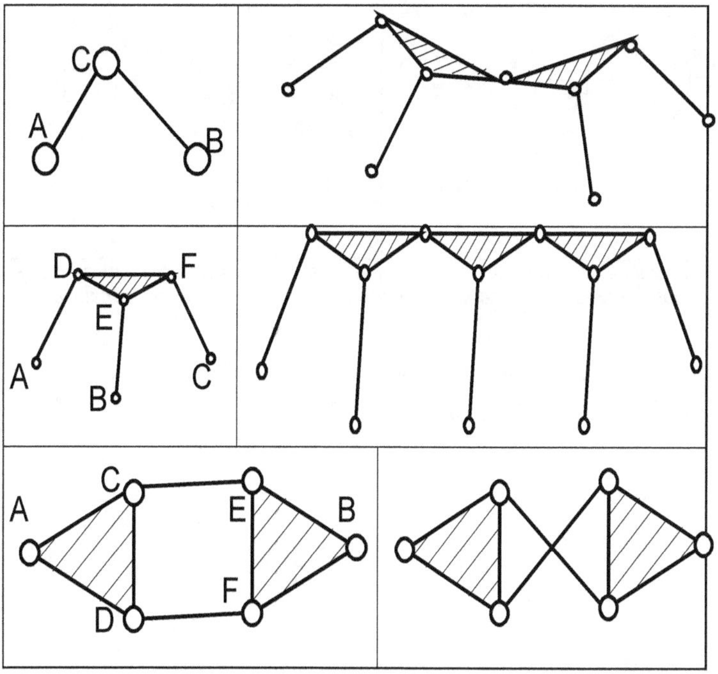

Fig. 28. *Câteva scheme ale unor grupe structurale simple (uzuale)*

Echivalarea cinematică a cuplelor superioare, s

O cuplă superioară, s, se echivalează cinematic, prin înlocuirea ei cu două cuple inferioare şi un element suplimentar (a se urmări figura 29). În figura 29 sunt tabelate câteva cuple superioare şi se arată modul lor de echivalare cinematică.

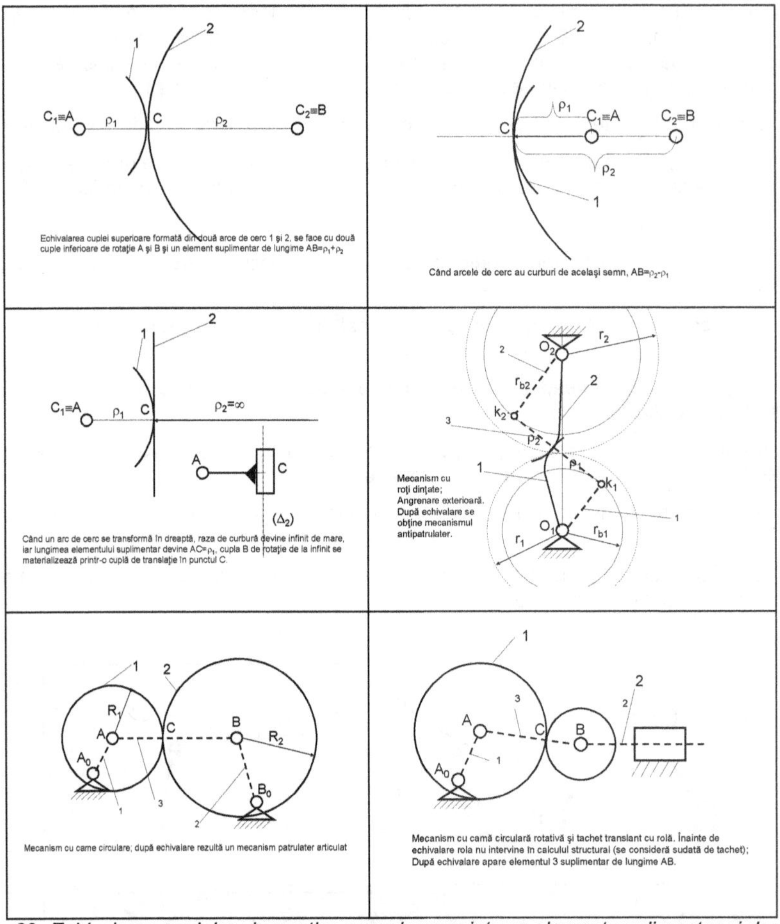

Fig. 29. *Echivalarea cuplelor cinematice superioare printr-un element suplimentar şi două cuple cinematice inferioare de clasa a V-a (de rotaţie sau de translaţie).*

Pentru mecanismele cu cinci elemente cinematice mobile şi unul fix, având un singur element conducător (motor) se pot obţine două tipuri de scheme structurale: (James) **Watt** (fig. 30) sau (George) **Stephenson** (fig. 31).

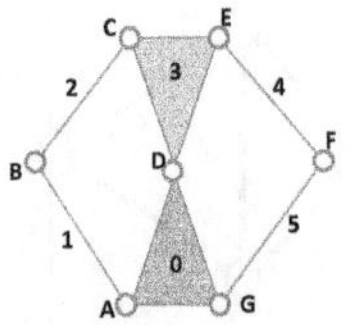

Fig. 30. *Schemă structurală Watt*

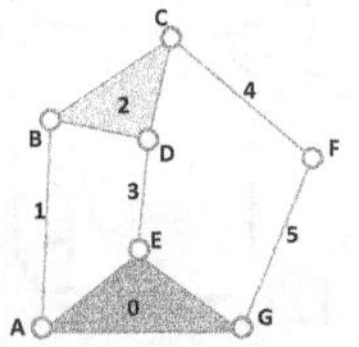

Fig. 31. *Schemă structurală Stephenson*

Oricum am alege elementele fix şi conducător, la schema Watt, se obţin două diade.

La schema Stephenson, putem obţine câte două diade, dar se poate ajunge şi la o triadă dacă alegem elementele fix şi conducător într-un anumit fel (de exemplu în schema structurală din figura 31 trebuie ales ca element conducător elementul mobil 5, şi se obţine triada 1,2,3,4).

TEMĂ: Se dau schemele constructive şi cinematice din tabelul 3. Să se facă analiza structurală a lor (tabel cuple, tabel elemente, schema structurală, împărţirea pe grupe asurice, formula structurală, schema bloc, gradul de mobilitate).

Tabel 3 *Scheme constructive şi cinematice*

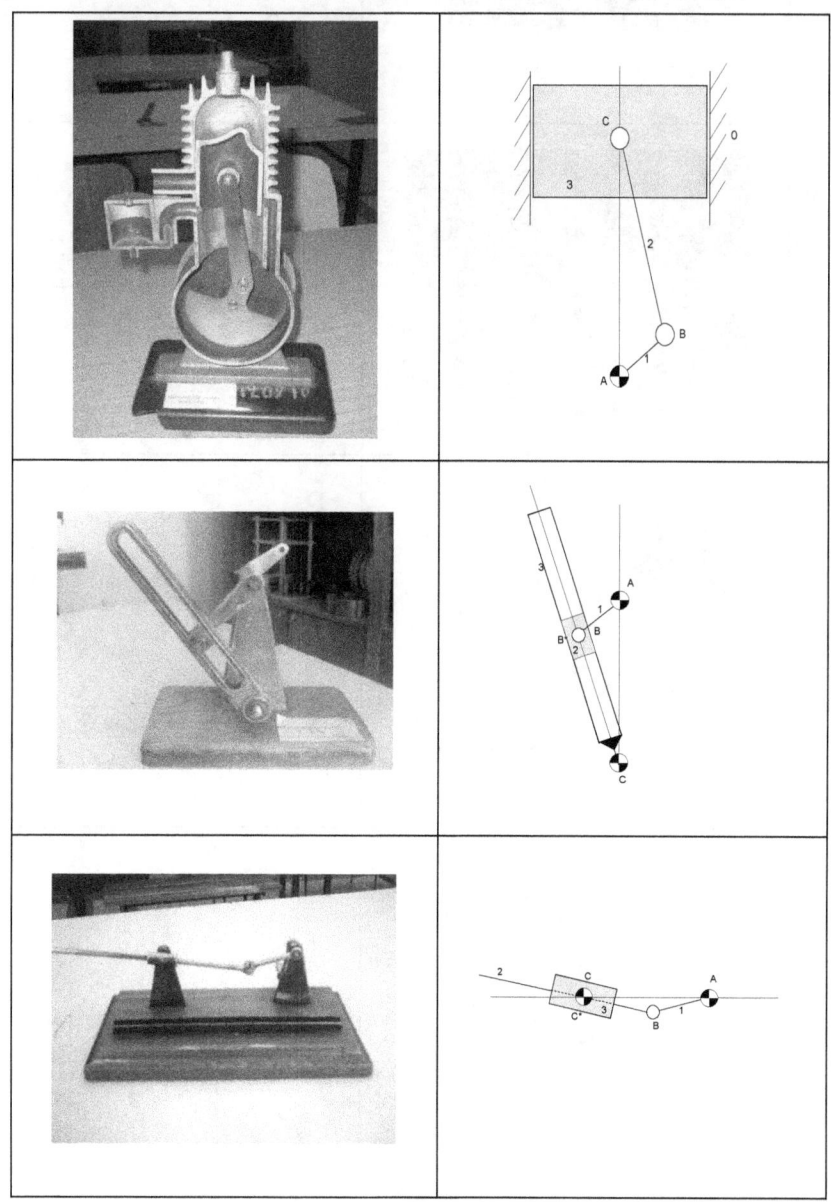

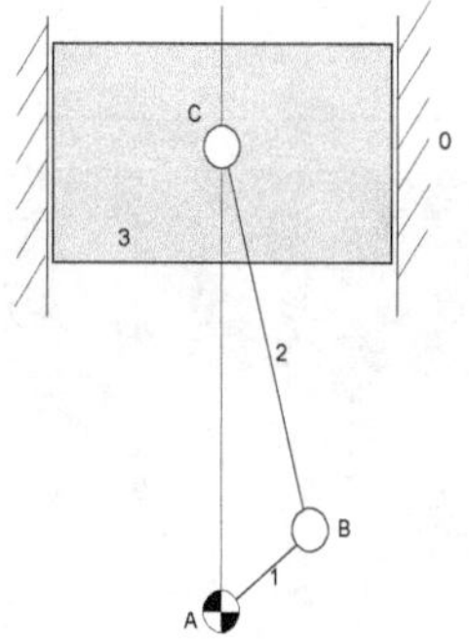

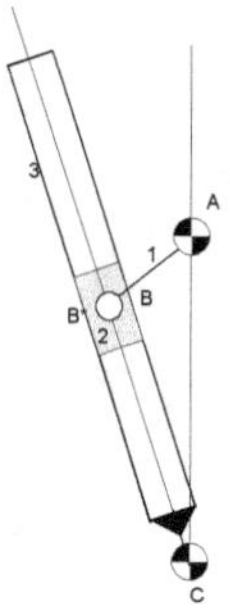

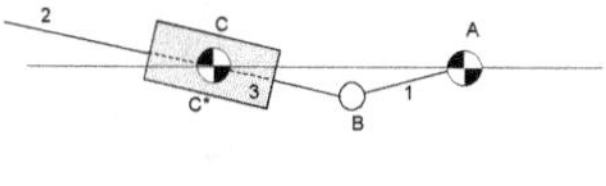

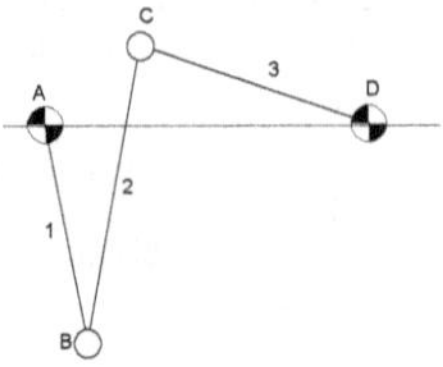
C
3
A
D
2
1
B

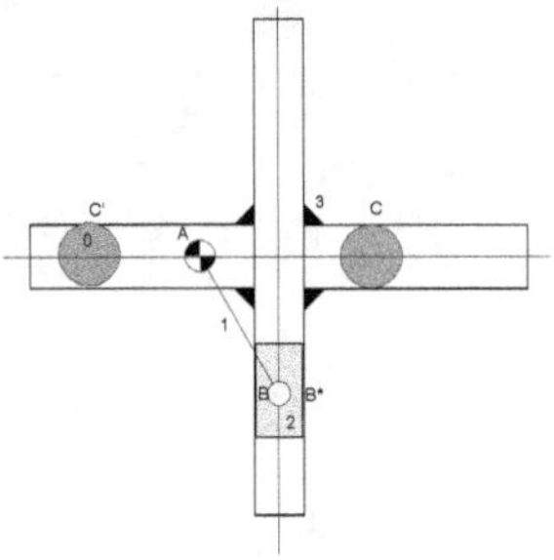
C'
3
C
0
A
1
B
B*
2

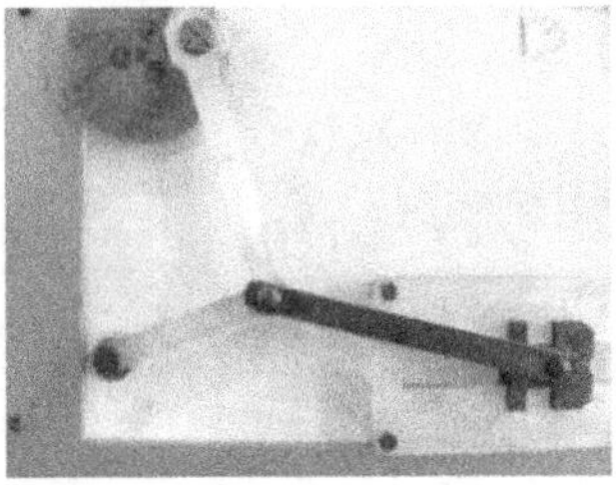

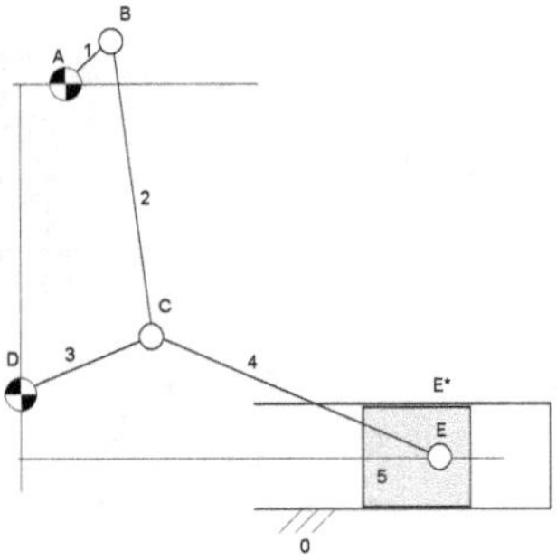
B
A
1
2
C
D
3
4
E*
E
5
0

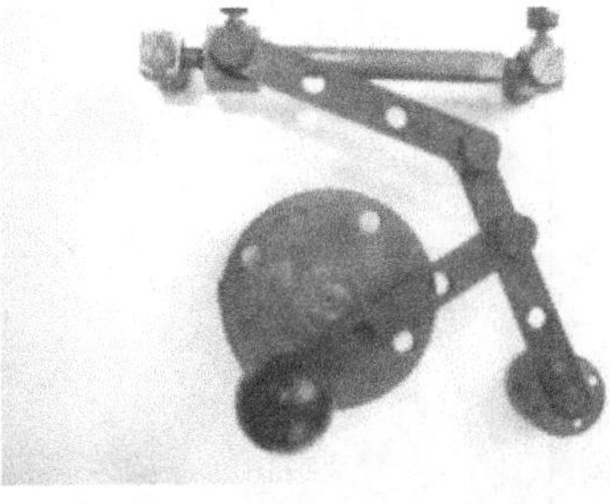

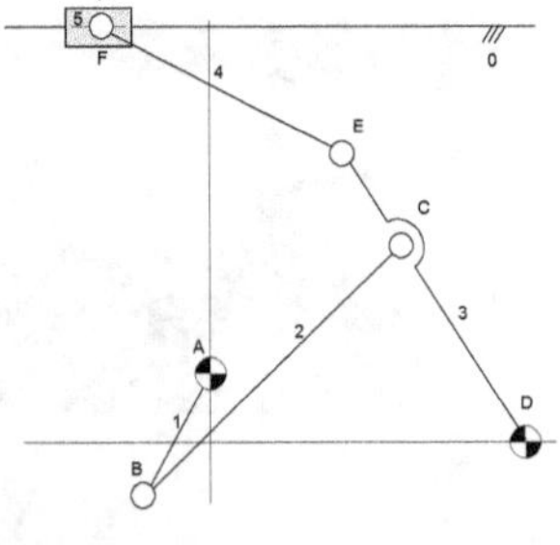
F*
5
F
4
0
E
C
3
2
A
1
D
B

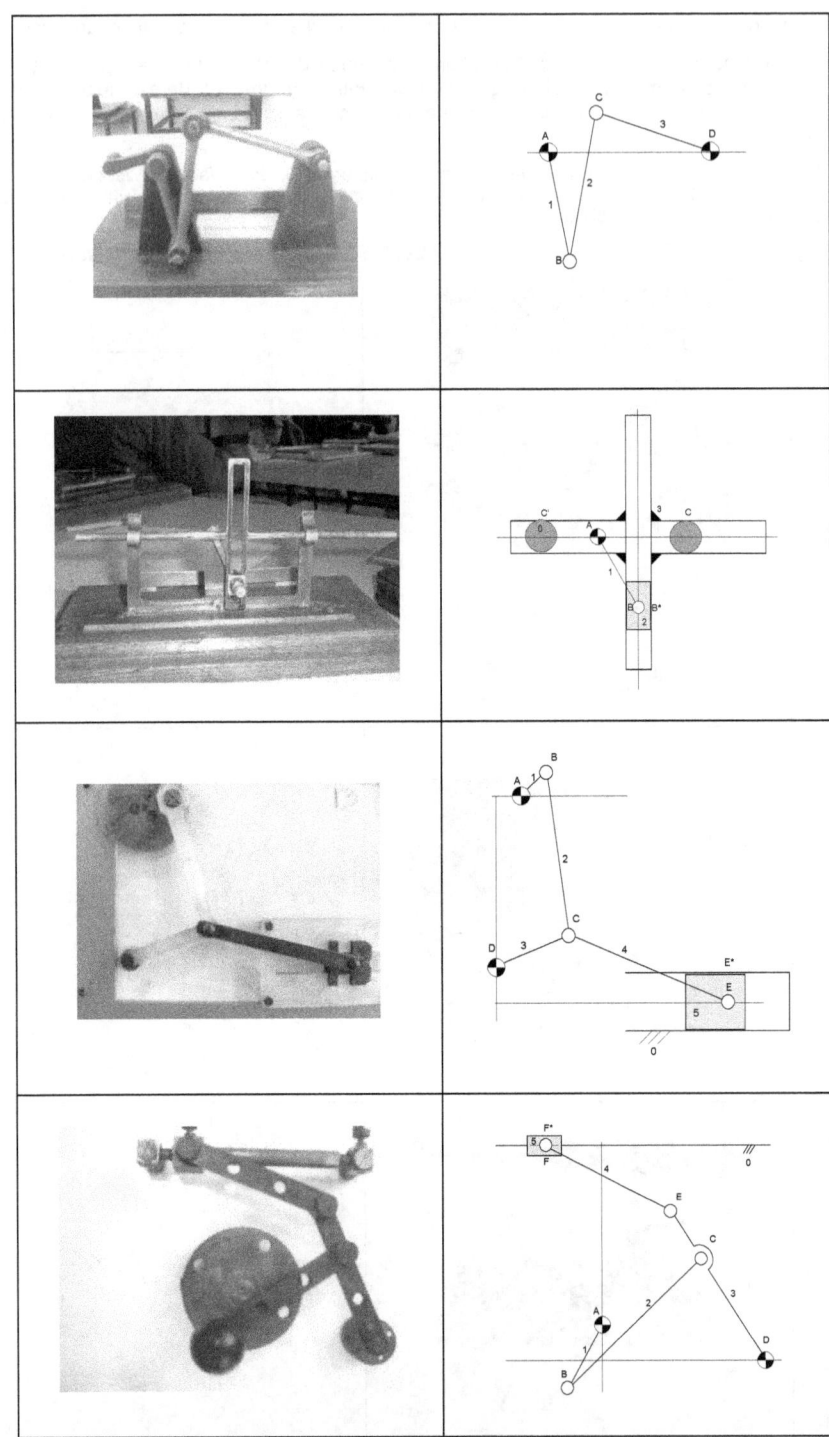

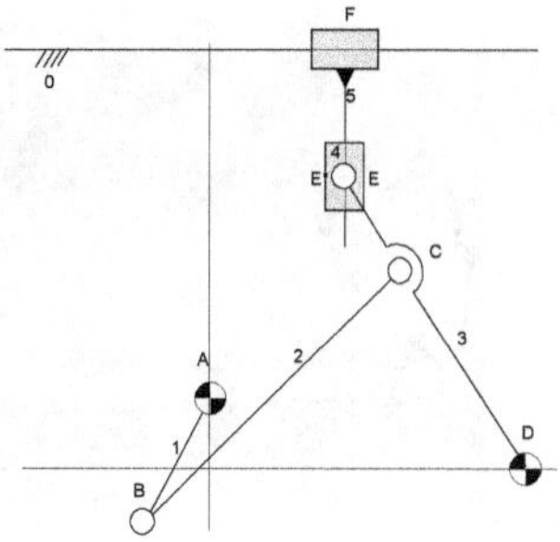
F
0
5
4
E'
E
C
3
2
A
1
B
D

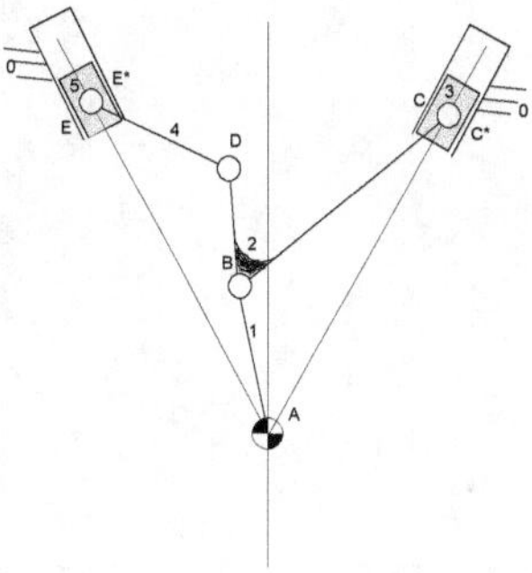
0
5
E*
E
4
D
2
B
1
A
C
3
C*
0

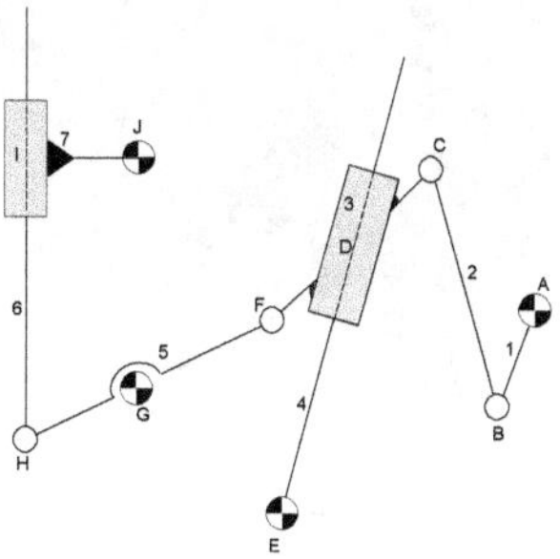
I
7
J
C
3
D
2
A
6
F
5
1
G
B
H
4
E

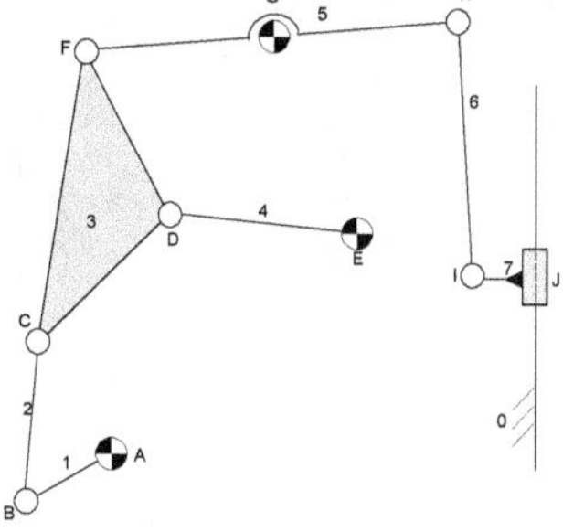
G
5
H
F
6
3
D
4
E
I
7
J
C
2
0
1
A
B

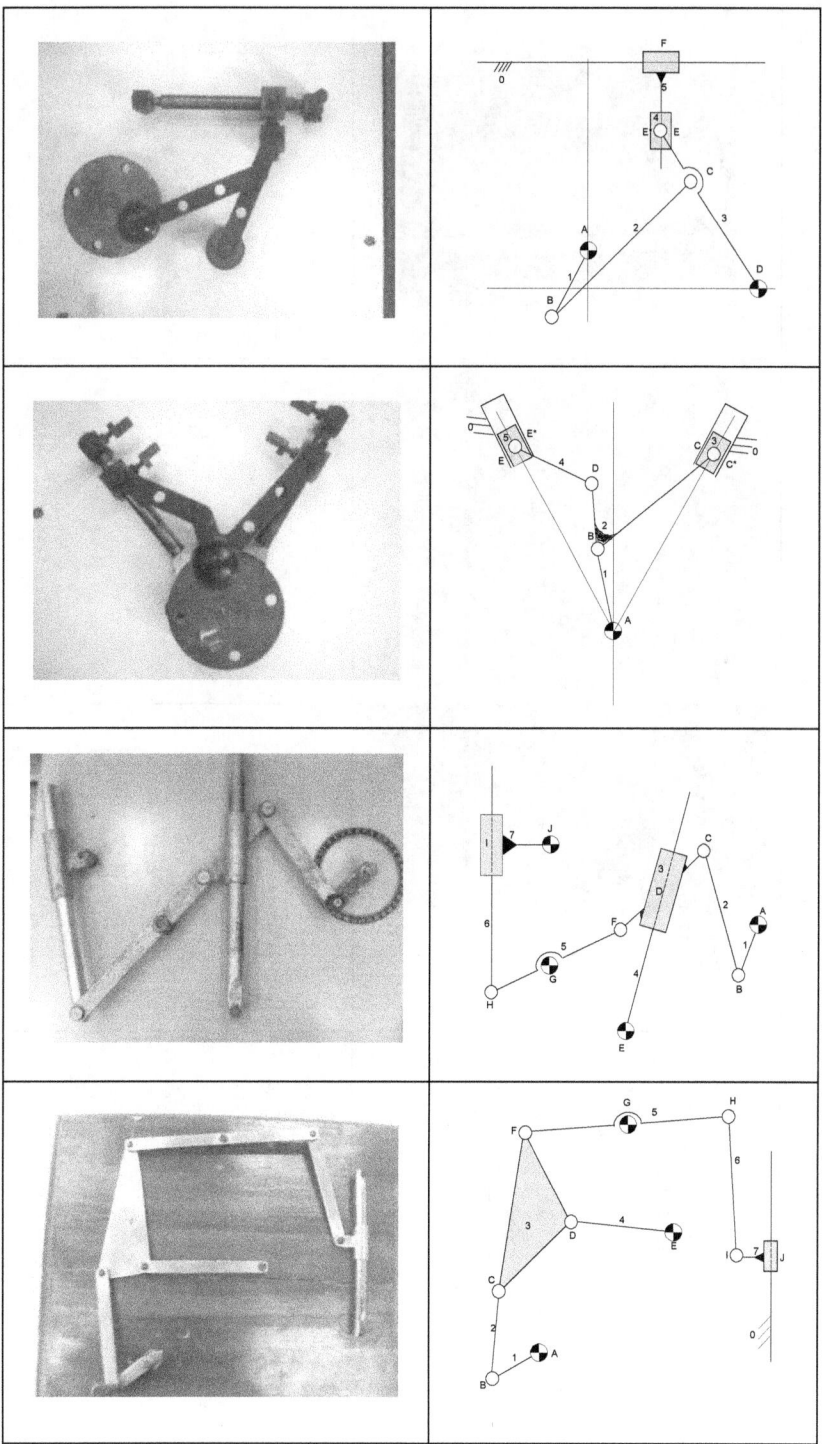

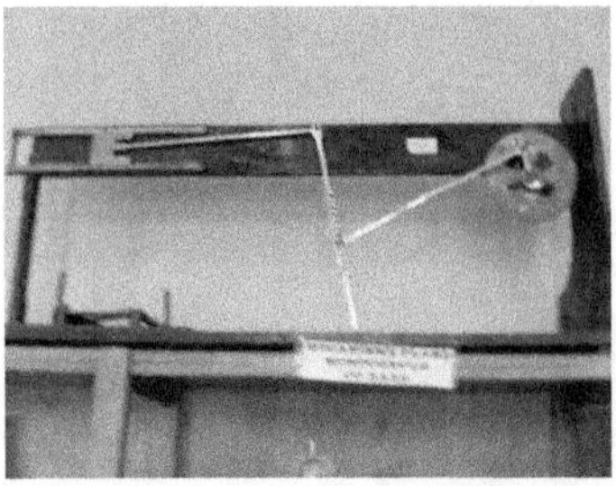

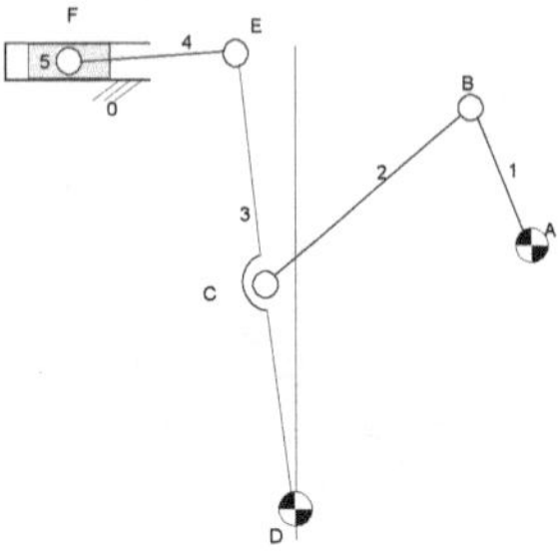
F
5
4
E
0
B
1
2
3
A
C
D

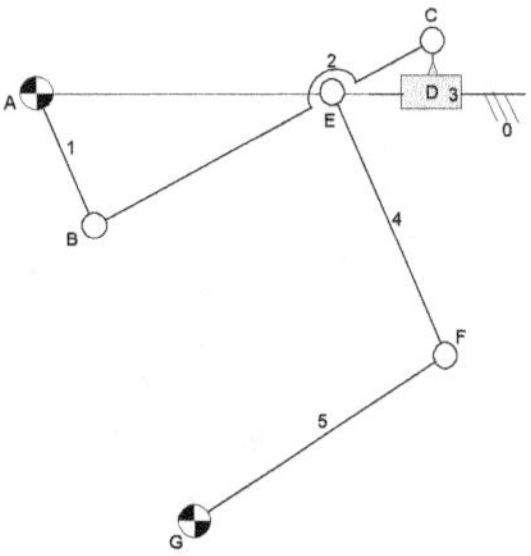
C
2
A
D 3
E
0
1
B
4
F
5
G

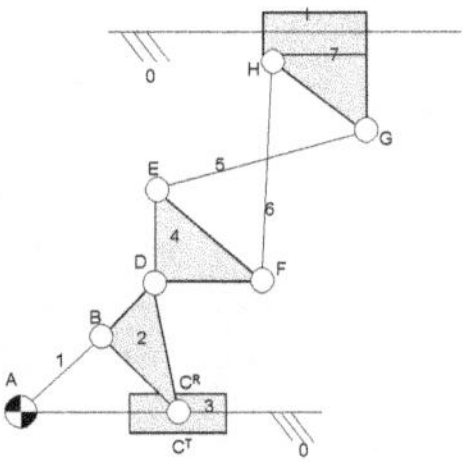
0
7
H
G
E
5
6
4
D
F
B
2
1
A
C^R
3
C^T
0

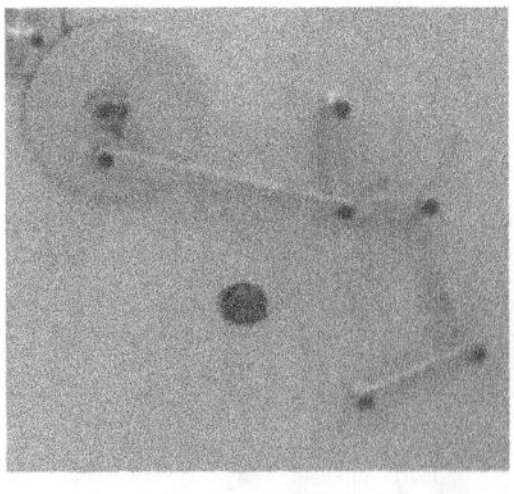

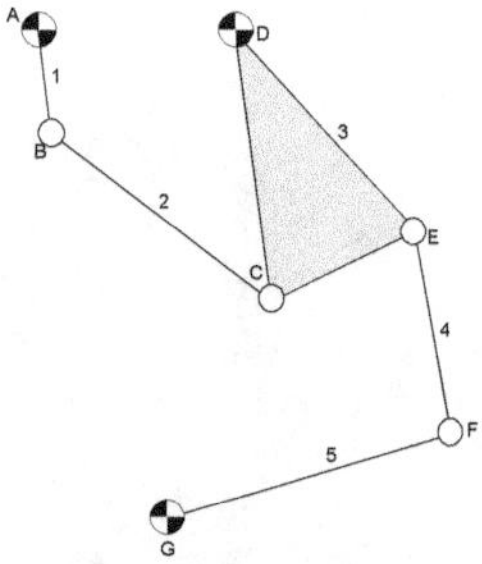
A
D
1
B
3
2
E
C
4
F
5
G

1.4.2. Analiza structurală a mecanismelor spaţiale

În continuare se va urmări analiza structurală a mecanismelor generale, spaţiale, sau combinate plane+spaţiale.

Formula structurală generalizată a mecanismelor (Dobrovolschi) permite determinarea gradului de mobilitate al mecanismelor de familia f, ţinând seama de numărul f al condiţiilor de legătură comune impuse tuturor elementelor mecanismului înainte de a fi legate în lanţ cinematic cu un singur contur sau mai multe (însă de aceeaşi familie).

Lanţul cinematic reprezintă o reuniune de elemente cinematice de diferite ranguri legate prin cuple cinematice de diferite clase. Toate elementele lanţului cinematic sunt mobile.

Pentru ca un lanţ cinematic să poată fi utilizat trebuie mai întâi să i se fixeze unul din elementele componente.

Clasificarea lanţurilor cinematice se face după trei criterii importante: rangul elementelor componente, forma lanţului şi felul mişcării elementelor.

A. După rangul elementelor componente ale lanţului, avem:

-Lanţuri cinematice simple (la care fiecare element component are cel mult două cuple cinematice, j fiind cel mult 2);

-Lanţuri cinematice complexe (la care cel puţin un element are mai mult de două cuple cinematice, sau există cel puţin un contur închis de rang superior, cel puţin 4, aparţinând unei grupe structurale superioare, tetradă sau mai mare).

B. După forma lanţului cinematic, avem:

-Lanţuri cinematice deschise (la care există şi elemente cu o singură cuplă cinematică; exemplu – roboţii seriali);

-Lanţuri cinematice închise (la care toate elementele au cel puţin două cuple cinematice; cu ele se alcătuiesc mecanismele cele mai uzuale, inclusiv roboţii paraleli).

C. După felul mişcării elementelor, avem:

-Lanţuri cinematice plane (la care toate elementele se mişcă într-un singur plan, sau în plane paralele);

-Lanţuri cinematice spaţiale (la care cel puţin un element are o mişcare într-un plan diferit de al celorlalte).

Mecanismele se formează din unul sau mai multe lanţuri cinematice, prin fixarea unui element, şi stabilirea elementului conducător (sau a elementelor conducătoare).

Se defineşte familia f a unui mecanism sau a lanţului cinematic corespunzător, spaţiul în care elementele înainte de a fi legate prin cuple cinematice au 6-f grade de libertate.

Într-un spaţiu de familia f mecanismele formate nu pot avea în structura lor decât cuple cinematice de clasa $k \geq f+1$. De exemplu, într-un spaţiu de familia a treia, unde f=3 (care poate fi unul plan sau unul spaţial-sferic), nu putem avea decât cuple de clasa a patra şi a cincea.

În consecinţă în spaţiul de familie f, cele e elemente izolate posedă (6-f)e grade de libertate. Legându-le între ele prin $\sum_{k=f+1}^{5} c_k$ cuple cinematice, gradul de libertate al lanţului format va fi:

$$L_f = (6-f)\cdot e - \sum_{k=f+1}^{5}(k-f)\cdot c_k \qquad (4)$$

Deoarece o cuplă cinematică de clasă k suprimă elementului (k-f) grade de libertate. Relaţia (4) reprezintă formula structurală a lanţului cinematic de familia f cu un singur contur.

Dacă se fixează unul din elementele lanţului se obţine gradul de mobilitate al mecanismului de familia f (formula lui Dobrovolschi, sistemul 5), unde m=numărul de elemente mobile.

$$\begin{cases} M_f = L_f - (6-f) \\ M_f = (6-f)\cdot(e-1) - \sum_{k=f+1}^{5}(k-f)\cdot c_k \\ M_f = (6-f)\cdot m - \sum_{k=f+1}^{5}(k-f)\cdot c_k \end{cases} \quad (5)$$

Există şase familii de mecanisme, ce derivă din sistemul (5), conform sistemului (6).

$$\begin{cases} M_f = (6-f)\cdot m - \sum_{k=f+1}^{5}(k-f)\cdot c_k \\ f=0 \quad M_0 = 6m - 5c_5 - 4c_4 - 3c_3 - 2c_2 - c_1 \\ f=1 \quad M_1 = 5m - 4c_5 - 3c_4 - 2c_3 - c_2 \\ f=2 \quad M_2 = 4m - 3c_5 - 2c_4 - c_3 \\ f=3 \quad M_3 = 3m - 2c_5 - c_4 \\ f=4 \quad M_4 = 2m - c_5 \\ f=5 \quad M_5 = m \end{cases} \quad (6)$$

Familia mecanismului se poate determina utilizând metoda tabelară, care constă în înscrierea într-o tabelă a tuturor mişcărilor independente ale elementelor faţă de un sistem de axe de coordonate ales convenabil. Numărul de restricţii comune tuturor elementelor indică familia f a mecanismului. Se aplică apoi formula corespunzătoare familiei obţinute (aleasă din sistemul 6) şi se obţine mobilitatea mecanismului.

Observaţie: Metoda tabelară nu poate fi folosită în orice situaţie pentru determinarea familiei unui mecanism spaţial.

Pentru ca ea să poată fi folosită în cât mai multe cazuri posibile e util uneori să echivalăm cuplele superioare de clase mai mici cu elemente suplimentare şi cuple inferioare de clasa a cincea. Sistemul fix de coordonate carteziene spaţiale trebuie ales judicios.

Mecanismele spaţiale din familia f=0 sunt constituite din elemente ale căror mişcări nu sunt supuse nici unei restricţii comune. Din această categorie fac parte mecanismele spaţiale ale căror elemente pot realiza mişcările cele mai generale (ex: mecanismul de direcţie al autovehiculelor rutiere, mecanismul de frânare al vehiculelor feroviare, mecanismul suspensiilor, cel al motocositoarei, mecanismul direcţiei la pilotul automat, sistemele paralele moderne, etc). Un astfel de mecanism de familie 0, este mecanismul patrulater spaţial din figura 32, utilizat în general ca mecanism de direcţie la diverse vehicule rutiere. În dreapta se vede tabelul mişcărilor elementelor faţă de sistemul de axe cartezian xOyz ales.

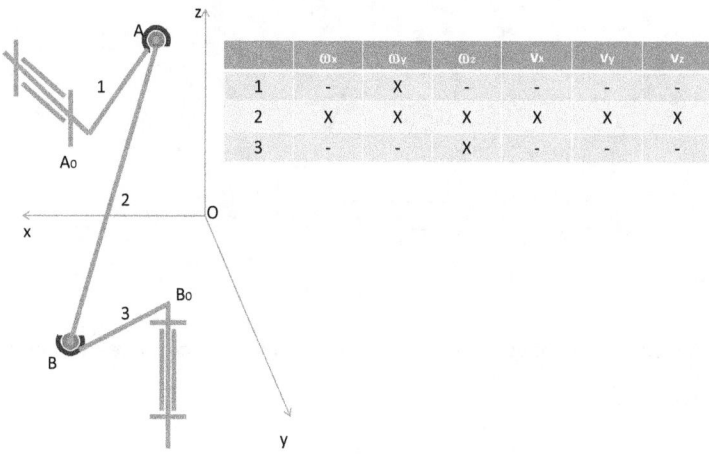

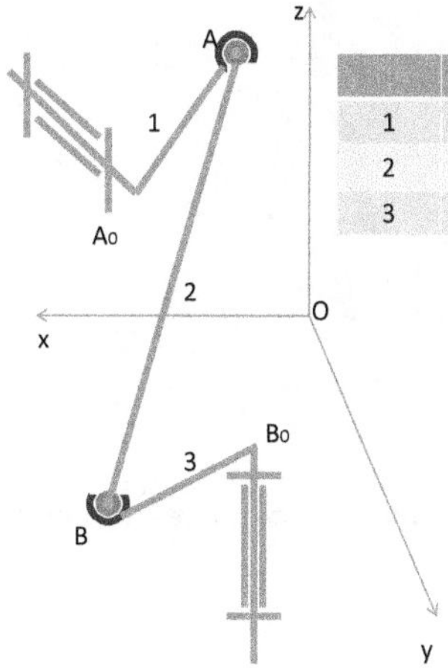

	ω_x	ω_y	ω_z	v_x	v_y	v_z
1	-	X	-	-	-	-
2	X	X	X	X	X	X
3	-	-	X	-	-	-

Fig. 32. *Mecanism patrulater spaţial utilizat ca mecanism de direcţie la vehiculele rutiere*

Nu există nici o restricţie comună, deci mecanismul are familia 0, iar mobilitatea se determină cu formula aferentă familiei zero (vezi relaţia 7).

$$\begin{cases} M_f = (6-f)\cdot m - \sum_{k=f+1}^{5}(k-f)\cdot c_k \\ \\ f=0 \quad M_0 = 6m - 5c_5 - 4c_4 - 3c_3 - 2c_2 - c_1 = \\ = 6\cdot 3 - 5\cdot 2 - 4\cdot 0 - 3\cdot 2 - 2\cdot 0 - 0 = 18 - 10 - 6 = 2 \end{cases} \tag{7}$$

Gradul de mobilitate al mecanismului a rezultat doi, însă cinematic mecanismul este desmodrom cu o singură acţionare deci gradul său real de mobilitate este 1. A doua mobilitate reprezintă posibilitatea bielei spaţiale 2 de a se roti aleator în jurul propriei axe longitudinale datorită permitivităţii celor două cuple spaţiale sferice de clasa a treia de la capetele ei. Un alt mecanism de familie zero este cel reprezentat în figura 33.

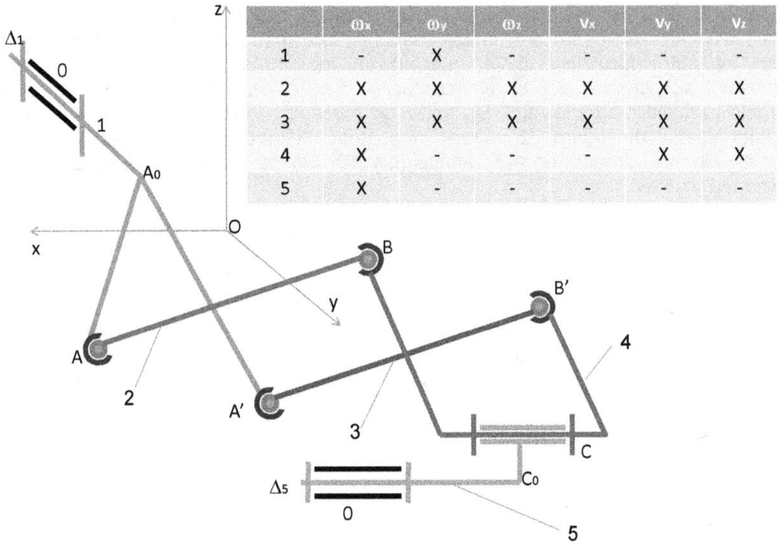

	ω_x	ω_y	ω_z	v_x	v_y	v_z
1	-	X	-	-	-	-
2	X	X	X	X	X	X
3	X	X	X	X	X	X
4	X	-	-	-	X	X
5	X	-	-	-	-	-

Fig. 33. *Mecanism spaţial utilizat drept cuplaj mobil la locomotivele electrice*

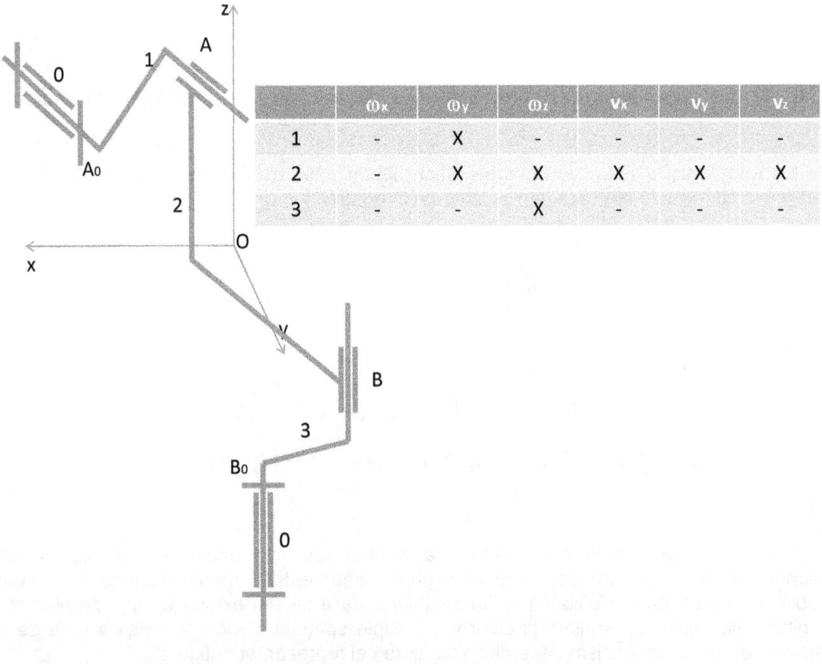

	ω_x	ω_y	ω_z	v_x	v_y	v_z
1	-	X	-	-	-	-
2	-	X	X	X	X	X
3	-	-	X	-	-	-

Fig. 34. *Mecanism spaţial RCCR de familie 1*

În figura 34 este prezentat un mecanism spaţial RCCR de familie 1.

Axele de intrare şi ieşire ale manivelelor 1 şi 3 sunt construite cu cuple de rotaţie de clasa a 5 –a, dar biela 2 este legată la manivele prin cuple cilindrice de clasa a patra.

Apare o restricţie comună (nici unul din cele trei elemente mobile nu se poate roti în jurul axei x).

Gradul de mobilitate al mecanismului este obţinut cu relaţia (8) aferentă mecanismelor spaţiale de familie 1.

$$\begin{cases} M_f = (6-f)\cdot m - \sum_{k=f+1}^{5}(k-f)\cdot c_k \\ \\ f=1 \quad M_1 = 5m - 4c_5 - 3c_4 - 2c_3 - c_2 = \\ = 5\cdot 3 - 4\cdot 2 - 3\cdot 2 - 2\cdot 0 - 0 = 15 - 8 - 6 = 1 \end{cases} \tag{8}$$

În figura 35 este prezentat un mecanism de familie 2.

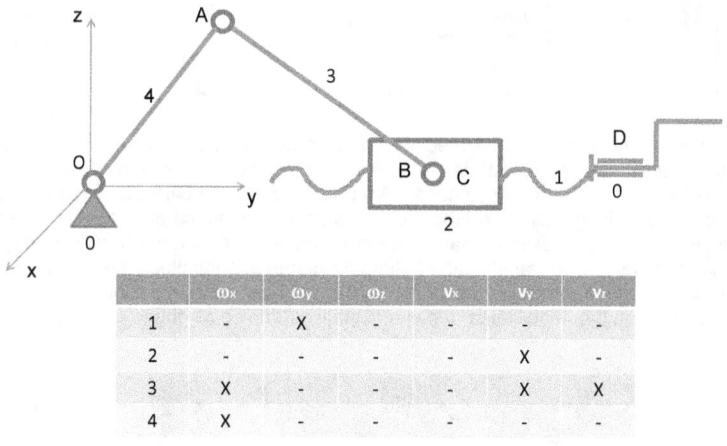

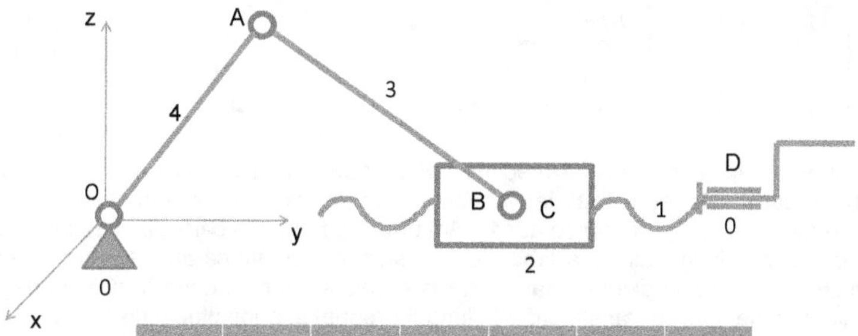

	ω_x	ω_y	ω_z	v_x	v_y	v_z
1	-	X	-	-	-	-
2	-	-	-	-	X	-
3	X	-	-	-	X	X
4	X	-	-	-	-	-

Fig. 35. *Mecanism spaţial de familie 2*

Gradul de mobilitate al mecanismului cu şurubul 1 şi piuliţa 2, de familie 2, se obţine cu formula aferentă (9).

$$\begin{cases} M_f = (6-f)\cdot m - \sum_{k=f+1}^{5}(k-f)\cdot c_k \\ f=2 \quad M_2 = 4m - 3c_5 - 2c_4 - c_3 = 4\cdot 4 - 3\cdot 5 - 2\cdot 0 - 0 = 16 - 15 = 1 \end{cases} \tag{9}$$

Mecanismele de familia f=3 sunt constituite din elemente ale căror mişcări au trei restricţii comune. În această familie se încadrează trei categorii principale:

A.Mecanismele sferice (elementelor acestor mecanisme le sunt interzise toate cele trei translaţii, elementele fiind situate pe o sferă, au posibilitatea efectuării doar a celor trei rotaţii). Exemplu (cuplajele de clasa a patra). A se vedea cuplajul cardanic sau universal din figura 36.

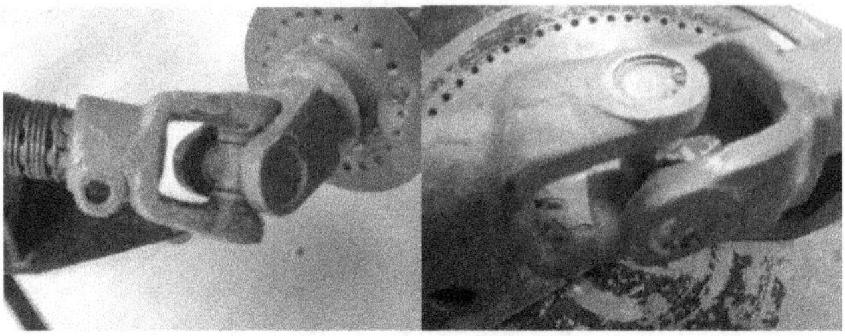

Fig. 36. *Crucea cardanică (cupla universală de clasa a patra) reprezintă un mecanism spaţial sferic de familie 3*

Mobilitatea unui astfel de mecanism (m=2, C_5=2, C_4=1) se determină cu relaţia aferentă (10).

$$\begin{cases} M_f = (6-f)\cdot m - \sum_{k=f+1}^{5}(k-f)\cdot c_k & f=3 \\ M_3 = 3m - 2c_5 - c_4 = 3\cdot 2 - 2\cdot 2 - 1 = 6 - 4 - 1 = 1 \end{cases} \quad (10)$$

Aici trebuie făcută precizarea că mecanismul cu două cruci cardanice şi ax cardanic între ele (aşa cum este el utilizat la vehicule; vezi figura 37), se transformă într-un mecanism de familie 1 (f=1), deoarece dacă luăm un sistem de axe cartezian spaţial, având o axă comună cu axa longitudinală a arborelui cardanic, observăm că arborele are cele trei rotaţii spaţiale impuse de cuplele cardanice de la capetele lui plus două translaţii spaţiale după direcţiile radiale, dar nu translatează în lungul propriei axe longitudinale (aceasta fiind singura restricţie comună întregului mecanism, format din trei elemente mobile m=3, două cuple C_5 şi două cuple C_4). Mobilitatea dublei articulaţii cardanice se obţine cu relaţia 11.

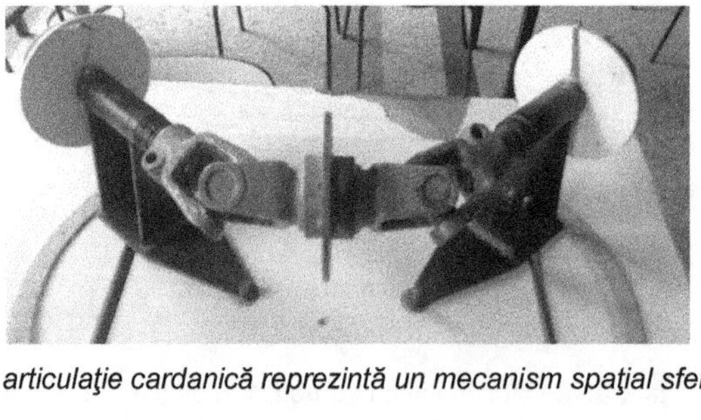

Fig. 37. *Dubla articulaţie cardanică reprezintă un mecanism spaţial sferic de familie 1*

$$\begin{cases} M_f = (6-f)\cdot m - \sum_{k=f+1}^{5}(k-f)\cdot c_k \\ f=1 \quad M_1 = 5m - 4c_5 - 3c_4 - 2c_3 - c_2 = 5\cdot 3 - 4\cdot 2 - 3\cdot 2 - 2\cdot 0 - 0 = 15 - 8 - 6 = 1 \end{cases} \quad (11)$$

B.Mecanismele plane (în structura cărora apar cuple de rotaţie, de translaţie, şurub-piuliţă, şi cuple superioare C_4).

Mecanismele plane sunt cel mai des întâlnite în tehnică, ele fiind practic cele mai utilizate mecanisme din întreaga istorie a omenirii. Totuşi astăzi încep să se diversifice şi mecanismele spaţiale datorită tehnologiilor avansate, şi a apariţiei structurilor mobile paralele.

C.Mecanismele spaţiale cu pene (ale căror elemente nu pot avea decât mişcări de translaţie în spaţiu.

Mecanismele din familia f=4 sunt constituite din elemente ale căror mişcări au patru restricţii comune. Exemplu mecanismele plane cu pană (având trei cuple de translaţie, fig. 38a), sau mecanismele de tip presă-şurub (o cuplă de rotaţie, una de translaţie şi una şurub-piuliţă, fig. 38b), la care întâlnim două elemente mobile şi trei cuple de clasa a cincea. Mobilitatea este dată de relaţia (12).

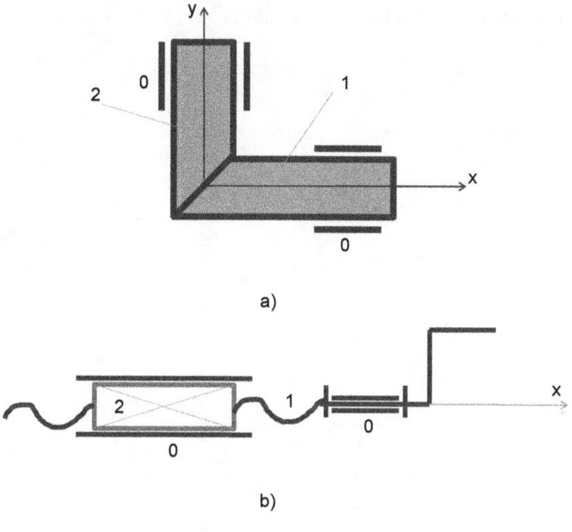

Fig. 38. *Mecanisme de familia 4*

$$\begin{cases} M_f = (6-f)\cdot m - \sum_{k=f+1}^{5}(k-f)\cdot c_k & f=4 \\ M_4 = 2m - c_5 = 2\cdot 2 - 3 = 4 - 3 = 1 \end{cases} \quad (12)$$

Precizări: Mecanismul de familie f=5 nu există singur, el se încadrează în toate celelalte familii.

Formula Dobrovolschi se aplică şi mecanismelor policontur, cu condiţia ca toate conturele independente ale mecanismului să aibă aceeaşi familie. În caz contrar se utilizează formula Dobrovolschi modificată (relaţia 13), în care în loc de f apare f_a (familia aparentă), iar k ia valori de la 1 la 5 (nemaifiind limitat de la f+1 la 5).

$$M_f = (6-f_a)\cdot m - \sum_{k=1}^{5}(k-f_a)\cdot c_k \quad (13)$$

Familia aparentă se determină ca o medie aritmetică a familiilor tuturor conturelor independente (relaţia 14).

$$f_a = \frac{1}{N} \cdot \sum_{i=1}^{N} f_i \tag{14}$$

Conturele independente se identifică direct pe mecanism. Numărul conturelor independente se poate verifica şi cu relaţia (15).

$$N = \sum_{k=1}^{5} c_k - m \tag{15}$$

Ca exemplu de mecanism complex se va lua mecanismul din figura 39, care are 8 cuple de clasa a cincea, 6 elemente mobile, şi două contururi independente, 012340 şi 04560. Pentru primul contur independent familia este f=2, iar pentru al doilea familia este f=3. Cu relaţia 14 obţinem f_a=2,5. Mobilitatea mecanismului se determină cu relaţia (16) care introduce datele numerice ale problemei în relaţia (13).

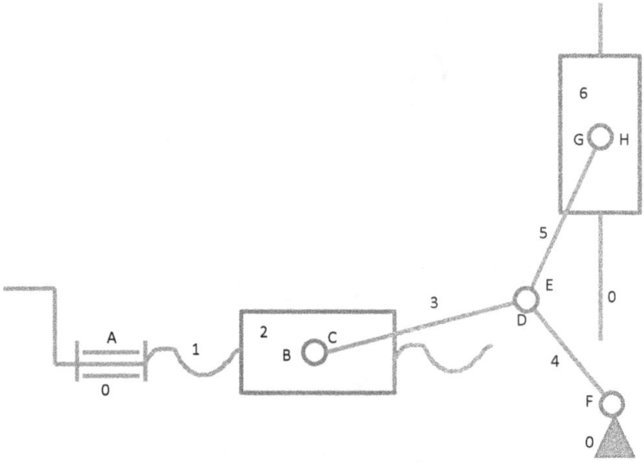

Fig. 39. *Mecanism complex cu două contururi independente*

$$\begin{aligned} M_f &= (6 - f_a) \cdot m - \sum_{k=1}^{5} (k - f_a) \cdot c_k = \\ &= (6 - 2.5) \cdot 6 - (5 - 2.5) \cdot 8 = 3.5 \cdot 6 - 2.5 \cdot 8 = 21 - 20 = 1 \end{aligned} \tag{16}$$

1.5. Structura diadelor (cele cinci tipuri de diade)

După tipul cuplelor de clasa a cincea (R-rotaţie, sau T-translaţie), şi după poziţionarea lor în cadrul diadei, din punct de vedere structural-cinematic, se deosebesc cinci tipuri de diade (vezi tabelul din figura 40).

Primul aspect RRR reprezintă diada care are numai cuple de rotaţie.

Diada de aspectul II, RRT, are două cuple de rotaţie şi una de translaţie, ultima fiind poziţionată întotdeauna la una din cele două intrări.

Diada de aspectul al treilea, RTR, are tot două rotaţii şi o translaţie, însă aceasta este poziţionată în interior reprezentând cupla internă a diadei.

Diada de aspectul patru TRT, are două translaţii şi o rotaţie, rotaţia fiind cupla interioară iar translaţiile reprezentând cele două cuple exterioare, de intrare (denumite şi semicuple, sau cuple potenţiale).

La ultimul aspect (aspectul 5), diada RTT sau TTR, are tot două translaţii şi o rotaţie, o translaţie fiind cupla interioară, iar cuplele exterioare de intrare fiind una de rotaţie, iar cealaltă de translaţie.

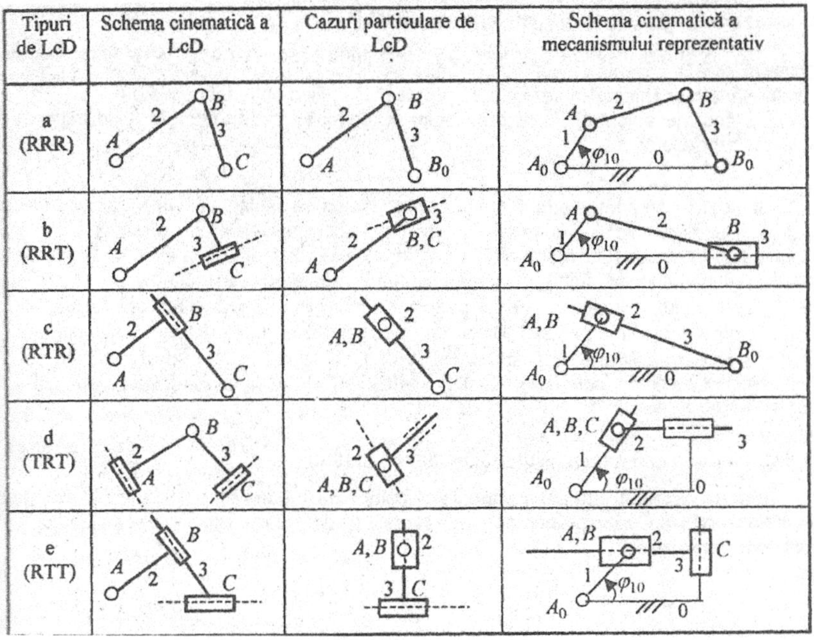

Fig. 40. *Cele cinci tipuri de diade*

Bibliografie-Cap. I

[1] **Antonescu P.**, *Mecanisme, calculul structural şi cinematic,* Editura IPB, Bucureşti, 1979.

[2] **Artobolevski, I.I.,** *Teoria mecanismelor şi a maşinilor,* Proceedings of 8th Editura Ştiinţa, Chişinău, 1992.

[3] **Pelecudi, Chr., ş.a.,** Mecanisme, Editura Didactică şi Pedagogică, Bucureşti, 1985.

CAP. II MECANISMUL BIELĂ MANIVELĂ PISTON

2.1. DETERMINAREA RANDAMENTULUI MECANIC LA SISTEMUL BIELĂ MANIVELĂ PISTON

Mecanismul bielă manivelă piston a avut multe întrebuinţări, fiind utilizat în special în două moduri principale, ca mecanism motor ori pe post de compresor. În motoarele cu ardere internă în patru timpi mecanismul bielă manivelă piston este mecanism motor numai un singur timp (detenta) din totalul celor patru [1]. În ceilalţi trei timpi mecanismul se comportă asemeni unui compresor, el primind puterea (fiind acţionat) dinspre manivelă (arborele cotit) şi împingând pistonul (în cei doi timpi de compresie respectiv evacuare) sau trăgând de el (la admisie). Practic ciclul energetic al motorului în patru timpi este parcurs în două cicluri cinematice complete.

Randamentul mecanismului motor (acţionat de puterea pistonului) diferă de cel al mecanismului compresor (acţionat de la manivelă) [1].

Din acest motiv se vor studia separat cele două cazuri distincte:

A. Când mecanismul lucrează în regim de motor, fiind acţionat de piston;
B. Când mecanismul lucrează în regim de compresor (sau pompă), fiind acţionat de arborele cotit.

În figura 1 se poate vedea schema cinematică a mecanismului bielă manivelă piston. Parametrii constructivi ai mecanismului sunt: r, raza manivelei (sau distanţa de la axul fusului palier la axul fusului maneton); l, lungimea bielei (distanţa de la axul fusului maneton până la axul bolţului pistonului); e, excentricitatea (distanţa de la axul fusului palier la axa de ghidaj a pistonului). Mecanismul este poziţionat de unghiul, φ, care reprezintă unghiul de rotaţie şi poziţionare al manivelei. Biela este poziţionată de unul din cele două unghiuri, α sau ψ (a se vedea figura 1). Distanţa de la centrul de rotaţie al manivelei O, la centrul bolţului pistonului B, proiectată pe axa de translaţie a pistonului se notează cu variabila y_B.

2.1.1. Cinematica mecanismului bielă manivelă piston

Se proiectează ecuaţia vectorială a conturului mecanismului pe două axe plane rectangulare Ox şi Oy şi se obţin cele două relaţii scalare de poziţii ale mecanismului, date de sistemul de poziţii 1 (figura 1).

$$\begin{cases} r\cdot\cos\varphi + l\cdot\cos\psi = -e \\ r\cdot\sin\varphi + l\cdot\sin\psi = y_B \end{cases} \tag{1}$$

Se obişnuieşte să se rezolve sistemul de poziţii (1) decuplat, din prima relaţie a sistemului explicitându-se cosinusul unghiului ψ (conform relaţiei 2), iar din cea de a doua izolându-se deplasarea s a pistonului (conform relaţiei 3).

$$\cos\psi = -\frac{e + r\cdot\cos\varphi}{l} \tag{2}$$

$$s = y_B = r\cdot\sin\varphi + l\cdot\sin\psi \tag{3}$$

Prin derivarea sistemului de poziţii (1) se obţine sistemul vitezelor (4).

$$\begin{cases} -r\cdot\dot{\varphi}\cdot\sin\varphi - l\cdot\dot{\psi}\cdot\sin\psi = 0 \\ r\cdot\dot{\varphi}\cdot\cos\varphi + l\cdot\dot{\psi}\cdot\cos\psi = \dot{y}_B \end{cases} \tag{4}$$

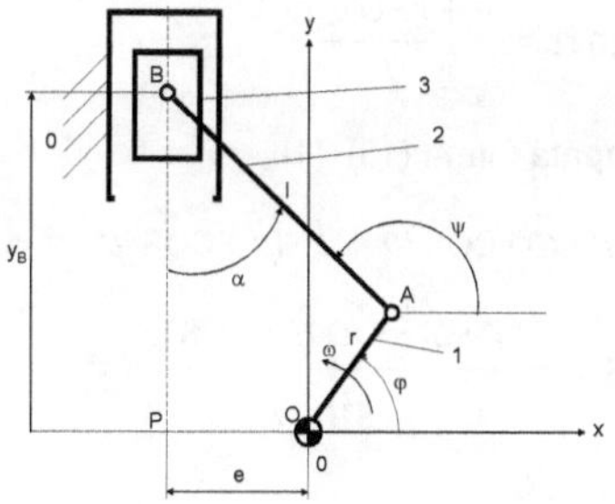

Fig. 1. *Schema cinematică a mecanismului bielă manivelă piston*

Din prima relaţie a sistemului (4) se calculează viteza unghiulară $\dot{\psi}$, (conform relaţiei 5) iar din a doua ecuaţie a sistemului de viteze (4) se determină viteza liniară a pistonului $\dot{y}_B$, (relaţia 6):

$$\dot{\psi} = -\frac{r \cdot \sin\varphi}{l \cdot \sin\psi} \cdot \dot{\varphi} \tag{5}$$

$$\dot{y}_B = r \cdot \dot{\varphi} \cdot \cos\varphi + l \cdot \dot{\psi} \cdot \cos\psi \tag{6}$$

Sistemul vitezelor (4) se derivează la rândul lui, pentru obţinerea sistemului de acceleraţii (7).

$$\begin{cases} -r \cdot \dot{\varphi}^2 \cdot \cos\varphi - l \cdot \dot{\psi}^2 \cdot \cos\psi - l \cdot \ddot{\psi} \cdot \sin\psi = 0 \\ -r \cdot \dot{\varphi}^2 \cdot \sin\varphi - l \cdot \dot{\psi}^2 \cdot \sin\psi + l \cdot \ddot{\psi} \cdot \cos\psi = \ddot{y}_B \end{cases} \tag{7}$$

Din prima ecuaţie a sistemului (7) se calculează acceleraţia unghiulară $\ddot{\psi}$, (conform relaţiei 8), iar din a doua ecuaţie a sistemului (7) se determină acceleraţia liniară a pistonului, $\ddot{y}_B$, (relaţia 9).

$$\ddot{\psi} = -\frac{r \cdot \dot{\varphi}^2 \cdot \cos\varphi + l \cdot \dot{\psi}^2 \cdot \cos\psi}{l \cdot \sin\psi} \tag{8}$$

$$\ddot{y}_B = l \cdot \ddot{\psi} \cdot \cos\psi - r \cdot \dot{\varphi}^2 \cdot \sin\varphi - l \cdot \dot{\psi}^2 \cdot \sin\psi \tag{9}$$

Unghiul α se exprimă în funcţie de unghiul ψ, conform expresiei (10):

$$\alpha = \psi - 90 \tag{10}$$

Legăturile între funcţiile trigonometrice de bază ale acestor unghiuri se exprimă prin relaţiile sistemului (11).

$$\begin{cases} \cos\alpha = \sin\psi \\ \sin\alpha = -\cos\psi \end{cases} \tag{11}$$

Sinusul unghiului α, $\sin\alpha$, se exprimă cu ajutorul relaţiei (2) şi a celei de a doua egalităţi din sistemul (11), obţinându-se relaţia de forma (12).

$$\sin\alpha = \frac{e + r\cdot\cos\varphi}{l} \tag{12}$$

Viteza pistonului capătă forma (13), [1].

$$\begin{aligned} v_B &= \dot{y}_B = r\cdot\dot{\varphi}\cdot\cos\varphi + l\cdot\dot{\psi}\cdot\cos\psi = \\ &= r\cdot\dot{\varphi}\cdot\cos\varphi - \frac{r\cdot\dot{\varphi}\cdot\sin\varphi\cdot\cos\psi}{\sin\psi} = \\ &= \frac{r\cdot\dot{\varphi}}{\sin\psi}\cdot(\cos\varphi\cdot\sin\psi - \sin\varphi\cdot\cos\psi) = \\ &= r\cdot\dot{\varphi}\cdot\frac{\sin(\psi-\varphi)}{\sin\psi} = r\cdot\omega\cdot\frac{\sin(\psi-\varphi)}{\sin\psi} \\ v_B &= r\cdot\omega\cdot\frac{\sin(\psi-\varphi)}{\sin\psi} \end{aligned} \tag{13}$$

2.1.2. Determinarea randamentului mecanic al sistemului bielă manivelă piston, atunci când acesta lucrează în regim de motor, fiind acţionat de către piston

Mecanismul bielă manivelă piston lucrează în regim de motor pe perioada unui singur timp din cei patru (sau din cei doi) timpi ai ciclului energetic al mecanismului utilizat la motoarele termice de tip Otto sau Diesel în patru timpi (sau respectiv la motoarele în doi timpi ori de tip Stirling). Timpul motor are o deplasare corespunzătoare a manivelei de circa 180 grade sexazecimale (aproximativ π radieni), când pistonul se mişcă de la punctul mort apropiat către punctul mort depărtat (deci atunci când pistonul se mişcă între două poziţii extreme ale sale, dar în mod obligatoriu de la volumul minim către volumul maxim al spaţiului de lucru al cilindrului respectiv – a se vedea figura 2), manivela plecând de la poziţia a (în prelungire cu biela) şi ajungând în poziţia b (suprapusă peste bielă); acesta este timpul motor al ciclului energetic.

La motoarele de tip Otto, sau Diesel ciclul energetic conţine două cicluri cinematice (este marele dezavantaj al acestor motoare), pe când la motoarele Lenoir, Stirling, Wankel, Atkinson ciclul energetic se suprapune cu cel cinematic (marele avantaj al acestor motoare) [1].

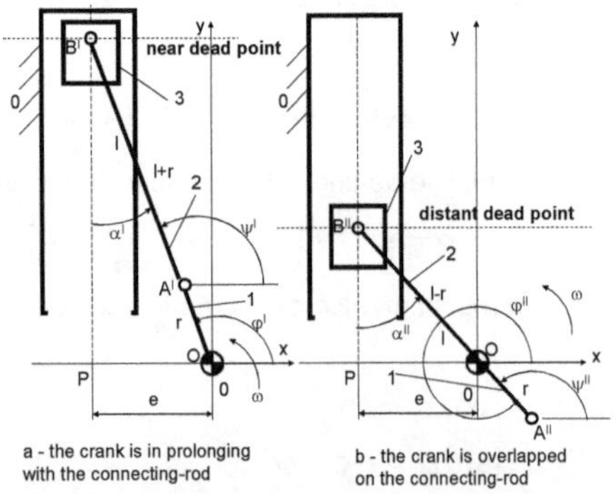

Fig. 2. *Schemele cinematice ale mecanismului motor în poziţiile extreme; a) când manivela este în prelungirea bielei, b) când manivela se suprapune peste bielă*

Pentru a determina randamentul mecanismului bielă manivelă piston atunci când lucrează pe post de motor, este necesară determinarea distribuţiei forţelor din mecanism mergând de la piston către manivelă (a se urmări figura 3).

Forţa motoare, consumată, (forţa de intrare) F_m, se divide în două componente: 1) F_n – forţa normală (orientată în lungul bielei); 2) F_τ – forţa tangenţială (perpendiculară în B, pe bielă); a se vedea sistemul (14); (în figura 3 ω este negativ, manivelei imprimându-i-se o rotaţie orară).

$$\begin{cases} F_n = F_m \cdot \cos\alpha = F_m \cdot \sin\psi \\ F_\tau = F_m \cdot \sin\alpha = -F_m \cdot \cos\psi \end{cases} \quad (14)$$

F_n este singura forţă ce se transmite prin intermediul bielei (dea lungul ei) de la B la A (deoarece bara are mişcarea ei caracteristică, generală, de bielă, de roto-translaţie, neavând nici o legătură directă la batiu; când bara are o legătură, o cuplă la elementul fix, ea se transformă din bielă în balansier, şi va putea transmite numai moment; al treilea caz posibil este cel al unei bare ce glisează într-un cilindru care are şi o cuplă de rotaţie cu batiul, realizându-se o cuplă multiplă de rotaţie şi translaţie, caz în care bara va avea o mişcare de bielă transmiţând prin ea dea lungul ei o forţă, dar va exista şi o mişcare de rotaţie în jurul cuplei cu batiul transmiţându-se astfel şi moment).

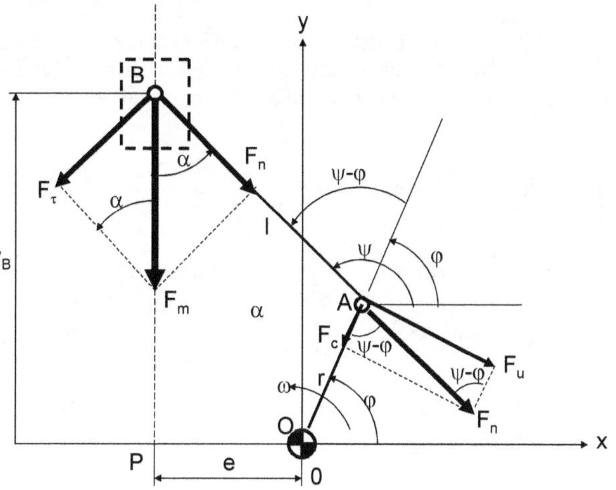

Fig. 3. *Forţele din mecanismul bielă manivelă piston, când puterea (forţa motoare) se transmite de la piston spre manivelă*

În A, forţa F_n se divide şi ea în două componente: 1. F_u – forţa utilă care este perpendiculară pe manivelă; şi 2. F_c – forţa de compresie sau de întindere, care acţionează în lungul manivelei. A se vedea sistemul (15).

$$\begin{cases} F_u = F_n \cdot \sin(\psi - \varphi) = F_m \cdot \sin\psi \cdot \sin(\psi - \varphi) \\ F_c = F_n \cdot \cos(\psi - \varphi) = F_m \cdot \sin\psi \cdot \cos(\psi - \varphi) \end{cases} \quad (15)$$

Puterea utilă P_u, se poate scrie sub forma (16):

$$P_u = F_u \cdot v_A = F_u \cdot r \cdot \omega = F_m \cdot r \cdot \omega \cdot \sin\psi \cdot \sin(\psi - \varphi) \quad (16)$$

Puterea consumată P_c, capătă forma din expresia (17):

$$P_c = F_m \cdot v_B = F_m \cdot r \cdot \omega \cdot \frac{\sin(\psi - \varphi)}{\sin\psi} \quad (17)$$

Randamentul mecanic instantaneu η_i, se poate exprima cu ajutorul relaţiei (18):

$$\eta_i = \frac{P_u}{P_c} = \frac{F_m \cdot r \cdot \omega \cdot \sin\psi \cdot \sin(\psi - \varphi)}{F_m \cdot r \cdot \omega \cdot \sin(\psi - \varphi) \cdot \frac{1}{\sin\psi}} = \sin^2\psi = \cos^2\alpha = 1 - \frac{(e + r \cdot \cos\varphi)^2}{l^2} \quad (18)$$

Pentru a calcula randamentul mecanic η, se poate integra expresia randamentului instantaneu η_i, de la punctul mort apropiat până la punctul mort îndepărtat, de la φ^{I} la φ^{II} (figura 2, sistemul 19).

$$\begin{cases} \varphi^{I} \equiv \varphi_i = \pi - a\cos(\frac{e}{l + r}) \\ \varphi^{II} \equiv \varphi_f = 2 \cdot \pi - a\cos(\frac{e}{l - r}) \end{cases} \quad (19)$$

Se poate determina mai simplu randamentul mecanic plecând tot de la sistemul (18) dar utilizând nu variabila φ cu limitele date de (19), ci variabila α, când se cunosc (sau se pot determina) valorile extreme ale unghiului α, α_M şi α_m (relaţiile 20-22).

$$\begin{aligned} \eta &= \frac{1}{\Delta\alpha} \cdot \int_{\alpha_m}^{\alpha_M} \eta_i \cdot d\alpha = \frac{1}{\Delta\alpha} \int_{\alpha_m}^{\alpha_M} \cos^2\alpha \cdot d\alpha = \frac{1}{\Delta\alpha} \int_{\alpha_m}^{\alpha_M} \frac{\cos(2 \cdot \alpha) + 1}{2} \cdot d\alpha = \\ &= \frac{1}{2 \cdot \Delta\alpha} \int_{\alpha_m}^{\alpha_M} (\cos(2\alpha) + 1) \cdot d\alpha = \frac{1}{2 \cdot \Delta\alpha} \cdot [\frac{1}{2} \cdot \sin(2 \cdot \alpha) + \alpha]_{\alpha_m}^{\alpha_M} = \\ &= \frac{1}{2 \cdot \Delta\alpha} [\frac{\sin(2\alpha_M) - \sin(2\alpha_m)}{2} + \Delta\alpha] = \frac{\sin(2 \cdot \alpha_M) - \sin(2 \cdot \alpha_m)}{4 \cdot \Delta\alpha} + 0.5 = \\ &= \frac{\sin(2 \cdot \alpha_M) - \sin(2 \cdot \alpha_m)}{4 \cdot (\alpha_M - \alpha_m)} + 0.5 = 0.5 + \frac{\sin\alpha_M \cos\alpha_M - \sin\alpha_m \cos\alpha_m}{2 \cdot (\alpha_M - \alpha_m)} \end{aligned} \quad (20)$$

$$\begin{aligned} &Pentru \quad l > r + e \Rightarrow \alpha_M = \arcsin\left(\frac{r + e}{l}\right) \\ &Pentru \quad r > e \Rightarrow \alpha_m = 0 \end{aligned} \quad (21)$$

Dezaxarea e reduce randamentul, astfel încât se va lua e=0.

$$\begin{aligned} &Pentru \quad \lambda \le 0,1(6) \Rightarrow \eta \ge 0,99 \equiv 99\%; \\ &Pentru \quad \lambda = 0,(3) \Rightarrow \eta = 0,962 \equiv 96,2\%; \\ &Pentru \quad \lambda = 0,5 \Rightarrow \eta = 0,913 \equiv 91,3\% \end{aligned} \quad (22)$$

Se poate adopta un raport r/l=λ suficient de mic astfel încât să se realizeze la mecanismul motor un randament convenabil. Cum în mod obişnuit λ este ales constructiv mai mic de 0,3 automat randamentul mecanic al mecanismului motor (mecanismul bielă manivelă piston în timpul motor) este mai mare de 96%, cu condiţia ca dezaxarea e să fie zero. Mecanismul bielă manivelă piston, atunci când lucrează în regim motor, are un randament mecanic foarte bun (foarte ridicat) [1].

2.1.3. Determinarea randamentului mecanic al sistemului bielă manivelă piston, atunci când acţionarea lui se face dinspre manivelă

Mecanismul (sistemul) bielă manivelă piston lucrează ca mecanism motor (cu acţionarea de la piston), aşa cum am arătat într-un singur timp, o singură cursă în cadrul unui ciclu energetic, ceilalţi unu sau respectiv trei timpi fiind timpi de lucru în regim manivelă (cu acţionarea de la manivelă – de la arborele cotit).

La motoarele de tip Otto sau Diesel în doi timpi, sau la motoarele în patru timpi de tip Stirling sau rotative (Wankel, Atkinson nou, etc), la care ciclul energetic coincide cu cel cinematic (360 deg), există doar două curse (dacă e vorba de motoarele cu cilindri; în doi timpi sau în patru timpi Stirling), una fiind motoare şi alta fiind cu acţionare de la manivelă la motoarele în doi timpi, iar la motoarele în patru timpi de tip Stirling ambele curse fiind motoare (acesta este în fapt avantajul cel mai mare al motoarelor de tip Stirling), în vreme ce la motoarele rotative toate funcţiile se produc pe parcursul unei rotaţii complete, fără a mai putea discuta de cilindrii şi de cursa lor, ori de aspectul curselor, aici punându-se problema cât din unghiul total (360 deg=2π) de rotaţie a manivelei (a motorului) este timp motor sau nu.

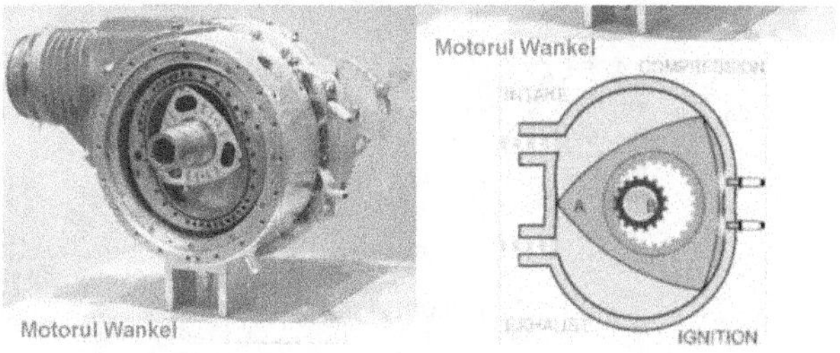

Fig. 4. *La un motor rotativ Wankel, forţele din timpul motor care acţionează imediat după aprindere tind să mişte rotorul în ambele părţi, apăsarea iniţială fiind egală pe ambele părţi*

De exemplu la Wankel, rotaţia pe perioada timpului motor are o mare parte din ea cu timpi morţi în care presiunea motoare apasă în ambele sensuri, puterea motoare pierzându-se inutil (ca şi cum ar apăsa pe un balansoar în ambele sensuri simultan), iar mecanismul mişcându-se până când iese din zona respectivă la fel ca şi pe perioadele (zonele) nemotoare fiind acţionat de inerţie, primind puterea dinspre manivelă (deci în plin timp motor puterea motoare se anihilează singură apăsând pe ambele părţi ale scrânciobului rotor, iar mecanismul este acţionat de către manivelă şi de forţele de inerţie), lucru ce face ca deşi randamentul teoretic al unui Wankel să ajungă la valori foarte ridicate, randamentul real al lui să fie mai scăzut. În figura 4 se poate urmări un motor rotativ Wankel, în momentul aprinderii. După ieşirea din poziţia de echilibru puterea care mişcă în sensul de rotaţie devine mai mare decât cea care apasă în sens invers, însă diferenţa dintre ele este încă mică mult timp, aducând un prejudiciu conceptual, însăşi ideii de mecanism motor (cu alte cuvinte, ingینereşte vorbind, motorul Wankel este un concept greşit).

Pentru corectarea situaţiei respective a fost inventat un motor rotativ modificat, cu zale (figura 5).

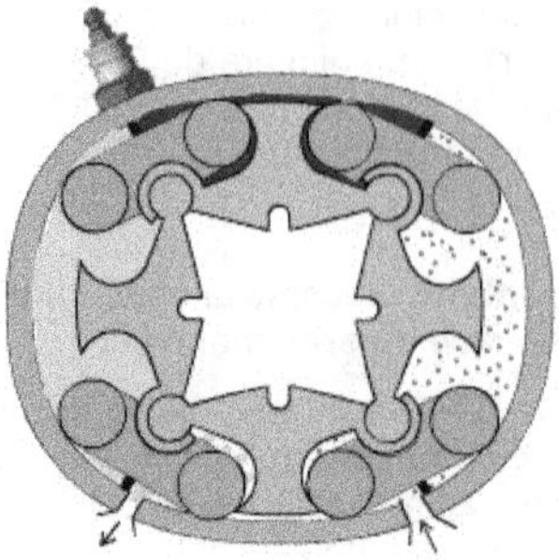

Fig. 5. *Motor rotativ modificat; sistemul de zale nu permite amestecului aprins să apese în ambele părţi; chiar şi aprinderea nu se mai face central ci pe lateral*

După ce trece de zona critică sistemul cu zale şi role se deschide (fig. 6) permiţând amestecului sub presiune să apese; apăsarea se face astfel unisens (totuşi sistemul rotativ cu zale şi role nu pare să fie soluţia cea mai potrivită pentru un sistem rotativ).

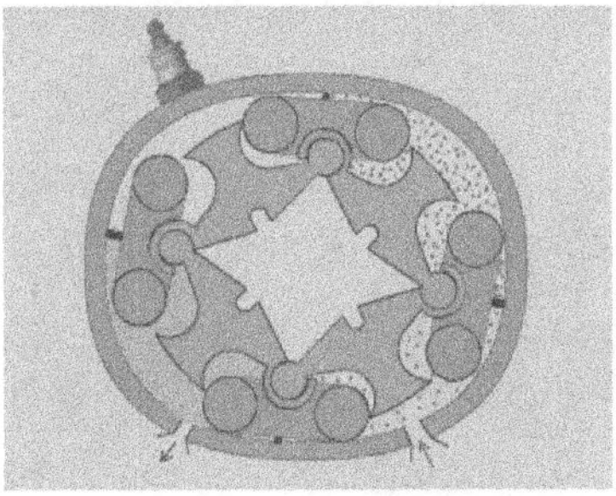

Fig. 6. *Motor rotativ modificat*

Mult mai interesant este (din acest punct de vedere) motorul Atkinson nou rotativ, care lucrează (rezolvă problemele) prin asimetrie (fig. 7).

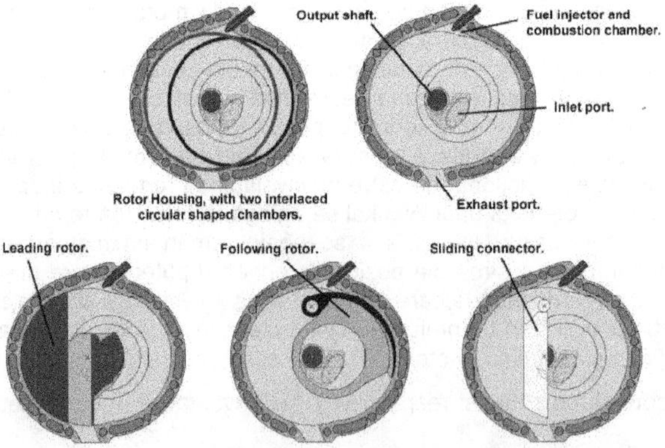

Fig. 7. *Motor Atkinson nou rotativ*

La motoarele cu cilindru (cilindri) în doi timpi, unul din timpi este motor, iar în celălalt timp motorul este acţionat de la manivelă. Motoarele în patru timpi cu cilindru (cilindri) excepţie făcând Stirlingul, au un singur timp motor din cei patru, toţi ceilalţi trei timpi fiind cu acţionare de la manivelă, fapt care reduce mult randamentul acestor motoare, deoarece randamentul mecanic la acţionarea de la manivelă este de circa două ori mai mic decât cel al unui timp motor efectiv, aşa cum se va vedea imediat.

Sub acest aspect motorul cu cilindru (cilindrii) în patru timpi, de tip Stirling este cel mai avantajat, el fiind acţionat în permanenţă de la piston (având astfel în permanenţă o acţionare motoare, cu randament maxim).

Din acest motiv el are o caracteristică de sarcină mai ciudată, care se spune că nu ar fi propice utilizării la automobile (motoarele acţionate mai mult de la manivelă, adică de la arborele cotit, deşi au randamentul mecanic mai redus, au o funcţionare mult mai stabilă, şi răspund rapid la schimbările regimurilor de lucru cerute de un autovehicul, în special datorită ajutorului inerţial mare al arborelui, la care se adaugă şi volantul; acest tip de motoare sunt mai „nervoase" adică mai dinamice).

Acest lucru poate fi însă corectat cu uşurinţă şi la motoarele Stirling (de randament ridicat) prin utilizarea mai multor cilindrii simultan, prinşi pe acelaşi arbore (motor Stirling cu mai mulţi cilindri), arborele având o inerţie mare, care mai poate fi sporită şi printr-un volant.

Chiar dacă cilindrii lucrează mai tot timpul în regimuri motoare, ei sunt legaţi în permanenţă la arborele de ieşire care trebuie să aibă constructiv o inerţie foarte mare, mişcarea la ieşirea din motor fiind culeasă de la arbore.

În continuare se va studia sistemul manivelă bielă piston, în situaţia când el este acţionat de la manivelă (dinspre arborele cotit; a se urmări figura 8).

Se determină repartiţia forţelor, iar pe baza lor şi a vitezelor cunoscute deja se vor putea calcula puterile şi randamentul mecanic al sistemului.

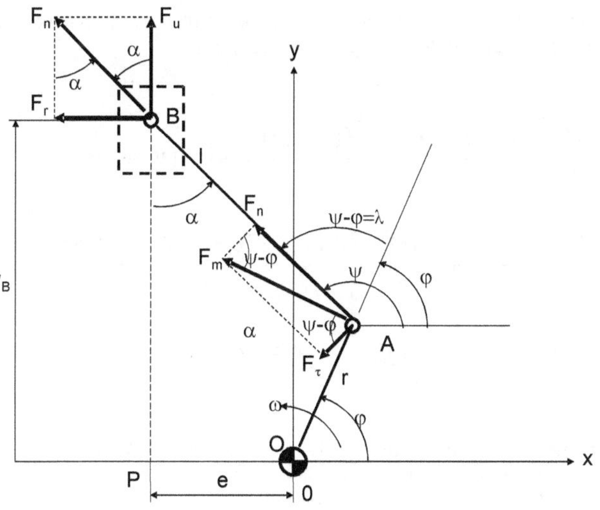

Fig. 8. *Forţele dintr-un sistem bielă manivelă piston, când acţionarea lui se face dinspre manivelă*

Forţa de intrare, de acţionare (forţa motoare consumată), F_m, perpendiculară în A pe manivela OA (r), se divide în două componente: 1. F_n – forţa normală, care reprezintă componenta activă, singura componentă transmisă de la cupla A către cupla B prin intermediul bielei (la care forţele se transmit doar în lungul ei); 2. F_τ – forţa tangenţială, forţă care deşi nu se transmite prin bielă poate s-o rotească şi s-o deformeze elastic în acelaşi timp (încovoiere); ecuaţiile prin care se determină cele două componente sunt date de sistemul (23).

$$\begin{cases} F_n = F_m \cdot \sin(\psi - \varphi) \\ F_\tau = F_m \cdot \cos(\psi - \varphi) \end{cases} \tag{23}$$

În cupla B, forţa transmisă F_n, se divide la rândul ei în două componente: 1. F_u – forţa utilă; 2. F_r – o forţă normală pe axa de ghidare (axa ghidajului); a se vedea sistemul de ecuaţii (24).

$$\begin{cases} F_u = F_n \cdot \cos\alpha = F_n \cdot \sin\psi = F_m \cdot \sin(\psi - \varphi) \cdot \sin\psi \\ F_r = F_n \cdot \sin\alpha = -F_n \cdot \cos\psi = -F_m \cdot \sin(\psi - \varphi) \cdot \cos\psi \end{cases} \tag{24}$$

Puterea utilă se poate scrie sub forma (25), iar cea consumată îmbracă forma (26).

$$P_u = F_u \cdot v_B = F_m \cdot \sin(\psi - \varphi) \cdot \sin\psi \cdot \frac{r\omega \sin(\psi - \varphi)}{\sin\psi} = \tag{25}$$

$$= F_m \cdot r \cdot \omega \cdot \sin^2(\psi - \varphi)$$

$$P_c = F_m \cdot v_A = F_m \cdot r \cdot \omega \tag{26}$$

Randamentul mecanic instantaneu al sistemului bielă manivelă piston acţionat dinspre manivelă se poate determina cu relaţia (27), [1].

$$\eta_i = \frac{P_u}{P_c} = \frac{F_m \cdot r \cdot \omega \cdot \sin^2(\psi - \varphi)}{F_m \cdot r \cdot \omega} = \sin^2(\psi - \varphi) =$$

$$= \frac{[\sqrt{l^2 - (e + r \cdot \cos\varphi)^2} \cdot \cos\varphi + (e + r \cdot \cos\varphi) \cdot \sin\varphi]^2}{l^2} \tag{27}$$

$$\eta_i = \sin^2\lambda \quad (cu \quad notatia \quad \lambda = \psi - \varphi)$$

Pentru determinarea randamentului mecanic al sistemului acţionat de la arborele cotit ar fi dificil de integrat expresia de mijloc din sistemul (27) când variabila de integrare este unghiul φ (integrarea fiind posibilă doar prin metode aproximative, fapt ce nu ar permite obţinerea unei expresii finale).

Utilizând ca variabile unghiurile ψ şi φ, relaţia de integrat (prima parte a sistemului 27) se simplifică. Însă şi mai uşoară este integrarea relaţiei (27) de jos, când avem o singură variabilă, λ (relaţia 28).

$$\eta = \frac{1}{\Delta\lambda} \cdot \int_{\lambda_m}^{\lambda_M} \eta_i \cdot d\lambda = \frac{1}{\Delta\lambda} \int_{\lambda_m}^{\lambda_M} \sin^2 \lambda \cdot d\lambda = \frac{1}{\Delta\lambda} \int_{\lambda_m}^{\lambda_M} \frac{1-\cos(2\cdot\lambda)}{2} \cdot d\lambda =$$

$$= \frac{1}{2\cdot\Delta\lambda} \int_{\lambda_m}^{\lambda_M} (1-\cos(2\lambda)) \cdot d\lambda = \frac{1}{2\cdot\Delta\lambda} \cdot [\lambda - \frac{1}{2} \cdot \sin(2\cdot\lambda)]_{\lambda_m}^{\lambda_M} = \quad (28)$$

$$= \frac{1}{2\cdot\Delta\lambda} [\Delta\lambda - \frac{\sin(2\lambda_M)-\sin(2\lambda_m)}{2}] = \frac{1}{2} - \frac{\sin(2\cdot\lambda_M)-\sin(2\cdot\lambda_m)}{4\cdot\Delta\lambda} =$$

$$= 0{,}5 - \frac{\sin(2\cdot\lambda_M)-\sin(2\cdot\lambda_m)}{4\cdot(\lambda_M-\lambda_m)} = 0{,}5 - \frac{\sin\lambda_M \cdot \cos\lambda_M - \sin\lambda_m \cdot \cos\lambda_m}{2\cdot(\lambda_M-\lambda_m)}$$

Aşa cum rezultă din relaţiile finale (28) randamentul mecanic al sistemului bielă manivelă piston acţionat de la arborele cotit (arborele motor) nu poate depăşi valoarea maximă de 50%.

Deci, cum la o proiectare optimă randamentul sistemului bielă manivelă piston acţionat de la piston se apropie de 100%, iar cel al sistemului acţionat de la manivelă (arborele motor) se situează sub valoarea de 50%, rezultă că cel mai bun sistem cu cilindri este cel care este acţionat permanent de la piston, adică motorul Stirling.

La un motor stirling randamentul mecanic pe tot ciclul energetic (care coincide cu ciclul cinematic) este de circa 80-99,9% în funcţie de modul de proiectare. Randamentul termic (al ciclului Carnot) pentru o funcţionare optimă la temperaturi ridicate (aşa cum s-a văzut în cadrul primului capitol) ajunge la 55-65%.

Rezultă de aici că randamentul total (final) al unui Stirling bine proiectat, cu sursă caldă având temperaturi ridicate, atinge valori cuprinse între 44% şi 65%, cea ce înseamnă foarte mult. Nici un alt motor termic nu mai atinge asemenea valori.

Deoarece unii spun că Stirlingul are randamente mai mici decât Otto sau Diesel, iar alţii dimpotrivă că tocmai randamentul unui Stirling este punctul său forte, este cazul să facem în acest moment o discuţie mai în detaliu. Ce folos că Otto şi Diesel ating un randament termic de circa 65-75% comparativ cu numai 55-65% la motoarele Stirling, dacă randamentul final al unui motor reprezintă produsul dintre randamentul său termic şi cel mecanic, iar în privinţa randamentului mecanic un Stirling în patru timpi, bine proiectat, poate atinge teoretic 99,999% (adică practic 100%), în vreme ce un Diesel sau Otto în patru timpi, va realiza practic un randament mecanic de cel mult 56% [(3*45%+90%):4], astfel încât randamentul total (final) al unui Otto sau Diesel va fi de numai circa 39% (56*70), cu mult sub cel maxim al unui Stirling, 65%. Să mai amintim că multă vreme motoarele Otto sau Diesel au funcţionat cu randamente finale de numai 12-20%, şi cu mare greutate s-au ridicat la randamente finale de 25-30%, în vreme ce motoarele Stirling atingeau 50-65%?

Totuşi motoarele în V sunt în stare să atingă randamente totale mai mari. Cu un randament mecanic de circa 70% şi unul termic maxim de 75%, un MOTOR Otto ori Diesel în V poate atinge un randament final de circa 52-53%.

Constructiv, trebuie adoptată o variantă de cilindru cu piston având cursa pistonului cât mai mică posibil, iar alezajul cât mai mare [2].

B2.1. Bibliografie

[1] Petrescu, F.I., Petrescu, R.V., *Determining the mechanical efficiency of Otto engine's mechanism,* Proceedings of International Symposium, SYROM 2005, Vol. I, p. 141-146, Bucharest, 2005.

[2] Petrescu, F.I., Petrescu, R.V., *Câteva elemente privind îmbunătăţirea designului mecanismului motor,* Proceedings of 8th National Symposium on GTD, Vol. I, p. 353-358, Brasov, 2003.

2.2. CINEMATICA DINAMICĂ LA SISTEMUL BIELĂ MANIVELĂ PISTON

Cinematica mecanismului bielă manivelă piston din figura 1 este în general cunoscută ea fiind rezolvată prin relaţiile (1-13).

$$\begin{cases} r\cdot\cos\varphi + l\cdot\cos\psi = -e \\ r\cdot\sin\varphi + l\cdot\sin\psi = y_B \end{cases} \tag{1}$$

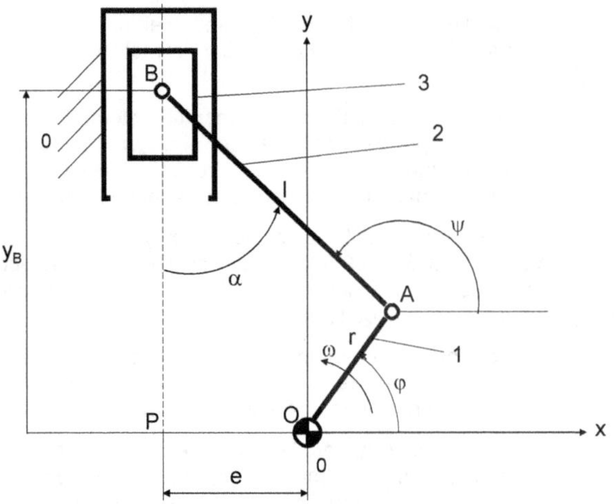

Fig. 1. *Schema cinematică a mecanismului bielă manivelă piston*

$$\cos\psi = -\frac{e + r\cdot\cos\varphi}{l} \tag{2}$$

$$s = y_B = r\cdot\sin\varphi + l\cdot\sin\psi \tag{3}$$

$$\begin{cases} -r\cdot\dot{\varphi}\cdot\sin\varphi - l\cdot\dot{\psi}\cdot\sin\psi = 0 \\ r\cdot\dot{\varphi}\cdot\cos\varphi + l\cdot\dot{\psi}\cdot\cos\psi = \dot{y}_B \end{cases} \tag{4}$$

$$\dot{\psi} = -\frac{r\cdot\sin\varphi}{l\cdot\sin\psi}\cdot\dot{\varphi} \tag{5}$$

$$\dot{y}_B = r\cdot\dot{\varphi}\cdot\cos\varphi + l\cdot\dot{\psi}\cdot\cos\psi \tag{6}$$

$$\begin{cases} -r\cdot\dot{\varphi}^2\cdot\cos\varphi - l\cdot\dot{\psi}^2\cdot\cos\psi - l\cdot\ddot{\psi}\cdot\sin\psi = 0 \\ -r\cdot\dot{\varphi}^2\cdot\sin\varphi - l\cdot\dot{\psi}^2\cdot\sin\psi + l\cdot\ddot{\psi}\cdot\cos\psi = \ddot{y}_B \end{cases} \tag{7}$$

$$\ddot{\psi} = -\frac{r\cdot\dot{\varphi}^2\cdot\cos\varphi + l\cdot\dot{\psi}^2\cdot\cos\psi}{l\cdot\sin\psi} \tag{8}$$

$$\ddot{y}_B = l\cdot\ddot{\psi}\cdot\cos\psi - r\cdot\dot{\varphi}^2\cdot\sin\varphi - l\cdot\dot{\psi}^2\cdot\sin\psi \quad (9)$$

$$\alpha = \psi - 90 \quad (10)$$

$$\begin{cases}\cos\alpha = \sin\psi \\ \sin\alpha = -\cos\psi\end{cases} \quad (11)$$

$$\sin\alpha = \frac{e + r\cdot\cos\varphi}{l} \quad (12)$$

$$\begin{aligned}
v_B &= \dot{y}_B = r\cdot\dot{\varphi}\cdot\cos\varphi + l\cdot\dot{\psi}\cdot\cos\psi = \\
&= r\cdot\dot{\varphi}\cdot\cos\varphi - \frac{r\cdot\dot{\varphi}\cdot\sin\varphi\cdot\cos\psi}{\sin\psi} = \\
&= \frac{r\cdot\dot{\varphi}}{\sin\psi}\cdot(\cos\varphi\cdot\sin\psi - \sin\varphi\cdot\cos\psi) = \\
&= r\cdot\dot{\varphi}\cdot\frac{\sin(\psi-\varphi)}{\sin\psi} = r\cdot\omega\cdot\frac{\sin(\psi-\varphi)}{\sin\psi}
\end{aligned} \quad (13)$$

$$v_B = r\cdot\omega\cdot\frac{\sin(\psi-\varphi)}{\sin\psi}$$

În cinematica dinamică vitezele (dinamice) se aliniază pe direcţia forţelor aşa cum este firesc, astfel încât ele nu mai coincid mereu cu vitezele cinematice impuse de legăturile (cuplele) mecanismului (vezi fig. 2). Apar astfel vitezele dinamice datorate forţelor, viteze ce constituie cinematica dinamică (nu se ţine cont şi de influenţa forţelor de inerţie, influenţă care determină aspectul dinamic final al vitezelor).

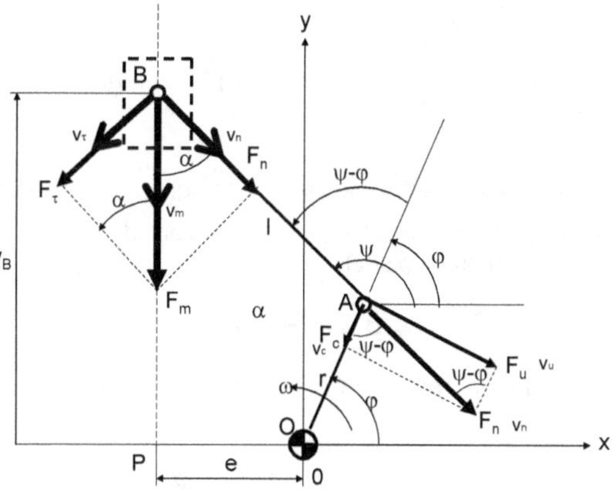

Fig. 2. *Forţele şi vitezele dinamice din mecanismul bielă manivelă piston, când puterea se transmite de la piston spre manivelă*

Cinematica dinamică [1] reprezintă deci studiul cinematic al deplasărilor, vitezelor şi acceleraţiilor rezultate datorită orientării în funcţionare a vitezelor după direcţia forţelor. Se obţin cu uşurinţă expresiile vitezelor din cinematica dinamică, se derivează în raport cu timpul pentru a se determina expresiile acceleraţiilor din cinematica dinamică, iar pentru obţinerea deplasărilor corespunzătoare se integrează expresiile vitezelor. Determinarea deplasărilor din cinematica dinamică devine din acest motiv ceva mai dificilă.

Pentru început se vor determina vitezele din cinematica dinamică pentru mecanismul bielă manivelă piston acţionat de la piston (fig. 2).

Putem scrie relaţiile:

$$v_B = v_m \tag{14}$$

$$v_n = v_m \cdot \cos\alpha = v_m \cdot \sin\psi \tag{15}$$

$$v_u = v_n \cdot \sin(\psi - \varphi) = v_m \cdot \sin\psi \cdot \sin(\psi - \varphi) \tag{16}$$

Dorim să aflăm şi randamentul dinamic, mai precis randamentul mecanic instantaneu atunci când mecanismul are regimuri dinamice, iar vitezele sunt cele din cinematica dinamică, acţionarea mecanismului fiind de tip motor adică dinspre piston.

Forţa utilă se determină cu relaţia (17) prezentată în cadrul capitolului anterior.

$$F_u = F_n \cdot \sin(\psi - \varphi) = F_m \cdot \sin\psi \cdot \sin(\psi - \varphi) \tag{17}$$

Puterea utilă se scrie în acest caz sub forma 18.

$$\begin{aligned} P_u &= F_u \cdot v_u = F_m \cdot \sin\psi \cdot \sin(\psi - \varphi) \cdot v_m \cdot \sin\psi \cdot \sin(\psi - \varphi) = \\ &= F_m \cdot v_m \cdot \sin^2\psi \cdot \sin^2(\psi - \varphi) \end{aligned} \tag{18}$$

Expresia puterii consumate este cea dată de relaţia 19.

$$P_c = F_m \cdot v_m \tag{19}$$

Putem determina acum randamentul dinamic, mai precis randamentul mecanic instantaneu dinamic (relaţia 20).

$$\eta_i^{DM} = \frac{P_u}{P_c} = \sin^2\psi \cdot \sin^2(\psi - \varphi) = \eta_i \cdot D^M \tag{20}$$

Unde η_i este randamentul mecanic instantaneu al mecanismului bielă manivelă piston acţionat dinspre piston, iar D^M este un coeficient dinamic, care pentru mecanismul bielă manivelă piston acţionat de piston (în regim **M**otor) are expresia 21.

$$D^M = \sin^2(\psi - \varphi) = \sin^2(\varphi - \psi) \tag{21}$$

În acest caz să ne reamintim faptul că randamentul mecanic instantaneu are expresia 22.

$$\eta_i = \sin^2\psi \tag{22}$$

Trebuie remarcat că randamentul dinamic este tocmai produsul dintre randamentul cunoscut, simplu (cinematic) şi coeficientul dinamic (relaţia 23).

$$\eta_i^{DM} = \eta_i \cdot D^M \qquad (23)$$

Se cunoaşte expresia cinematică a vitezei punctului B (relaţia 24).

$$v_m \equiv v_B = v_A \cdot \frac{\sin(\psi - \varphi)}{\sin\psi} \qquad (24)$$

Cu relaţia 24 introdusă în formula 16, viteza v_u capătă forma 25.

$$\begin{aligned} v_u &= v_n \cdot \sin(\psi - \varphi) = v_m \cdot \sin\psi \cdot \sin(\psi - \varphi) = \\ &= v_A \cdot \frac{\sin(\psi - \varphi)}{\sin\psi} \cdot \sin\psi \cdot \sin(\psi - \varphi) = v_A \cdot \sin^2(\psi - \varphi) \equiv \qquad (25) \\ &\equiv v_A^D = v_A \cdot D \end{aligned}$$

$$D^M = \sin^2(\psi - \varphi) \qquad (26)$$

Se obţine de aici (din cinematica dinamică) expresia coeficientului dinamic D^M al mecanismului bielă manivelă piston acţionat de la piston (relaţia 26), observând că ea este identică cu expresia 21 unde coeficientul dinamic a fost determinat pe baza calculului randamentului dinamic instantaneu. Se verifică astfel unicitatea coeficientului dinamic pentru acelaşi mecanism acţionat în acelaşi mod. Pentru a definitiva această nouă teorie urmează să se determine în continuare şi coeficientul dinamic al mecanismului bielă manivelă piston acţionat de la manivelă (în regim de Compresor).

În figura 3 se poate observa transmiterea vitezelor aliniate forţelor, fapt ce se produce în cinematica dinamică.

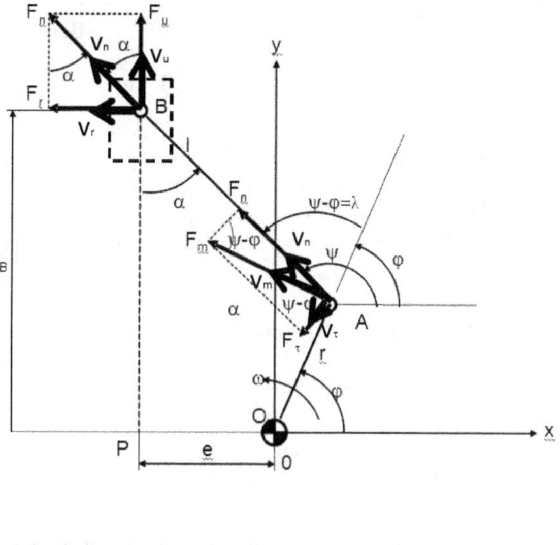

Fig. 3. *Forţele şi vitezele dinamice dintr-un sistem bielă manivelă piston, când acţionarea lui se face dinspre manivelă*

Forţa de intrare F_m şi viteza de intrare v_m se descompun generând şi componenta din lungul bielei F_n respectiv v_n. Forţele sunt cele reale care acţionează asupra mecanismului, iar aceste viteze cinemato-dinamice sunt cele fireşti care urmează traiectoriile (direcţiile) impuse de forţe. În general ele reuşesc să se suprapună şi impună peste vitezele cinematice (statice) cunoscute, care se calculează pe baza legăturilor impuse de cuplele cinematice ale mecanismului (în funcţie de lanţul cinematic). Se pot scrie pentru viteze relaţiile 27.

$$\begin{cases} v_B = v_A \cdot \dfrac{\sin(\psi-\varphi)}{\sin\psi}; \quad v_B^D = v_B \cdot D^C = v_A \cdot \dfrac{\sin(\psi-\varphi)}{\sin\psi} \cdot D^C \\ v_u = v_n \cdot \cos\alpha = v_n \cdot \sin\psi = v_m \cdot \sin\psi \cdot \sin(\psi-\varphi) = \\ = v_A \cdot \sin\psi \cdot \sin(\psi-\varphi) \\ v_u = v_B^D \Rightarrow v_A \cdot \sin\psi \cdot \sin(\psi-\varphi) = v_A \cdot \dfrac{\sin(\psi-\varphi)}{\sin\psi} \cdot D^C \Rightarrow \\ \Rightarrow D^C = \sin^2\psi \end{cases} \tag{27}$$

Pentru forţe, puteri şi randamente se scriu următoarele relaţii.

$$\begin{cases} F_n = F_m \cdot \sin(\psi-\varphi) \\ F_\tau = F_m \cdot \cos(\psi-\varphi) \end{cases} \tag{28}$$

$$\begin{cases} F_u = F_n \cdot \cos\alpha = F_n \cdot \sin\psi = F_m \cdot \sin(\psi-\varphi) \cdot \sin\psi \\ F_r = F_n \cdot \sin\alpha = -F_n \cdot \cos\psi = -F_m \cdot \sin(\psi-\varphi) \cdot \cos\psi \end{cases} \tag{29}$$

$$\begin{cases} P_u = F_u \cdot v_B = F_m \cdot \sin(\psi-\varphi) \cdot \sin\psi \cdot \dfrac{r \cdot \omega \cdot \sin(\psi-\varphi)}{\sin\psi} = \\ = F_m \cdot r \cdot \omega \cdot \sin^2(\psi-\varphi) = F_m \cdot v_A \cdot \sin^2(\psi-\varphi) \end{cases} \tag{30}$$

$$P_c = F_m \cdot v_A = F_m \cdot r \cdot \omega \tag{31}$$

$$\eta_i = \frac{P_u}{P_c} = \frac{F_m \cdot v_A \cdot \sin^2(\psi-\varphi)}{F_m \cdot v_A} = \sin^2(\psi-\varphi) \tag{32}$$

$$\begin{cases} P_u^D = F_u \cdot v_B^D = F_m \cdot \sin(\psi-\varphi) \cdot \sin\psi \cdot v_A \cdot \sin\psi \cdot \sin(\psi-\varphi) = \\ = F_m \cdot r \cdot \omega \cdot \sin^2(\psi-\varphi) \cdot \sin^2\psi = F_m \cdot v_A \cdot \sin^2(\psi-\varphi) \cdot \sin^2\psi \end{cases} \tag{33}$$

$$\begin{aligned} \eta_i^{DC} &= \frac{P_u^D}{P_c} = \frac{F_m \cdot v_A \cdot \sin^2\psi \cdot \sin^2(\psi-\varphi)}{F_m \cdot v_A} = \\ &= \sin^2(\psi-\varphi) \cdot \sin^2\psi = \eta_i \cdot D^C \end{aligned} \tag{34}$$

Prima concluzie care se poate trage este că randamentul mecanic instantaneu dinamic (care este mai apropiat de cel real al mecanismului) este mai mic decât cel mecanic obişnuit, deoarece randamentul dinamic este chiar randamentul mecanic clasic multiplicat cu coeficientul dinamic care fiind subunitar rezultă că randamentul dinamic va fi mai mic sau cel mult egal cu cel clasic.

În plus randamentul dinamic fiind acelaşi şi la acţionarea de la manivelă şi pentru acţionarea de tip motor de la piston, va avea aceeaşi valoare indiferent de tipul acţionării. Randamentul dinamic este practic uniformizat, însă nu toate regimurile de funcţionare ale motoarelor termice sunt complet dinamice. Acest fapt face ca randamentul mecanic real al motorului Stirling sau al motorului termic în doi timpi (Lenoir), să nu fie mult mai ridicat decât al motoarelor de tip Otto sau Diesel în patru timpi. Cu cât turaţiile de lucru sunt mai ridicate, regimurile de funcţionare devin aproape complet dinamice.

Astăzi utilizându-se turaţii de lucru mari şi foarte mari, motoarele termice în patru timpi cu ardere internă ating randamente comparabile cu cele ale motorului Stirling sau ale motoarelor în doi timpi. Cu cât regimurile de lucru au loc la turaţii mai crescute, avantajele Stirling sau Lenoir scad.

Deşi randamentul mecanic dinamic (cel mai apropiat de cel real) este practic calculat cu aceeaşi formulă indiferent de tipul acţionării, totuşi vitezele şi acceleraţiile dinamice în cuplele diferă în funcţie de modul acţionării, chiar şi pentru aceeaşi cuplă.

Astfel vitezele dinamice (în cinematica dinamică) ale punctului B se calculează cu relaţiile 35.

$$\begin{cases} Cazul\ A-\ când\ actionarea\ se\ face\ de\ la\ piston: \\ D^M = \sin^2(\psi-\varphi);\ \eta_i = \sin^2\psi;\ regim\ Motor \\ v_B^D = v_B \cdot D = v_A \cdot \dfrac{\sin(\psi-\varphi)}{\sin\psi} \cdot \sin^2(\psi-\varphi) = v_A \cdot \dfrac{\sin^3(\psi-\varphi)}{\sin\psi} \\ v_A^D = v_A \cdot D = r\cdot\omega\cdot\sin^2(\psi-\varphi) \\ \omega^D = \omega\cdot D = \omega\cdot\sin^2(\psi-\varphi) \\ \\ Cazul\ B-\ când\ actionarea\ se\ face\ de\ la\ manivelă: \\ D^C = \sin^2\psi;\ \eta_i = \sin^2(\psi-\varphi);\ regim\ Compresor \\ v_B^D = v_B\cdot D = v_A \cdot \dfrac{\sin(\psi-\varphi)}{\sin\psi}\cdot\sin^2\psi = v_A\cdot\sin(\psi-\varphi)\cdot\sin\psi \\ v_A^D = v_A\cdot D = r\cdot\omega\cdot\sin^2\psi \\ \omega^D = \omega\cdot D = \omega\cdot\sin^2\psi \end{cases} \tag{35}$$

Chiar dacă dinamic randamentul se uniformizează, vitezele şi acceleraţiile sunt mai line în acţionările de la manivelă şi mai ascuţite (şi cu vibraţii) pe perioada acţionării de la piston, astfel încât motoarele termice în patru timpi cu ardere internă sunt mai avantajoase din acest punct de vedere, urmate de cele în doi timpi (Lenoir), ultimile situându-se motoarele de tip Stirling.

Acceleraţiile dinamice se determină cu relaţiile 36, în care se derivează relaţia vitezei dinamice (aranjată corespunzător) pentru obţinerea expresiei acceleraţiei dinamice.

$$
\begin{cases}
v_B^D = v_A \cdot D \cdot \dfrac{\sin(\psi-\varphi)}{\sin\psi} \Rightarrow v_B^D \cdot \sin\psi = v_A \cdot D \cdot \sin(\psi-\varphi) \\
\dot{v}_B^D \cdot \sin\psi + v_B^D \cdot \cos\psi \cdot \dot{\psi} = v_A \cdot \left[\dot{D} \cdot \sin(\psi-\varphi) + D \cdot \cos(\psi-\varphi) \cdot (\dot{\psi}-\dot{\varphi})\right] \\
\Rightarrow \dot{v}_B^D = \dfrac{v_A \cdot \left[\dot{D} \cdot \sin(\psi-\varphi) + D \cdot \cos(\psi-\varphi) \cdot (\dot{\psi}-\dot{\varphi})\right] - v_B^D \cdot \cos\psi \cdot \dot{\psi}}{\sin\psi} \\
\Rightarrow a_B^D = \dfrac{v_A}{\sin^2\psi} \cdot \left[\dot{D} \cdot \sin\psi \cdot \sin(\psi-\varphi) + D \cdot \sin\psi \cdot \cos(\psi-\varphi) \cdot (\dot{\psi}-\dot{\varphi}) - \right. \\
\left. - D \cdot \cos\psi \cdot \sin(\psi-\varphi) \cdot \dot{\psi}\right] = \dfrac{v_A}{\sin^2\psi} \cdot \left[\dot{D} \cdot \sin\psi \cdot \sin(\psi-\varphi) + \right. \\
\left. + D \cdot \dot{\psi} \cdot \sin\varphi - D \cdot \dot{\varphi} \cdot \sin\psi \cdot \cos(\psi-\varphi)\right] \\
Cazul\ A - \ când\ actionarea\ se\ face\ de\ la\ piston: \\
D^M = \sin^2(\psi-\varphi); \quad \dot{D}^M = 2 \cdot \sin(\psi-\varphi) \cdot \cos(\psi-\varphi) \cdot (\dot{\psi}-\dot{\varphi}) \\
Cazul\ B - \ când\ actionarea\ se\ face\ de\ la\ manivelă: \\
D^C = \sin^2\psi; \quad \dot{D}^C = 2 \cdot \sin\psi \cdot \cos\psi \cdot \dot{\psi} \\
Cazul\ C - se\ poate\ obtine\ acceleratia\ normala\ cu: \\
D = 1; \quad \dot{D} = 0.
\end{cases}
\tag{36}
$$

Printr-un program de calcul, se determină vitezele şi acceleraţiile dinamice pentru diferite tipuri de motoare termice, utilizând relaţiile (35) şi (36).

În figurile 4 respectiv 5 sunt reprezentate diagramele pentru motorul în doi timpi (Lenoir), în fig. 4 fiind figurate vitezele dinamice, iar în figura 5 putându-se observa acceleraţiile dinamice.

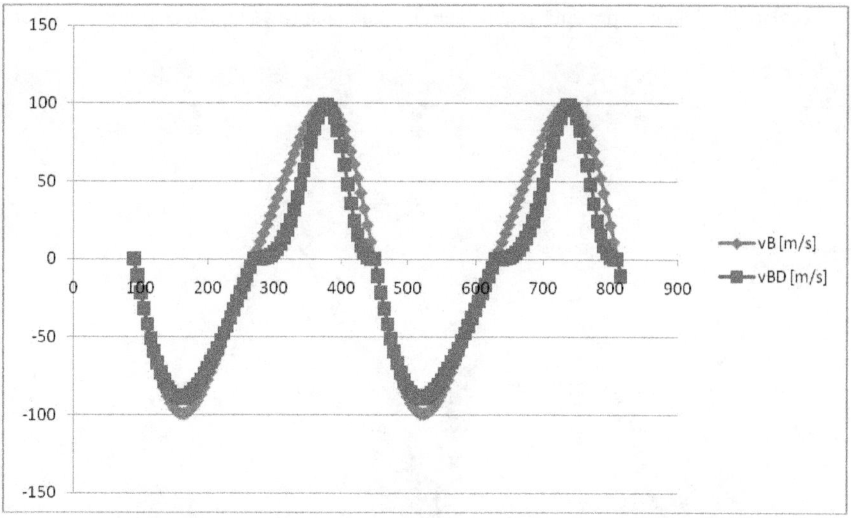

Fig. 4. *Vitezele dinamice la motorul Lenoir, în doi timpi (cu pătrate mai mari)*

La motorul în doi timpi jumătate din timpi sunt motori, astfel încât vitezele se subţiază şi se ascut pentru jumătate din ciclu, jumătatea motoare determinând la acceleraţiile dinamice, vibraţii şi şocuri (ce produc şi zgomote).

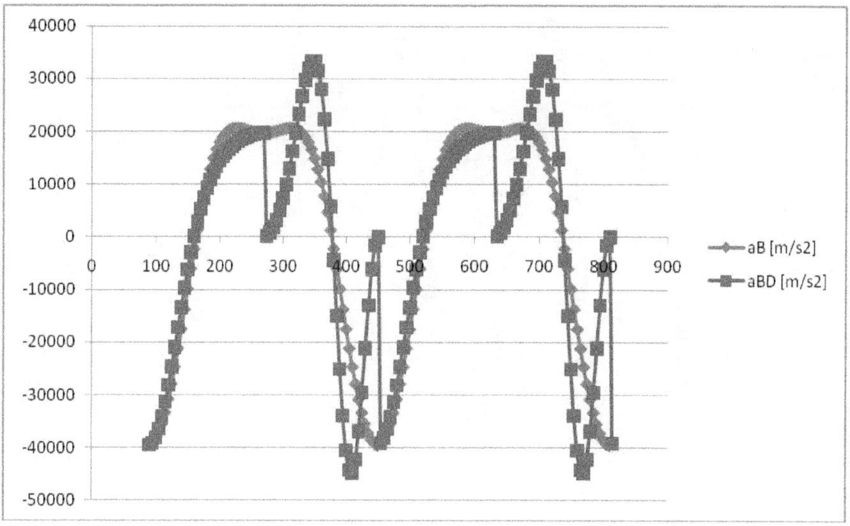

Fig. 5. *Acceleraţiile dinamice la motorul Lenoir, în doi timpi (cu pătrate mai mari)*

La motorul în patru timpi de tip Otto (sau Diesel), ciclul energetic nu mai coincide cu cel cinematic, astfel încât numai a patra parte a întregului ciclu energetic este motoare, şi numai pentru ea vitezele dinamice se ascut (se subţiază, a se vedea diagrama din figura 6), iar acceleraţiile dinamice prezintă şocuri, vibraţii şi zgomote (a se urmări diagrama din figura 7).

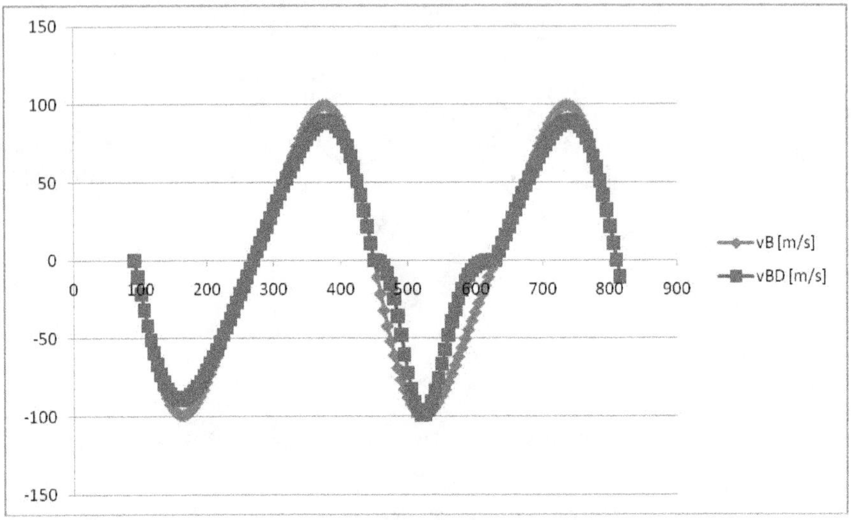

Fig. 6. *Vitezele dinamice la motorul în patru timpi de tip Otto (sau Diesel)*

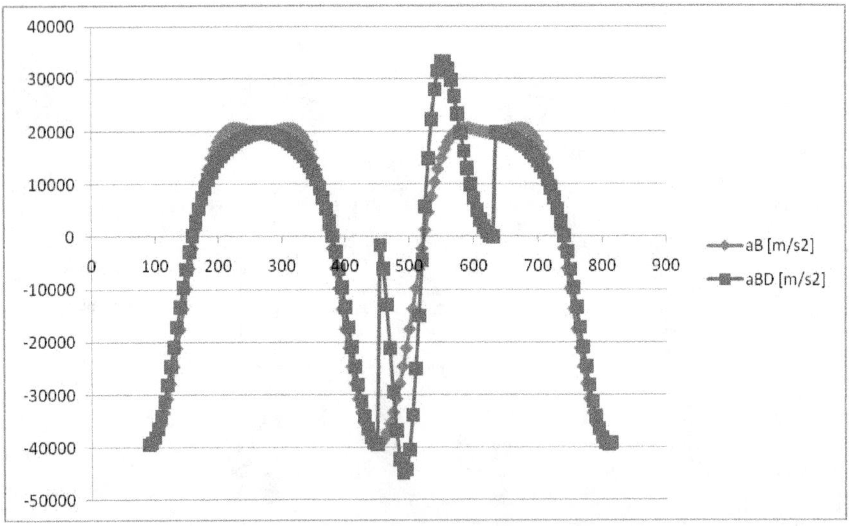

Fig. 7. *Acceleraţiile dinamice la motorul în patru timpi de tip Otto (sau Diesel)*

La motorul în patru timpi de tip Stirling, toţi timpii sunt motori, astfel încât vitezele dinamice se ascut (se subţiază, a se vedea diagrama din figura 8), iar acceleraţiile dinamice prezintă şocuri, vibraţii şi zgomote (a se urmări diagrama din figura 9) pe tot intervalul.

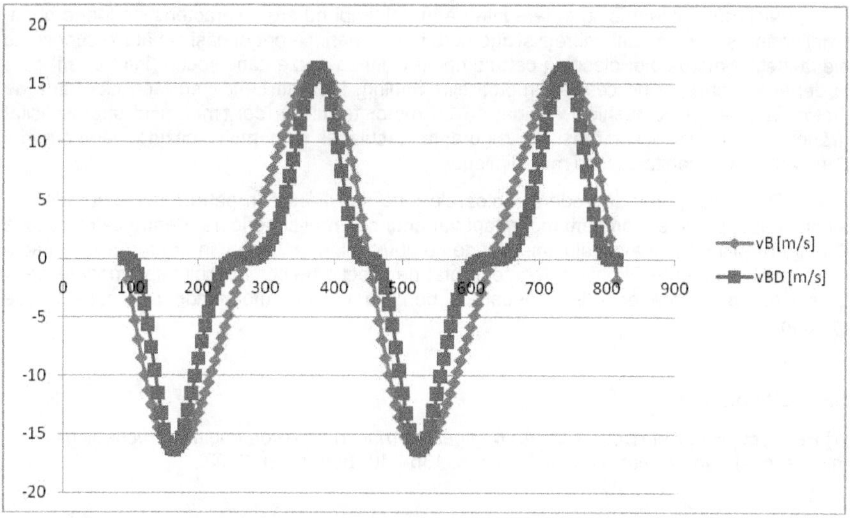

Fig. 8. *Vitezele dinamice la motorul în patru timpi de tip Stirling*

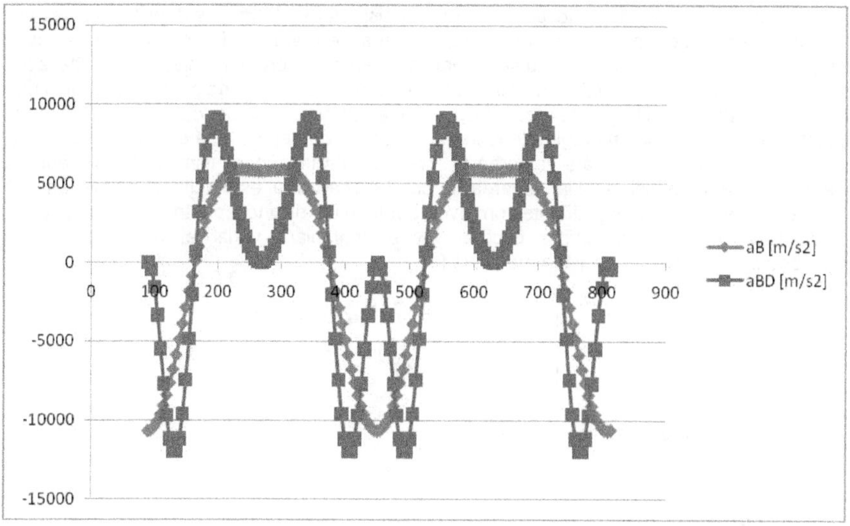

Fig. 9. *Acceleraţiile dinamice la motorul în patru timpi de tip Stirling*

Se vede că dezavantajele dinamice ale motoarelor termice reprezintă de fapt o contradicţie. Dinamica mecanismelor lor este mai bună la acţionarea de la manivelă (de la arborele cotit), dar timpii motori (care au o cinematică dinamică inferioară) sunt practic cei necesari, ca singurii care produc puterea (efectiv), şi care generează şi randamente ridicate la motorul termic respectiv; pe de altă parte însă tocmai aceşti timpi (motori) produc nu doar o funcţionare neregulată cu şocuri, vibraţii şi zgomote la motorul termic, dar generează în acelaşi timp şi caracteristici dezavantajoase. Din acest motiv motorul Stirling care lucrează în patru timpi şi două faze având fiecare fază activă, prezintă caracteristica de putere şi sarcină în funcţie de turaţie cea mai dezavantajoasă.

Nici motorul termic cu ardere internă în doi timpi nu are o caracteristică foarte bună, funcţionând şi el cu şocuri, vibraţii şi zgomote foarte mari, ce pot depăşi şi bătăile cunoscute ale tacheţilor motoarelor diesel în patru timpi, tracţiunea prezentând şocuri (întreruperi) care le depăşesc chiar şi pe cele ale motoarelor Stirling. Motorul Lenoir nu face nici frână de motor, la vale un autovehicul echipat cu un motor termic în doi timpi, fiind suprasolicitat (frânele se încing peste măsură), siguranţa circulaţiei fiind mult scăzută, iar confortul persoanelor din habitaclu fiind mult diminuat.

Din acest punct de vedere motoarele Otto sau Diesel în patru timpi sunt cele mai avantajoase, primele reprezentând în fapt varianta cea mai superioară. Pentru ca motoarele Otto să nu piardă nici avantajul injecţiei de combustibil, cu mulţi ani în urmă s-a renunţat la carburaţie, motoarele Otto fiind trecute treptat pe injecţie de combustibil după modelul celor Diesel (cu păstrarea aprinderii, deoarece benzina nu se autoaprinde aşa cum o face motorina).

B2.2. Bibliografie

[1] Petrescu, F.I., Petrescu, R.V., *An original internal combustion engine,* Proceedings of 9th International Symposium SYROM, Vol. I, p. 135-140, Bucharest, 2005.

2.3. CINEMATICA DINAMICĂ DE PRECIZIE LA SISTEMUL BIELĂ MANIVELĂ PISTON

Cinematica dinamică de precizie a mecanismului bielă manivelă piston se rezolvă numai dacă pe lângă ipoteza vitezei unghiulare variabile a arborelui motor se ţine seama şi de existenţa unei acceleraţii unghiulare variabile, diferită de zero, a manivelei (1). Altfel spus viteza unghiulară a manivelei nu mai este constantă ci este egală cu produsul dintre coeficientul dinamic D* şi viteza unghiulară ω a arborelui motor, care este în general constantă pentru un anumit regim de lucru al motorului, caracterizat de o anumită sarcină şi o turaţie constantă. D* capătă valoarea D^M când acţionarea mecanismului bielă manivelă piston se face de la piston, şi ia valoarea D^C când mecanismul este acţionat de la manivelă (2). Pentru cele două situaţii diferite vom avea două soluţii distincte pentru viteza unghiulară a manivelei (3). Corespunzător fiecărei viteze unghiulare variabile, apare şi câte o acceleraţie unghiulară variabilă la manivelă (4).

$$\begin{cases} \omega^D \equiv \omega_1^D = D^* \cdot \omega_1 = D^* \cdot \omega \\ \varepsilon^D \equiv \varepsilon_1^D = \dot{\omega}^D = \dot{D}^* \cdot \omega \end{cases} \tag{1}$$

$$\begin{cases} D^C = \sin^2\varphi_2 = \sin^2\psi = 1-\lambda^2\cdot\cos^2\varphi_1 = 1-\lambda^2\cdot\cos^2\varphi \\ D^M = \sin^2(\varphi_1-\varphi_2) = \\ = \cos^2\varphi_1\cdot\left[1-\lambda^2\cdot\cos(2\cdot\varphi_1)+2\cdot\lambda\cdot\sin\varphi_1\cdot\sqrt{1-\lambda^2\cdot\cos^2\varphi_1}\right] \end{cases} \tag{2}$$

$$\begin{cases} \omega^C = \omega\cdot D^C = \omega\cdot\sin^2\varphi_2 = \omega\cdot\left(1-\lambda^2\cdot\cos^2\varphi\right) \\ \omega^M = \omega\cdot D^M = \omega\cdot\sin^2(\varphi_1-\varphi_2) = \\ = \omega\cdot\cos^2\varphi_1\cdot\left[1-\lambda^2\cdot\cos(2\cdot\varphi_1)+2\cdot\lambda\cdot\sin\varphi_1\cdot\sqrt{1-\lambda^2\cdot\cos^2\varphi_1}\right] \end{cases} \tag{3}$$

$$\begin{cases} \varepsilon^C = \omega \cdot \dot{D}^C = \omega \cdot 2 \cdot \sin\varphi_2 \cdot \cos\varphi_2 \cdot \omega_2^C = \\ = \omega \cdot \left(\lambda^2 \cdot 2 \cdot \cos\varphi \cdot \sin\varphi \cdot \omega^C\right) = \\ = \omega \cdot \left[\lambda^2 \cdot 2 \cdot \cos\varphi \cdot \sin\varphi \cdot \left(1 - \lambda^2 \cdot \cos^2\varphi\right) \cdot \omega\right] = \\ = 2 \cdot \lambda^2 \cdot \sin\varphi \cdot \cos\varphi \cdot \left(1 - \lambda^2 \cdot \cos^2\varphi\right) \cdot \omega^2 \\ \varepsilon^M = \omega \cdot \dot{D}^M = \omega \cdot 2 \cdot \sin(\varphi_1 - \varphi_2) \cdot \cos(\varphi - \varphi_2) \cdot \left(\omega^M - \omega_2^M\right) = \\ = \omega \cdot \left[2 \cdot \cos\varphi \cdot \left(\lambda \cdot \sin\varphi + \sqrt{1 - \lambda^2 \cdot \cos^2\varphi}\right) \cdot \right. \\ \cdot \left(\lambda \cdot \cos^2\varphi - \sin\varphi \cdot \sqrt{1 - \lambda^2 \cdot \cos^2\varphi}\right) \cdot \\ \left. \cdot \dfrac{\sqrt{1 - \lambda^2 \cdot \cos^2\varphi} - \lambda \cdot \sin\varphi}{\sqrt{1 - \lambda^2 \cdot \cos^2\varphi}} \cdot D^M \cdot \omega \right] \end{cases} \quad (4)$$

Se pot determina acum vitezele unghiulare şi acceleraţiile unghiulare ale bielei pentru cele două situaţii diferite, cu funcţionare în regim de compresor şi apoi în regim motor (5-6).

$$\begin{cases} \omega_2^C = -\lambda \cdot \sin\varphi \cdot \sqrt{1 - \lambda^2 \cdot \cos^2\varphi} \cdot \omega \\ \\ \varepsilon_2^C = -\lambda \cdot \cos\varphi \cdot \sqrt{1 - \lambda^2 \cdot \cos^2\varphi} \cdot \\ \cdot \left(1 + \lambda^2 \cdot \sin^2\varphi - \lambda^2 \cdot \cos^2\varphi\right) \cdot \omega^2 \end{cases} \quad (5)$$

$$\begin{cases} \omega_2^M = \dfrac{-\lambda \cdot \sin\varphi \cdot \cos^2\varphi \cdot \omega}{\sqrt{1 - \lambda^2 \cdot \cos^2\varphi}} \cdot \\ \cdot \left[1 - \lambda^2 \cdot \cos(2 \cdot \varphi) + 2 \cdot \lambda \cdot \sin\varphi \cdot \sqrt{1 - \lambda^2 \cdot \cos^2\varphi}\right] \\ \\ \varepsilon_2^M = \dfrac{\lambda \cdot \left(\lambda^2 - 1\right) \cdot \cos^3\varphi \cdot \omega^2}{\left(1 - \lambda^2 \cdot \cos^2\varphi\right)^{\frac{3}{2}}} \cdot \\ \cdot \left[1 - \lambda^2 \cdot \cos(2 \cdot \varphi) + 2 \cdot \lambda \cdot \sin\varphi \cdot \sqrt{1 - \lambda^2 \cdot \cos^2\varphi}\right] \cdot \\ \cdot \left(3 \cdot \lambda^2 \cdot \sin^2\varphi \cdot \cos^2\varphi - \lambda^2 \cdot \cos^4\varphi + \cos^2\varphi - \right. \\ \left. - 2 \cdot \sin^2\varphi + 4 \cdot \lambda \cdot \sin\varphi \cdot \cos^2\varphi \cdot \sqrt{1 - \lambda^2 \cdot \cos^2\varphi}\right) \end{cases} \quad (6)$$

Mai rămân de determinat doar vitezele şi acceleraţiile liniare de precizie ale pistonului (7) în cele două situaţii descrise (regim compresor şi regim motor), urmând a fi comparate apoi cu cele clasice (din cinematica clasică).

$$\begin{cases} v_B = l_1 \cdot \cos\varphi \cdot (\omega - \omega_2) \\ v_B^C = l_1 \cdot \cos\varphi \cdot \left(\omega_1^C - \omega_2^C\right) \\ v_B^M = l_1 \cdot \cos\varphi \cdot \left(\omega_1^M - \omega_2^M\right) \\ \\ a_B = -l_1 \cdot \sin\varphi \cdot \omega_1 \cdot (\omega_1 - \omega_2) + l_1 \cdot \cos\varphi \cdot (\varepsilon_1 - \varepsilon_2) \\ a_B^C = -l_1 \cdot \sin\varphi \cdot \omega_1^C \cdot \left(\omega_1^C - \omega_2^C\right) + l_1 \cdot \cos\varphi \cdot \left(\varepsilon_1^C - \varepsilon_2^C\right) \\ a_B^M = -l_1 \cdot \sin\varphi \cdot \omega_1^M \cdot \left(\omega_1^M - \omega_2^M\right) + l_1 \cdot \cos\varphi \cdot \left(\varepsilon_1^M - \varepsilon_2^M\right) \end{cases} \quad (7)$$

Observaţii: s-a utilizat mecanismul motor clasic fără dezaxare (e=0); landa este o constantă constructivă importantă a motorului şi reprezintă raportul dintre lungimile manivelei şi bielei conform relaţiei (8).

$$\lambda = \frac{l_1}{l_2} \equiv \frac{r}{l} \quad (8)$$

Pentru a construi un motor modern, dinamic, puternic, economic, care să lucreze la turaţii ridicate, este necesar să atribuim constantei landa constructive valori cât mai mici cu putinţă.

Pe de altă parte se cere dinamic să avem şi o cursă cât mai mică posibil, lucru ce se realizează prin adoptarea unei manivele cât mai mici cu putinţă. Pistonul nu va mai pompa (munci) pe curse lungi ci practic va vibra pe distanţe scurte, cu viteze uluitor de mari. Deoarece prin scăderea razei manivelei scade şi cursa, şi odată cu ea şi cilindrea, se va reface volumul prin adoptarea unui alezaj cât mai mare (cilindri de diametre mari şi foarte mari) şi sau prin creşterea numărului de cilindri pentru un motor realizat. Se va avea în vedere modificarea (adaptarea) geometriei camerei de ardere şi eventual utilizarea unui combustibil specializat, cu ardere rapidă (hidrogenul spre exemplu arde de zece ori mai repede decât hidrocarburile lichide, sau alcoolii, şi în plus nu produce nici poluare aşa cum o fac combustibilii clasici).

B2.3. Bibliografie

[1] Petrescu, F.I., Petrescu, R.V., *An original internal combustion engine,* Proceedings of 9th International Symposium SYROM, Vol. I, p. 135-140, Bucharest, 2005.

[2] Petrescu, F.I., Petrescu, R.V., *Câteva elemente privind îmbunătăţirea designului mecanismului motor,* Proceedings of 8th National Symposium on GTD, Vol. I, p. 353-358, Brasov, 2003.

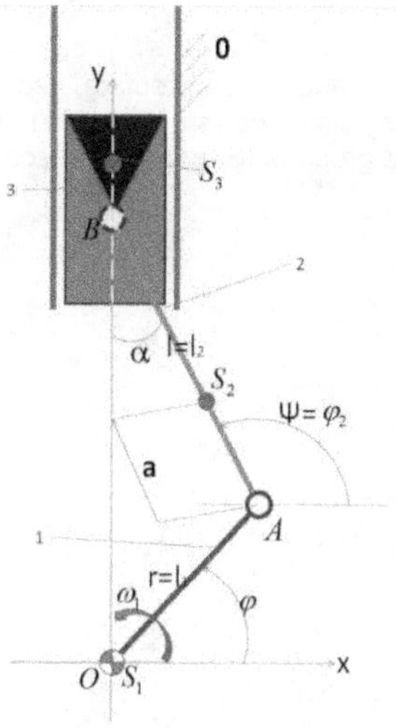

2.4. DINAMICA MOTORULUI OTTO

Calculul dinamic al unui mecanism oarecare, deci şi al mecanismului bielă manivelă piston, utilizat ca mecanism principal la motoarele termice cu ardere internă de tip Otto, implică şi luarea în calcul a influenţei forţelor exterioare asupra cinematicii reale, dinamice, a mecanismului. Se ţine cont de forţele motoare şi rezistente, cât şi de cele inerţiale. Uneori se mai pot lua în calcul şi forţele de greutate, dar oricum influenţa lor este mai mică, neglijabilă chiar în raport cu forţele de inerţie care la motoarele termice sunt mult mai mari decât cele gravitaţionale. Se pleacă de la schema cinematică reprezentată în figura 1.

Fig. 1. *Schema cinematică a unui mecanism bielă manivelă piston*

$$\begin{cases}
y_B = r\cdot\sin\varphi + l\cdot\sin\psi;\quad r\cdot\cos\varphi + l\cdot\cos\psi = 0 \Rightarrow \\
l\cdot\cos\psi = -r\cdot\cos\varphi; \cos\psi = -\lambda\cdot\cos\varphi; \sin\psi = \sqrt{1-\lambda^2\cdot\cos^2\varphi} \\
-l\cdot\sin\psi\cdot\dot{\psi} = r\cdot\sin\varphi\cdot\omega \Rightarrow \dot{\psi} = -\lambda\cdot\dfrac{\sin\varphi}{\sin\psi}\cdot\omega \\
\ddot{\psi}\cdot\sin\psi + \dot{\psi}^2\cdot\cos\psi = -\lambda\cdot\cos\varphi\cdot\omega^2 \Rightarrow \\
\ddot{\psi} = -\dfrac{\lambda\cdot(1-\lambda^2)\cdot\cos\varphi\cdot\omega^2}{\sin^3\psi} \\
v_B \equiv \dot{y}_B = r\cdot\cos\varphi\cdot\omega + l\cdot\cos\psi\cdot\dot{\psi} = \\
= r\cdot\cos\varphi\cdot\omega\cdot\left(1+\lambda\cdot\dfrac{\sin\varphi}{\sin\psi}\right) = r\cdot\dfrac{\sin(\psi-\varphi)}{\sin\psi}\cdot\omega = s'_B\cdot\omega \Rightarrow \\
\Rightarrow s'_{G_3} \equiv s'_B = r\cdot\dfrac{\sin(\psi-\varphi)}{\sin\psi} \Rightarrow s'^2_{G_3} \equiv s'^2_B = r^2\cdot\dfrac{\sin^2(\psi-\varphi)}{\sin^2\psi} \\
\begin{cases} x_{S_2} = r\cdot\cos\varphi + a\cdot\cos\psi \\ y_{S_2} = r\cdot\sin\varphi + a\cdot\sin\psi \end{cases} \Rightarrow \begin{cases} \dot{x}_{S_2} = -r\cdot\sin\varphi\cdot\omega - a\cdot\sin\psi\cdot\dot{\psi} \\ \dot{y}_{S_2} = r\cdot\cos\varphi\cdot\omega + a\cdot\cos\psi\cdot\dot{\psi} \end{cases} \\
\begin{cases} \dot{x}_{S_2} = -r\cdot\dfrac{l}{l}\sin\varphi\cdot\omega + a\cdot\lambda\cdot\sin\psi\dfrac{\sin\varphi}{\sin\psi}\omega = -\lambda\cdot(l-a)\cdot\sin\varphi\cdot\omega \\ \dot{y}_{S_2} = r\dfrac{l}{l}\cos\varphi\omega + a\lambda^2\cos\varphi\dfrac{\sin\varphi}{\sin\psi}\omega = \lambda\cos\varphi\left(l + a\lambda\cdot\dfrac{\sin\varphi}{\sin\psi}\right)\omega \end{cases} \\
s'^2_{G_2} = x'^2_{S_2} + y'^2_{S_2} = \lambda^2(l-a)^2\sin^2\varphi + \lambda^2\cos^2\varphi\left(l + a\cdot\lambda\cdot\dfrac{\sin\varphi}{\sin\psi}\right)^2 \\
s'^2_{G_2} = \lambda^2\cdot\left[(l-a)^2\cdot\sin^2\varphi + \left(l + a\cdot\lambda\cdot\dfrac{\sin\varphi}{\sin\psi}\right)^2\cdot\cos^2\varphi\right]
\end{cases} \tag{1}$$

Cu ajutorul relaţiilor (1) se exprimă vitezele centrelor de greutate, necesare calculării momentului de inerţie (mecanic sau masic al întregului mecanism) redus la manivelă (2). De fapt sunt necesare pătratele vitezelor centrelor de greutate (S_2 şi S_3) ale mecanismului.

$$\begin{cases} J^* = J_{G_1} + J_{G_2} \cdot \psi'^2 + m_2 \cdot s'^2_{G_2} + m_3 \cdot s'^2_{G_3} \Rightarrow \\ J^* = J_{G_1} + J_{G_2} \cdot \lambda^2 \cdot \dfrac{\sin^2 \varphi}{\sin^2 \psi} + m_3 \cdot r^2 \cdot \dfrac{\sin^2(\psi - \varphi)}{\sin^2 \psi} + \\ + m_2 \cdot \lambda^2 \cdot \left[(l-a)^2 \cdot \sin^2 \varphi + \left(l + a \cdot \lambda \cdot \dfrac{\sin \varphi}{\sin \psi} \right)^2 \cdot \cos^2 \varphi \right] \end{cases} \quad (2)$$

În calculele dinamice este necesară şi prima derivată a momentului de inerţie mecanic redus, derivat în funcţie de unghiul ϕ (relaţiile 3-4).

$$\begin{cases} J^{*'} = J_{G_2} \cdot \lambda^2 \cdot \\ \cdot \dfrac{2 \cdot \sin\varphi \cdot \cos\varphi \cdot \sin^2\psi - \sin^2\varphi \cdot 2 \cdot \sin\psi \cdot \cos\psi \cdot (-)\lambda \cdot \dfrac{\sin\varphi}{\sin\psi}}{\sin^4\psi} + \\ = m_2 \lambda^2 (l-a)^2 \sin(2\varphi) - m_2 \cdot \lambda^2 \sin(2\varphi) \left(l + a \cdot \lambda \cdot \dfrac{\sin\varphi}{\sin\psi} \right)^2 + \\ + 2 \cdot m_2 \cdot a \cdot \lambda^3 \cdot \cos^2\varphi \cdot \left(l + a \cdot \lambda \cdot \dfrac{\sin\varphi}{\sin\psi} \right) \cdot \\ \cdot \dfrac{\cos\varphi \cdot \sin\psi + \sin\varphi \cdot \cos\psi \cdot \lambda \cdot \dfrac{\sin\varphi}{\sin\psi}}{\sin^2\psi} + m_3 \cdot r^2 \cdot \\ \dfrac{\sin^2(\psi - \varphi) \sin(2\psi) \lambda \dfrac{\sin\varphi}{\sin\psi} - \sin[2(\psi - \varphi)] \sin^2\psi \left(1 + \lambda \dfrac{\sin\varphi}{\sin\psi} \right)}{\sin^4\psi} \end{cases} \quad (3)$$

$$\begin{cases} J^{*'} = J_{G_2} \cdot \lambda^2 \cdot \dfrac{\sin(2\varphi) \cdot \sin^2\psi + \lambda \cdot \sin^2\varphi \cdot \sin(2\psi) \cdot \dfrac{\sin\varphi}{\sin\psi}}{\sin^4\psi} + \\ + m_2 \cdot \lambda^2 \cdot \sin(2\varphi) \cdot \left[(l-a)^2 - \left(l + a \cdot \lambda \cdot \dfrac{\sin\varphi}{\sin\psi} \right)^2 \right] + \\ + 2 \cdot m_2 \cdot a \cdot \lambda^3 \cdot \cos^2\varphi \cdot \left(l + a \cdot \lambda \cdot \dfrac{\sin\varphi}{\sin\psi} \right) \cdot \\ \cdot \dfrac{\cos\varphi \cdot \sin^2\psi + \lambda \cdot \sin^2\varphi \cdot \cos\psi}{\sin^3\psi} + m_3 \cdot r^2 \cdot \\ \dfrac{\lambda \sin^2(\psi - \varphi)\sin(2\psi)\dfrac{\sin\varphi}{\sin\psi} - \sin[2(\psi-\varphi)]\sin^2\psi\left(1 + \lambda\dfrac{\sin\varphi}{\sin\psi}\right)}{\sin^4\psi} \end{cases} \quad (4)$$

Pentru calculul dinamic mai este necesară şi determinarea expresiei momentului total al forţelor motoare şi rezistente redus la manivelă. Suma forţelor motoare şi rezistente este în general mai greu de determinat exact (Ar trebui cunoscute foarte bine diagramele p-V, presiune-volum, în funcţie de poziţia manivelei, fapt ce implică pe lângă măsurătorile experimentale foarte precise şi laborioase şi existenţa motorului care trebuie analizat. Dacă însă se doreşte designul dinamic general al unui motor Otto, în faza lui de proiectare atunci nu pot fi încă cunoscute cu precizie forţele ce acţionează asupra pistonului.), astfel încât de multe ori se înlocuiesc forţele motoare şi rezistente cu forţele de inerţie (5-6), care se determină mult mai simplu (suma forţelor inerţiale este egală cu cea a forţelor motoare şi rezistente).

$$\begin{aligned} & M_m - M_r + M_m^i - M_r^i = 0 \Rightarrow M_m - M_r = -\left(M_m^i - M_r^i\right) \Rightarrow \\ & \Rightarrow M_m - M_r = -M_m^i - (-)M_r^i \end{aligned} \quad (5)$$

$$\begin{cases} M^* = M_m - M_r = -\left(M_m^i - M_r^i\right) = J^* \cdot \omega_m^2 \cdot D \cdot D' - \int M_m^i \cdot d\varphi = \\ = J^* \cdot \omega_m^2 \cdot D \cdot D' - J^* \cdot \omega_m^2 \cdot \int D \cdot D' d\varphi = \\ = J^* \cdot \omega_m^2 \cdot D \cdot D' - J^* \cdot \omega_m^2 \cdot \dfrac{1}{2} D^2 = J^* \cdot \omega_m^2 \cdot D \cdot \left(D' - \dfrac{1}{2} D \right) \\ 2 \cdot M^* = J^* \cdot \omega_m^2 \cdot D \cdot \left(2D' - D\right) \end{cases} \quad (6)$$

Avem acum tot ce ne trebuie pentru rezolvarea ecuaţiei dinamice (de mişcare, Lagrange) a maşinii, scrisă sub formă diferenţială (7).

$$J^{*}\cdot\varepsilon+\frac{1}{2}\cdot\omega^{2}\cdot J^{*'}=M^{*} \tag{7}$$

Ecuaţia diferenţială a maşinii (7) se aranjează sub formele (8) mai convenabile, în vederea rezolvării ei.

$$\begin{cases} 2\cdot J^{*}\cdot\omega\cdot\dfrac{d\omega}{d\varphi}+\omega^{2}\cdot J^{*'}=2\cdot M^{*} \\ 2\cdot J^{*}\cdot\omega\cdot d\omega+\omega^{2}\cdot J^{*'}\cdot d\varphi=2\cdot M^{*}\cdot d\varphi \\ (\omega_m+d\omega)\cdot d\omega\cdot 2\cdot J^{*}+(\omega_m+d\omega)^{2}\cdot J^{*'}\cdot d\varphi=2\cdot M^{*}\cdot d\varphi \\ \omega_m\cdot d\omega\cdot 2\cdot J^{*}+(d\omega)^{2}\cdot 2\cdot J^{*}+\omega_m^{2}\cdot J^{*'}\cdot d\varphi+(d\omega)^{2}\cdot J^{*'}\cdot d\varphi+ \\ +2\cdot\omega_m\cdot J^{*'}\cdot d\varphi\cdot d\omega-2\cdot M^{*}\cdot d\varphi=0 \\ (2\cdot J^{*}+J^{*'}\cdot d\varphi)\cdot(d\omega)^{2}+2\cdot\omega_m(J^{*}+J^{*'}\cdot d\varphi)\cdot d\omega- \\ -(2\cdot M^{*}\cdot d\varphi-\omega_m^{2}\cdot J^{*'}\cdot d\varphi)=0 \end{cases} \tag{8}$$

Se observă cu uşurinţă că am ajuns la o ecuaţie de gradul 2 în ω_m, care se rezolvă cu formula cunoscută (9).

$$\begin{cases} d\omega=\dfrac{-\omega_m\cdot(J^{*}+J^{*'}\cdot d\varphi)}{2\cdot J^{*}+J^{*'}\cdot d\varphi}\pm \\ \pm\dfrac{\sqrt{\omega_m^{2}(J^{*}+J^{*'}d\varphi)^{2}+(2M^{*}d\varphi-\omega_m^{2}J^{*'}d\varphi)\cdot(2J^{*}+J^{*'}d\varphi)}}{2\cdot J^{*}+J^{*'}\cdot d\varphi} \\ d\omega=\omega_m\cdot\dfrac{-(J^{*}+J^{*'}\cdot d\varphi)}{2\cdot J^{*}+J^{*'}\cdot d\varphi}+\omega_m\cdot \\ \cdot\dfrac{\sqrt{(J^{*}+J^{*'}\cdot d\varphi)^{2}+d\varphi\cdot(2J^{*}+J^{*'}\cdot d\varphi)\cdot[J^{*}\cdot D\cdot(2D'-D)-J^{*'}]}}{2\cdot J^{*}+J^{*'}\cdot d\varphi} \end{cases} \tag{9}$$

Considerând în continuare în calculele efectuate, viteza unghiulară variabilă obţinută, în locul celei constante, se obţin vitezele şi acceleraţiile dinamice. O să urmărim în continare câteva diagrame de acceleraţii dinamice, obţinute pentru diverse lungimi ale manivelei şi bielei. În figura 2 lungimea bielei este cu puţin mai mare decât cea a manivelei, fapt ce înrăutăţeşte dinamica mecanismului.

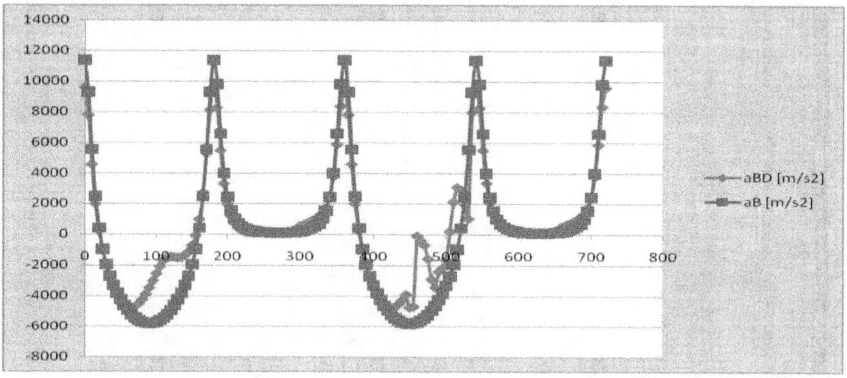

Fig. 2. *Sinteza dinamică a motorului; r=0.03 [m], l=0.031 [m], n=3000[rot/min]*

În figura 3 a crescut foarte puţin lungimea bielei şi deja funcţionarea dinamică a pistonului este mult îmbunătăţită. Vârfurile nu mai sunt aşa de ascuţite.

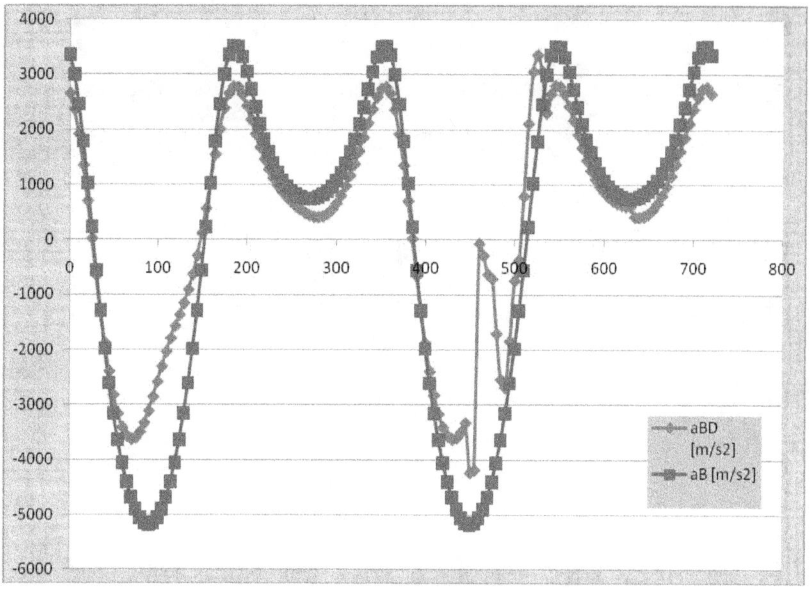

Fig. 3. *Sinteza dinamică a motorului; r=0.03 [m], l=0.04 [m], n=3000[rot/min]*

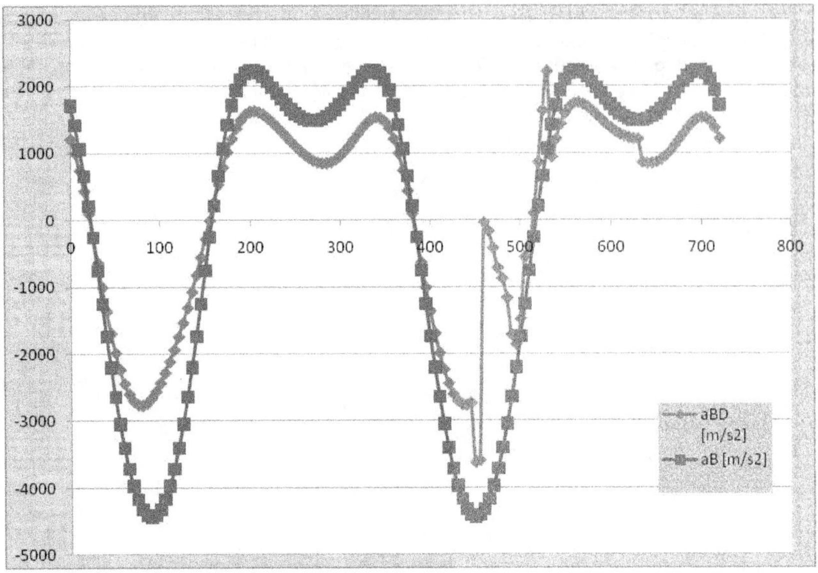

Fig. 4. *Sinteza dinamică a motorului; r=0.03 [m], l=0.06 [m], n=3000[rot/min]*

Crescând în continuare lungimea bielei, cu menţinerea constantă a lungimii manivelei, se obţin acceleraţii mai rotunjite, care se apropie din ce în ce mai mult de formele sinusoidale (figurile 4-6).

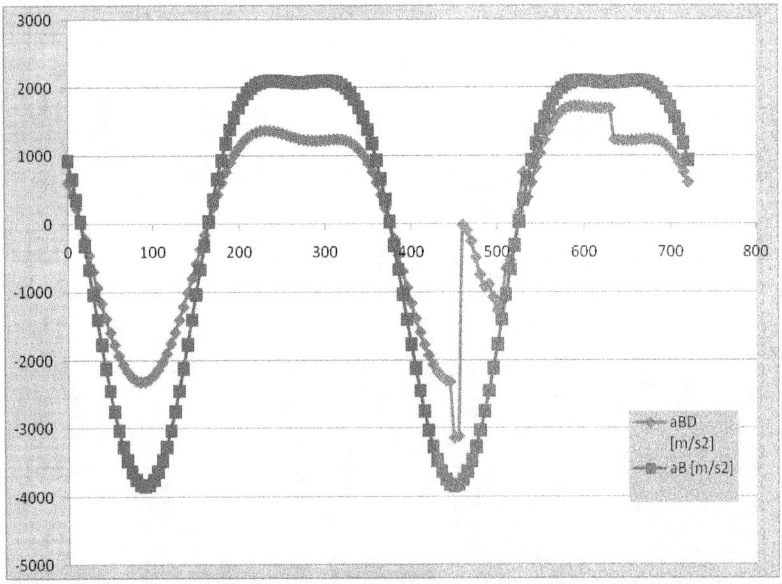

Fig. 5. *Sinteza dinamică a motorului; r=0.03 [m], l=0.1 [m], n=3000[rot/min]*

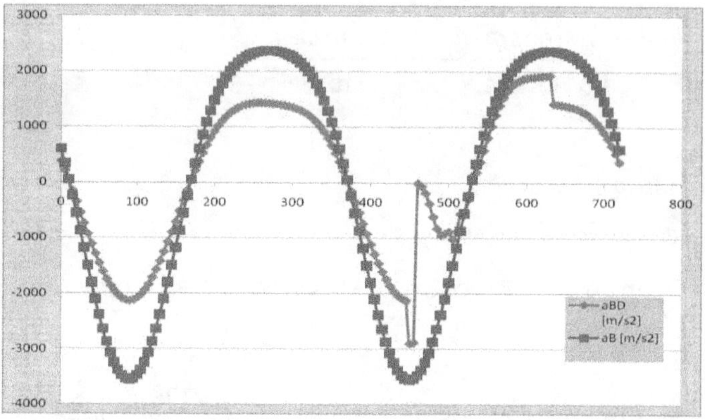

Fig. 6. *Sinteza dinamică a motorului; r=0.03 [m], l=0.15 [m], n=3000[rot/min]*

Elongaţiile dinamice sunt în general mai mici decât cele cinematice.

În continuare se vor determina valorile acceleraţiilor unghiulare, ε, pornind de la ecuaţia Lagrange (7), deja prezentată.

$$J^* \cdot \varepsilon + \frac{1}{2} \cdot \omega^2 \cdot J^{*'} = M^* \qquad (7)$$

Se aranjează ecuaţia (7) în forma (10), cu scopul explicitării variabilei ε, care trebuie determinată.

$$\varepsilon = \frac{2 \cdot M^* - \omega^2 \cdot J^{*'}}{2 \cdot J^*} = \left(D \cdot D' - \frac{1}{2} D^2 - \frac{1}{2} \cdot \frac{J^{*'}}{J^*} \right) \cdot \omega^2 \qquad (10)$$

Viteza unghiulară, variabilă, ω, este acum deja cunoscută, astfel încât se poate determina direct valoarea acceleraţiei unghiulare, care atenţie, apare în cinematica reală a mecanismului, la regimurile de lucru dinamice. Este timpul acum să se refacă cinematica mecanismului (relaţiile 11-12), considerându-se existenţa acceleraţiei unghiulare, ε, a manivelei.

$$\begin{cases} \cos\psi = -\lambda \cdot \cos\varphi \\ -\sin\psi \cdot \dot{\psi} = \lambda \cdot \sin\varphi \cdot \dot{\varphi}, \quad unde \quad \dot{\varphi} = D \cdot \omega; \quad \dot{\varphi}^2 = D^2 \cdot \omega^2 \\ \Rightarrow \dot{\psi} = -\lambda \cdot \dfrac{\sin\varphi}{\sin\psi} \cdot \dot{\varphi} \\ -\cos\psi \cdot \dot{\psi}^2 - \sin\psi \cdot \ddot{\psi} = \lambda \cdot \cos\varphi \cdot \dot{\varphi}^2 + \lambda \cdot \sin\varphi \cdot \ddot{\varphi} \\ \ddot{\psi} = \dfrac{-\cos\psi \cdot \dot{\psi}^2 - \lambda \cdot \cos\varphi \cdot \dot{\varphi}^2 - \lambda \cdot \sin\varphi \cdot \ddot{\varphi}}{\sin\psi} \Rightarrow \\ \Rightarrow \ddot{\psi} = \dfrac{-\lambda \cdot \left(1 - \lambda^2\right) \cdot \cos\varphi \cdot \dot{\varphi}^2 / \sin^2\psi - \lambda \cdot \sin\varphi \cdot \varepsilon}{\sin\psi} \end{cases} \qquad (11)$$

$$
\left\{
\begin{array}{l}
\ddot{\psi} = \dfrac{-\lambda \cdot \left(1-\lambda^2\right) \cdot \cos\varphi \cdot \dot{\varphi}^2}{\sin^3\psi} - \dfrac{\lambda \cdot \sin\varphi \cdot \varepsilon}{\sin\psi} \\[2ex]
y_B = r \cdot \sin\varphi + l \cdot \sin\psi \\
v_B = r \cdot \cos\varphi \cdot \dot{\varphi} + l \cdot \cos\psi \cdot \dot{\psi} \\
a_B = -r \cdot \sin\varphi \cdot \dot{\varphi}^2 + r \cdot \cos\varphi \cdot \ddot{\varphi} - l \cdot \sin\psi \cdot \dot{\psi}^2 + l \cdot \cos\psi \cdot \ddot{\psi} \\[2ex]
a_B = -r \cdot \sin\varphi \cdot \dot{\varphi}^2 + r \cdot \cos\varphi \cdot \varepsilon - l \cdot \sin\psi \cdot \lambda^2 \dfrac{\sin^2\varphi}{\sin^2\psi} \cdot \dot{\varphi}^2 + \\
+ l \cdot \lambda \cdot \cos\varphi \cdot \left[\dfrac{\lambda \cdot \left(1-\lambda^2\right) \cdot \cos\varphi \cdot \dot{\varphi}^2}{\sin^3\psi} + \dfrac{\lambda \cdot \sin\varphi \cdot \varepsilon}{\sin\psi} \right] \\[2ex]
a_B = -r \cdot \sin\varphi \cdot \dot{\varphi}^2 + r \cdot \cos\varphi \cdot \varepsilon - r \cdot \lambda \cdot \dfrac{\sin^2\varphi}{\sin\psi} \cdot \dot{\varphi}^2 + \\
+ r \cdot \lambda \cdot \dfrac{\sin\varphi \cdot \cos\varphi}{\sin\psi} \cdot \varepsilon + r \cdot \lambda \cdot \left(1-\lambda^2\right) \cdot \dfrac{\cos^2\varphi}{\sin^3\psi} \cdot \dot{\varphi}^2 \\[2ex]
a_B = r \cdot \left\{ \left[\lambda \cdot \left(1-\lambda^2\right) \cdot \dfrac{\cos^2\varphi}{\sin^3\psi} - \sin\varphi - \lambda \cdot \dfrac{\sin^2\varphi}{\sin\psi} \right] \cdot \dot{\varphi}^2 + \right. \\
\left. + \left[\cos\varphi + \lambda \cdot \dfrac{\sin\varphi \cdot \cos\varphi}{\sin\psi} \right] \cdot \varepsilon \right\} \\[2ex]
a_B = r \cdot \omega^2 \cdot \left\{ \left[\lambda \cdot \left(1-\lambda^2\right) \cdot \dfrac{\cos^2\varphi}{\sin^3\psi} - \sin\varphi - \lambda \cdot \dfrac{\sin^2\varphi}{\sin\psi} \right] \cdot D^2 + \right. \\
\left. + \dfrac{\sin(\psi-\varphi)}{\sin\psi} \cdot \left(D \cdot D' - \dfrac{1}{2} \cdot D^2 - \dfrac{1}{2} \cdot \dfrac{J^{*'}}{J^*} \right) \right\}
\end{array}
\right.
\qquad (12)
$$

În figura 7 se poate urmări diagrama acceleraţiei obţinute.

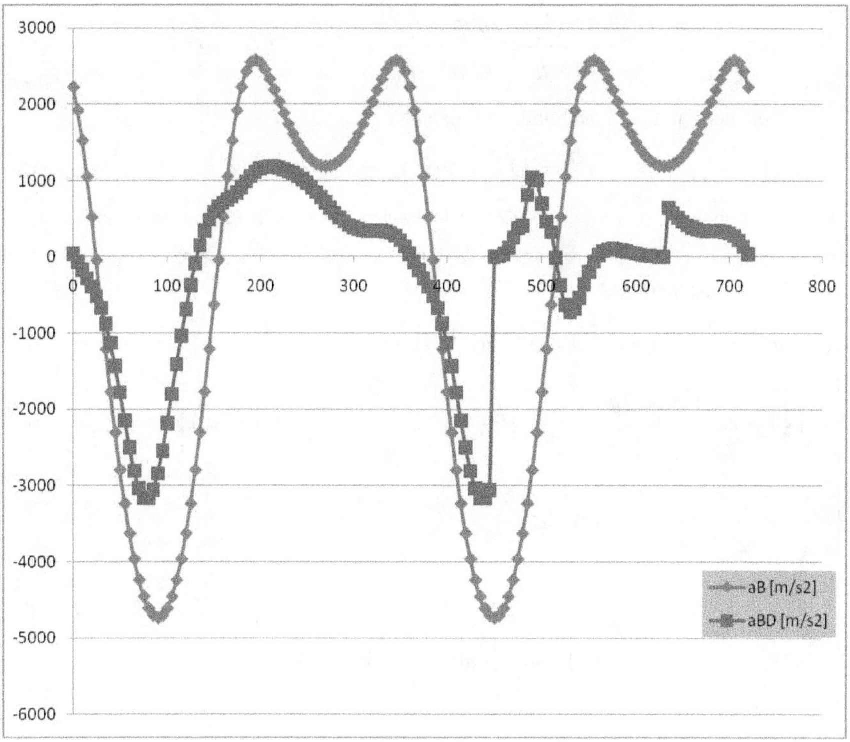

Fig. 7. *Diagrama acceleraţiilor dinamice ale pistonului ţinând cont şi de existenţa lui* ε*: r=0.03 [m], l=0.05 [m], n=3000[rot/min]*

Dacă s-a luat în considerare viteza unghiulară variabilă şi existenţa unei acceleraţii unghiulare variabile a manivelei, ar trebui avut în vedere şi efectul datorat deplasării unghiulare dinamice a manivelei. Aceasta este impusă dinamic de arborele cotit, astfel încât va trebui să înlocuim unghiul ϕ de rotaţie (sau poziţionare) a manivelei cu valoarea sa dinamică calculată în regim de compresor, deoarece arborele cotit se deplasează numai după legile impuse chiar de el, existând atât în timpii motori, cât şi în ceilalţi timpi o forţă motoare permanentă care antrenează tot arborele şi deci şi toate manivelele (fusurile manetoane), antrenare datorată timpilor motori ai tuturor cilindrilor, forţelor de inerţie, şi inerţiei foarte mari suplimentare impusă de volantul motorului. Variaţia dinamică a unghiului de poziţie există în mod evident, dar ea nu poate fi impusă decât de însăşi manivelă, adică de chiar dinamica arborelui motor.

Viteza unghiulară variabilă se determină cu relaţia (13).

$$\omega^D = D^C \cdot \omega \tag{13}$$

Derivata unghiului de poziţie în funcţie de timp se poate trece (exprima şi în funcţie de unghiul de poziţie, ϕ) conform relaţiei (14). Dacă în cinematica clasică derivata lui fi în funcţie de el are valoarea 1, în cinematica dinamică unde există acel coeficient dinamic, derivata unghiului de poziţie în funcţie de poziţia ϕ ia valoarea D diferită în general de valoarea 1. Manivela este influenţată dinamic direct de arborele motor pe care este construită, astfel încât dinamica ei va fi de tip compresor, adică cu conducere a ei dinspre arborele motor (arborele cotit).

$$\frac{d\varphi}{dt} = \frac{d\varphi}{d\varphi} \cdot \frac{d\varphi}{dt} = \varphi' \cdot \omega = D^C \cdot \omega \tag{14}$$

Deducem (reţinem) din relaţia (14) expresia (15).

$$\varphi' \equiv \varphi'^D = D^C = \sin^2 \psi = 1 - \lambda^2 \cdot \cos^2 \varphi \tag{15}$$

În continuare prin integrarea coeficientului dinamic D în funcţie de variabila φ, se obţine expresia (16), care reprezintă valoarea lui φ^D, adică expresia matematică a unghiului dinamic de poziţie.

$$\begin{cases} \varphi \equiv \varphi^D = \int D^C d\varphi = \int \left(1 - \lambda^2 \cdot \cos^2 \varphi\right) d\varphi = \\ = \int \left\{1 - \lambda^2 \cdot \left[\frac{\cos(2\varphi)}{2} + \frac{1}{2}\right]\right\} d\varphi = \int \left[1 - \frac{\lambda^2}{2} - \frac{\lambda^2}{2} \cdot \cos(2\varphi)\right] d\varphi = \\ = \left(1 - \frac{\lambda^2}{2}\right) \cdot \varphi - \frac{\lambda^2}{4} \cdot \sin(2\varphi) \\ \\ \varphi^D = \left(1 - \frac{\lambda^2}{2}\right) \cdot \varphi - \frac{\lambda^2}{4} \cdot \sin(2\varphi) \end{cases} \tag{16}$$

Prin suprapunerea efectului dinamic al poziţiei în sistemele dinamice prezentate anterior, se obţine diagrama de acceleraţii din figura (8).

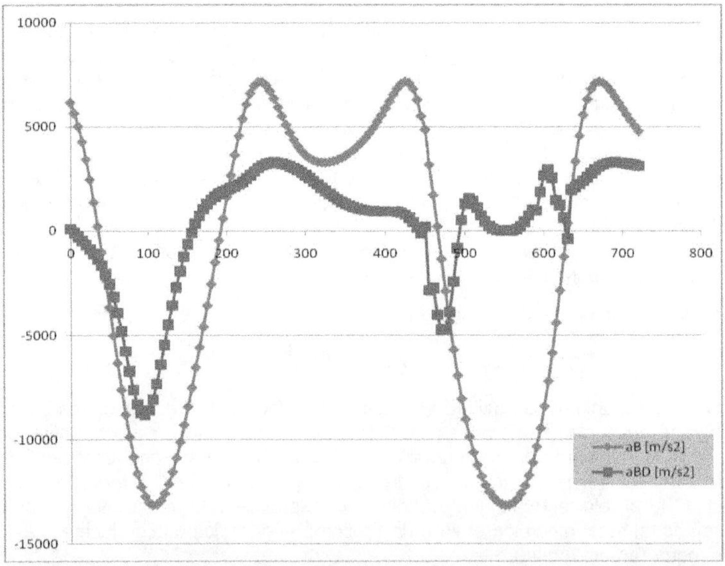

Fig. 8. *Diagrama acceleraţiilor dinamice ale pistonului ţinând cont de viteza unghiulară variabilă ω^D, de existenţa lui ε, şi de valoarea variabilă a unghiului de poziţie dinamic: r=0.03 [m], l=0.05 [m], n=5000[rot/min]*

Efectul dinamic pare să fie bun pentru mişcarea mecanismului, deoarece el restrânge elongaţiile acceleraţiei, însă atunci când se restrâng aceste zone cu vârfuri, se crează în schimb în zonele respective, oscilaţii, care produc vibraţii, bătăi, zgomote, şi chiar şocuri, fapt pus mai bine în evidenţă prin modelul cu viteză unghiulară variabilă şi poziţii dinamice (fără să se mai considere şi efectul lui ε variabil), (a se vedea diagrama din figura 9).

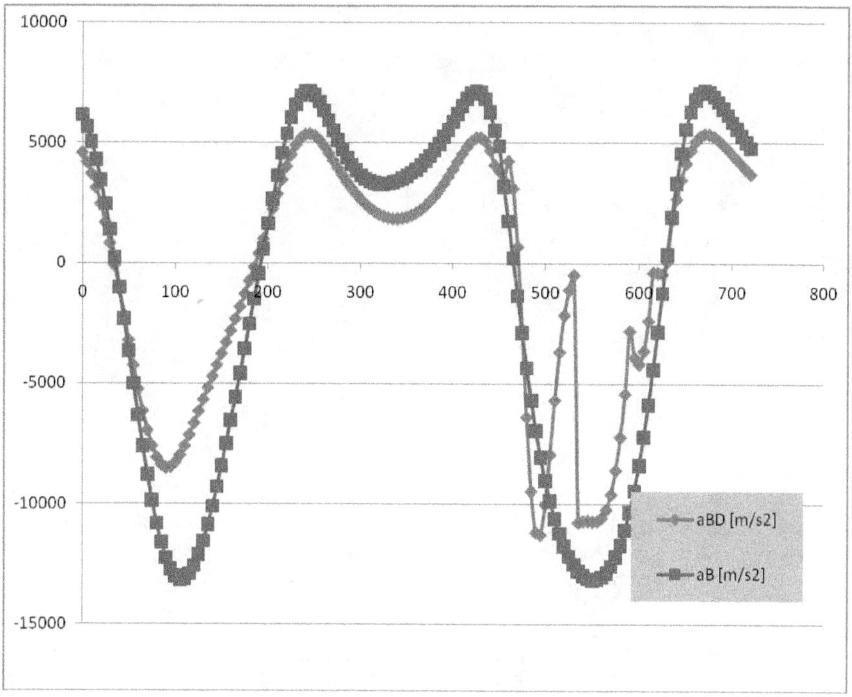

Fig. 9. *Diagrama acceleraţiilor dinamice ale pistonului ţinând cont de viteza unghiulară variabilă ω^D, şi de valoarea variabilă a unghiului de poziţie dinamic: r=0.03 [m], l=0.05 [m], n=5000[rot/min]*

La motorul Stirling apar patru zone cu vibraţii în loc de una singură, pentru două rotaţii complete ale arborelui motor, dar toţi timpii sunt timpi motori (a se vedea diagrama de acceleraţii din figura 10). Vibraţiile motorului Stirling vor fi mai însemnate decât cele ale unui motor de tip Otto, însă randamentul teoretic al motorului Stirling este mult mai ridicat.

Din păcate el nu se realizează integral în practică deoarece ar fi necesară o diferenţă de temperatură între sursele caldă şi rece mult mai mare, decât cele utilizate în mod normal, astfel încât cele două motoare devin oarecum apropiate din punct de vedere al calităţilor şi defectelor lor.

Totuşi motorul Otto s-a impus la automobile, având o dinamică mai ridicată şi mai bună, o adaptabilitate mai mare la diferitele regimuri de lucru impuse, motorul Stirling având probleme mai ales la regimurile tranzitorii, cât şi la pornire.

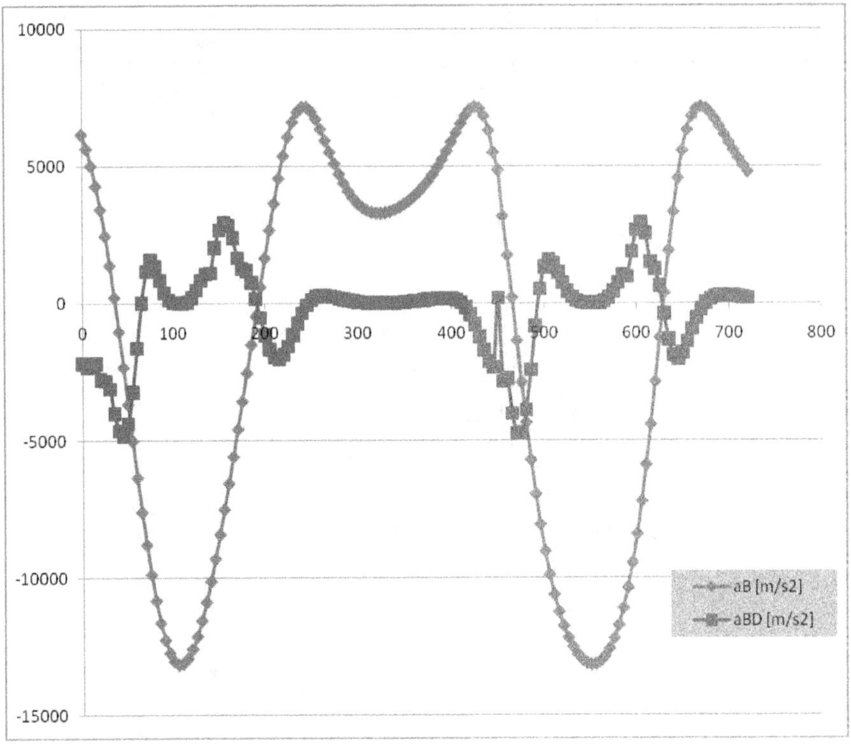

Fig. 10. *Diagrama acceleraţiilor dinamice ale pistonului pentru un motor Stirling, ţinând cont de viteza unghiulară variabilă ω^D, de existenţa lui ε, şi de valoarea variabilă a unghiului de poziţie dinamic: r=0.03 [m], l=0.05 [m], n=5000[rot/min]*

Dacă un motor termic cu ardere externă nu s-a putut bate cu motorul termic cu ardere internă de tip Otto, la montarea pe autovehicule, nu acelaşi lucru s-a întâmplat în domeniul vehiculelor în general, unde „a prins mult" şi motorul cu ardere internă Diesel, cât şi cel cu ardere externă Watt, cu aburi, utilizat foarte mult timp pe vehicule, la locomotive, şalupe, vapoare, etc., dar şi ca motor staţionar, în uzine, acolo unde şi motorul Stirling dă rezultate foarte bune. Motorul cu aburi poate lucra la randamente superioare şi cu o dinamică bună, iar dezavantajele arderii unor combustibili inferiori precum cărbunii pot fi eliminate prin arderea petrolului, a gazelor, a alcoolilor, a hidrogenului, etc, sau prin încălzirea vaporilor prin alte procedee moderne, cu rezistenţe electrice, prin inducţie, etc.

B2.4. Bibliografie

[1] **Grunwald B.**, *Teoria, calculul şi construcţia motoarelor pentru autovehicule rutiere*. Editura didactică şi pedagogică, Bucureşti, 1980.

[2] **Petrescu, F.I., Petrescu, R.V.**, *Câteva elemente privind îmbunătăţirea designului mecanismului motor,* Proceedings of 8th National Symposium on GTD, Vol. I, p. 353-358, Brasov, 2003.

2.5. DESIGNUL MOTOARELOR ÎN V

2.5.1. Sinteza motorului în V în funcţie de unghiul alfa

Sinteza cinematică şi dinamică a motoarelor în V se poate face în funcţie de unghiul constructiv alfa (α).

Acest unghi constructiv alfa (vezi figura 1) a fost ales în general după diferite criterii sau cerinţe constructive (unghiul V-ului este determinat de numărul de cilindri şi de condiţia de obţinere a aprinderilor uniform repartizate).

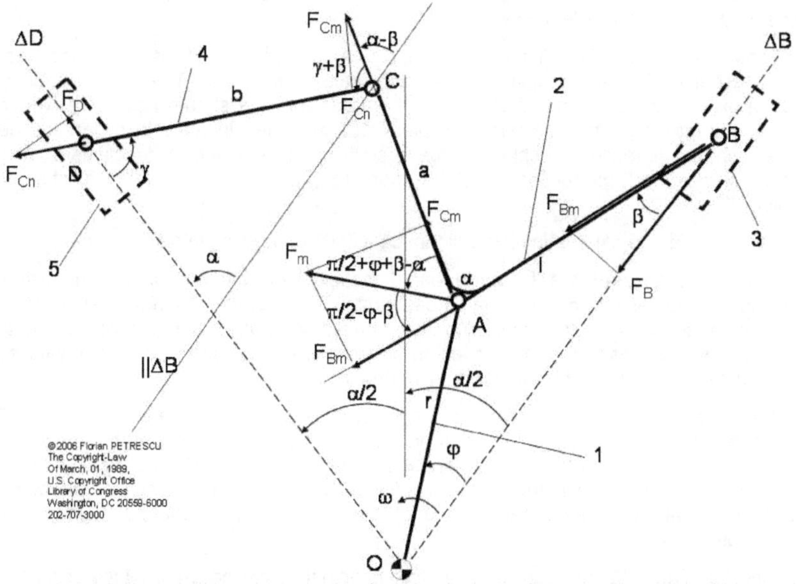

V Motors' Kinematics and Dynamics Synthesis by the Constructive Angle Value (α); Forces Distribution, Angles, Elements and Couples (Joints) Positions; a+b=l

Fig. 1. *Schema cinematică a unui motor în V (caz general)*

Prezenta lucrare propune sintetizarea acestui unghi după criterii cinematico-dinamice riguroase, astfel încât motorul în V rezultat să lucreze silenţios, cu vibraţii şi zgomote mult mai reduse. Acesta este chiar dezavantajul principal al unui motor în V şi anume faptul că el lucrează cu vibraţii mai ridicate comparativ cu un motor în linie de aceeaşi putere [1, 6-12].

Autorii prezentei lucrări au studiat timp de mai mulţi ani împreună cu un colectiv de cercetare mixt (IPB-Intreprinderea Autobuzul) comportamentul dinamic al motoarelor în V [6-8], nivelul de vibraţii şi zgomote produse, nivelul celor transmise în interiorul autovehiculelor, posibilitatea limitării acestora prin diferite soluţii de prindere şi izolare a motorului respectiv. Rezultatele au fost bune dar nu foarte bune. După măsurători similare efectuate pe alte tipuri de motoare s-a hotărât utilizarea unor motoare în linie, mult mai silenţioase decât cele în V. Între timp motoarele s-au îmbunătăţit dar şi standardele internaţionale care limitează nivelele de vibraţii şi zgomote au devenit tot mai pretenţioase.

Motorul în V, are foarte mulţi iubitori, el fiind mai compact, mai dinamic, mai robust, mai puternic, şi funcţionând cu randamente superioare faţă de motoarele similare în linie. Fanii săi nu sunt însă numai iubitorii de curse, motocicliştii şi obişnuinţa, existând în realitate un public larg consumator care nu doreşte decât maşini echipate cu motoare nervoase în V

(Ca să-i împăcăm şi pe ei dar şi pe cei care fac normele de limitare a emisiilor autoturismelor, am gândit această lucrare menită să aducă o soluţie echitabilă în ceea ce priveşte motoarele în V).

2.5.1.1. Ideia de bază

După zeci de ani de muncă în domeniul mecanismelor şi al maşinilor, prin experienţa acumulată, am observat un fapt interesant. La motoarele în linie transmiterea forţelor şi a vitezelor se face normal şi de la arborele conducător (motor) la pistoane (prin intermediul bielelor) şi invers (în timpii motori). La motorul în V transmiterea forţelor şi a vitezelor între elemente se face forţat şi inegal indiferent de sensul de transmitere (de la manivelă la pistoane, sau de la pistoane la manivelă).

Dinamica impusă pistonului principal este una, iar cea impusă pistonului secundar este alta, astfel încât vitezele dinamice (vitezele reale impuse) diferă şi odată cu ele şi feetbackul pistoanelor către manivelă (către arborele motor), ca şi cum fiecare ar dori să impună o altă viteză pentru arborele principal. Dacă aşa stau lucrurile la o pereche de pistoane, pentru mai multe perechi de pistoane smuciturile rezultante în funcţionare vor fi mai multe şi mai mari, producând vibraţii şi zgomote suplimentare, în timpul funcţionării motorului.

Soluţia evidentă este optimizarea dinamică a fiecărei perechi de pistoane în parte.

Această optimizare s-a făcut pe baza coeficienţilor dinamici ai fiecărui piston. Coeficientul dinamic al unui piston arată cu cât variază viteza unghiulară reală (dinamică) a manivelei comparativ cu viteza unghiulară medie impusă de turaţia arborelui motor. Această variaţie [3, 4] se datorează mai multor factori cinematici, cinetostatici şi dinamici, fiind ea însăşi o funcţie şi de parametrii constructivi ai motorului.

La mecanismele obişnuite avem un singur coeficient dinamic, aşa cum se întâmplă şi la motoarele în linie. La motorul în V apar doi coeficienţi dinamici impuşi manivelei şi deci şi arborelui motor de către cele două pistoane legate împreună (biela pistonului secundar se leagă de biela pistonului principal), (a se vedea figura 17). Cei doi coeficienţi dinamici diferă între ei şi îşi schimbă valorile permanent în funcţie de unghiul de poziţionare al manivelei (al arborelui motor).

Acest lucru arată că fiecare piston (cel principal şi cel secundar) încearcă să-şi impună arborelui principal dinamica sa, astfel încât rezultatul final este o funcţionare cu zbateri, deoarece cele două pistoane trag „unul hăis şi altul cea" (ca să folosim o expresie populară, clară, dar din păcate neacademică). Soluţia posibilă (singura, unica soluţie) este egalarea celor doi coeficienţi dinamici, astfel încât din doi să avem permanent numai un singur coeficient dinamic asemenea motoarelor în linie. Mai exact trebuie să scriem o relaţie matematică în care egalăm expresia coeficientului dinamic al motorului (pistonului) principal cu cea a motorului (pistonului) secundar (acum se poate observa faptul că motorul în V este construit din câte două motoare comasate; fig. 17). Relaţiile care rezultă sunt destul de complicate [5].

Optimizarea pe baza relaţiei obţinute se poate face în mai multe moduri. Cel mai firesc apare ca această optimizare să se facă ţinând cont de parametrii constructivi ai motorului în V, în special de unghiul constructiv alfa, care apare de două ori în schema cinematică a unui motor în V clasic: odată el reprezintă unghiul de montaj format de cele două axe ale celor două pistoane cuplate (unghiul format de axa de ghidaj a pistonului principal cu axa de ghidare a pistonului secundar); iar a doua oară acest unghi constructiv apare pe elementul 2 (biela pistonului principal) între cele două braţe ale elementului doi, AB şi AC.

2.5.1.2. Sinteza propriuzisă a motoarelor în V

2.5.1.2.1. Prezentare generală

În figura 17 este prezentată schema cinematică a unui motor în V. Manivela 1 se roteşte în sens trigonometric cu viteza unghiulară ω şi acţionează biela 2 care mişcă pistonul principal 3 de-a lungul axei ΔB, dar şi biela 4 care la rândul ei împinge sau trage pistonul 5 în lungul axei ΔD. Aici apare unghiul constructiv α între cele două axe ΔB şi ΔD.

Acelaşi unghi α este format de cele două braţe ale bielei 2; primul braţ are lungimea l, şi al doilea are lungimea a; această lungime a, adunată cu lungimea b a bielei 4 trebuie să recompună lungimea primei biele l (este o condiţie constructiv funcţională generală a motoarelor în V; pentru a elimina unghiul constructiv alfa care apare pe biela 2, se trece uneori la un caz particular în care braţul a este scurtat la valoarea particulară 0, caz în care lungimea b devine egală cu l, iar prelungirea a de pe prima bielă a motorului în V dispare astfel încât unghiul constructiv alfa de pe biela principală dispare şi el, rămânând valabil doar unghiul constructiv alfa dintre ghidajele celor două pistoane).

Forţa motoare a manivelei F_m este perpendiculară pe braţul r al manivelei, în A. O parte din ea (F_{Bm}) se transmite primului braţ al bielei 2 (dealungul lui l) către pistonul principal 3. A doua parte din forţa motoare (F_{Cm}) se transmite către pistonul secundar 5, prin braţul al doilea al primei biele (dealungul lui a).

2.5.1.2.2. Forţe şi viteze

O parte x, din forţa motoare F_m, se transmite către primul piston (elementul 3) şi o altă parte din ea y, se transmite spre al doilea piston (elementul 5); suma celor două părţi x şi y este 1 sau 100% luată în procente.

Vitezele dinamice au aceeaşi direcţie cu forţele [3-5], spre deosebire de vitezele cinematice impuse de legăturile din cuple.

De la elementul 2 (prima bielă, primul ei braţ) se transmite către pistonul principal (elementul 3) forţa F_B şi viteza v_{BD}.

Viteza cinematică (impusă de cuple) a punctului B, are valoarea cunoscută v_B, [5], în general diferită de cea dinamică v_{BD}.

Pentru a forţa pistonul principal să aibă o viteză egală cu cea dinamică (reală), introducem conceptul de coeficient dinamic D_B, ($D_B=x.\cos^2\beta$) cu ($v_{BD}=D_B.v_B$), adică viteza dinamică este egală cu produsul dintre viteza cinematică şi coeficientul dinamic D_B. Viteza motoare (pe aceeaşi direcţie cu forţa motoare şi având acelaşi sens cu aceasta) este dată de relaţia ($v_m=r.\omega$).

În C, F_{Cm} şi v_{Cm} se proiectează în F_{Cn} şi v_{Cn}.

Acestea la rândul lor se proiectează în D pe axa ΔD, în F_D şi v_D (viteza dinamică a celui de al doilea piston). Viteza cinematică are o altă expresie s_{Dp}, cunoscută deasemenea. Introducem acum al doilea coeficient dinamic (datorat celui de al doilea piston), D_D [5], unde ($v_D=D_D.s_{Dp}$).

2.5.1.2.3. Determinarea coeficientului dinamic, D

Coeficientul dinamic al mecanismului, D, se impune întregului mecanism, el influenţând efectiv funcţionarea acestuia în frunte cu viteza de rotaţie a manivelei (arborele cotit). Pentru orice mecanism trebuie să avem practic un singur coeficient dinamic.

La motoarele în V coeficientul dinamic real este rezultatul unui compromis de moment (aleator) între valorile momentane ale celor doi coeficienţi dinamici diferiţi impuşi de cele două pistoane (motoare) diferite legate împreună în motorul în V (şi nu trebuie neapărat ca această valoare instantanee să fie o medie a celor două valori diferite). Din acest motiv funcţionarea generală a motoarelor în V este mai zgomotoasă.

Soluţia ideală (imediată) este evident aducerea celor doi coeficienţi dinamici la valori apropiate sau dacă este posibil chiar egale. În acest scop am egalat expresiile celor doi coeficienţi dinamici pentru a vedea ce soluţii există pentru rezolvarea ecuaţiei obţinute în alfa, α.

Expresia este complexă şi are mai multe variabile (diverşii parametrii constructivi ai motorului în V). S-a încercat o sinteză analitică cu ajutorul unui program de calcul complex, prin care s-a căutat gasirea soluţiilor generale alfa ale sistemului, indiferent de valorile celorlalţi parametrii constructivi, astfel încât coeficienţii dinamici să prezinte valori egale, iar motorul astfel construit (sintetizat) să funcţioneze fără şocuri şi vibraţii, fără zgomote şi cu o emisie de noxe redusă, cu randamente ridicate, cu puteri mari realizate chiar cu un consum mai mic de combustibil. Totul pe baza funcţionării normale (optime) a întregului lanţ cinematic format din arbore cotit, două pistoane motoare şi două biele, toate cuplate între ele şi în trei puncte legate şi la elementul fix.

2.5.1.3. Analiza dinamică

Analiza dinamică a sistemului, sau sinteza dinamică a motorului prin aceste relaţii complexe [5], a scos în evidenţă o plajă de valori pentru unghiul α, care conform teoriei expuse sunt susceptibile să ducă la sinteza unor motoare în V optime (a se vedea tabelul din figura 2).

α [GRAD]
0 – 8
12 – 17
23 – 25
155 – 156
164 – 167
173 – 179

Fig. 2. *Tabel cu valori preferenţiale ale unghiului alfa constructiv, pentru a realiza o sinteză optimă dinamică a motorului în V, indiferent de valorile celorlalţi parametri constructivi*

Pentru nişte parametri constructivi aleşi aleator (r=0.01 [m], l=0.1 [m], a=0.03 [m], b=0.07 [m]) şi o turaţie aleasă a arborelui motor de n=5000 [rot/min], obţinem trei diagrame diferite pentru deplasarea şi acceleraţia pistoanelor, corespunzătoare la trei unghiuri α alese aleator (5^0, 75^0 şi 95^0), (a se vedea figurile 3-5).

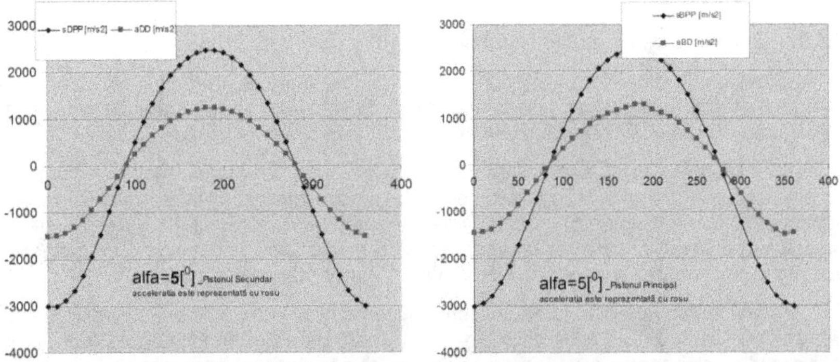

Fig. 3. *Deplasări şi acceleraţii dinamice (alfa=5 [deg]) ale pistoanelor*

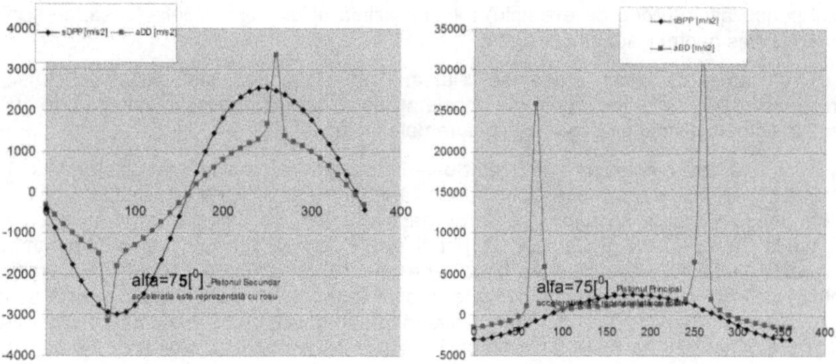

Fig. 4. *Deplasări şi acceleraţii dinamice (alfa=75 [deg]) ale pistoanelor*

În diagramele reprezentate în figurile 3-5, în stânga apare pistonul secundar, iar în dreapta se vede pistonul principal. Pentru a nu complica figurile s-au reprezentat în fiecare diagramă numai două componente ale pistoanelor respective şi anume deplasarea lor dinamică (cu culoare mai intensă) şi acceleraţia lor dinamică (ţinând cont şi de şocurile în funcţionare; cu un gri mai puţin intens).

Se precizează că ele au rezultat prin unificarea coeficienţilor dinamici, deci practic nu mai poate fi vorba de deplasarea, sau acceleraţia clasică din cinematica cunoscută.

În diagramele din figura 3 s-a ales un unghi constructiv alfa de 5 grade sexazecimale, situat în plaja de valori indicate de tabelul din figura 2 (5 se situează în intervalul indicat de 0-8 deg), astfel încât funcţionarea ambelor pistoane este liniştită, deplasările lor dinamice şi acceleraţiile lor dinamice fiind foarte apropiate de cele din cinematica clasică cunoscută; în plus aspectul diagramelor este unul sinusoidal simplu.

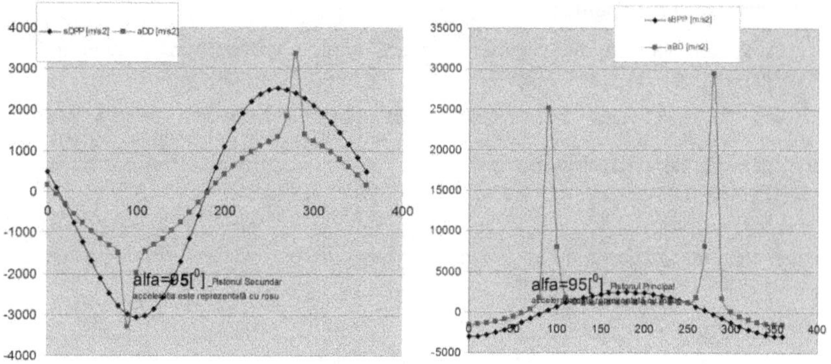

Fig. 5. *Deplasări şi acceleraţii dinamice (alfa=95 [deg]) ale pistoanelor*

În diagramele reprezentate în figurile 4 şi 5 cinematica dinamică s-a înrăutăţit mult pentru pistonul principal şi s-a deteriorat uşor pentru pistonul secundar; s-au ales pentru unghiul constructiv alfa două valori aleatoare, 75 şi 95 deg, situate în afara intervalelor indicate în tabelul 2, dar fiind valori apropiate de cele utilizate de multe ori în practică. Multe motoare în V au unghiul alfa constructiv de 90 deg, sau 95-100, ori 75-90. Aceste valori nu sunt indicate în tabelul 2, şi chiar dacă nu generează situaţiile cele mai critice (cum ar fi cazul pentru alfa=90 deg de exemplu) totuşi prezintă o funcţionare defectoasă, cu şocuri mari (mai ales pentru pistonul principal).

Valoarea de cinci grade se situează în plaja de valori indicate ca fiind corespunzătoare, astfel încât vârfurile acceleraţiilor abia dacă depăşesc valoarea de 1000 [m/s^2] la ambele pistoane (a se vedea diagramele din fig. 3).

Diagramele din figurile 4 şi 5 sunt oarecum asemănătoare (dar nu chiar identice) şi prezintă situaţii utile deasemenea, chiar dacă vârfurile acceleraţiilor au crescut la circa 3500 [m/s^2] pentru pistonul secundar şi aproximativ 30000 [m/s^2] pentru pistonul principal. Unghiurile de 75 şi 95 grade iată că pot fi şi ele folosite (cel puţin pentru parametrii constructivi indicaţi), lucru care va bucura desigur pe constructorii vechi şi împătimiţi ai motoarelor în V, care doresc o schimbare în bine fără prea multe modificări (există foarte multe motoare în V construite cu unghiuri alfa foarte apropiate de 90 grade care nu lucrează totuşi optim; acestea ar putea fi uşor modificate la valoarea optimă; probabil 95 grade, dar unghiul optim ar putea să se modifice puţin odată cu schimbarea parametrilor constructivi r, l, a, b; relaţiile exacte de calcul pot fi găsite şi în lucrarea [5]). Un motor în V care atinge local pentru pistonul principal (cel mai solicitat) 30000 [m/s^2] la o turaţie a arborelui conducător de 5000 [rot/min], (e vorba de un şoc local doar) va lucra similar cu motoarele în linie dar cu puteri şi randamente mai ridicate.

Totuşi utilizarea valorilor constructive indicate în tabelul din figura 2 pentru unghiul alfa, poate duce la construcţia unui motor în V mult mai silenţios decât cel în linie.

Precizare.

Diagramele de acceleraţii prezentate au fost construite pe baza unei metode originale, ele fiind rezultatul unor calcule complexe [5], şi reprezentând acceleraţiile dinamice (care conţin şi şocurile din funcţionare, adică vârfurile de acceleraţii instantanee); dacă şocurile sunt foarte mici, diagramele prezintă practic acceleraţiile; când şocurile sunt vizibile diagramele prezintă acceleraţiile şi vârfurile acestora; atunci când şocurile sunt mari sau foarte mari diagramele vor înregistra doar şocurile sistemului acceleraţiile mult mai mici (suprapuse) nemaiputându-se observa (aceste cazuri însă nu ar fi de dorit în funcţionarea motoarelor în V).

2.5.1.4. Observaţii şi concluzii

Cu valorile din tabel ale unghiului constructiv α, se poate sintetiza un motor în V mai silenţios, indiferent de valoarea pe care o au ceilalţi parametrii constructivi ai motorului în V.

O primă observaţie care rezultă din citirea valorilor indicate pentru unghiul alfa optim tabelat, este aceea că valorile apropiate de 90 grade nu apar, iar în general pentru aceste valori (dealtfel des utilizate în practica motoarelor în V) programul de calcul arată o dinamică mult înrăutăţită pentru motorul care ar fi construit cu un unghi α=90 grade.

Există posibilitatea găsirii unor valori particulare pentru unghiul α, care să ia şi alte valori (eventual chiar mai apropiate de unghiul de 90 grade) dar cu stabilirea unor valori particulare pentru toţi ceilalţi parametrii constructivi.

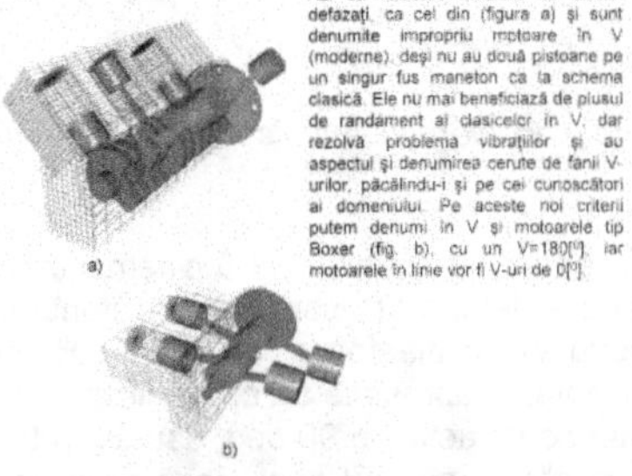

Fig. 6. *Scheme de noi (pseudo)motoare în V*

În afara valorilor indicate apar şocuri foarte mari, care foarte greu pot fi izolate de cele mai moderne tampoane, astfel încât vibraţiile se fac simţite în habitaclul autovehiculului, aducând cu sine inconfort şi nesiguranţă, acestea din urmă fiind amplificate şi de zgomotele nefireşti care se produc în urma unor şocuri atât de mari.

Deoarece valorile propuse în tabel sunt (cel puţin pentru început) dificil de realizat de către constructorii de motoare în V şi greu de acceptat de motoriştii pentru care unghiul trebuie dat doar de numărul de cilindri şi de condiţia de obţinere a aprinderilor uniform repartizate, autorii acestei lucrări propun antamarea încercărilor prin soluţii particulare armonizate (vezi şi [5]).

O observaţie importantă ar mai fi aceea că astăzi se folosesc scheme noi (a se observa figura 6, a) de motoare în V, care pentru a elimina vibraţiile au montat un singur piston pe un fus maneton şi au înclinat axele la pistoane una spre dreapta alta spre stânga pentru a da aspectul de motor în V; este vorba de un pseudo-motor în V deoarece nu mai avem două pistoane pe un fus maneton (pe o manivelă) iar plusul de randament dispare fiind înlocuit cu cilindree sporite pentru ca motoarele să fie puternice şi dinamice (nervoase). La fel de bine am putea utiliza motoare în linie sau cu cilindri opuşi (boxeri) spunând că avem un V de 0 respectiv 180 [^{0}] (vezi 6, b).

2.5.1.5. Relaţiile de calcul

Forţa motoare la manivelă F_m este perpendicular pe raza manivelei r, în A. O parte din ea (F_{Bm}) se transmite primului braţ al bielei principale 2 (în lungul lui l) către pistonul principal 3 (relaţia 1). O altă parte din forţa motoare la manivelă, (F_{Cm}) se transmite către pistonul secundar 5, în lungul celui de al doilea braţ al bielei principale 2 (pe direcţia lui a, conform relaţiei 2).

$$F_{B_m} = x \cdot F_m \cdot \cos[\frac{\pi}{2} - (\varphi + \beta)] = \\ = x \cdot F_m \cdot \sin(\varphi + \beta) \qquad (1)$$

$$F_{C_m} = y \cdot F_m \cdot \cos[\frac{\pi}{2} + \varphi + \beta - \alpha] = \\ = y \cdot F_m \cdot \sin(\alpha - \varphi - \beta) \qquad (2)$$

Nişte procente x din forţa motoare F_m, se transmit către pistonul principal 3, şi alte procente y din ea se transmit către pistonul secundar 5; suma dintre x şi y trebuie să aibă mereu valoarea 1 sau procentual valoarea 100%.

Vitezele dinamice au aceleaşi direcţii cu forţele corespunzătoare lor (relaţiile 3 şi 4).

$$v_{B_m} = x \cdot v_m \cdot \cos[\frac{\pi}{2} - (\varphi + \beta)] = \\ = x \cdot v_m \cdot \sin(\varphi + \beta) \qquad (3)$$

$$v_{C_m} = y \cdot v_m \cdot \cos[\frac{\pi}{2} + \varphi + \beta - \alpha] = \\ = y \cdot v_m \cdot \sin(\alpha - \varphi - \beta) \qquad (4)$$

De la elementul doi (prima bielă, braţul ei principal) către pistonul principal 3 se transmite forţa F_B (relaţia 5) şi viteza dinamică v_{BD} (relaţia 6).

$$F_B = F_{B_m} \cdot \cos\beta = \\ = x \cdot F_m \cdot \sin(\varphi + \beta) \cdot \cos\beta \qquad (5)$$

$$v_{B_D} = v_{B_m} \cdot \cos\beta = \\ = x \cdot v_m \cdot \sin(\varphi + \beta) \cdot \cos\beta \qquad (6)$$

Viteza cinematică cunoscută impusă de cuplele cinematice ale mecanismului se exprimă prin relaţia 7.

$$v_B = v_m \cdot \sin(\varphi + \beta) \cdot \frac{1}{\cos\beta} \qquad (7)$$

Pentru a forţa viteza pistonului să atingă valoarea dinamică prezisă, se introduce coeficientul dinamic D_B (conform relaţiei 8):

$$D_B = x \cdot \cos^2\beta \qquad (8)$$

Unde,

$$v_{B_D} = D_B \cdot v_B \qquad (9)$$

$$v_m = r \cdot \omega \qquad (10)$$

Acum se vor putea scrie relaţiile cinematice şi pentru cel de al doilea piston. În C, F_{Cm} şi v_{Cm} se proiectează în F_{Cn} (relaţia 11) şi respectiv v_{Cn} (relaţia 12).

$$F_{C_n} = F_{C_m} \cdot \cos(\gamma + \beta) = \\ = y \cdot F_m \cdot \sin(\alpha - \varphi - \beta) \cdot \cos(\gamma + \beta) \qquad (11)$$

$$v_{C_n} = v_{C_m} \cdot \cos(\gamma + \beta) = \\ = y \cdot v_m \cdot \sin(\alpha - \varphi - \beta) \cdot \cos(\gamma + \beta) \qquad (12)$$

Forţa ce se transmite în lungul celei de a doua biele (F_{Cn}) se proiectează în D pe axa ΔD sub forma F_D (conform relaţiei 13).

$$F_D = F_{C_n} \cdot \cos\gamma = y \cdot F_m \cdot \sin(\alpha - \varphi - \beta) \cdot \cos(\gamma + \beta) \cdot \cos\gamma \qquad (13)$$

Viteza dinamică în D este dată de relaţia (14):

$$v_D = v_{C_n} \cdot \cos\gamma = y \cdot v_m \cdot \sin(\alpha - \varphi - \beta) \cdot \cos(\gamma + \beta) \cdot \cos\gamma \qquad (14)$$

Viteza cinematică clasică a lui D impusă de cuplele cinematice este dată de relaţia (15):

$$\dot{s}_D = v_D =$$

$$= \frac{v_m}{\cos\gamma \cdot l \cdot \cos\beta} \cdot [l \cdot \cos\beta \cdot \sin(\gamma + \alpha - \varphi) - a \cdot \cos\varphi \cdot \sin(\gamma + \beta)] \qquad (15)$$

Coeficientul dinamic în D se determină cu relaţiile (16):

$$\begin{cases} D_D = \dfrac{N}{n} \\ N = (1 - x) \cdot l \cdot \sin(\alpha - \varphi - \beta) \cdot \cos(\gamma + \beta) \cdot \cos^2 \gamma \cdot \cos\beta \\ n = l \cdot \cos\beta \cdot \sin(\gamma + \alpha - \varphi) - a \cdot \cos\varphi \cdot \sin(\gamma + \beta) \end{cases} \qquad (16)$$

Se pune condiţia unificării coeficienţilor dinamici într-unul singur, D (conform relaţiilor 17):

$$\begin{cases} D = D_D = D_B \Rightarrow x = \dfrac{N_x}{n_x} \\ N_x = l \cdot \sin(\alpha - \varphi - \beta) \cdot \\ \cdot \cos(\gamma + \beta) \cdot \cos^2 \gamma \\ n_x = l \cdot \cos^2 \beta \cdot \sin(\gamma + \alpha - \varphi) - \\ - a \cdot \cos\beta \cdot \cos\varphi \cdot \sin(\gamma + \beta) + \\ l \cdot \sin(\alpha - \varphi - \beta) \cdot \cos(\gamma + \beta) \cdot \cos^2 \gamma \\ D = D_B = x \cdot \cos^2 \beta \end{cases} \qquad (17)$$

Din aceste condiţii care ţintesc unificarea celor doi coeficienţi dinamici D_B şi D_D într-unul singur D, se explicitează valoarea variabilei procentuale x (relaţia 17), în funcţie de valoarea parametrului constructiv alfa şi de ceilalţi parametri cunoscuţi.

B2.5. Bibliografie

[1] GRUNWALD B., *Teoria, calculul şi construcţia motoarelor pentru autovehicule rutiere*. Editura didactică şi pedagogică, Bucureşti, 1980.

[2] Petrescu, F.I., Petrescu, R.V., *Câteva elemente privind îmbunătăţirea designului mecanismului motor,* Proceedings of 8th National Symposium on GTD, Vol. I, p. 353-358, Brasov, 2003.

[3] Petrescu, F.I., Petrescu, R.V., *An original internal combustion engine,* Proceedings of 9th International Symposium SYROM, Vol. I, p. 135-140, Bucharest, 2005.

[4] Petrescu, F.I., Petrescu, R.V., *Determining the mechanical efficiency of Otto engine's mechanism,* Proceedings of International Symposium, SYROM 2005, Vol. I, p. 141-146, Bucharest, 2005.

[5] Petrescu, F.I., Petrescu, R.V., *V Engine Design,* Proceedings of International Conference on Engineering Graphics and Design, ICGD 2009, Cluj-Napoca, 2009.

[6]. FRĂŢILĂ, Gh., SOTIR, D., *PETRESCU, F.*, *PETRESCU, V.*, ş.a. *Cercetări privind transmisibilitatea vibraţiilor motorului la cadrul şi caroseria automobilului.* În a IV-a Conferinţă de Motoare, Automobile, Tractoare şi Maşini Agricole, CONAT-matma, Braşov, 1982, Vol. I, p. 379-388.

[7]. MARINCAŞ, D., SOTIR, D., *PETRESCU, F.*, *PETRESCU, V.*, ş.a. *Rezultate experimentale privind îmbunătăţirea izolaţiei fonice a cabinei autoutilitarei TV-14.* În a IV-a Conferinţă de Motoare, Automobile, Tractoare şi Maşini Agricole, CONAT-matma, Braşov, 1982, Vol. I, p. 389-398.

[8]. FRĂŢILĂ, Gh., MARINCAŞ, D., BEJAN, N., FRĂŢILĂ, M., *PETRESCU, F., PETRESCU, R.*, RĂDULESCU, I. *Contributions a l'amelioration de la suspension du groupe moteur-transmission.* În buletinul Universităţii din Braşov, Seria A, Mecanică aplicată, Vol. XXVIII, 1986, p. 117-123.

[9]. Fjoseph L. Stout – Ford Motor Co., I. *Engine Excitation Decomposition Methods and V Engine Results.* In SAE 2001 Noise & Vibration Conference & Exposition, USA, 2001-01-1595, April 2001.

[10]. D. Taraza, "Accuracy Limits of IMEP Determination from Crankshaft Speed Measurements," *SAE Transactions, Journal of Engines* 111, 689-697, 2002.

[11]. FROELUND, K., S.C. FRITZ, and B. SMITH., *Ranking Lubricating Oil Consumption of Different Power Assemblies on an EMD 16-645E Locomotive Diesel Engine.* Presented at and published in the Proceedings of the 2004 CIMAC Conference, Kyoto, Japan, June 2004.

[12]. Leet, J.A., S. Simescu, K. Froelund, L.G. Dodge, and C.E. Roberts Jr., *Emissions Solutions for 2007 and 2010 Heavy-Duty Diesel Engines.* Presented at the SAE World Congress and Exhibition, Detroit, Michigan, March 2004. SAE Paper No. 2004-01-0124, 2004.

2.6. CINEMATICA DIADEI RRT

Cinematica diadei de aspectul al doilea RRT, poate fi urmărită în figura 1, iar calculele în sistemul relaţional (1). Relaţiile pot fi utilizate practic la orice diadă RRT deşi în cazul prezentat în figură diada este practic legată la o manivelă alcătuind un mecanism bielă-manivelă-piston, utilizat la motoarele termice (Otto, Lenoir, Diesel, Stirling), la compresoare, pompe rotative cu piston, prese, etc.

Se cunosc datele de intrare în diadă x_B, y_B, x_C, y_C (care se determină cu relaţiile aferente), şi trebuiesc calculate datele de ieşire principale, $\psi, \dot{\psi}, \ddot{\psi}$. Iniţial se determină funcţiile trigonometrice sin şi cos ale unghiului ψ după care se calculează $\dot{\psi}, \ddot{\psi}$. Apoi se calculează poziţiile, vitezele şi acceleraţiile celor două centre de greutate G_2 şi $G_3 \equiv C$.

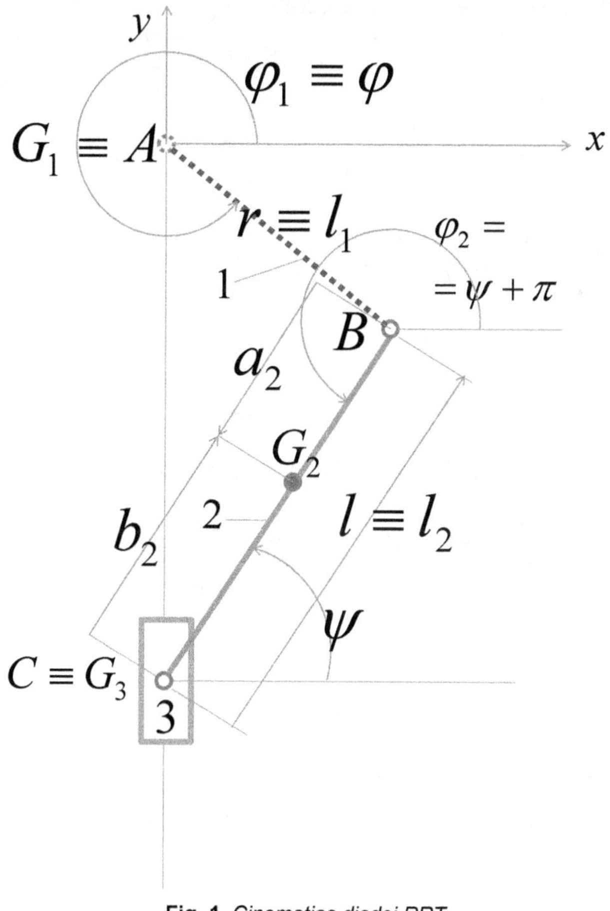

Fig. 1. *Cinematica diadei RRT*

$$\begin{cases} Se \quad dau: \begin{cases} x_B = l_1 \cdot \cos\varphi \\ y_B = l_1 \cdot \sin\varphi \end{cases} \begin{cases} x_C \equiv x_{C^T} = 0 \\ y_C \equiv y_{C^T} = l_1 \cdot \sin\varphi - \sqrt{l_2^2 - l_1^2 \cdot \cos^2\varphi} \end{cases} \\ Se \quad \det er \min \tilde{a}: \\ \begin{cases} \cos\psi = \dfrac{l_1 \cdot \cos\varphi}{l_2} \\ \sin\psi = \dfrac{l_1 \cdot \sin\varphi - y_C}{l_2} \end{cases} \Rightarrow \psi = semn(\sin\psi) \cdot \arccos(\cos\psi) \Rightarrow \\ \Rightarrow \psi = semn\left(\dfrac{l_1 \cdot \sin\varphi - y_C}{l_2}\right) \cdot \arccos\left(\dfrac{l_1 \cdot \cos\varphi}{l_2}\right) \\ \begin{cases} \dot{\psi} = \lambda \cdot \dfrac{\sin\varphi}{\sin\psi} \cdot \dot{\varphi} \\ \ddot{\psi} = \lambda \cdot (1 - \lambda^2) \cdot \dfrac{\cos\varphi}{\sin^3\psi} \cdot \dot{\varphi}^2 \end{cases} \\ \begin{cases} x_{G_2} = x_C + b_2 \cdot \cos\psi \\ y_{G_2} = y_C + b_2 \cdot \sin\psi \end{cases} \begin{cases} \dot{x}_{G_2} = \dot{x}_C - b_2 \cdot \sin\psi \cdot \dot{\psi} \\ \dot{y}_{G_2} = \dot{y}_C + b_2 \cdot \cos\psi \cdot \dot{\psi} \end{cases} \Rightarrow \\ \Rightarrow \begin{cases} \ddot{x}_{G_2} = \ddot{x}_C - b_2 \cdot \cos\psi \cdot \dot{\psi}^2 - b_2 \cdot \sin\psi \cdot \ddot{\psi} \\ \ddot{y}_{G_2} = \ddot{y}_C - b_2 \cdot \sin\psi \cdot \dot{\psi}^2 + b_2 \cdot \cos\psi \cdot \ddot{\psi} \end{cases} \\ \begin{cases} x_C = 0; \quad y_C = l_1 \cdot \sin\varphi - l_2 \cdot \sin\psi \\ \dot{y}_C = l_1 \cdot \cos\varphi \cdot \dot{\varphi} - l_2 \cdot \cos\psi \cdot \dot{\psi} \\ \ddot{y}_C = -l_1 \cdot \sin\varphi \cdot \dot{\varphi}^2 + l_1 \cdot \cos\varphi \cdot \ddot{\varphi} + l_2 \cdot \sin\psi \cdot \dot{\psi}^2 - l_2 \cdot \cos\psi \cdot \ddot{\psi} \end{cases} \end{cases} \tag{1}$$

2.7. DETERMINAREA MOMENTELOR DE INERŢIE MECANICE

Momentul de inerţie mecanic (sau masic) al unui mecanism, redus la elementul principal (manivela 1), se determină în scopul principal de a studia dinamica mecanismului pe un model dimanic simplificat, în care mişcarea întregului mecanism este înlocuită (împreună cu forţele şi inerţiile) cu un singur element (preferenţial având mişcare de rotaţie), în cazul de faţă cu manivela 1 a mecanismului. Ea poate fi considerată ca o simplă manivelă, ca un arbore, sau un disc, rotativ. La mecanismul bielă manivelă piston, momentul de inerţie masic (mecanic) redus la manivelă se notează cu J* şi se determină cu relaţiile date de sistemele 1-2.

$$
\begin{cases}
J^* = J_{G_1} + J_{G_2} \cdot \left(\dfrac{\dot{\psi}}{\dot{\varphi}}\right)^2 + m_2 \cdot \dfrac{\left(\dot{x}_{G_2}^2 + \dot{y}_{G_2}^2\right)}{\dot{\varphi}^2} + m_3 \cdot \dfrac{\dot{y}_C^2}{\dot{\varphi}^2} \\
\dot{x}_{G_2}^2 + \dot{y}_{G_2}^2 = b_2^2 \cdot \dot{\psi}^2 + \dot{y}_C^2 + 2 \cdot b_2 \cdot \cos\psi \cdot \dot{\psi} \cdot \dot{y}_C \\
J^* = J_{G_1} + J_{G_2} \cdot \lambda^2 \cdot \dfrac{\sin^2\varphi}{\sin^2\psi} + (m_2 + m_3) \cdot \dfrac{\dot{y}_C^2}{\dot{\varphi}^2} + \\
+ \dfrac{m_2}{\dot{\varphi}^2} \cdot \left(b_2^2 \cdot \dot{\psi}^2 + 2 \cdot b_2 \cdot \cos\psi \cdot \dot{\psi} \cdot \dot{y}_C\right) \\
J^* = J_{G_1} + J_{G_2} \cdot \lambda^2 \cdot \dfrac{\sin^2\varphi}{\sin^2\psi} + (m_2 + m_3) \cdot l_1^2 \cdot \cos^2\varphi \cdot \\
\cdot \left(1 - \lambda \cdot \dfrac{\sin\varphi}{\sin\psi}\right)^2 + m_2 \cdot b_2^2 \cdot \lambda^2 \cdot \dfrac{\sin^2\varphi}{\sin^2\psi} + \\
+ 2 \cdot m_2 \cdot b_2 \cdot \lambda \cdot \cos\varphi \cdot \lambda \cdot \dfrac{\sin\varphi}{\sin\psi} \cdot l_1 \cdot \cos\varphi \cdot \left(1 - \lambda \cdot \dfrac{\sin\varphi}{\sin\psi}\right) \\
J^* = J_{G_1} + J_{G_2} \cdot \lambda^2 \cdot \dfrac{\sin^2\varphi}{\sin^2\psi} + m_2 \cdot b_2^2 \cdot \lambda^2 \cdot \dfrac{\sin^2\varphi}{\sin^2\psi} + \\
+ (m_2 + m_3) \cdot l_1^2 \cdot \cos^2\varphi + (m_2 + m_3) \cdot l_1^2 \cdot \cos^2\varphi \cdot \lambda^2 \cdot \dfrac{\sin^2\varphi}{\sin^2\psi} - \\
- 2 \cdot (m_2 + m_3) \cdot l_1^2 \cdot \lambda \cdot \cos^2\varphi \cdot \dfrac{\sin\varphi}{\sin\psi} + 2 \cdot m_2 \cdot b_2 \cdot l_1 \cdot \lambda^2 \cdot \\
\cdot \cos^2\varphi \cdot \dfrac{\sin\varphi}{\sin\psi} - 2 \cdot m_2 \cdot b_2 \cdot l_1 \cdot \lambda^3 \cdot \cos^2\varphi \cdot \dfrac{\sin^2\varphi}{\sin^2\psi}
\end{cases}
\quad (1)
$$

$$\begin{cases} J^* = J_{G_1} + \left(J_{G_2} \cdot \lambda^2 + m_2 \cdot b_2^2 \cdot \lambda^2\right) \cdot \dfrac{\sin^2\varphi}{\sin^2\psi} + (m_2 + m_3) \cdot l_1^2 \cdot \cos^2\varphi + \\ + \left[(m_2 + m_3) \cdot l_1^2 \cdot \lambda^2 - 2 \cdot m_2 \cdot b_2 \cdot l_1 \cdot \lambda^3\right] \cdot \dfrac{\cos^2\varphi \cdot \sin^2\varphi}{\sin^2\psi} + \\ + \left[2 \cdot m_2 \cdot b_2 \cdot l_1 \cdot \lambda^2 - 2 \cdot (m_2 + m_3) \cdot l_1^2 \cdot \lambda\right] \cdot \dfrac{\cos^2\varphi \cdot \sin\varphi}{\sin\psi} \end{cases} \tag{2}$$

Momentul de inerţie mecanic (masic) al mecanismului redus la manivelă, are o valoare maximă, una minimă, şi una medie (vezi relaţiile date de sistemul 3).

$$\begin{cases} J^*_{Max} = J_{G_1} + (m_2 + m_3) \cdot l_1^2 \quad obtinuta \quad pentru \quad \varphi = 0 \\ J^*_{\min} = J_{G_1} + J_{G_2} \cdot \lambda^2 + m_2 \cdot b_2^2 \cdot \lambda^2 \quad obtinuta \quad pentru \quad \varphi = \dfrac{\pi}{2} \\ J^*_m \equiv J^*_{med} = J_{G_1} + \dfrac{1}{2} J_{G_2} \cdot \lambda^2 + \dfrac{1}{2}(m_2 + m_3) \cdot l_1^2 + \dfrac{1}{2} m_2 \cdot \lambda^2 \cdot b_2^2 \end{cases} \tag{3}$$

În calculele dinamice este necesară şi prima derivată a momentului de inerţie mecanic redus în funcţie de unghiul de poziţie φ, adică J*', a cărui relaţie e dată de (4).

$$\begin{cases} J^{*'} = \left(J_{G_2} \cdot \lambda^2 + m_2 \cdot b_2^2 \cdot \lambda^2\right) \cdot \left[\dfrac{2\sin\varphi \cdot \cos\varphi}{\sin^2\psi} - \dfrac{2\lambda^2 \cdot \sin^3\varphi \cdot \cos\varphi}{\sin^4\psi}\right] - \\ - 2 \cdot (m_2 + m_3) \cdot l_1^2 \cdot \sin\varphi \cdot \cos\varphi + \\ + \left[(m_2 + m_3) \cdot l_1^2 \cdot \lambda^2 - 2 \cdot m_2 \cdot b_2 \cdot l_1 \cdot \lambda^3\right] \cdot \\ \cdot \left[\dfrac{\sin(2\varphi) \cdot \cos(2\varphi)}{\sin^2\psi} - \dfrac{2\lambda^2 \cdot \sin^3\varphi \cdot \cos^3\varphi}{\sin^4\psi}\right] + \\ + \left[2 \cdot m_2 \cdot b_2 \cdot l_1 \cdot \lambda^2 - 2 \cdot (m_2 + m_3) \cdot l_1^2 \cdot \lambda\right] \cdot \\ \cdot \left[\dfrac{\cos^3\varphi - 2\sin^2\varphi \cdot \cos\varphi}{\sin\psi} - \dfrac{\lambda^2 \cdot \sin^2\varphi \cdot \cos^3\varphi}{\sin^3\psi}\right] \end{cases} \tag{4}$$

Observaţie: Jredus nu depinde de viteza unghiulară $\dot{\varphi}$.

2.8. DINAMICA PE BAZA MOMENTELOR DE INERŢIE MECANICE

Momentele de inerţie masice reduse la manivelă, pot determina cu uşurinţă dinamica mecanismului.

Cu ajutorul relaţiilor date de sistemul (1) se vor obţine viteza unghiulară variabilă a manivelei, şi acceleraţia unghiulară a acesteia (vezi şi capitolul 15).

$$\begin{cases} \dot{\varphi}^D = \omega^D = \omega = \sqrt{\dfrac{J_m^*}{J^*}} \cdot \omega_m; \quad unde \quad \omega_m = \dfrac{\pi}{30} \cdot n \\ \varepsilon^D = \varepsilon = -\dfrac{\omega^2}{2} \cdot \dfrac{J^{*'}}{J^*} \\ \begin{cases} \omega = \sqrt{\dfrac{J_m^*}{J^*}} \cdot \omega_m \\ \varepsilon = -\dfrac{\omega^2}{2} \cdot \dfrac{J^{*'}}{J^*} \end{cases} \end{cases} \tag{1}$$

Calculând acceleraţiile pistonului (corespunzătoare punctului C) cu ω constant şi variabil, se obţin valorile diferite ale unei acceleraţii cinematice (corespunzătoare unei viteze unghiulare constante), şi ale alteia dinamice (corespunzătoare vitezei unghiulare variabile). Vezi diagramele din figura 1.

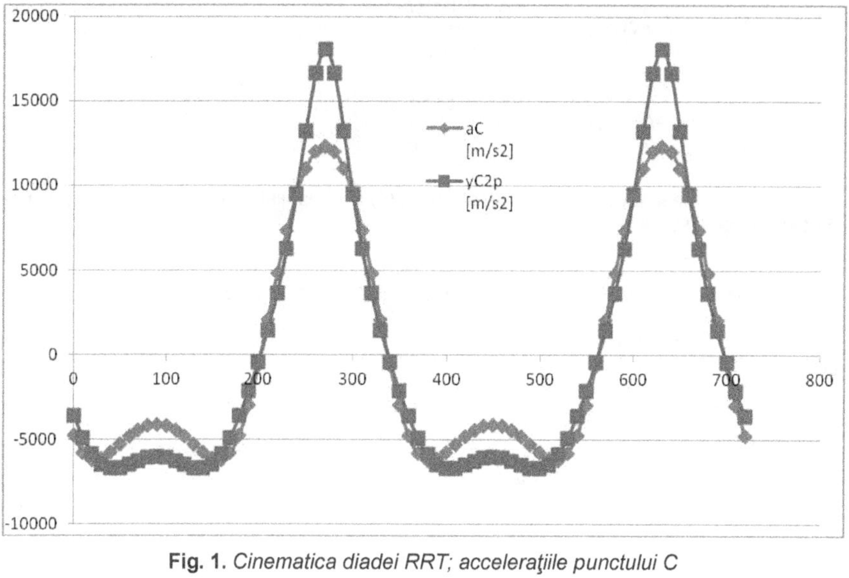

Fig. 1. *Cinematica diadei RRT; acceleraţiile punctului C*

Pentru un studiu dinamic mai precis nu sunt suficiente însă doar valorile variabile ale vitezei unghiulare şi acceleraţiei arborelui cotit, astfel încât se iau în calcul şi elasticităţile sistemului (se calculează constanta elastică k a sistemului) împreună cu deformaţiile elastice impuse de forţe. În acest caz se vor utiliza ecuaţiile dinamice date de sistemul (2).

Sistemul (2) a fost obţinut din studiul (interferenţa) ecuaţiilor diferenţiale Lagrange şi Newton.

$$\begin{cases} x = s \cdot \sqrt[3]{\dfrac{k}{k - m_t \cdot \omega^2}} - c_3 \cdot \dfrac{\cos\varphi}{\cos\alpha \cdot (\cos\alpha + \lambda \cdot \cos\varphi)} + c_4 \cdot \cos\varphi \\ x' = s' \cdot \sqrt[3]{\dfrac{k}{k - m_t \cdot \omega^2}} + c_3 \cdot \dfrac{\sin\varphi}{\cos\alpha \cdot (\cos\alpha + \lambda \cdot \cos\varphi)} - c_4 \cdot \sin\varphi \\ x'' = s'' \cdot \sqrt[3]{\dfrac{k}{k - m_t \cdot \omega^2}} + c_3 \cdot \dfrac{\cos\varphi}{\cos\alpha \cdot (\cos\alpha + \lambda \cdot \cos\varphi)} - c_4 \cdot \cos\varphi \end{cases} \quad (2)$$

Deplasarea s este măsurată de la punctul de mijloc al cursei pistonului, astfel încât se pot identifica uşor s şi derivatele sale s' şi s'' (vezi sistemul 3).

$$\begin{cases} s = -y_C - l_2 \\ s' = -y_C' \\ s'' = -y_C'' \\ y_C = l_1 \cdot \sin\varphi - l_2 \cdot \sin\psi \\ y_C' = l_1 \cdot \cos\varphi - \dfrac{l_1 \cdot \lambda}{2} \cdot \dfrac{\sin(2\varphi)}{\sin\psi} \\ y_C'' = -l_1 \cdot \sin\varphi - l_1 \cdot \lambda \cdot \left[\dfrac{\cos(2\varphi)}{\sin\psi} - \dfrac{\lambda^2 \cdot \sin^2(2\varphi)}{4 \cdot \sin^3\psi} \right] \end{cases} \quad (3)$$

Mai sunt necesare masele date de sistemul (4) şi variabilele intermediare notate cu c1-c4 calculate cu sistemul (5).

$$\begin{cases} m_{bA} = m_b \cdot \dfrac{l''}{l} \quad m_{bB} = m_b \cdot \dfrac{l'}{l} \quad l' + l'' = l \quad m_{bA} + m_{bB} = m_b \\ m_t = m_p + m_{bB} \\ m_1 = m_{bA} + \dfrac{J_1}{r^2} \\ m_2 = \dfrac{J_2}{l^2} \end{cases} \quad (4)$$

$$
\begin{cases}
c_1 = \dfrac{r}{k} \cdot \omega^2 \quad [\dfrac{m}{kg}] \\
c_2 = \lambda^2 \cdot m_1 + m_2 \quad [kg] \\
c_3 = c_1 \cdot c_2 \quad [m] \\
c_4 = c_1 \cdot m_t \quad [m]
\end{cases}
\tag{5}
$$

Unghiul α este complementar cu unghiul ψ (a se vedea relaţia 6).

$$
\alpha = \frac{\pi}{2} - \psi \tag{6}
$$

În exemplul următor s-a calculat constanta elastică k aproximativ, însă ea poate fi determinată mult mai precis cu ajutorul relaţiei (7). Semnificaţia parametrilor utilizaţi de relaţia (7) se poate afla urmărind figura 2 (în care se indică diametrele şi lungimile fusului palier şi cele ale fusului maneton).

$$
k = \frac{3 \cdot \pi \cdot E \cdot G \cdot (D_m^4 - d_m^4)}{4G(l_m + b)^3 + 96Er^2 \sin^2 \varphi (D_m^4 - d_m^4)[\dfrac{l_p + .4D_p}{D_p^4 - d_p^4} + \dfrac{l_m + .4D_m}{D_m^4 - d_m^4} + \dfrac{8r - 1.6(D_p + D_m)}{b(2r + D_p + D_m)^3}]} \tag{7}
$$

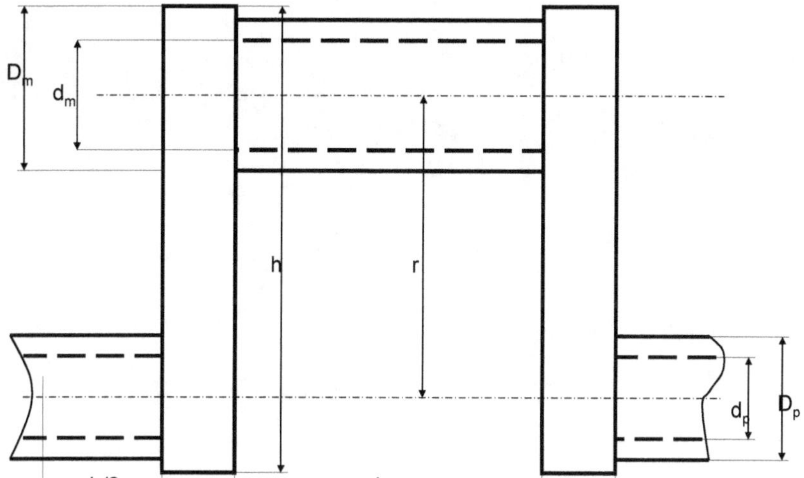

Fig. 2. *Parametrii cinematici ai unui arbore cotit (motor)*

Momentul de inerţie mecanic (masic) J1 al arborelui motor, fiind mai deosebit, se determină cu relaţia (8).

$$J_1 = \frac{\pi \cdot \rho}{32} \cdot \{(l_p + 2 \cdot b) \cdot (D_p^4 - d_p^4) + (l_m + 2 \cdot b) \cdot [(D_m^4 - d_m^4) + (D_m^2 - d_m^2) \cdot 8 \cdot r^2]\} \quad (8)$$

Densitatea oţelului utilizat este de ρ =7800 [kg/m^3]. Se iau: E=2.1*10^{11} [N/m^2]; şi G=8.1*10^{10} [N/m^2]. Acceleraţia dinamică se reconstituie cu ajutorul expresiei (9).

$$a_C^D = x'' \cdot \omega^2 + x' \cdot \varepsilon \quad (9)$$

În diagramele prezentate mai jos, se văd acceleraţiile normale ale pistonului şi cele dinamice. În prima diagramă diferenţele sunt mici deoarece s-a considerat o turaţie mai scăzută de lucru (de 500 rot/min), însă în cea de-a doua diagramă diferenţele sunt evidente, acceleraţiile dinamice fiind mult mai ascuţite (s-a considerat o turaţie a arborelui cotit mai ridicată şi anume n=5000 rot/min).

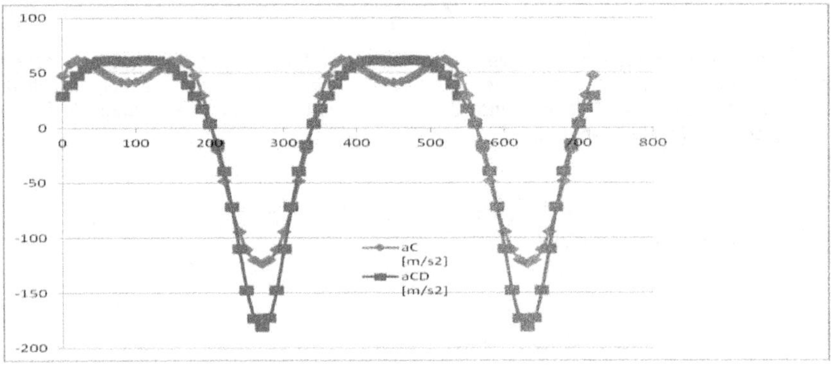

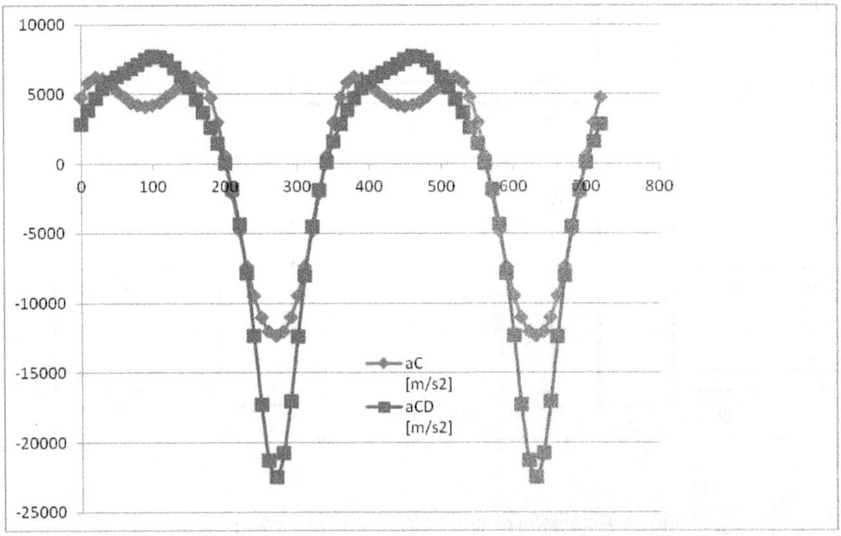

2.9. CINETOSTATICA DIADEI RRT

Cinetostatica (determinarea forţelor ce acţionează asupra mecanismului şi a reacţiunilor din cuplele cinematice) diadei de aspectul al doilea RRT, poate fi urmărită în figura 1, iar calculele în sistemul relaţional (1).

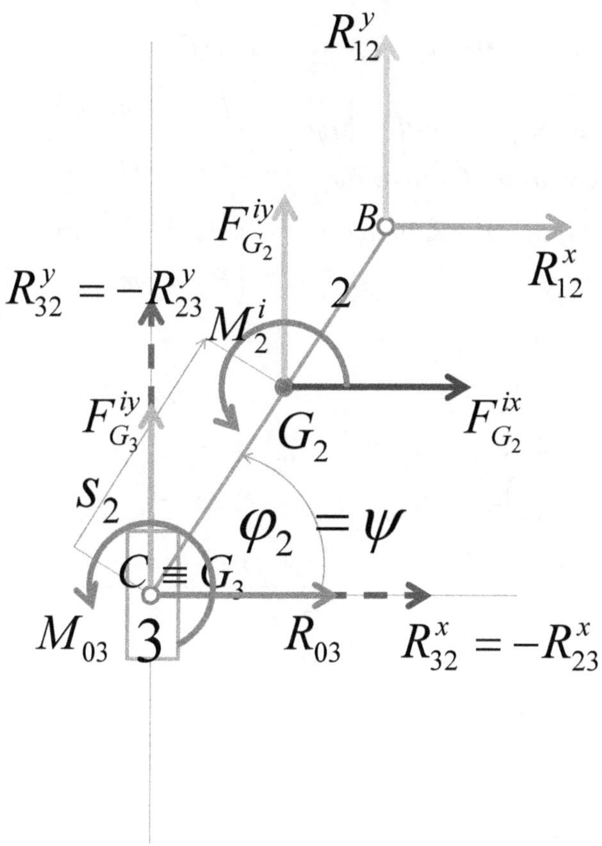

Fig. 1. *Cinetostatica diadei RRT*

$$
\begin{cases}
\begin{cases} x_B = l_1 \cdot \cos\varphi \\ y_B = l_1 \cdot \sin\varphi \end{cases}
\begin{cases} \dot{\psi} = \lambda \cdot \dfrac{\sin\varphi}{\sin\psi} \cdot \dot{\varphi} \\ \ddot{\psi} = \lambda \cdot \left(1-\lambda^2\right) \cdot \dfrac{\cos\varphi}{\sin^3\psi} \cdot \dot{\varphi}^2 \end{cases} \\
\begin{cases} x_{G_2} = x_C + s_2 \cdot \cos\varphi_2 \\ y_{G_2} = y_C + s_2 \cdot \sin\varphi_2 \end{cases}
\begin{cases} \dot{x}_{G_2} = \dot{x}_C - s_2 \cdot \sin\varphi_2 \cdot \dot{\varphi}_2 \\ \dot{y}_{G_2} = \dot{y}_C + s_2 \cdot \cos\varphi_2 \cdot \dot{\varphi}_2 \end{cases} \Rightarrow \\
\Rightarrow \begin{cases} \ddot{x}_{G_2} = \ddot{x}_C - s_2 \cdot \cos\varphi_2 \cdot \dot{\varphi}_2^2 - s_2 \cdot \sin\varphi_2 \cdot \ddot{\varphi}_2 \\ \ddot{y}_{G_2} = \ddot{y}_C - s_2 \cdot \sin\varphi_2 \cdot \dot{\varphi}_2^2 + s_2 \cdot \cos\varphi_2 \cdot \ddot{\varphi}_2 \end{cases} \\
\begin{cases} x_C = 0; \quad y_C = l_1 \cdot \sin\varphi - l_2 \cdot \sin\psi \\ \dot{y}_C = l_1 \cdot \cos\varphi \cdot \dot{\varphi} - l_2 \cdot \cos\psi \cdot \dot{\psi} \\ \ddot{y}_C = -l_1 \cdot \sin\varphi \cdot \dot{\varphi}^2 + l_2 \cdot \sin\psi \cdot \dot{\psi}^2 - \\ -l_2 \cdot \cos\psi \cdot \ddot{\psi} \end{cases}
\begin{cases} F_{G_2}^{ix} = -m_2 \cdot \ddot{x}_{G_2} \\ F_{G_2}^{iy} = -m_2 \cdot \ddot{y}_{G_2} \\ M_2^i = -J_{G_2} \cdot \ddot{\varphi}_2 \\ F_{G_3}^{iy} = -m_3 \cdot \ddot{y}_C \end{cases} \\
\sum M_C^{(3)} = 0 \Rightarrow M_{03} = 0 \\
\sum M_B^{(2,3)} = 0 \Rightarrow R_{03} \cdot \left(y_B - y_C\right) - F_{G_3}^{iy} \cdot \left(x_B - x_C\right) + \\
+ F_{G_2}^{ix} \cdot \left(y_B - y_{G_2}\right) - F_{G_2}^{iy} \cdot \left(x_B - x_{G_2}\right) + M_2^i = 0 \Rightarrow \\
R_{03} = \dfrac{F_{G_3}^{iy} \cdot \left(x_B - x_C\right) + F_{G_2}^{ix} \cdot \left(y_{G_2} - y_B\right) + F_{G_2}^{iy} \cdot \left(x_B - x_{G_2}\right) - M_2^i}{y_B - y_C} \\
\sum F_x^{(3)} = 0 \Rightarrow R_{23}^x + R_{03} = 0 \Rightarrow R_{23}^x = -R_{03} \Rightarrow R_{32}^x = R_{03} \\
\sum F_y^{(3)} = 0 \Rightarrow R_{23}^y + F_{G_3}^{iy} = 0 \Rightarrow R_{23}^y = -F_{G_3}^{iy} \Rightarrow R_{32}^y = F_{G_3}^{iy} \\
\Rightarrow R_{32} = \sqrt{\left(R_{32}^x\right)^2 + \left(R_{32}^y\right)^2} \\
\sum F_x^{(2)} = 0 \Rightarrow R_{12}^x + F_{G_2}^{ix} + R_{32}^x = 0 \Rightarrow R_{12}^x = -F_{G_2}^{ix} - R_{32}^x \\
\sum F_y^{(2)} = 0 \Rightarrow R_{12}^y + F_{G_2}^{iy} + R_{32}^y = 0 \Rightarrow R_{12}^y = -F_{G_2}^{iy} - R_{32}^y \\
\Rightarrow R_{12} = \sqrt{\left(R_{12}^x\right)^2 + \left(R_{12}^y\right)^2}
\end{cases}
\qquad (1)
$$

Aplicaţii:

A1-DETERMINAREA (APROXIMATIVĂ A) REACŢIUNII DINTRE CILINDRU ŞI PISTON LA MECANISMELE MOTOARELOR CU ARDERE INTERNĂ

1. Scopul lucrării

Uzura cilindrilor de piston depinde, pe lângă alte cauze şi de mărimea reacţiunii dintre cilindru şi piston. Cunoaşterea parametrilor care influenţează această mărime este foarte importantă în faza în care se determină dimensiunile unui astfel de mecanism.

2. Principiul lucrării

Pe mecanismul piston-manivelă, de dimensiuni r şi l, se consideră forţa motoare pe piston F_m şi momentul rezistent la manivelă, M_r. Se urmăreşte să se determine reacţiunea cilindrului asupra pistonului pentru orice poziţie a manivelei (vezi fig. 1).

Considerând diada 2-3 izolată, (se neglijează forţele de inerţie şi de greutate, astfel încât din suma de momente faţă de punctul B de pe diada 2-3, sau de pe biela 2 să rezulte reacţiunea tangenţială nulă; calculele se simplifică astfel foarte mult, dar rezultatele obţinute vor fi interpretate doar pentru cinematica simplă a mecanismului, nefiind valabile în cinematica dinamică, unde reacţiunea tangenţială nenulă joacă un rol esenţial) din ecuaţiile de echilibru rezultă:

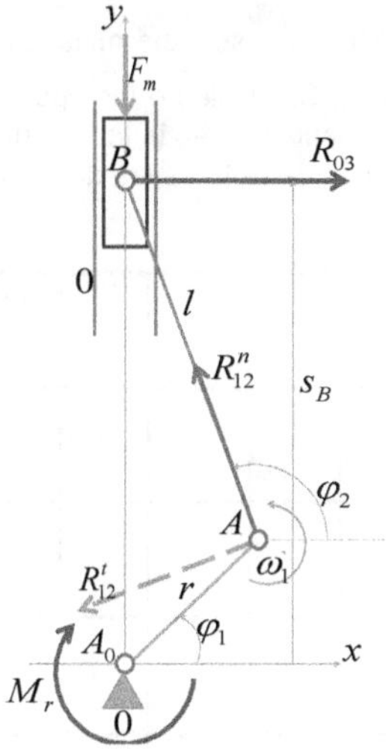

Fig. 1. *Cinetostatica aproximativă a mecanismului motor*

$$R_{12}^t = 0; R_{12}^n = \frac{F_m}{\sin\varphi_2}; R_{03} = -\frac{F_m}{tg\varphi_2} \tag{1}$$

Din proiecţia ecuaţiei de contur pe axa Ox rezultă:

$$r.\cos\varphi_1 + l.\cos\varphi_2 = 0 \tag{2}$$

Cu notaţia $\lambda = r / l$ se obţin (3) şi (4):

$$\cos\varphi_2 = -\lambda.\cos\varphi_1 \tag{3}$$

$$\sin\varphi_2 = \sqrt{1-\lambda^2.\cos^2\varphi_1} \tag{4}$$

În felul acesta reacţiunea cilindrului asupra pistonului capătă forma:

$$R_{03} = F_m \cdot \frac{\lambda . \cos\varphi_1}{\sqrt{1-\cos^2\varphi_1 . \lambda^2}} \quad (5)$$

Notând cu $\frac{R_{03}}{F_m} = R_{03}^*$ obţinem valoarea relativă sau adimensională a acestei reacţiuni, care nu mai depinde de forţa pe piston, ci numai de poziţia mecanismului. Relaţia de calcul utilizată va fi:

$$R_{03}^* = \frac{\lambda . \cos\varphi_1}{\sqrt{1-\lambda^2 . \cos^2\varphi_1}} \quad (6)$$

3. Modul de lucru

Se măsoară dimensiunile mecanismului r şi l şi apoi se calculează λ. Cu ajutorul relaţiei de calcul a reacţiunii R_{03}^* se determină valorile acesteia în funcţie de poziţia manivelei, dată prin unghiul φ_1. Calculele se fac apoi, în mod asemănător, pentru λ_1=0.9*λ şi pentru λ_2=1.1*λ. Valorile obţinute se trec în tabelul următor şi apoi se urmăreşte modul de variaţie al reacţiunii în funcţie de φ_1(se trasează diagramele cinematice).

	0^0	10^0	20^0	30^0	40^0	50^0	60^0	70^0	80^0	90^0
$R_{03}^*(\lambda)$										
$R_{03}^*(\lambda_1)$										
$R_{03}^*(\lambda_2)$										

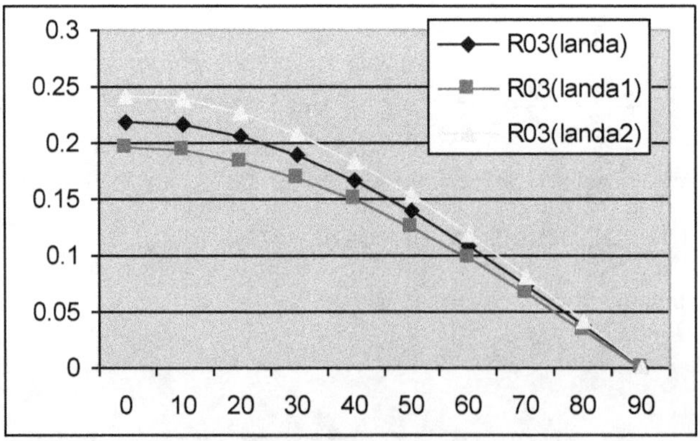

A2-CINEMATICA MECANISMELOR MOTOARELOR CU ARDERE INTERNĂ

1. Scopul lucrării

Dintre parametrii cinematici ce caracterizează un mecanism, cei de poziţie, viteză şi acceleraţie sunt cei mai utilizaţi în calculele de analiză a mecanismelor. Determinarea lor pe un mecanism plan, printr-o metodă analitico-numerică de calcul, reprezintă obiectul lucrării.

2. Principiul lucrării

Se consideră mecanismul unui motor cu ardere internă (fig. 1), raportat la sistemul de axe xOy. Se notează lungimea manivelei cu r şi cea a bielei cu l. Poziţia pistonului este notată cu s_B; cu φ_1 şi φ_2 s-au notat unghiurile de poziţie ale manivelei şi bielei. Alegând sensurile de parcurs pe conturul mecanismului, ecuaţia vectorială de închidere este:

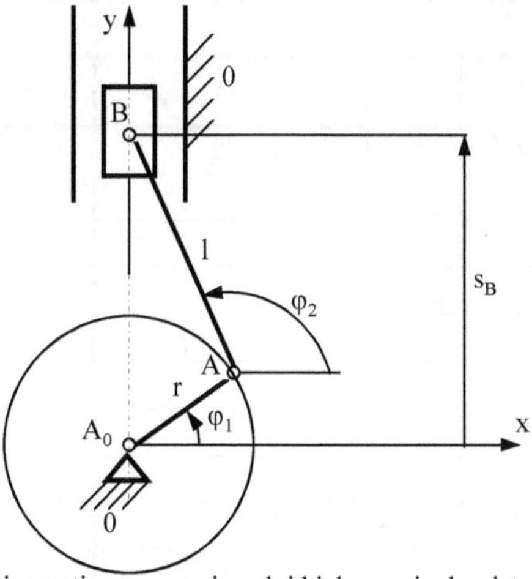

Fig. 1 Schema cinematica a mecanismului biela-manivela-piston

$$\bar{r} + \bar{l} = \bar{s}_B \tag{1}$$

Prin proiectarea pe sistemul de axe se obţin ecuaţiile de poziţie:

$$\begin{aligned} r.\cos\varphi_1 + l.\cos\varphi_2 &= 0 \\ r.\sin\varphi_1 + l.\sin\varphi_2 &= s_B \end{aligned} \tag{2}$$

în care, necunoscutele sunt φ_2 şi s_B. Acestea rezultă imediat rezolvând în ordine sistemul de ecuaţii (2). Derivarea în raport cu timpul a ecuaţiilor (2) conduce la ecuaţiile de viteze:

$$\begin{aligned} r.\omega_1.\sin\varphi_1 + l.\omega_2.\sin\varphi_2 &= 0 \\ r.\omega_1.\cos\varphi_1 + l.\omega_2.\cos\varphi_2 &= v_B \end{aligned} \tag{3}$$

Necunoscutele fiind ω_2 şi v_B, se determină în această ordine din ecuaţiile (3).

Se derivează în continuare ecuaţiile sistemului (3) şi se obţin ecuaţiile de acceleraţii, având în vedere faptul că ω_1=constant (pentru fiecare φ_1 valoarea lui ω_1 se obţine din tabel).

$$\begin{aligned} r.\omega_1^2.\cos\varphi_1 + l.\varepsilon_2.\sin\varphi_2 + l.\omega_2^2.\cos\varphi_2 = 0 \\ -r.\omega_1^2.\sin\varphi_1 + l.\varepsilon_2.\cos\varphi_2 - l.\omega_2^2.\sin\varphi_2 = a_B \end{aligned} \quad (4)$$

Necunoscutele fiind ε_2 şi a_B, se determină în această ordine din ecuaţiile sistemului (4).

3. Metoda de lucru

Se măsoară lungimile elementelor r, l [m] şi se precizează poziţia manivelei (prin unghiul φ_1) pentru care urmează să se determine parametrii cinematici. În continuare, cu ajutorul sistemelor de ecuaţii (2), (3) şi (4), se calculează cele şase mărimi cinematice. Valorile obţinute se trec în tabelul următor:

Fiecare student va primi o valoare φ_1 din tabelul următor şi va efectua toate cele şase calcule pentru valoarea respectivă. Apoi el va relua calculele pentru φ_1+100[^{0}] şi ω_1+100[s^{-1}]; ***fiecare student va construi doar capul de tabel plus două linii (pe care le va completa).***

φ_1	ω_1	r	l	φ_2	s_B	ω_2	v_B	ε_2	a_B
DEG	s-1	m	m	deg	m	s-1	ms-1	s-2	ms-2
12	180								
17	185								
23	190								
28	195								
31	200								
36	205								
39	210								
43	215								
46	220								
49	225								
53	230								
55	235								
58	240								
61	245								
64	250								
67	255								
69	260								
72	265								
76	270								

Valorile obţinute pentru parametrii de poziţie φ_2 şi s_B se verifică apoi pe mecanismul real şi sau pe computer.

A3-DETERMINAREA RANDAMENTULUI MECANISMULUI MOTOR - BILANŢUL ENERGETIC AL MAŞINII

Consideraţii generale

Din randamentul global al unei maşini, randamentul mecanic este cel mai important. Totuşi motoarele termice depind foarte mult în eficienţa lor şi de randamentul termic.

Inginerul mecanic trebuie să le aibă în vedere pe amândouă la proiectarea unui motor termic, dar în lucrarea de faţă ne vom ocupa numai de randamentul mecanic al motorului termic cu piston.

Pierderile de putere la un mecanism sunt în principal datorate tipului mecanismului (mecanismului propriuzis şi dimensiunilor sale), şi frecărilor din cuple.

Mecanismul bielă-manivelă-piston utilizat ca motor termic cu ardere internă, are două tipuri de randamente proprii, unul atunci când mecanismul funcţionează în regim de compresor, şi altul când lucrează în regim motor. Pierderile datorate frecării din cupla de translaţie pot fi considerate separat, rezultând astfel două randamente, unul propriu mecanismului motor, şi altul datorat frecărilor din cupla de translaţie. Produsul celor două randamente va genera randamentul mecanic total al mecanismului.

Principii teoretice

Se consideră mecanismul motor de tip Otto din figura 1. Manivela 1 acţionează biela 2 care transmite mişcarea pistonului 3 (pistonul translatează în sus şi în jos). În figură suntem într-un timp tip regim compresor, cu acţionarea dinspre manivelă. Forţele se vor transmite de la manivelă către piston. Forţa motoare F_m este perpendiculară pe manivela 1 (de lungime r) în B. La fel şi viteza motoare v_m.

Forţa motoare acţionează în punctul B.

Ea aparţine şi manivelei (care o creează) şi bielei (datorită cuplei B) şi se împarte în două componente: o componentă de tracţiune (normală) în lungul bielei F_n, şi o componentă de rotaţie (tangenţială) perpendiculară pe axa bielei F_t. Forţa normală în punctul B se transmite pe toată biela ajungând şi în punctul C, unde se divide în două componente: una în lungul axei pistonului care trage (acţionează pistonul) F_T, şi alta perpendiculară pe axa pistonului F_a (care apasă pistonul pe cămaşa cilindrului de ghidare, producând şi frecarea şi forţa de frecare F_f).

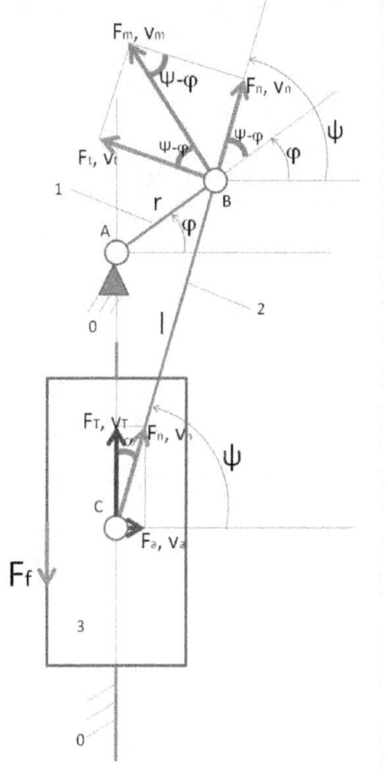

Fig. 1. *Forţele din cuplele mecanismului motor în regim de compresor; determinarea randamentului cu frecare*

Putem scrie relaţiile (1).

$$\begin{cases}
\begin{cases} F_n = F_m \cdot \sin(\psi - \varphi) \\ v_n = v_m \cdot \sin(\psi - \varphi) \end{cases} \quad \begin{cases} F_t = F_m \cdot \cos(\psi - \varphi) \\ v_t = v_m \cdot \cos(\psi - \varphi) \end{cases} \\
\begin{cases} F_T = F_n \cdot \sin\psi \\ v_T = v_n \cdot \sin\psi \end{cases} \quad \begin{cases} F_a = F_n \cdot \cos\psi \\ v_a = v_n \cdot \cos\psi \end{cases} \\
N = F_a \\
F_f = \mu \cdot N = \mu \cdot F_a = \mu \cdot F_n \cdot \cos\psi = \mu \cdot F_m \cdot \sin(\psi - \varphi) \cdot \cos\psi \\
F_u = F_T - F_f = F_n \cdot \sin\psi - \mu \cdot F_n \cdot \cos\psi = \\
= F_m \cdot \sin(\psi - \varphi) \cdot (\sin\psi - \mu \cdot \cos\psi) \\
v_u = r \cdot \cos\varphi \cdot \dot{\varphi} - l \cdot \cos\psi \cdot \dot{\psi} = \dfrac{r \cdot \dot{\varphi}}{\sin\psi} \cdot \sin(\psi - \varphi) = \\
= v_m \cdot \dfrac{\sin(\psi - \varphi)}{\sin\psi} \\
\eta_{iC} = \dfrac{P_u}{P_c} = \dfrac{F_u \cdot v_u}{F_m \cdot v_m} = \\
= \dfrac{F_m \cdot \sin(\psi - \varphi) \cdot (\sin\psi - \mu \cdot \cos\psi) \cdot v_m \cdot \dfrac{\sin(\psi - \varphi)}{\sin\psi}}{F_m \cdot v_m} = \\
= \sin^2(\psi - \varphi) \cdot \left(1 - \mu \cdot \dfrac{\cos\psi}{\sin\psi}\right) = \sin^2(\psi - \varphi) \cdot (1 - \mu \cdot ctg\,\psi) \\
\eta_{iC} = \sin^2(\psi - \varphi) \cdot (1 - \mu \cdot ctg\,\psi) = \sin^2(\psi - \varphi) \cdot (1 - \mu \cdot tg\,\alpha) \\
\eta_{iM} = \sin^2\psi \cdot (1 - \mu \cdot ctg\,\psi) = \sin^2\psi \cdot (1 - \mu \cdot tg\,\alpha) \\
\begin{cases} \eta_{imecanism} = \begin{cases} \eta_{imC} = \sin^2(\psi - \varphi) \\ \eta_{imM} = \sin^2\psi \end{cases} \\ \eta_{ifrecare} = \eta_{if} = 1 - \mu \cdot ctg\,\psi = 1 - \mu \cdot tg\,\alpha \end{cases} \\
\eta_i = \eta_{im} \cdot \eta_{if}
\end{cases} \tag{1}$$

Aspecte experimentale

Se aduce glisiera (pistonul) mecanismului în poziţia extremă (când biela şi manivela sunt în prelungire). În această poziţie unghiul φ=-90 [deg], iar pentru α verificăm prin măsurare valoarea 0 [deg]. Unghiul ψ se calculează cu relaţia (2).

$$\psi = 90 - \alpha \qquad (2)$$

Vom mişca manivela în sensul trigonometric (invers acelor de ceasornic) şi o vom opri la φ=-80 [deg]. Se măsoară α cu un raportor şi se calculează ψ cu relaţia 2.

Continuăm să mişcăm manivela mereu în sensul pozitiv (trigonometric) oprindu-ne din 10 în zece grade sexazecimale, până când se efectuează o cursă completă (adică φ=90 [deg]). Pentru μ se ia valoarea 0,04 corespunzătoare unei ungeri foarte bune, sau valoarea 0,18 corespunzătoare unei frecări uscate (în condiţii de laborator).

Se completează tabelul de mai jos.

φ	-90	-80	-70					0					70	80	90
α															
ψ															
$\eta_{imC} = \sin^2(\psi - \varphi)$															
$\eta_{ifrecare} = \eta_{if} = 1 - \mu \cdot ctg\,\psi = 1 - \mu \cdot tg\,\alpha$															
$\eta_i = \eta_{im} \cdot \eta_{if}$															

$$\eta = \frac{\sum_{k=1}^{n} \eta_i}{n} =$$

A4- DETERMINAREA EXPERIMENTALĂ A MOMENTELOR DE INERŢIE

1. **Consideraţii teoretice**
   În calculele de dinamica mecanismelor, intervin mărimile masă (m), moment de inerţie masic sau mecanic (I), cât şi poziţia centrului de greutate (S). Determinarea cât mai precisă a acestor mărimi asigură calculelor efectuate o apropiere convenabilă faţă de realitatea fenomenului care trebuie descris.

2. **Materiale necesare**

   Biele şi suport de tip prismatic pentru suspendarea şi balansul (pendularea) bielelor, calculator ştiinţific, instrumente pentru desen, eventual balanţă.

3. **Principiul lucrării**
   Perioada de oscilaţie a unui pendul fizic este dată de relaţia (1):

$$T = 2.\pi.\sqrt{\frac{I_0}{m.g.r_s}} \qquad (1)$$

$$I_0 = \frac{m.g.r_S.T^2}{4.\pi^2} \qquad (2)$$

unde: T[s] este perioada de oscilaţie măsurată pentru o cursă completă a pendulului (dus şi întors); I_0[kg.m^2] este momentul de inerţie al masei pendulului, în raport cu punctul de oscilaţie 0; m[kg] masa pendulului; g=9.81[ms^{-2}] reprezintă acceleraţia gravitaţională; r_S[m] este poziţia centrului de greutate în raport cu punctul de suspendare 0.

Dacă un element cinematic (spre exemplu biela unui mecanism) este lăsat să execute mici oscilaţii, perioada acestora, măsurată cu suficientă precizie, permite determinarea momentului de inerţie faţă de punctul 0, pentru elementul respectiv (2):

4. **Modul de lucru şi relaţiile de calcul**

Cu ajutorul balanţei se măsoară masa m a bielei. Se determină apoi poziţia centrului de greutate, S, prin metoda balansării: se aşază biela pe o tijă aflată în plan orizontal (suprafaţă prismatică-contact numai pe o muchie) şi se deplasează uşor până când i se găseşte poziţia de echilibru. Se măsoară apoi distanţele de la centrul de greutate, S, la punctul de oscilaţie A, r_{SA}, cât şi până la punctul de oscilaţie B, r_{SB}. În continuare se aşază biela sprijinită în punctul A, pe muchia unei prisme (vezi fig. 1) şi i se imprimă o mişcare de oscilaţie.

Se determină perioada medie T_A pentru un număr de 20 oscilaţii.

Practic se măsoară timpul, t_A, în care se efectuează cele 20 de oscilaţii complete, după care acest timp se împarte la 20 pentru a se obţine perioada medie T_A.

Este bine să se efectueze 3 măsurători consecutive, iar în cazul în care valorile obţinute sunt apropiate se poate lua media lor; dacă o valoare este mult diferită de celelalte două atunci se repetă măsurătoarea.

Oscilaţiile bielei trebuie să fie mici pe toată perioada măsurătorilor pentru a nu ieşi din legea pendulului.

Pentru a nu introduce şi vibraţii forţate măsurătorile se vor face abia după ce pendulul a efectuat deja circa 10 oscilaţii complete.

Se repetă operaţiile pentru punctul B şi obţinem perioada medie T_B.

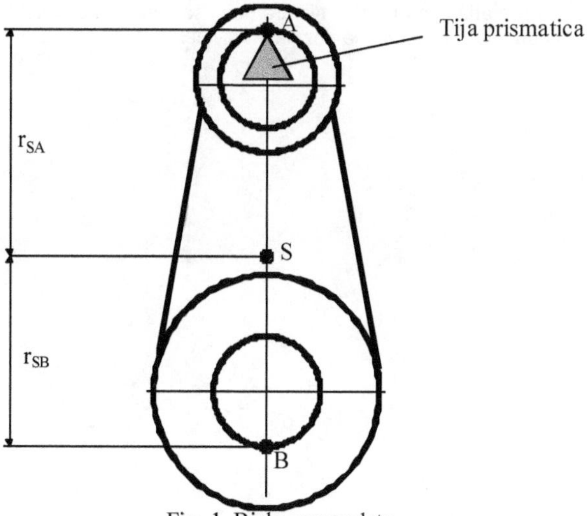

Fig. 1 Biela suspendata

Avem de efectuat acum patru calcule.

Se determină momentele de inerţie I_A respectiv I_B cu relaţia generală (2), în care în loc de 0 introducem succesiv A şi B, în loc de r_S trecem r_{SA} respectiv r_{SB}, iar în loc de T scriem T_A respectiv T_B, relaţiile (3) şi (4); iar în final determinăm momentele de inerţie I_{SA} respectiv I_{SB} prin formulele (5) şi (6).

Obs. Toate unităţile de măsură utilizate trebuie să fie în S.I.!

$$I_A = \frac{m.g.r_{SA}.T_A^2}{4.\pi^2} \quad (3) \qquad I_B = \frac{m.g.r_{SB}.T_B^2}{4.\pi^2} \quad (4)$$

$$I_{SA} = I_A - m.r_{SA}^2 \quad (5) \qquad I_{SB} = I_B - m.r_{SB}^2 \quad (6)$$

A5- DETERMINAREA RAZEI DE CURBURĂ CORESPUNZĂTOARE UNUI PUNCT DE PE BIELĂ

1. Principiul lucrării

Un punct din planul bielei unui mecanism plan descrie, pentru o rotaţie completă a manivelei (un ciclu cinematic), o traiectorie închisă numită curbă de bielă. În figura 1 este reprezentat mecanismul manivelă-piston centric (la care direcţia de deplasare a pistonului trece prin centrul de rotaţie al manivelei) şi parametrii săi geometrici: r lungimea manivelei, l lungimea bielei, φ unghiul ce determină poziţia manivelei.

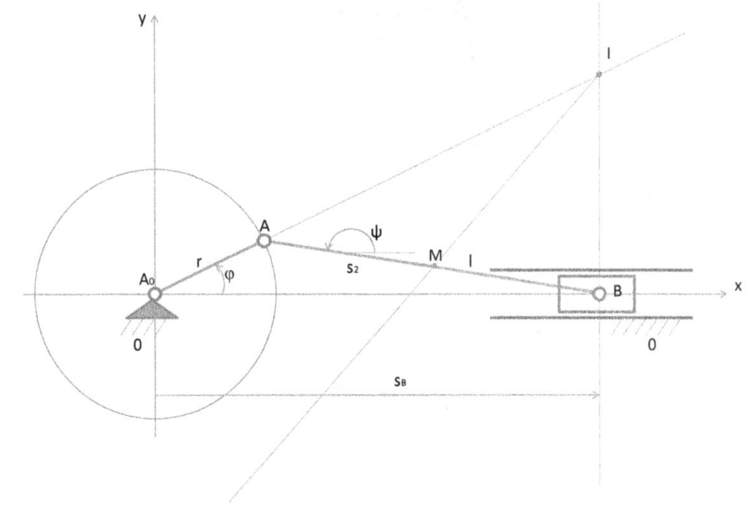

Fig. 1. *Schema cinematică a mecanismului manivelă-piston centric*

Pe figură mai apar şi parametrii de poziţie pentru piston s_B şi pentru bielă ψ. Punctul I reprezintă centrul instantaneu de rotaţie al bielei. Ecuaţia vectorială utilizată pentru început are forma (1).

$$\bar{s}_B + \bar{l} = \bar{r} \qquad (1)$$

Ea se proiectează pe axele ox şi oy, sub forma ecuaţiilor scalare (2) şi (3).

$$s_B + l \cdot \cos\psi = r \cdot \cos\varphi \qquad (2)$$

$$l \cdot \sin\psi = r \cdot \sin\varphi \qquad (3)$$

Din relaţia (3) se obţine expresia (4), în care s-a notat raportul r/l cu λ.

$$\sin\psi = \lambda \cdot \sin\varphi \qquad (4)$$

Pentru simplificarea relaţiilor de calcul se consideră pentru cosψ expresia (5) aproximativă, obţinută prin dezvoltarea radicalului de ordinal doi în serie de puteri, cu oprirea primilor doi termeni (aproximaţia este sensibilă la a patra zecimală, astfel încât poate fi utilizată fără probleme atâta timp cât nu se pune problema preciziei mecanismelor):

$$\cos\psi = \pm\sqrt{1-\sin^2\psi} = \pm\sqrt{1-\lambda^2\cdot\sin^2\varphi} = \pm\left(1-\frac{\lambda^2}{2}\cdot\sin^2\varphi\right) \quad (5)$$

Determinarea razei de curbură corespunzătoare unui punct M de pe bielă are la bază relaţia cinematică (6) cunoscută din geometria analitică şi diferenţială, care arată că acceleraţia normală într-un punct este egală cu raportul dintre pătratul vitezei şi raza de curbură a punctului respectiv.

$$a_M^n = \frac{v_M^2}{\rho_M} \quad (6)$$

Poziţia punctului M este determinată prin relaţia vectorială (7), care se descompune în relaţiile scalare (8) şi (9), unde s_2=AM. După utilizarea expresiilor (4) şi (5), relaţiile (8) şi (9) capătă formele (10) respectiv (11).

$$\overline{A_0M} = \bar{r} - \bar{s}_2 \quad (7)$$

$$x_M = r\cdot\cos\varphi - s_2\cdot\cos\psi \quad (8)$$

$$y_M = r\cdot\sin\varphi - s_2\cdot\sin\psi \quad (9)$$

$$x_M = r\cdot\cos\varphi \mp s_2\cdot\left(1-\frac{1}{2}\cdot\lambda^2\cdot\sin^2\varphi\right) \quad (10)$$

$$y_M = (r - s_2\cdot\lambda)\cdot\sin\varphi \quad (11)$$

Derivăm relaţiile de poziţii (10) şi (11) în raport cu timpul, de două ori succesiv, şi obţinem mai întâi relaţiile de viteze (12) respectiv (13), şi apoi relaţiile acceleraţiilor (14) respectiv (15).

$$v_{Mx} \equiv \dot{x}_M = -\omega_1\cdot\left(r\cdot\sin\varphi \mp \frac{1}{2}\cdot s_2\cdot\lambda^2\cdot\sin 2\varphi\right) \quad (12)$$

$$v_{My} \equiv \dot{y}_M = \omega_1\cdot(r - s_2\cdot\lambda)\cdot\cos\varphi \quad (13)$$

$$a_{Mx} \equiv \dot{v}_{Mx} \equiv \ddot{x}_M = -\omega_1^2\cdot\left(r\cdot\cos\varphi \mp s_2\cdot\lambda^2\cdot\cos 2\varphi\right) \quad (14)$$

$$a_{My} \equiv \dot{v}_{My} \equiv \ddot{y}_M = -\omega_1^2\cdot(r - s_2\cdot\lambda)\cdot\sin\varphi \quad (15)$$

Rezultă imediat mărimile vitezei absolute (16) şi acceleraţiei absolute (17).

$$v_M = \sqrt{v_{Mx}^2 + v_{My}^2} \quad (16)$$

$$a_M = \sqrt{a_{Mx}^2 + a_{My}^2} \quad (17)$$

Unghiul θ dintre vectorii $\bar{v}_M$ şi $\bar{a}_M$ rezultă constructiv (după ce se construiesc vectorii a_{Mx} şi a_{My} şi rezultă vectorul a_M, iar vectorul v_M se construieşte şi el din componentele scalare sau se poziţionează direct în punctul M, perpendicular pe dreapta IM; vezi figura 2). Pentru siguranţă se şi calculează cosinusul unghiului θ, cu relaţia (18) cunoscută din geometria analitică.

$$\cos\theta = \frac{v_{Mx} \cdot a_{Mx} + v_{My} \cdot a_{My}}{v_M \cdot a_M} \qquad (18)$$

Acceleraţia normală a punctului M se calculează cu relaţia (19) şi se şi verifică grafic pe desenul din figura 2.

$$a_M^n = a_M \cdot \sin\theta \qquad (19)$$

Acum se poate calcula raza de curbură în punctul M, cu relaţia (20) explicitată din expresia (6).

$$\rho_M = \frac{v_M^2}{a_M^n} \qquad (20)$$

2. Modul de lucru

Pe mecanismul real se măsoară lungimile r şi l.

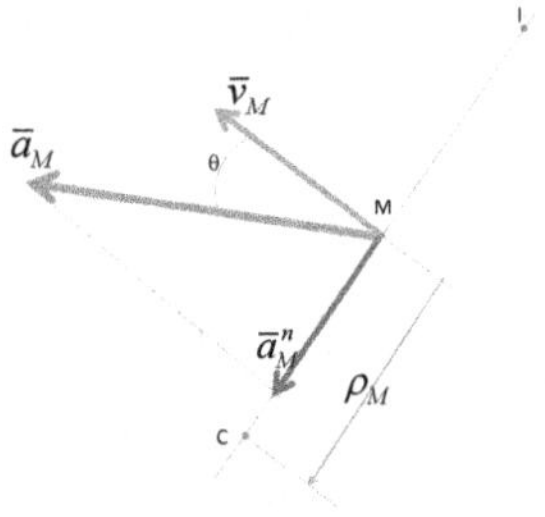

Fig. 2. *Determinarea razei de curbură corespunzătoare lui M*

Se reprezintă grafic (pe un format A4) mecanismul la scară pentru o poziţie dată a manivelei, prin unghiul φ.

Se alege poziţia punctului M pe bielă şi i se calculează coordonatele cu relaţiile (10) şi (11).

Se calculează componentele vitezei şi acceleraţiei cu relaţiile (12), (13), (14), (15), apoi mărimea vitezei absolute cu relaţia (16) şi cea a acceleraţiei absolute cu relaţia (17).

Se figurează în punctul M vectorii $\overline{v}_M$ şi $\overline{a}_M$ şi se verifică mărimea unghiului θ cu relaţia (18).

Se calculează componenta normală a acceleraţiei, cu relaţia (19) şi se verifică cu lungimea corespunzătoare de pe desen.

Perpendiculara în punctul M pe $\overline{v}_M$ determină direcţia pe care se găsesc I (CIR) şi C (centrul de curbură).

Pe această direcţie se măsoară, din M, mărimea razei de curbură obţinută prin calcul din relaţia (20), şi se poziţionează punctul C.

Dacă poziţia mecanismului permite reprezentarea punctului I pe desen, se determină şi acesta.

CAP. III

MECANISMUL PATRULATER ARTICULAT (SAU MECANISMUL PATRULATER PLAN, ORI 4R)

3.1. CINEMATICA DIADEI 3R

3.1.1. Introducere

În acest paragraf sunt prezentate trei metode distincte de determinare a parametrilor cinematici la diada 3R (vezi figura 1).

Se începe cu o metodă trigonometrică, deoarece aceasta prezintă avantajul major al determinării rapide a unghiurilor de poziţii.

Vitezele pot fi obţinute mai rapid cu ajutorul metodei vectoriale clasice. A doua metodă propusă determină poziţiile rapid pe baza primei metode trigonometrice şi apoi stabileşte vitezele şi acceleraţiile prin metoda clasică vectorială, mai simplă şi mai directă.

A treia metodă prezentată este o metodă geometrică, care determină mai întâi parametrii intermediari ai cuplei interioare (C) şi abia apoi se pot determina parametrii principali, de rotaţie.

3.1.2. O metodă trigonometrică

Schema cinematică a unei diade RRR poate fi urmărită în figura 1. Se consideră cunoscuţi (date de intrare) următorii parametrii cinematici: $x_B; y_B; x_D; y_D; \dot{x}_B; \dot{y}_B; \dot{x}_D; \dot{y}_D; \ddot{x}_B; \ddot{y}_B; \ddot{x}_D; \ddot{y}_D$

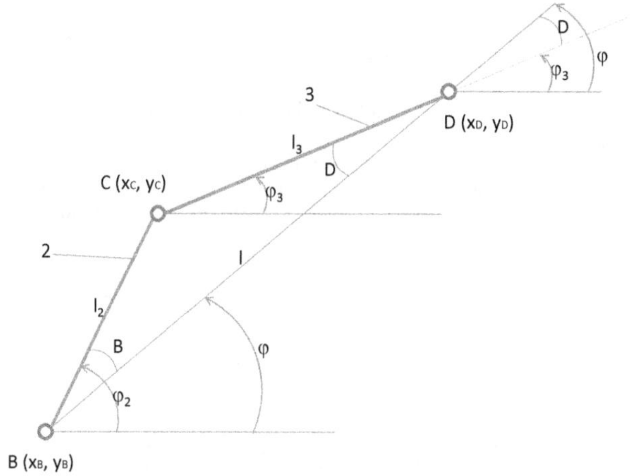

Fig. 1. *Schema cinematică a diadei 3R*

Trebuiesc determinaţi parametrii rotaţionali (date de ieşire):

$\varphi_2, \dot{\varphi}_2, \ddot{\varphi}_2, \varphi_3, \dot{\varphi}_3, \ddot{\varphi}_3$, adică doi parametrii de poziţii, şi primele două derivate pentru fiecare din ei, reprezentând vitezele şi acceleraţiile unghiulare.

Se determină mai întâi unghiul φ_2 şi apoi unghiul φ_3 în funcţie de unghiurile: $\varphi, \hat{B}, \hat{D}$, conform relaţiilor date de sistemul (1).

$$\begin{cases} \varphi_2 = \varphi \pm \hat{B} \\ \varphi_3 = \varphi \mp \hat{D} \end{cases} \tag{1}$$

Trebuie calculată iniţial lungimea variabilă l dintre cuplele cinematice exterioare (de intrare) B şi D (sistemul 2).

$$\begin{cases} l^2 = (x_D - x_B)^2 + (y_D - y_B)^2 \\ l = \sqrt{(x_D - x_B)^2 + (y_D - y_B)^2} \end{cases} \tag{2}$$

Parametrii poziţionali ai unghiului φ se determină cu relaţiile sistemului (3).

$$\begin{cases} \sin\varphi = \dfrac{y_D - y_B}{l} \\ \cos\varphi = \dfrac{x_D - x_B}{l} \\ tg\varphi = \dfrac{y_D - y_B}{x_D - x_B} \\ \varphi = sign(\sin\varphi) \cdot \arccos(\cos\varphi) \end{cases} \tag{3}$$

Viteza unghiulară reprezentată de derivata unghiului φ în raport cu timpul, se exprimă cu relaţiile (4), iar acceleraţia unghiulară reprezentată de a doua derivată a unghiului φ în raport cu timpul se determină cu ajutorul relaţiilor sistemului (5).

$$\begin{aligned} \dot{\varphi} &= \frac{(\dot{y}_D - \dot{y}_B)\cdot\cos\varphi - (\dot{x}_D - \dot{x}_B)\cdot\sin\varphi}{l} = \\ &= \frac{(\dot{y}_D - \dot{y}_B)\cdot(x_D - x_B) - (\dot{x}_D - \dot{x}_B)\cdot(y_D - y_B)}{l^2} = \\ &= \frac{(\dot{y}_D - \dot{y}_B)\cdot(x_D - x_B) - (\dot{x}_D - \dot{x}_B)\cdot(y_D - y_B)}{(x_D - x_B)^2 + (y_D - y_B)^2} \end{aligned} \tag{4}$$

$$\begin{cases} \dot{l} = \dfrac{(x_D - x_B)\cdot(\dot{x}_D - \dot{x}_B) + (y_D - y_B)\cdot(\dot{y}_D - \dot{y}_B)}{l} \\ \ddot{\varphi} = \dfrac{(\ddot{y}_D - \ddot{y}_B)\cdot\cos\varphi - (\ddot{x}_D - \ddot{x}_B)\cdot\sin\varphi - 2\cdot\dot{l}\cdot\dot{\varphi}}{l} \end{cases} \quad (5)$$

În continuare se determină parametrii cinematici ai unghiului φ_2 cu sistemul relaţional (6), şi parametrii cinematici ai unghiului φ_3 cu relaţiile sistemului (7).

$$\begin{cases} \varphi_2 = \varphi \pm \hat{B} \\ \cos B = \dfrac{l^2 + l_2^2 - l_3^2}{2\cdot l\cdot l_2} \\ \sin B = \dfrac{\sqrt{4\cdot l^2\cdot l_2^2 - (l^2 + l_2^2 - l_3^2)^2}}{2\cdot l\cdot l_2} \\ \cos\varphi_2 = \cos(\varphi \pm B) = \cos\varphi\cdot\cos B \mp \sin\varphi\cdot\sin B \\ \sin\varphi_2 = \sin(\varphi \pm B) = \sin\varphi\cdot\cos B \pm \sin B\cdot\cos\varphi \\ \varphi_2 = sign(\sin\varphi_2)\cdot\arccos(\cos\varphi_2) \\ 2\cdot l_2\cdot l\cdot\cos B = l_2^2 - l_3^2 + l^2 \\ l_2\cdot l\cdot\sin B\cdot\dot{B} = l_2\cdot\dot{l}\cdot\cos B - l\cdot\dot{l} \\ \dot{B} = \dfrac{l_2\cdot\dot{l}\cdot\cos B - l\cdot\dot{l}}{l_2\cdot l\cdot\sin B} \\ \ddot{B} = \dfrac{l_2\cdot\ddot{l}\cdot\cos B - 2\cdot l_2\cdot\dot{l}\cdot\sin B\cdot\dot{B} - l_2\cdot l\cdot\cos B\cdot\dot{B}^2 - \dot{l}^2 - l\cdot\ddot{l}}{l_2\cdot l\cdot\sin B} \\ \dot{\varphi}_2 = \dot{\varphi} \pm \dot{B} \\ \ddot{\varphi}_2 = \ddot{\varphi} \pm \ddot{B} \end{cases} \quad (6)$$

$$
\begin{cases}
\varphi_3 = \varphi \mp D \\
\\
\cos D = \dfrac{l^2 + l_3^2 - l_2^2}{2 \cdot l \cdot l_3} \\
\sin D = \dfrac{\sqrt{4 \cdot l^2 \cdot l_3^2 - \left(l^2 + l_3^2 - l_2^2\right)^2}}{2 \cdot l \cdot l_3} \\
\cos\varphi_3 = \cos(\varphi \mp D) = \cos\varphi \cdot \cos D \pm \sin\varphi \cdot \sin D \\
\sin\varphi_3 = \sin(\varphi \mp D) = \sin\varphi \cdot \cos D \mp \sin D \cdot \cos\varphi \\
\varphi_3 = sign(\sin\varphi_3) \cdot \arccos(\cos\varphi_3) \\
\\
2 \cdot l_3 \cdot l \cdot \cos D = l_3^2 - l_2^2 + l^2 \\
l_3 \cdot l \cdot \sin D \cdot \dot{D} = l_3 \cdot \dot{l} \cdot \cos D - l \cdot \dot{l} \\
\dot{D} = \dfrac{l_3 \cdot \dot{l} \cdot \cos D - l \cdot \dot{l}}{l_3 \cdot l \cdot \sin D} \\
\ddot{D} = \dfrac{l_3 \cdot \ddot{l} \cdot \cos D - 2 \cdot l_3 \cdot \dot{l} \cdot \sin D \cdot \dot{D} - l_3 \cdot l \cdot \cos D \cdot \dot{D}^2 - \dot{l}^2 - l \cdot \ddot{l}}{l_3 \cdot l \cdot \sin D} \\
\\
\dot{\varphi}_3 = \dot{\varphi} \mp \dot{D} \\
\ddot{\varphi}_3 = \ddot{\varphi} \mp \ddot{D}
\end{cases} \tag{7}
$$

La final se pot determina şi parametrii intermediari ai cuplei C, cu ajutorul relaţiilor sistemului (8).

$$
\begin{cases}
x_C = x_B + l_2 \cdot \cos\varphi_2 \\
y_C = y_B + l_2 \cdot \sin\varphi_2 \\
\dot{x}_C = \dot{x}_B - l_2 \cdot \sin\varphi_2 \cdot \omega_2 \\
\dot{y}_C = \dot{y}_B + l_2 \cdot \cos\varphi_2 \cdot \omega_2 \\
\ddot{x}_C = \ddot{x}_B - l_2 \cdot \cos\varphi_2 \cdot \omega_2^2 - l_2 \cdot \sin\varphi_2 \cdot \varepsilon_2 \\
\ddot{y}_C = \ddot{y}_B - l_2 \cdot \sin\varphi_2 \cdot \omega_2^2 + l_2 \cdot \cos\varphi_2 \cdot \varepsilon_2
\end{cases} \tag{8}
$$

3.1.3. O metodă combinată

Pentru schema cinematică a diadei 3R din figura 1 se va utiliza în continuare o metodă combinată cu scopul determinării rapide a poziţiilor, vitezelor şi acceleraţiilor.

Se utilizează metoda geometrică pentru determinarea poziţiilor, iar apoi pentru viteze şi acceleraţii se foloseşte metoda vectorială a conturelor.

Metoda tradiţională, vectorială, este rapidă la determinarea derivatelor, dar dificilă în găsirea poziţiilor, unde de obicei se ridică sistemele de ecuaţii de două ori la pătrat, în vederea rezolvării, datorită sistemelor de ecuaţii trigonometrice transcedentale.

Din acest motiv propunem determinarea directă a unghiurilor de poziţii cu relaţiile sistemului (1) amorsate cu ajutorul relaţiilor (9).

$$\begin{cases} \sin\varphi = \dfrac{y_D - y_B}{l}; \quad \cos\varphi = \dfrac{x_D - x_B}{l}; \\ \varphi = sign(\sin\varphi)\cdot\arccos(\cos\varphi) \\ \cos B = \dfrac{l^2 + l_2^2 - l_3^2}{2\cdot l\cdot l_2}; \quad B = \arccos(\cos B) \\ \cos D = \dfrac{l^2 + l_3^2 - l_2^2}{2\cdot l\cdot l_3}; \quad D = \arccos(\cos D) \end{cases} \tag{9}$$

Pentru determinarea vitezelor unghiulare se folosesc relaţiile clasice date de sistemul (10), iar pentru găsirea acceleraţiilor unghiulare se utilizează relaţiile vectoriale date de sistemul (11).

$$\begin{cases} \begin{cases} l_2\cdot\cos\varphi_2 + l_3\cdot\cos\varphi_3 = x_D - x_B \\ l_2\cdot\sin\varphi_2 + l_3\cdot\sin\varphi_3 = y_D - y_B \end{cases} \Rightarrow \\ \Rightarrow \begin{cases} -l_2\cdot\sin\varphi_2\cdot\omega_2 - l_3\cdot\sin\varphi_3\cdot\omega_3 = \dot{x}_D - \dot{x}_B \\ l_2\cdot\cos\varphi_2\cdot\omega_2 + l_3\cdot\cos\varphi_3\cdot\omega_3 = \dot{y}_D - \dot{y}_B \end{cases} \\ \\ \begin{cases} -l_2\cdot\sin\varphi_2\cdot\omega_2 - l_3\cdot\sin\varphi_3\cdot\omega_3 = \dot{x}_D - \dot{x}_B \;|\cdot(\cos\varphi_3) \\ l_2\cdot\cos\varphi_2\cdot\omega_2 + l_3\cdot\cos\varphi_3\cdot\omega_3 = \dot{y}_D - \dot{y}_B \;|\cdot(\sin\varphi_3) \end{cases} |+\Rightarrow \\ \Rightarrow \omega_2 = \dfrac{(\dot{x}_D - \dot{x}_B)\cdot\cos\varphi_3 + (\dot{y}_D - \dot{y}_B)\cdot\sin\varphi_3}{l_2\cdot\sin(\varphi_3 - \varphi_2)} \\ \\ \begin{cases} -l_2\cdot\sin\varphi_2\cdot\omega_2 - l_3\cdot\sin\varphi_3\cdot\omega_3 = \dot{x}_D - \dot{x}_B \;|\cdot(\cos\varphi_2) \\ l_2\cdot\cos\varphi_2\cdot\omega_2 + l_3\cdot\cos\varphi_3\cdot\omega_3 = \dot{y}_D - \dot{y}_B \;|\cdot(\sin\varphi_2) \end{cases} |+\Rightarrow \\ \Rightarrow \omega_3 = \dfrac{(\dot{x}_D - \dot{x}_B)\cdot\cos\varphi_2 + (\dot{y}_D - \dot{y}_B)\cdot\sin\varphi_2}{l_3\cdot\sin(\varphi_2 - \varphi_3)} \end{cases} \tag{10}$$

$$
\begin{cases}
\begin{cases}
-l_2 \cdot \sin\varphi_2 \cdot \omega_2 - l_3 \cdot \sin\varphi_3 \cdot \omega_3 = \dot{x}_D - \dot{x}_B \\
l_2 \cdot \cos\varphi_2 \cdot \omega_2 + l_3 \cdot \cos\varphi_3 \cdot \omega_3 = \dot{y}_D - \dot{y}_B
\end{cases} \Rightarrow \\
\Rightarrow \begin{cases}
-l_2 \cdot \cos\varphi_2 \cdot \omega_2^2 - l_2 \cdot \sin\varphi_2 \cdot \varepsilon_2 - l_3 \cdot \cos\varphi_3 \cdot \omega_3^2 - l_3 \cdot \sin\varphi_3 \cdot \varepsilon_3 = \ddot{x}_D - \ddot{x}_B \\
-l_2 \cdot \sin\varphi_2 \cdot \omega_2^2 + l_2 \cdot \cos\varphi_2 \cdot \varepsilon_2 - l_3 \cdot \sin\varphi_3 \cdot \omega_3^2 + l_3 \cdot \cos\varphi_3 \cdot \varepsilon_3 = \ddot{y}_D - \ddot{y}_B
\end{cases} \\
\\
\begin{cases}
-l_2 \cdot \cos\varphi_2 \cdot \omega_2^2 - l_2 \cdot \sin\varphi_2 \cdot \varepsilon_2 - l_3 \cdot \cos\varphi_3 \cdot \omega_3^2 - l_3 \cdot \sin\varphi_3 \cdot \varepsilon_3 = \ddot{x}_D - \ddot{x}_B \mid \cdot(\cos\varphi_3) \\
-l_2 \cdot \sin\varphi_2 \cdot \omega_2^2 + l_2 \cdot \cos\varphi_2 \cdot \varepsilon_2 - l_3 \cdot \sin\varphi_3 \cdot \omega_3^2 + l_3 \cdot \cos\varphi_3 \cdot \varepsilon_3 = \ddot{y}_D - \ddot{y}_B \mid \cdot(\sin\varphi_3)
\end{cases} \mid + \Rightarrow \\
\Rightarrow \varepsilon_2 = \dfrac{(\ddot{x}_D - \ddot{x}_B) \cdot \cos\varphi_3 + (\ddot{y}_D - \ddot{y}_B) \cdot \sin\varphi_3 + l_2 \cdot \omega_2^2 \cdot \cos(\varphi_3 - \varphi_2) + l_3 \cdot \omega_3^2}{l_2 \cdot \sin(\varphi_3 - \varphi_2)} \\
\\
\begin{cases}
-l_2 \cdot \cos\varphi_2 \cdot \omega_2^2 - l_2 \cdot \sin\varphi_2 \cdot \varepsilon_2 - l_3 \cdot \cos\varphi_3 \cdot \omega_3^2 - l_3 \cdot \sin\varphi_3 \cdot \varepsilon_3 = \ddot{x}_D - \ddot{x}_B \mid \cdot(\cos\varphi_2) \\
-l_2 \cdot \sin\varphi_2 \cdot \omega_2^2 + l_2 \cdot \cos\varphi_2 \cdot \varepsilon_2 - l_3 \cdot \sin\varphi_3 \cdot \omega_3^2 + l_3 \cdot \cos\varphi_3 \cdot \varepsilon_3 = \ddot{y}_D - \ddot{y}_B \mid \cdot(\sin\varphi_2)
\end{cases} \mid + \Rightarrow \\
\Rightarrow \varepsilon_3 = \dfrac{(\ddot{x}_D - \ddot{x}_B) \cdot \cos\varphi_2 + (\ddot{y}_D - \ddot{y}_B) \cdot \sin\varphi_2 + l_2 \cdot \omega_2^2 + l_3 \cdot \omega_3^2 \cdot \cos(\varphi_2 - \varphi_3)}{l_3 \cdot \sin(\varphi_2 - \varphi_3)}
\end{cases} \tag{11}
$$

3.1.4. O metodă geometrică

Tot pentru schema cinematică a diadei RRR din figura 1 se prezintă la final o metodă geometrică, care deşi ocoleşte rezolvarea directă a parametrilor rotaţionali de ieşire, determinând mai întâi parametrii cinematici, de poziţii, viteze şi acceleraţii, ai cuplei interne a diadei, notată cu C, iar abia apoi se determină rapid parametrii de ieşire ceruţi, reuşeşte să aibă un control mai bun al determinărilor, o continuitate deplină a soluţiilor, o eleganţă sporită a modului de lucru, o rapiditate sporită şi o precizie mai bună la determinarea vitezelor şi acceleraţiilor.

Singurul dezavantaj al metodei, îl reprezintă practic relaţiile mai dificile de la găsirea poziţiilor pentru cupla interioară C.

Acest dezavantaj poate fi eliminat prin combinarea metodei geometrice cu metoda trigonometrică, pentru prima fază a determinării poziţiilor finale şi intermediare, rămânând de determinat doar derivatele cuplei C, şi cele ale unghiurilor poziţionale rotative.

Prezentarea metodei geometrice propriuzisă.

Se pleacă de la sistemul geometric de poziţii (12), care se obţine prin scrierea ecuaţiilor celor două cercuri de raze l_2 şi l_3.

$$
\begin{cases}
(x - x_B)^2 + (y - y_B)^2 = l_2^2 \\
(x - x_D)^2 + (y - y_D)^2 = l_3^2
\end{cases} \tag{12}
$$

S-au utilizat următoarele notaţii ($x=x_C$, $y=y_C$), pentru a uşura rezolvarea ecuaţiilor, prin înlocuirea necunoscutelor cu indici cu necunoscute fără indici.

Rezolvarea sistemului poziţional (12) se face cu ajutorul relaţiilor descrise de sistemul (13).

$$
\begin{cases}
(y-y_B)^2 = l_2^2-(x-x_B)^2 \\
x-x_D = \pm\sqrt{l_3^2-(y-y_D)^2}; x = x_D \pm \sqrt{l_3^2-(y-y_D)^2}; x-x_B = (x_D-x_B)\pm\sqrt{l_3^2-(y-y_D)^2} \\
(x-x_B)^2 = (x_D-x_B)^2+\left[l_3^2-(y-y_D)^2\right]\pm 2\cdot(x_D-x_B)\cdot\sqrt{l_3^2-(y-y_D)^2} \\
(x-x_B)^2 = (x_D-x_B)^2+l_3^2-(y-y_D)^2\pm 2\cdot(x_D-x_B)\cdot\sqrt{l_3^2-(y-y_D)^2} \\
\\
(y-y_B)^2 = l_2^2-(x_D-x_B)^2-l_3^2+(y-y_D)^2\mp 2\cdot(x_D-x_B)\cdot\sqrt{l_3^2-(y-y_D)^2} \\
y^2+y_B^2-2\cdot y_B\cdot y = l_2^2-(x_D-x_B)^2-l_3^2+y^2+y_D^2-2\cdot y_D\cdot y\mp \\
\mp 2\cdot(x_D-x_B)\cdot\sqrt{l_3^2-(y-y_D)^2} \\
2\cdot(y_D-y_B)\cdot y+\left[y_B^2-l_2^2+(x_D-x_B)^2+l_3^2-y_D^2\right] = \mp 2\cdot(x_D-x_B)\cdot\sqrt{l_3^2-(y-y_D)^2} \\
2\cdot(y_D-y_B) = b;\quad y_B^2-l_2^2+(x_D-x_B)^2+l_3^2-y_D^2 = d;\quad 2\cdot(x_D-x_B) = a \\
b\cdot y+d = \mp a\cdot\sqrt{l_3^2-(y-y_D)^2} \\
b^2\cdot y^2+d^2+2\cdot b\cdot d\cdot y = a^2\cdot l_3^2-a^2\cdot y^2-a^2\cdot y_D^2+2\cdot a^2\cdot y_D\cdot y \\
(a^2+b^2)\cdot y^2-2\cdot(a^2\cdot y_D-b\cdot d)\cdot y-(a^2\cdot l_3^2-a^2\cdot y_D^2-d^2) = 0 \\
\Delta(R) = (a^2\cdot y_D-b\cdot d)^2+(a^2+b^2)\cdot(a^2\cdot l_3^2-a^2\cdot y_D^2-d^2) = \\
= a^4\cdot y_D^2-a^4\cdot y_D^2+b^2\cdot d^2-b^2\cdot d^2-2\cdot a^2\cdot b\cdot d\cdot y_D- \\
-a^2\cdot d^2+a^4\cdot l_3^2+a^2\cdot b^2\cdot l_3^2-a^2\cdot b^2\cdot y_D^2 = \\
= a^2\cdot\left[l_3^2\cdot(a^2+b^2)-(d+b\cdot y_D)^2\right] \\
\\
c = x_B^2-x_D^2+y_B^2-y_D^2+l_3^2-l_2^2 \\
y_{1,2} = \dfrac{a^2\cdot y_D-b\cdot d\pm a\cdot\sqrt{l_3^2\cdot(a^2+b^2)-(d+b\cdot y_D)^2}}{a^2+b^2};\quad x_{1,2} = -\dfrac{b}{a}\cdot y_{1,2}-\dfrac{c}{a} \\
+cand\ \ C\ \ la\ \ Nord\quad -cand\ \ C\ \ la\ \ Sud \\
\begin{cases}
y_C \equiv y = \dfrac{a^2\cdot y_D-b\cdot d+a\cdot\sqrt{l_3^2\cdot(a^2+b^2)-(d+b\cdot y_D)^2}}{a^2+b^2} \\
x_C \equiv x = -\dfrac{b}{a}\cdot y-\dfrac{c}{a}
\end{cases}
\end{cases}
\tag{13}
$$

$$
\begin{cases}
(x-x_B)^2+(y-y_B)^2 = l_2^2 \\
(x-x_D)^2+(y-y_D)^2 = l_3^2
\end{cases}
\tag{12}
$$

Pentru determinarea vitezelor şi acceleraţiilor se pleacă din nou de la sistemul de poziţii (12), care se derivează de două ori succesiv în raport cu timpul şi se obţine sistemul relaţiilor de viteze şi cel de acceleraţii (14), care se şi rezolvă cu ajutorul determinanţilor.

$$
\begin{cases}
2\cdot(x-x_B)\cdot(\dot{x}-\dot{x}_B)+2\cdot(y-y_B)\cdot(\dot{y}-\dot{y}_B)=0\\
2\cdot(x-x_D)\cdot(\dot{x}-\dot{x}_D)+2\cdot(y-y_D)\cdot(\dot{y}-\dot{y}_D)=0\\
(x-x_B)\cdot\dot{x}+(y-y_B)\cdot\dot{y}=(x-x_B)\cdot\dot{x}_B+(y-y_B)\cdot\dot{y}_B\\
(x-x_D)\cdot\dot{x}+(y-y_D)\cdot\dot{y}=(x-x_D)\cdot\dot{x}_D+(y-y_D)\cdot\dot{y}_D\\
a_{11}=x-x_B;\ a_{12}=y-y_B;\ b_1=(x-x_B)\cdot\dot{x}_B+(y-y_B)\cdot\dot{y}_B\\
a_{21}=x-x_D;\ a_{22}=y-y_D;\ b_2=(x-x_D)\cdot\dot{x}_D+(y-y_D)\cdot\dot{y}_D\\
\Delta=\begin{vmatrix}a_{11} & a_{12}\\ a_{21} & a_{22}\end{vmatrix}=a_{11}\cdot a_{22}-a_{21}\cdot a_{12};\ \Delta_{\dot{x}}=\begin{vmatrix}b_1 & a_{12}\\ b_2 & a_{22}\end{vmatrix}=b_1\cdot a_{22}-b_2\cdot a_{12};\\
\Delta_{\dot{y}}=\begin{vmatrix}a_{11} & b_1\\ a_{21} & b_2\end{vmatrix}=a_{11}\cdot b_2-a_{21}\cdot b_1;\ \dot{x}\equiv\dot{x}_C=\frac{\Delta\dot{x}}{\Delta};\ \dot{y}\equiv\dot{y}_C=\frac{\Delta\dot{y}}{\Delta}\\
(\dot{x}-\dot{x}_B)\cdot\dot{x}+(x-x_B)\cdot\ddot{x}+(\dot{y}-\dot{y}_B)\cdot\dot{y}+(y-y_B)\cdot\ddot{y}=\\
=(\dot{x}-\dot{x}_B)\cdot\dot{x}_B+(x-x_B)\cdot\ddot{x}_B+(\dot{y}-\dot{y}_B)\cdot\dot{y}_B+(y-y_B)\cdot\ddot{y}_B\\
(\dot{x}-\dot{x}_D)\cdot\dot{x}+(x-x_D)\cdot\ddot{x}+(\dot{y}-\dot{y}_D)\cdot\dot{y}+(y-y_D)\cdot\ddot{y}=\\
=(\dot{x}-\dot{x}_D)\cdot\dot{x}_D+(x-x_D)\cdot\ddot{x}_D+(\dot{y}-\dot{y}_D)\cdot\dot{y}_D+(y-y_D)\cdot\ddot{y}_D\\
\begin{cases}a_{11}\cdot\ddot{x}+a_{12}\cdot\ddot{y}=c_1\\ a_{21}\cdot\ddot{x}+a_{22}\cdot\ddot{y}=c_2\end{cases}\\
\begin{cases}c_1=(x-x_B)\cdot\ddot{x}_B+(y-y_B)\cdot\ddot{y}_B-(\dot{x}-\dot{x}_B)^2-(\dot{y}-\dot{y}_B)^2\\ c_2=(x-x_D)\cdot\ddot{x}_D+(y-y_D)\cdot\ddot{y}_D-(\dot{x}-\dot{x}_D)^2-(\dot{y}-\dot{y}_D)^2\end{cases}\\
\Delta_{\ddot{x}}=\begin{vmatrix}c_1 & a_{12}\\ c_2 & a_{22}\end{vmatrix}=a_{22}\cdot c_1-a_{12}\cdot c_2;\ \ddot{x}\equiv\ddot{x}_C=\frac{\Delta\ddot{x}}{\Delta};\\
\Delta_{\ddot{y}}=\begin{vmatrix}a_{11} & c_1\\ a_{21} & c_2\end{vmatrix}=a_{11}\cdot c_2-a_{21}\cdot c_1;\ \ddot{y}\equiv\ddot{y}_C=\frac{\Delta\ddot{y}}{\Delta}
\end{cases}
\quad (14)
$$

La final se scriu vitezele şi acceleraţiile unghiulare în funcţie şi de coordonatele punctului C (acum cunoscute), sistemul (15).

$$
\left\{
\begin{array}{l}
\begin{cases} x_C = x_B + l_2 \cdot \cos\varphi_2 \\ y_C = y_B + l_2 \cdot \sin\varphi_2 \end{cases}
\quad
\begin{cases} x_D = x_C + l_3 \cdot \cos\varphi_3 \\ y_D = y_C + l_3 \cdot \sin\varphi_3 \end{cases} \\
\begin{cases} x_C - x_B = l_2 \cdot \cos\varphi_2 \\ y_C - y_B = l_2 \cdot \sin\varphi_2 \end{cases}
\quad
\begin{cases} x_D - x_C = l_3 \cdot \cos\varphi_3 \\ y_D - y_C = l_3 \cdot \sin\varphi_3 \end{cases} \\
\cos\varphi_2 = \dfrac{x_C - x_B}{l_2};\ \sin\varphi_2 = \dfrac{y_C - y_B}{l_2}; \\
\cos\varphi_3 = \dfrac{x_D - x_C}{l_3};\ \sin\varphi_3 = \dfrac{y_D - y_C}{l_3} \\
\\
\begin{cases} \dot{x}_C - \dot{x}_B = -l_2 \cdot \sin\varphi_2 \cdot \omega_2 \mid \cdot(-\sin\varphi_2) \\ \dot{y}_C - \dot{y}_B = l_2 \cdot \cos\varphi_2 \cdot \omega_2 \mid \cdot(\cos\varphi_2) \end{cases} \Rightarrow \\
\Rightarrow \omega_2 = \dfrac{(\dot{y}_C - \dot{y}_B)\cdot\cos\varphi_2 - (\dot{x}_C - \dot{x}_B)\cdot\sin\varphi_2}{l_2} \\
\begin{cases} \dot{x}_D - \dot{x}_C = -l_3 \cdot \sin\varphi_3 \cdot \omega_3 \mid \cdot(-\sin\varphi_3) \\ \dot{y}_D - \dot{y}_C = l_3 \cdot \cos\varphi_3 \cdot \omega_3 \mid \cdot(\cos\varphi_3) \end{cases} \Rightarrow \\
\Rightarrow \omega_3 = \dfrac{(\dot{y}_D - \dot{y}_C)\cdot\cos\varphi_3 - (\dot{x}_D - \dot{x}_C)\cdot\sin\varphi_3}{l_3} \\
\\
\begin{cases} \ddot{x}_C - \ddot{x}_B = -l_2 \cos\varphi_2 \cdot \omega_2^2 - l_2 \sin\varphi_2 \cdot \varepsilon_2 \mid -\sin\varphi_2 \\ \ddot{y}_C - \ddot{y}_B = -l_2 \sin\varphi_2 \cdot \omega_2^2 + l_2 \cos\varphi_2 \cdot \varepsilon_2 \mid \cos\varphi_2 \end{cases} \Rightarrow \\
\Rightarrow \varepsilon_2 = \dfrac{(\ddot{y}_C - \ddot{y}_B)\cdot\cos\varphi_2 - (\ddot{x}_C - \ddot{x}_B)\cdot\sin\varphi_2}{l_2} \\
\begin{cases} \ddot{x}_D - \ddot{x}_C = -l_3 \cos\varphi_3 \cdot \omega_3^2 - l_3 \sin\varphi_3 \cdot \varepsilon_3 \mid -\sin\varphi_3 \\ \ddot{y}_D - \ddot{y}_C = -l_3 \sin\varphi_3 \cdot \omega_3^2 + l_3 \cos\varphi_3 \cdot \varepsilon_3 \mid \cos\varphi_3 \end{cases} \Rightarrow \\
\Rightarrow \varepsilon_3 = \dfrac{(\ddot{y}_D - \ddot{y}_C)\cdot\cos\varphi_3 - (\ddot{x}_D - \ddot{x}_C)\cdot\sin\varphi_3}{l_3}
\end{array}
\right.
\qquad (15)
$$

3.2. CINETOSTATICA DIADEI 3R

În figura 1 este prezentată schema cinetostaticii minime a diadei 3R (încărcată cu torsorul forţelor de inerţie considerate forţe exterioare), diada de aspectul 1. Pentru cazul în care apar forţe exterioare suplimentare, cum ar fi rezistenţele tehnologice, vor fi adăugate şi ele (suprapuse) pe torsorul forţelor exterioare. Dacă turaţia de lucru este scăzută, iar mecanismul lucrează strict în poziţie verticală, se pot adăuga şi componentele exterioare ale forţelor de greutate, care vor face ca vectorii verticali ai forţelor de inerţie situaţi în cele două centre de greutate, G_2 respectiv G_3, să se modifice, mărimii lor adăugându-li-se şi mărimea $-m_i.g$, unde i ia valorile 2, respectiv 3.

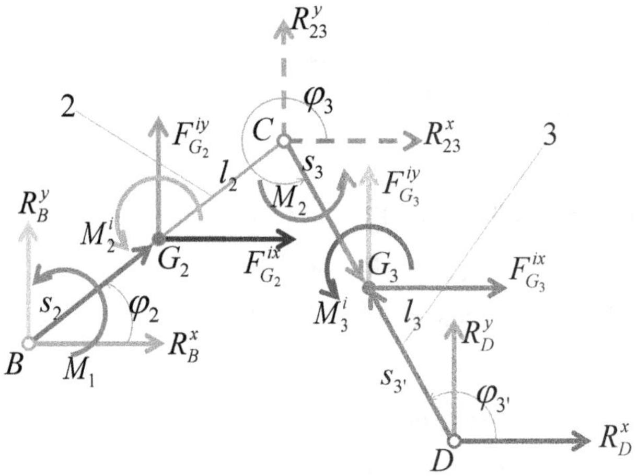

Fig. 1. *Schema cinetostatică a diadei 3R*

Reacţiunile din cuple reprezintă încărcările interioare (forţele interioare). Dacă forţele exterioare se cunosc în general (se dau, se determină, se calculează), forţele interioare (reacţiunile din cuplele cinematice) rezultă din echilibrul de forţe şi momente al diadei.

Pentru început scriem o ecuaţie reprezentând suma momentelor pe întreaga diadă faţă de punctul D, şi o alta reprezentând suma tuturor momentelor de pe elementul 2 faţă de punctul C (sistemul 1). Cele două ecuaţii se rescriu sub forma sistemului (2).

$$\begin{cases} \sum M_C^{(2)} = 0 \Rightarrow R_B^x \cdot (y_C - y_B) - R_B^y \cdot (x_C - x_B) + M_1 + \\ + F_{G_2}^{ix} \cdot (y_C - y_{G_2}) - F_{G_2}^{iy} \cdot (x_C - x_{G_2}) + M_2^i = 0 \\ \sum M_D^{(2,3)} = 0 \Rightarrow R_B^x \cdot (y_D - y_B) - R_B^y \cdot (x_D - x_B) + M_1 + \\ + F_{G_2}^{ix} \cdot (y_D - y_{G_2}) - F_{G_2}^{iy} \cdot (x_D - x_{G_2}) + M_2^i + \\ + M_2 + F_{G_3}^{ix} \cdot (y_D - y_{G_3}) - F_{G_3}^{iy} \cdot (x_D - x_{G_3}) + M_3^i = 0 \end{cases} \quad (1)$$

$$\begin{cases}(y_C - y_B)\cdot R_B^x - (x_C - x_B)\cdot R_B^y = -M_1 - F_{G_2}^{ix}\cdot(y_C - y_{G_2}) + F_{G_2}^{iy}\cdot(x_C - x_{G_2}) - M_2^i \\ (y_D - y_B)\cdot R_B^x - (x_D - x_B)\cdot R_B^y = -M_1 - F_{G_2}^{ix}\cdot(y_D - y_{G_2}) + F_{G_2}^{iy}\cdot(x_D - x_{G_2}) - M_2^i - \\ - M_2 - F_{G_3}^{ix}\cdot(y_D - y_{G_3}) + F_{G_3}^{iy}\cdot(x_D - x_{G_3}) - M_3^i\end{cases} \quad (2)$$

Sistemul (2) se poate aranja sub forma unui sistem liniar (3) de două ecuaţii cu două necunoscute $R_{12}^x \equiv R_B^x;\quad R_{12}^y \equiv R_B^y$, având coeficienţii daţi de sistemul (4).

$$\begin{cases}a_{11}\cdot R_{12}^x + a_{12}\cdot R_{12}^y = a_1 \\ a_{21}\cdot R_{12}^x + a_{22}\cdot R_{12}^y = a_2\end{cases} \quad \text{sau} \quad \begin{cases}a_{11}\cdot R_B^x + a_{12}\cdot R_B^y = a_1 \\ a_{21}\cdot R_B^x + a_{22}\cdot R_B^y = a_2\end{cases} \quad (3)$$

$$\begin{cases}a_{11} = y_C - y_B;\ a_{12} = -(x_C - x_B);\ a_1 = -M_1 - F_{G_2}^{ix}\cdot(y_C - y_{G_2}) + F_{G_2}^{iy}\cdot(x_C - x_{G_2}) - M_2^i \\ a_{21} = y_D - y_B;\ a_{22} = -(x_D - x_B); \\ a_2 = -M_1 - F_{G_2}^{ix}\cdot(y_D - y_{G_2}) + F_{G_2}^{iy}\cdot(x_D - x_{G_2}) - M_2^i - M_2 - \\ - F_{G_3}^{ix}\cdot(y_D - y_{G_3}) + F_{G_3}^{iy}\cdot(x_D - x_{G_3}) - M_3^i\end{cases} \quad (4)$$

Soluţiile sistemului (3) vor fi date de sistemul (5).

$$\begin{cases}\Delta = \begin{vmatrix}a_{11} & a_{12} \\ a_{21} & a_{22}\end{vmatrix} = a_{11}\cdot a_{22} - a_{12}\cdot a_{21} \quad \Delta_x = \begin{vmatrix}a_1 & a_{12} \\ a_2 & a_{22}\end{vmatrix} = a_{22}\cdot a_1 - a_{12}\cdot a_2 \\ \Delta_y = \begin{vmatrix}a_{11} & a_1 \\ a_{21} & a_2\end{vmatrix} = a_{11}\cdot a_2 - a_{21}\cdot a_1 \\ R_B^x \equiv R_{12}^x = \dfrac{\Delta_x}{\Delta} = \dfrac{a_{22}\cdot a_1 - a_{12}\cdot a_2}{a_{11}\cdot a_{22} - a_{12}\cdot a_{21}};\quad R_B^y \equiv R_{12}^y = \dfrac{\Delta_y}{\Delta} = \dfrac{a_{11}\cdot a_2 - a_{21}\cdot a_1}{a_{11}\cdot a_{22} - a_{12}\cdot a_{21}}\end{cases} \quad (5)$$

În continuare se scrie suma tuturor forţelor de pe diada (2,3) proiectate separat, mai întâi pe axa x, şi apoi pe axa y (sistemul 6), obţinându-se astfel alte două reacţiuni (forţe interioare), R_{03}^x şi R_{03}^y.

$$\begin{cases}\sum F_x^{(2,3)} = 0 \Rightarrow R_{12}^x + F_{G_2}^{ix} + F_{G_3}^{ix} + R_{03}^x = 0 \Rightarrow \\ \Rightarrow R_D^x \equiv R_{03}^x = -R_{12}^x - F_{G_2}^{ix} - F_{G_3}^{ix} \\ \sum F_y^{(2,3)} = 0 \Rightarrow R_{12}^y + F_{G_2}^{iy} + F_{G_3}^{iy} + R_{03}^y = 0 \Rightarrow \\ \Rightarrow R_D^y \equiv R_{03}^y = -R_{12}^y - F_{G_2}^{iy} - F_{G_3}^{iy}\end{cases} \quad (6)$$

Pentru ultimile două componente scalare ale reacţiunii (interioare a) cuplei C se scrie un nou sistem de echilibru de forţe, de pe elementul 2 spre exemplu, proiectate separat pe axele scalare x, respectiv y (sistemul 7).

$$\begin{cases}\sum F_x^{(2)}=0 \Rightarrow R_{12}^x+F_{G_2}^{ix}-R_{23}^x=0 \Rightarrow R_{23}^x=R_{12}^x+F_{G_2}^{ix}\\ \sum F_y^{(2)}=0 \Rightarrow R_{12}^y+F_{G_2}^{iy}-R_{23}^y=0 \Rightarrow R_{23}^y=R_{12}^y+F_{G_2}^{iy}\end{cases}$$

$$sau\begin{cases}\sum F_x^{(3)}=0 \Rightarrow R_{23}^x+F_{G_3}^{ix}+R_D^x=0 \Rightarrow R_{23}^x=-F_{G_3}^{ix}-R_D^x\\ \sum F_y^{(3)}=0 \Rightarrow R_{23}^y+F_{G_3}^{iy}+R_D^y=0 \Rightarrow R_{23}^y=-F_{G_3}^{iy}-R_D^y\end{cases} \tag{7}$$

Se obţin astfel direct reacţiunile scalare R_{23}^x şi R_{23}^y. Opusele lor, R_{32}^x şi R_{32}^y vor fi egale cu ele dar orientate invers lor, sau altfel spus vor avea aceeaşi mărime însă cu semn schimbat.

Pentru ca tot calculul cinetostatic al diadei 3R să fie posibil trebuiesc determinate în prealabil forţele şi momentele de inerţie, separat pentru fiecare element al diadei. Acestea poartă denumirea de „torsorul forţelor inerţiale", şi se exprimă cu ajutorul relaţiilor sistemului (8).

$$\begin{cases}
\begin{cases}F_{G_2}^{ix}=-m_2\cdot\ddot{x}_{G_2}\\ F_{G_2}^{iy}=-m_2\cdot\ddot{y}_{G_2}\\ M_2^i=-J_{G_2}\cdot\varepsilon_2\end{cases}
\begin{cases}F_{G_3}^{ix}=-m_3\cdot\ddot{x}_{G_3}\\ F_{G_3}^{iy}=-m_3\cdot\ddot{y}_{G_3}\\ M_3^i=-J_{G_3}\cdot\varepsilon_3\end{cases}\\
\begin{cases}x_{G_2}=x_B+s_2\cdot\cos\varphi_2\\ y_{G_2}=y_B+s_2\cdot\sin\varphi_2\end{cases}\Rightarrow\begin{cases}\dot{x}_{G_2}=\dot{x}_B-s_2\cdot\sin\varphi_2\cdot\dot{\varphi}_2\\ \dot{y}_{G_2}=\dot{y}_B+s_2\cdot\cos\varphi_2\cdot\dot{\varphi}_2\end{cases}\Rightarrow\\
\Rightarrow\begin{cases}\ddot{x}_{G_2}=\ddot{x}_B-s_2\cdot\cos\varphi_2\cdot\omega_2^2-s_2\cdot\sin\varphi_2\cdot\varepsilon_2\\ \ddot{y}_{G_2}=\ddot{y}_B-s_2\cdot\sin\varphi_2\cdot\omega_2^2+s_2\cdot\cos\varphi_2\cdot\varepsilon_2\end{cases}\\
\begin{cases}x_{G_3}=x_D+s_{3'}\cdot\cos\varphi_{3'}\\ y_{G_3}=y_D+s_{3'}\cdot\sin\varphi_{3'}\end{cases}\Rightarrow\begin{cases}\dot{x}_{G_3}=\dot{x}_D-s_{3'}\cdot\sin\varphi_{3'}\cdot\dot{\varphi}_3\\ \dot{y}_{G_3}=\dot{y}_D+s_{3'}\cdot\cos\varphi_{3'}\cdot\dot{\varphi}_3\end{cases}\Rightarrow\\
\Rightarrow\begin{cases}\ddot{x}_{G_3}=\ddot{x}_D-s_{3'}\cdot\cos\varphi_{3'}\cdot\omega_3^2-s_{3'}\cdot\sin\varphi_{3'}\cdot\varepsilon_3\\ \ddot{y}_{G_3}=\ddot{y}_D-s_{3'}\cdot\sin\varphi_{3'}\cdot\omega_3^2+s_{3'}\cdot\cos\varphi_{3'}\cdot\varepsilon_3\end{cases} sau\\
\begin{cases}x_{G_3}=x_B+l_2\cdot\cos\varphi_2+s_3\cdot\cos\varphi_3\\ y_{G_3}=y_B+l_2\cdot\sin\varphi_2+s_3\cdot\sin\varphi_3\end{cases}\begin{cases}\dot{x}_{G_3}=\dot{x}_B-l_2\cdot\sin\varphi_2\cdot\omega_2-s_3\cdot\sin\varphi_3\cdot\omega_3\\ \dot{y}_{G_3}=\dot{y}_B+l_2\cdot\cos\varphi_2\cdot\omega_2+s_3\cdot\cos\varphi_3\cdot\omega_3\end{cases}\\
\begin{cases}\ddot{x}_{G_3}=\ddot{x}_B-l_2\cdot\cos\varphi_2\cdot\omega_2^2-l_2\cdot\sin\varphi_2\cdot\varepsilon_2-s_3\cdot\cos\varphi_3\cdot\omega_3^2-s_3\cdot\sin\varphi_3\cdot\varepsilon_3\\ \ddot{y}_{G_3}=\ddot{y}_B-l_2\cdot\sin\varphi_2\cdot\omega_2^2+l_2\cdot\cos\varphi_2\cdot\varepsilon_2-s_3\cdot\sin\varphi_3\cdot\omega_3^2+s_3\cdot\cos\varphi_3\cdot\varepsilon_3\end{cases}
\end{cases} \tag{8}$$

Mai jos se pot vedea graficele celor şase reacţiuni din cuplele diadei 3R, în funcţie de unghiul FI al manivelei, atunci când triada este legată la această manivelă alcătuind împreună un mecanism 4R.

Variaţia este prezentată pe un întreg ciclu cinematic, pentru o viteză unghiulară a manivelei de 200 respectiv 300 [s^-1].

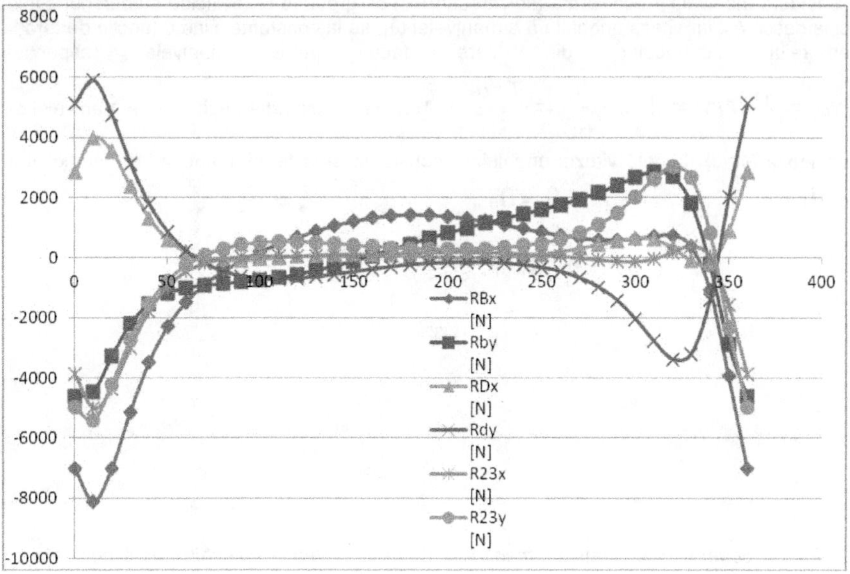
8000
6000
4000
2000
0
-2000
-4000
-6000
-8000
-10000
0
50
100
150
200
250
300
350
400
RBx [N]
Rby [N]
RDx [N]
Rdy [N]
R23x [N]
R23y [N]

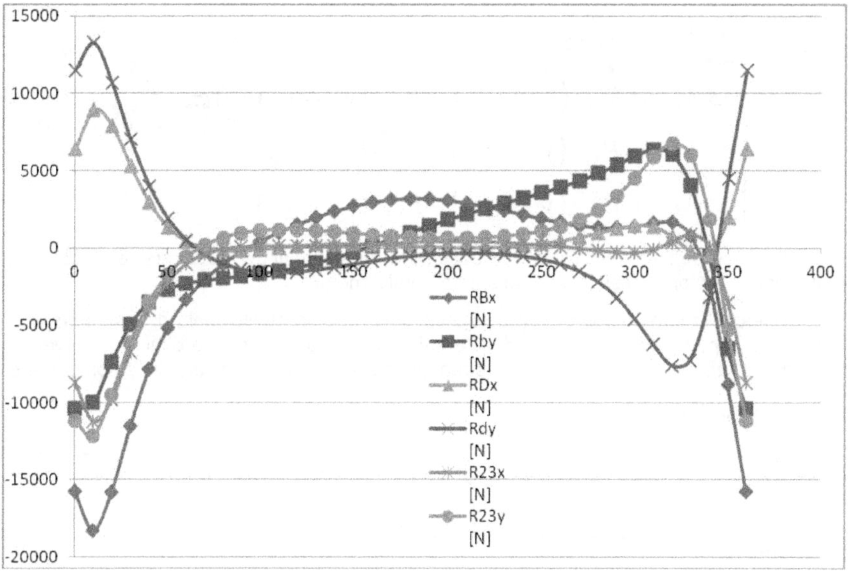
15000
10000
5000
0
-5000
-10000
-15000
-20000
0
50
100
150
200
250
300
350
400
RBx [N]
Rby [N]
RDx [N]
Rdy [N]
R23x [N]
R23y [N]

3.3. CINETOSTATICA ELEMENTULUI CONDUCĂTOR DE TIP MANIVELĂ

În figura 1 este prezentată schema cinetostaticii manivelei în cazul A, în care se consideră manivela 1 echilibrată (adică centrul ei de greutate G_1 coincide cu butonul cuplei cinematice A), iar viteza unghiulară a manivelei ω_1, se ia constantă, fiind o funcţie de turaţia arborelui conducător din care face parte manivela respectivă ($\omega_1 = 2 \cdot \pi \cdot \nu = 2 \cdot \pi \cdot \frac{n_1}{60} = \frac{\pi \cdot n_1}{30}$). Automat acceleraţia unghiulară a manivelei se anulează ($\varepsilon_1=0$) datorită vitezei unghiulare constante şi la fel şi momentul de inerţie al ei ($M_1^i = -J_{G_1} \cdot \varepsilon_1 = -J_{G_1} \cdot 0 = 0$).

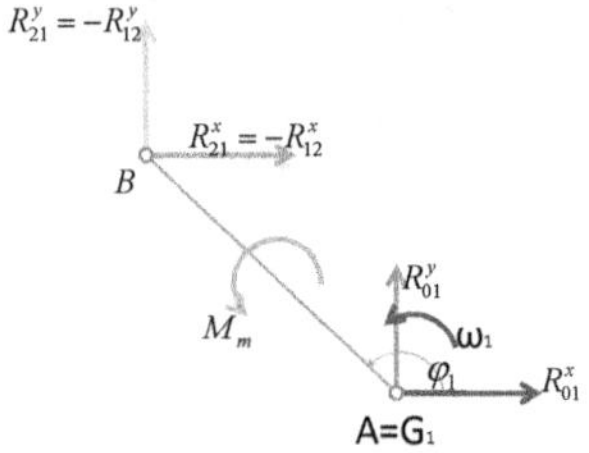

Fig. 1. *Schema cinetostatică a manivelei. Cazul A, cu manivela echilibrată şi cu viteza unghiulară constantă*

Prima relaţie care se scrie este suma momentelor faţă de punctul A (evident de pe elementul 1) =0 (vezi sistemul 1).

$$\begin{cases} \sum M_A^{(1)} = 0 \Rightarrow \\ \Rightarrow M_m - R_{21}^x \cdot (y_B - y_A) - R_{21}^y \cdot (x_A - x_B) = 0 \Rightarrow \\ \Rightarrow M_m = R_{21}^x \cdot (y_B - y_A) + R_{21}^y \cdot (x_A - x_B) \\ \Rightarrow M_m = R_{12}^x \cdot (y_A - y_B) + R_{12}^y \cdot (x_B - x_A) \end{cases} \tag{1}$$

Din (1) se obţine direct valoarea necesară a momentului de echilibrare (care coincide cu momentul motor în acest caz), sau a momentului motor.

Urmează scrierea a două relaţii de echilibru de forţe de pe elementul 1, una pentru axa x şi alta corespunzătoare axei y (vezi sistemul 2), cu ajutorul cărora se obţin reacţiunile din cupla A, sau altfel spus se obţine practic reacţiunea din cupla A prin cele două componente scalare ale ei, R_{01}^x şi R_{01}^y.

$$\begin{cases} \sum F_x^{(1)} = 0 \Rightarrow R_{21}^x + R_{01}^x = 0 \Rightarrow R_{01}^x = -R_{21}^x = R_{12}^x \\ \sum F_y^{(1)} = 0 \Rightarrow R_{21}^y + R_{01}^y = 0 \Rightarrow R_{01}^y = -R_{21}^y = R_{12}^y \end{cases} \tag{2}$$

Cazul B, reprezintă tot manivela 1 cu viteză unghiulară constantă, dar dezechilibrată (centrul ei de greutate G_1 nu mai coincide cu butonul A), (a se urmări schema din figura 2).

Momentul motor care coincide şi cu cel de echilibrare (cu momentul de echilibrare) se obţine la fel ca şi în cazul A cu relaţia dată de sistemul prezentat deja 1, deoarece forţa de inerţie din centrul de greutate G_1 este orientată în lungul manivelei având sensul de la A la

B (fiind o forţă centrifugă opusă acceleraţiei centripete care o generează) ea fiind generată numai de o acceleraţie centripetă adică numai de o componentă normală, componenta tangenţială a acceleraţiei din centrul de greutate fiind nulă, datorită lui $\varepsilon_1=0$.

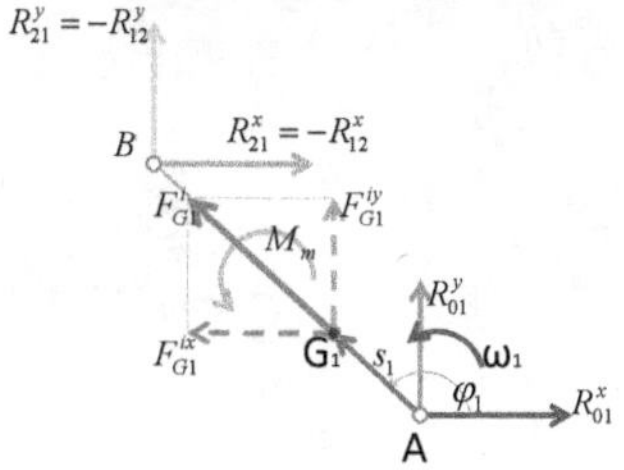

Fig. 2. *Schema cinetostatică a manivelei. Cazul B, cu manivela dezechilibrată şi cu viteza unghiulară constantă*

Acceleraţia normală a centrului de greutate G_1 se poate obţine direct şi apoi proiecta pe axele scalare x respectiv y, sau mai corect se pot scrie poziţiile scalare ale punctului G_1 care derivate succesiv de două ori vor genera direct componentele scalare pe x respectiv y ale acceleraţiei centrului de greutate al elementului conducător (manivela 1).

Reacţiunea din cupla motoare A se modifică şi ea conform relaţiilor date de sistemul (3) datorită influenţei componentelor pe x şi pe y ale forţei de inerţie din centrul de greutate G_1.

$$\begin{cases} F_{G_1}^i = m_1 \cdot a_{G_1} = m_1 \cdot s_1 \cdot \omega_1^2 \Rightarrow \\ \Rightarrow \begin{cases} F_{G_1}^{ix} = F_{G_1}^i \cdot \cos\varphi_1 = m_1 \cdot s_1 \cdot \omega_1^2 \cdot \cos\varphi_1 \\ F_{G_1}^{iy} = F_{G_1}^i \cdot \sin\varphi_1 = m_1 \cdot s_1 \cdot \omega_1^2 \cdot \sin\varphi_1 \end{cases} \\ \begin{cases} x_{G_1} = s_1 \cdot \cos\varphi_1 \quad \dot{x}_{G_1} = -s_1 \cdot \sin\varphi_1 \cdot \omega_1 \quad \ddot{x}_{G_1} = -s_1 \cdot \cos\varphi_1 \cdot \omega_1^2 \\ y_{G_1} = s_1 \cdot \sin\varphi_1 \quad \dot{y}_{G_1} = s_1 \cdot \cos\varphi_1 \cdot \omega_1 \quad \ddot{y}_{G_1} = -s_1 \cdot \sin\varphi_1 \cdot \omega_1^2 \end{cases} \\ \begin{cases} F_{G_1}^{ix} = -m_1 \cdot \ddot{x}_{G_1} = -m_1 \cdot (-)s_1 \cdot \cos\varphi_1 \cdot \omega_1^2 = m_1 \cdot s_1 \cdot \omega_1^2 \cdot \cos\varphi_1 \\ F_{G_1}^{iy} = -m_1 \cdot \ddot{y}_{G_1} = -m_1 \cdot (-)s_1 \cdot \sin\varphi_1 \cdot \omega_1^2 = m_1 \cdot s_1 \cdot \omega_1^2 \cdot \sin\varphi_1 \end{cases} \\ \sum F_x^{(1)} = 0 \Rightarrow R_{21}^x + R_{01}^x + F_{G_1}^{ix} = 0 \Rightarrow \\ \Rightarrow R_{01}^x = R_{12}^x - m_1 \cdot s_1 \cdot \omega_1^2 \cdot \cos\varphi_1 \\ \sum F_y^{(1)} = 0 \Rightarrow R_{21}^y + R_{01}^y + F_{G_1}^{iy} = 0 \Rightarrow \\ \Rightarrow R_{01}^y = R_{12}^y - m_1 \cdot s_1 \cdot \omega_1^2 \cdot \sin\varphi_1 \end{cases} \quad (3)$$

Cazul C (vezi figura 3), reprezintă tot manivela 1 cu viteză unghiulară variabilă, echilibrată (a se urmări schema din figura 3). Deci rămânem la o manivelă echilibrată asemenea celei de la cazul A, dar care funcţionează cu o viteză unghiulară variabilă, fapt ce generează şi la elementul conducător o acceleraţie unghiulară diferită de valoarea 0, şi automat şi un moment inerţial al manivelei nenul, poziţionat în jurul centrului de greutate G_1 care coincide cu butonul A ($\varepsilon_1 \neq 0 \Rightarrow M_1^i = -J_{G_1} \cdot \varepsilon_1 \neq 0$).

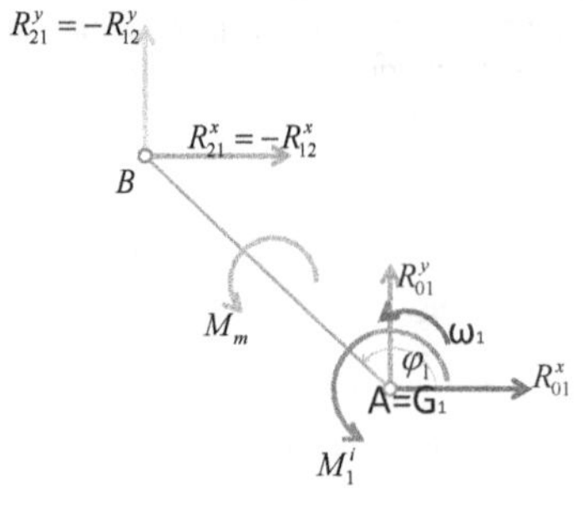

Fig. 3. *Schema cinetostatică a manivelei. Cazul C, cu manivela echilibrată şi cu viteza unghiulară variabilă (ε_1 nenul)*

În acest caz componentele reacţiunii din cupla motoare A se calculează la fel ca-n cazul A cu relaţiile (2). Relaţiile care ţin de suma momentelor de pe elementul 1 în raport cu punctul A se modifică corespunzător sistemului (4).

$$\begin{cases} \sum M_A^{(1)} = 0 \Rightarrow \\ \Rightarrow M_m + M_1^i - R_{21}^x \cdot (y_B - y_A) - R_{21}^y \cdot (x_A - x_B) = 0 \Rightarrow \\ \Rightarrow M_m = R_{21}^x \cdot (y_B - y_A) + R_{21}^y \cdot (x_A - x_B) + M_1^i \\ \Rightarrow M_m = R_{12}^x \cdot (y_A - y_B) + R_{12}^y \cdot (x_B - x_A) + M_1^i \\ \Rightarrow M_m = R_{12}^x \cdot (y_A - y_B) + R_{12}^y \cdot (x_B - x_A) - J_{G_1} \cdot \varepsilon_1 \\ M_1^i = M_m + R_{12}^x \cdot (y_B - y_A) + R_{12}^y \cdot (x_A - x_B) \\ \Rightarrow \varepsilon_1 = \dfrac{R_{12}^x \cdot (y_A - y_B) + R_{12}^y \cdot (x_B - x_A) - M_m}{J_{G_1}} \end{cases} \quad (4)$$

Ori determinăm acceleraţia unghiulară printr-o metodă dinamică (de exemplu cu ajutorul ecuaţiei diferenţiale Lagrange, ori altfel) şi apoi se calculează cu ajutorul relaţiilor sistemului (4) momentul motor necesar (atunci când acesta nu se cunoaşte), sau mai corect, se alege momentul motor din diagrama constructivă a motorului utilizat (existent deja, sau ales) şi apoi cu ultima relaţie a sistemului (4) se determină acceleraţia unghiulară a elementului conducător 1. În figura 4 se dau curbele caracteristice (stabilite de constructor) variaţiei momentului motorului electric cu (în funcţie de) viteza sa unghiulară, pentru un motor de curent continuu, şi apoi pentru unul trifazic (acestea fiind cele mai utilizate). Cunoscând viteza unghiulară (medie) de lucru a manivelei, calculată în funcţie de turaţia impusă arborelui ei, se alege din diagrama curbei caracteristice a motorului (trasată experimental de constructor) momentul motor exact, M_m.

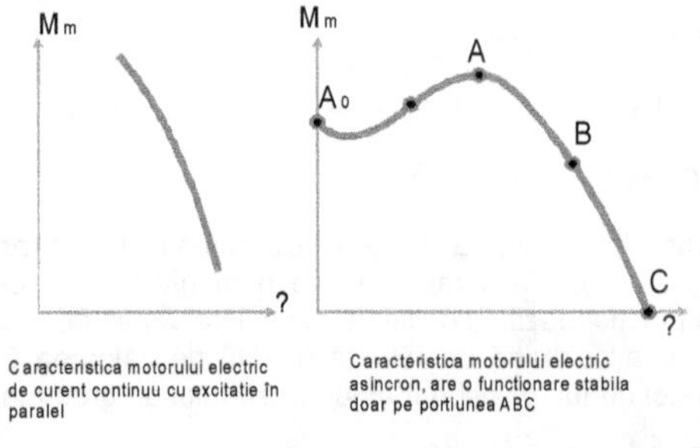

Fig. 4. *Caracteristicile motoarelor electrice*

3.4. DISTRIBUŢIA FORŢELOR LA MECANISMUL PATRULATER ARTICULAT

1. Introducere

Cinematica mecanismului patrulater plan, prezentat în figura 1, se determină printr-o metodă originală care combină mai multe metode cunoscute. Se porneşte cu o metodă trigonometrică utilizată pentru determinarea rapidă a poziţiilor. Vitezele şi acceleraţiile se determină apoi cu ajutorul unei metode geometrice, care află mai întâi vitezele şi acceleraţiile în cupla interioară a diadei 3R şi abia apoi se pot calcula vitezele unghiulare şi acceleraţiile unghiulare necesare. Plecând apoi de la elementele cinematice deja determinate se poate stabili distribuţia forţelor în mecanismul 4R, se determină coeficientul dinamic, şi se calculează eficienţa mecanismului patrulater plan.

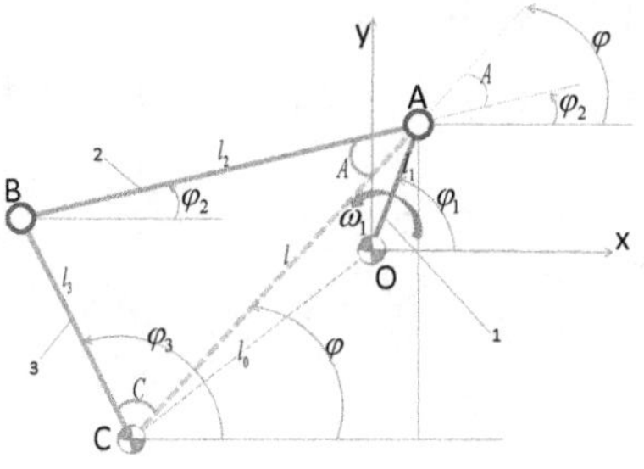

Fig. 1. *Schema cinematică a mecanismului patrulater articulat*

2. Cinematica mecanismului patrulater articulat

Schema cinematică a mecanismului patrulater plan poate fi urmărită în figura 1.

Se consideră cunoscuţi următorii parametri cinematici: $x_O; y_O; x_C; y_C; l_1; l_2; l_3; \varphi_1; \omega_1 = ct.$

a. Determinarea poziţiilor

Poziţiile se determină rapid şi direct printr-o metodă trigonometrică simplă (vezi relaţiile sistemului 1).

$$\begin{cases} \begin{cases} x_A = l_1 \cdot \cos\varphi_1 \\ y_A = l_1 \cdot \sin\varphi_1 \end{cases} \begin{cases} \dot{x}_A = -l_1 \cdot \sin\varphi_1 \cdot \omega_1 \\ \dot{y}_A = l_1 \cdot \cos\varphi_1 \cdot \omega_1 \end{cases} \begin{cases} \ddot{x}_A = -l_1 \cdot \cos\varphi_1 \cdot \omega_1^2 \\ \ddot{y}_A = -l_1 \cdot \sin\varphi_1 \cdot \omega_1^2 \end{cases} \\ l^2 = (x_A - x_C)^2 + (y_A - y_C)^2 \Rightarrow l = \sqrt{l^2} = \sqrt{(x_A - x_C)^2 + (y_A - y_C)^2} \\ \cos A = \dfrac{l^2 + l_2^2 - l_3^2}{2 \cdot l \cdot l_2} \Rightarrow A = \arccos(\cos A); \\ \cos C = \dfrac{l^2 + l_3^2 - l_2^2}{2 \cdot l \cdot l_3} \Rightarrow C = \arccos(\cos C) \\ \begin{cases} \cos\varphi = \dfrac{x_A - x_C}{l} \\ \sin\varphi = \dfrac{y_A - y_C}{l} \end{cases} \Rightarrow \varphi = sign(\sin\varphi) \cdot \arccos(\cos\varphi); \\ \Rightarrow \begin{cases} \varphi_2 = \varphi - A \\ \varphi_3 = \varphi + C \end{cases} \begin{cases} x_B = x_C + l_3 \cdot \cos\varphi_3 \\ y_B = y_C + l_3 \cdot \sin\varphi_3 \end{cases} \end{cases} \tag{1}$$

b. **Determinarea vitezelor cuplei interne B**

Vitezele cuplei interioare B, a diadei 3R, se determină cu ajutorul unei metode geometrice, în cadrul căreia se ajunge la un sistem liniar de două ecuaţii de gradul 1 cu două necunoscute, care se rezolvă matricial cu ajutorul determinanţilor, conform relaţiilor date de sistemul 2.

$$\begin{cases}
\begin{cases}(x_B - x_C)^2 + (y_B - y_C)^2 = l_3^2 \\ (x_B - x_A)^2 + (y_B - y_A)^2 = l_2^2\end{cases} \Rightarrow \\
\begin{cases}(x_B - x_C)\cdot \dot{x}_B + (y_B - y_C)\cdot \dot{y}_B = 0 \\ (x_B - x_A)\cdot \dot{x}_B + (y_B - y_A)\cdot \dot{y}_B = (x_B - x_A)\cdot \dot{x}_A + (y_B - y_A)\cdot \dot{y}_A\end{cases} \\
a_{11} = x_B - x_C;\; a_{12} = y_B - y_C;\; a_{21} = x_B - x_A; \\
a_{22} = y_B - y_A;\; b_1 = 0;\; b_2 = a_{21}\cdot \dot{x}_A + a_{22}\cdot \dot{y}_A \\
\begin{cases}a_{11}\cdot \dot{x}_B + a_{12}\cdot \dot{y}_B = b_1 \\ a_{21}\cdot \dot{x}_B + a_{22}\cdot \dot{y}_B = b_2\end{cases} \Rightarrow \\
\Delta = \begin{vmatrix} a_{11} & a_{12} \\ a_{21} & a_{22}\end{vmatrix} = a_{11}\cdot a_{22} - a_{12}\cdot a_{21}; \\
\Delta_{\dot{x}_B} = \begin{vmatrix} b_1 & a_{12} \\ b_2 & a_{22}\end{vmatrix} = b_1\cdot a_{22} - a_{12}\cdot b_2 \\
\Delta_{\dot{y}_B} = \begin{vmatrix} a_{11} & b_1 \\ a_{21} & b_2\end{vmatrix} = a_{11}\cdot b_2 - a_{21}\cdot b_1; \\
\dot{x}_B = \frac{\Delta_{\dot{x}_B}}{\Delta};\; \dot{y}_B = \frac{\Delta_{\dot{y}_B}}{\Delta}
\end{cases} \qquad (2)$$

c. **Determinarea acceleraţiilor cuplei B**

Acceleraţiile cuplei interioare B a diadei RRR se determină prin derivarea relaţiilor vitezelor (sistemul 3).

$$\begin{cases}\begin{cases}(x_B - x_C)\cdot \ddot{x}_B + (y_B - y_C)\cdot \ddot{y}_B = -\dot{x}_B^2 - \dot{y}_B^2 \\ (x_B - x_A)\cdot \ddot{x}_B + (y_B - y_A)\cdot \ddot{y}_B = a_{21}\cdot \ddot{x}_A + a_{22}\cdot \ddot{y}_A - \dot{a}_{21}^2 - \dot{a}_{22}^2\end{cases} \\ c_1 = -\dot{x}_B^2 - \dot{y}_B^2;\; c_2 = a_{21}\cdot \ddot{x}_A + a_{22}\cdot \ddot{y}_A - \dot{a}_{21}^2 - \dot{a}_{22}^2 \\ \begin{cases}a_{11}\cdot \ddot{x}_B + a_{12}\cdot \ddot{y}_B = c_1 \\ a_{21}\cdot \ddot{x}_B + a_{22}\cdot \ddot{y}_B = c_2\end{cases} \Rightarrow \\ \Rightarrow \Delta_{\ddot{x}_B} = \begin{vmatrix} c_1 & a_{12} \\ c_2 & a_{22}\end{vmatrix} = c_1\cdot a_{22} - a_{12}\cdot c_2 \\ \Delta_{\ddot{y}_B} = \begin{vmatrix} a_{11} & c_1 \\ a_{21} & c_2\end{vmatrix} = a_{11}\cdot c_2 - a_{21}\cdot c_1; \\ \ddot{x}_B = \frac{\Delta_{\ddot{x}_B}}{\Delta};\; \ddot{y}_B = \frac{\Delta_{\ddot{y}_B}}{\Delta}\end{cases} \tag{3}$$

d. Determinarea vitezelor şi acceleraţiilor unghiulare

Se utilizează în continuare metoda vectorială (a contururilor) pentru determinarea rapidă şi precisă a vitezelor unghiulare şi acceleraţiilor unghiulare ale mecanismului 4R, mai exact derivatele de ordinul I şi II ale poziţiilor unghiulare ale diadei 3R (vezi sistemul de relaţii 4).

$$\begin{cases}\begin{cases}x_A - x_B = l_2\cdot\cos\varphi_2 \\ y_A - y_B = l_2\cdot\sin\varphi_2\end{cases} \begin{cases}\dot{x}_A - \dot{x}_B = -l_2\cdot\sin\varphi_2\cdot\omega_2 \,|\cdot(-\sin\varphi_2) \\ \dot{y}_A - \dot{y}_B = l_2\cdot\cos\varphi_2\cdot\omega_2 \,|\cdot(\cos\varphi_2)\end{cases} \Rightarrow \\ \Rightarrow \omega_2 = \frac{(\dot{y}_A - \dot{y}_B)\cdot\cos\varphi_2 - (\dot{x}_A - \dot{x}_B)\cdot\sin\varphi_2}{l_2} \\ \begin{cases}\ddot{x}_A - \ddot{x}_B = -l_2\cdot\sin\varphi_2\cdot\varepsilon_2 - l_2\cdot\cos\varphi_2\cdot\omega_2^2 \,|\cdot(-\sin\varphi_2) \\ \ddot{y}_A - \ddot{y}_B = l_2\cdot\cos\varphi_2\cdot\varepsilon_2 - l_2\cdot\sin\varphi_2\cdot\omega_2^2 \,|\cdot(\cos\varphi_2)\end{cases} \Rightarrow \\ \Rightarrow \varepsilon_2 = \frac{(\ddot{y}_A - \ddot{y}_B)\cdot\cos\varphi_2 - (\ddot{x}_A - \ddot{x}_B)\cdot\sin\varphi_2}{l_2} \\ \begin{cases}x_B - x_C = l_3\cdot\cos\varphi_3 \\ y_B - y_C = l_3\cdot\sin\varphi_3\end{cases} \begin{cases}\dot{x}_B - \dot{x}_C = -l_3\cdot\sin\varphi_3\cdot\omega_3 \,|\cdot(-\sin\varphi_3) \\ \dot{y}_B - \dot{y}_C = l_3\cdot\cos\varphi_3\cdot\omega_3 \,|\cdot(\cos\varphi_3)\end{cases} \Rightarrow \\ \Rightarrow \omega_3 = \frac{(\dot{y}_B - \dot{y}_C)\cdot\cos\varphi_3 - (\dot{x}_B - \dot{x}_C)\cdot\sin\varphi_3}{l_3} \\ \begin{cases}\ddot{x}_B - \ddot{x}_C = -l_3\cdot\sin\varphi_3\cdot\varepsilon_3 - l_3\cdot\cos\varphi_3\cdot\omega_3^2 \,|\cdot(-\sin\varphi_3) \\ \ddot{y}_B - \ddot{y}_C = l_3\cdot\cos\varphi_3\cdot\varepsilon_3 - l_3\cdot\sin\varphi_3\cdot\omega_3^2 \,|\cdot(\cos\varphi_3)\end{cases} \Rightarrow \\ \Rightarrow \varepsilon_3 = \frac{(\ddot{y}_B - \ddot{y}_C)\cdot\cos\varphi_3 - (\ddot{x}_B - \ddot{x}_C)\cdot\sin\varphi_3}{l_3}\end{cases} \tag{4}$$

3. Eficienţa mecanismului patrulater plan; distribuţia forţelor în mecanism

Determinarea randamentului mecanismului patrulater plan (articulat), se poate face pornind de la stabilirea distribuţiei forţelor în mecanism, plecând dinspre elementul conducător (manivela 1, care dă momentul motor şi deci şi forţa motoare), şi mergând către elementul final condus, care poate fi biela 2, sau chiar balansierul 3. Se determină forţele stabilite (vitezele sunt deja cunoscute), puterile (bilanţul puterilor), şi randamentul mecanic al patrulaterului articulat (vezi figura 2).

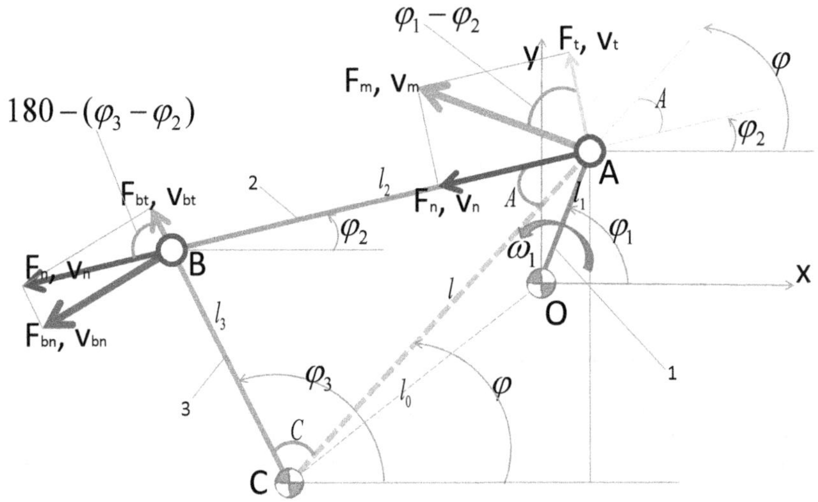

Fig. 2. *Distribuţia forţelor şi a vitezelor dinamice în mecanismul 4R*

În sistemul de relaţii (5) sunt determinate forţele din mecanism (care dau mişcarea dinamică, reală, a mecanismului).

Vitezele cinematice sunt deja cunoscute. Se determină însă şi vitezele dinamice care urmăresc aceleaşi direcţii cu cele ale forţelor, şi în general nu coincid cu vitezele cinematice.

Forţa motoare F_m este perpendiculară pe manivela 1 în punctul A. Ea se transmite şi bielei 2, prin intermediul cuplei comune (A), şi se descompune pe biela doi în două componente: una în lungul bielei F_n, şi alta perpendiculară pe axul bielei F_t, care roteşte biela.

Componenta normală F_n, este singura care se transmite prin bielă în orice punct al ei, deci şi în cupla B, unde se transmite mai departe şi elementului balansier 3, pe care se împarte la rândul ei în două componente F_{bn} şi F_{bt}. F_{bn} este perpendiculară pe balansierul 3 în punctul B, şi reprezintă singura componentă utilă pentru acest element, ea producând rotaţia (balansul) elementului 3.

Randamentul mecanic instantaneu al mecanismului 4R, se determină cu forţele prezentate şi cu vitezele cinematice cunoscute.

$$
\left\{
\begin{array}{l}
\left\{\begin{array}{l} F_n = F_m \cdot \sin(\varphi_1 - \varphi_2) \\ v_n = v_m \cdot \sin(\varphi_1 - \varphi_2) \end{array}\right. \\
\left\{\begin{array}{l} F_B \equiv F_{bn} = F_n \cdot \sin[\pi - (\varphi_3 - \varphi_2)] = \\ = F_m \cdot \sin(\varphi_1 - \varphi_2) \cdot \sin(\varphi_3 - \varphi_2) \\ \\ v_B^D \equiv v_{bn} = v_n \cdot \sin[\pi - (\varphi_3 - \varphi_2)] = \\ = v_m \cdot \sin(\varphi_1 - \varphi_2) \cdot \sin(\varphi_3 - \varphi_2) \end{array}\right. \\
\omega_3 = \dfrac{l_1 \cdot \sin(\varphi_1 - \varphi_2) \cdot \omega_1}{l_3 \cdot \sin(\varphi_3 - \varphi_2)} \Rightarrow \\
v_B = l_3 \cdot \omega_3 = \dfrac{l_1 \cdot \omega_1 \cdot \sin(\varphi_1 - \varphi_2)}{\sin(\varphi_3 - \varphi_2)} = \dfrac{v_m \cdot \sin(\varphi_1 - \varphi_2)}{\sin(\varphi_3 - \varphi_2)} \\
v_B^D = D \cdot v_B \Leftrightarrow v_m \cdot \sin(\varphi_1 - \varphi_2) \cdot \sin(\varphi_3 - \varphi_2) = \\
D \cdot \dfrac{v_m \cdot \sin(\varphi_1 - \varphi_2)}{\sin(\varphi_3 - \varphi_2)} \Rightarrow D = \sin^2(\varphi_3 - \varphi_2) \\
\eta_i = \dfrac{P_3}{P_1} = \dfrac{F_B \cdot v_B}{F_m \cdot v_m} = \\
= \dfrac{F_m \cdot \sin(\varphi_1 - \varphi_2) \cdot \sin(\varphi_3 - \varphi_2) \cdot \dfrac{v_m \cdot \sin(\varphi_1 - \varphi_2)}{\sin(\varphi_3 - \varphi_2)}}{F_m \cdot v_m} = \\
= \sin^2(\varphi_1 - \varphi_2) \\
\eta_i^D = \dfrac{P_3^D}{P_1} = \dfrac{F_B \cdot v_B^D}{F_m \cdot v_m} = \\
= \dfrac{F_m \cdot \sin(\varphi_1 - \varphi_2) \cdot \sin(\varphi_3 - \varphi_2) \cdot v_m \cdot \sin(\varphi_1 - \varphi_2) \cdot \sin(\varphi_3 - \varphi_2)}{F_m \cdot v_m} = \\
= \sin^2(\varphi_3 - \varphi_2) \cdot \sin^2(\varphi_1 - \varphi_2) = D \cdot \eta_i
\end{array}
\right. \tag{5}
$$

Randamentul dinamic instantaneu al mecanismului 4R se determină însă cu puterile dinamice, în care forţele rămân neschimbate, însă vitezele cinematice (clasice) sunt înlocuite de vitezele dinamice prezentate în sistemul 5, acestea fiind determinate în mod similar distribuţiei forţelor, deoarece sunt produse de forţe şi tind să aibă acelaşi suport cu forţele care le-au generat. Randamentul dinamic instantaneu (momentan) este întotdeauna mai mic sau cel mult egal cu cel mecanic instantaneu, el fiind practic produsul dintre randamentul mecanic şi coeficientul dinamic D. La fel şi viteza dinamică reprezintă produsul dintre viteza cinematică şi coeficientul dinamic D. Şi viteza unghiulară dinamică (variabilă), poate fi exprimată la rândul ei prin produsul dintre viteza unghiulară (cinematică, clasică, constantă, impusă, cunoscută) şi coeficientul dinamic D, conform relaţiei (6).

$$\omega_1^D = D \cdot \omega_1 \tag{6}$$

Cu ajutorul acestui coeficient dinamic D, se poate stabili o metodă rapidă de determinare a parametrilor dinamici ai mecanismului.

Bibliografie

[1] Pelecudi, Chr., ş.a., *Mecanisme*. E.D.P., Bucureşti, 1985.

Aplicaţii:

A6-DETERMINAREA REACŢIUNII DIN CUPLA MOTOARE LA MECANISMUL PATRULATER ARTICULAT

Uzura cuplelor cinematice şi a elementelor cinematice depinde de mărimea reacţiunilor din cuplele cinematice. Calculul de rezistenţa materialelor, şi cel organologic (care arată la câte cicluri de funcţionare poate rezista mecanismul respectiv şi fiecare componentă a sa) se face tot pornind de la mărimea reacţiunilor din cuplele cinematice. La mecanismul patrulater plan o importanţă deosebită o are reacţiunea din cupla motoare, fapt pentru care ne propunem determinarea acestei reacţiuni, R_B. Se porneşte cu calculul cinematic şi cinetostatic al diadei 3R din figura 1.

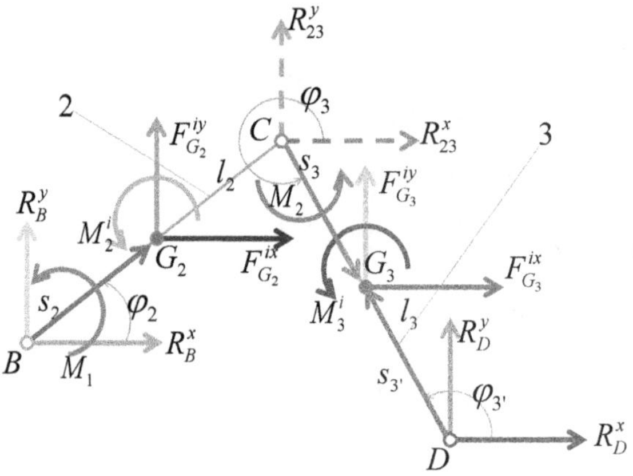

Fig. 1. *Schema cinetostatică a diadei 3R*

Se măsoară pe mecanism: l_1, l_2, l_3, x_D, y_D, s_2 şi s_3 (în m). Se impun (se dau) unghiul φ_1 şi turaţia manivelei n_1. Se determină prin cântărire masele m_2 şi m_3 (în kg). Cu relaţiile (sistemului 1) se determină unghiurile de poziţie φ_2, φ_3, şi coordonatele scalare ale punctului C, iar din sistemul (2) se calculează vitezele şi acceleraţiile unghiulare.

$$\begin{cases}
\omega_1 = 2\cdot\pi\cdot\nu_1 = 2\cdot\pi\cdot\dfrac{n_1}{60} = \dfrac{\pi}{30}\cdot n_1 \ [s^{-1}] \\
\begin{cases} x_B = l_1\cdot\cos\varphi_1 \\ y_B = l_1\cdot\sin\varphi_1 \end{cases}
\begin{cases} \dot{x}_B = -l_1\cdot\sin\varphi_1\cdot\omega_1 \\ \dot{y}_B = l_1\cdot\cos\varphi_1\cdot\omega_1 \end{cases}
\begin{cases} \ddot{x}_B = -l_1\cdot\cos\varphi_1\cdot\omega_1^2 \\ \ddot{y}_B = -l_1\cdot\sin\varphi_1\cdot\omega_1^2 \end{cases} \\
l^2 = (x_B - x_D)^2 + (y_B - y_D)^2 \Rightarrow l = \sqrt{l^2} = \sqrt{(x_B - x_D)^2 + (y_B - y_D)^2} \\
\cos B = \dfrac{l^2 + l_2^2 - l_3^2}{2\cdot l\cdot l_2} \Rightarrow B = \arccos(\cos B); \cos D = \dfrac{l^2 + l_3^2 - l_2^2}{2\cdot l\cdot l_3} \Rightarrow D = \arccos(\cos D) \\
\begin{cases} \cos\varphi = \dfrac{x_D - x_B}{l} \\ \sin\varphi = \dfrac{y_D - y_B}{l} \end{cases} \Rightarrow \varphi = sign(\sin\varphi)\cdot\arccos(\cos\varphi); \\
\Rightarrow \begin{cases} \varphi_2 = \varphi + B \\ \varphi_3 = \varphi - D \Rightarrow \varphi_{3'} = \varphi_3 + \pi \end{cases}
\begin{cases} x_C = x_D + l_3\cdot\cos\varphi_{3'} \\ y_C = y_D + l_3\cdot\sin\varphi_{3'} \end{cases}
\end{cases} \quad (1)$$

$$\begin{cases}\omega_2=\dfrac{(\dot{x}_D-\dot{x}_B)\cdot\cos\varphi_3+(\dot{y}_D-\dot{y}_B)\cdot\sin\varphi_3}{l_2\cdot\sin(\varphi_3-\varphi_2)}=\dfrac{l_1\cdot\sin(\varphi_1-\varphi_3)\cdot\omega_1}{l_2\cdot\sin(\varphi_3-\varphi_2)}\\ \omega_3=\dfrac{(\dot{x}_D-\dot{x}_B)\cdot\cos\varphi_2+(\dot{y}_D-\dot{y}_B)\cdot\sin\varphi_2}{l_3\cdot\sin(\varphi_2-\varphi_3)}=\dfrac{l_1\cdot\sin(\varphi_1-\varphi_2)\cdot\omega_1}{l_3\cdot\sin(\varphi_2-\varphi_3)}\\ \varepsilon_2=\dfrac{l_1\cos(\varphi_1-\varphi_3)\cdot(\omega_1-\omega_3)\omega_1+l_2\cos(\varphi_2-\varphi_3)\cdot(\omega_2-\omega_3)\omega_2}{l_2\cdot\sin(\varphi_3-\varphi_2)}\\ \varepsilon_3=\dfrac{l_1\cos(\varphi_1-\varphi_2)\cdot(\omega_1-\omega_2)\omega_1+l_3\cos(\varphi_3-\varphi_2)\cdot(\omega_3-\omega_2)\omega_3}{l_3\cdot\sin(\varphi_2-\varphi_3)}\end{cases}\tag{2}$$

Cu ajutorul relaţiilor (3) se determină torsorul forţelor de inerţie.

$$\begin{cases}\begin{cases}x_{G_2}=x_B+s_2\cdot\cos\varphi_2\\ y_{G_2}=y_B+s_2\cdot\sin\varphi_2\end{cases}\Rightarrow\begin{cases}\dot{x}_{G_2}=\dot{x}_B-s_2\cdot\sin\varphi_2\cdot\dot{\varphi}_2\\ \dot{y}_{G_2}=\dot{y}_B+s_2\cdot\cos\varphi_2\cdot\dot{\varphi}_2\end{cases}\Rightarrow\\ \Rightarrow\begin{cases}\ddot{x}_{G_2}=\ddot{x}_B-s_2\cdot\cos\varphi_2\cdot\omega_2^2-s_2\cdot\sin\varphi_2\cdot\varepsilon_2\\ \ddot{y}_{G_2}=\ddot{y}_B-s_2\cdot\sin\varphi_2\cdot\omega_2^2+s_2\cdot\cos\varphi_2\cdot\varepsilon_2\end{cases}\\ \begin{cases}x_{G_3}=x_D+s_{3'}\cdot\cos\varphi_{3'}\\ y_{G_3}=y_D+s_{3'}\cdot\sin\varphi_{3'}\end{cases}\Rightarrow\begin{cases}\dot{x}_{G_3}=\dot{x}_D-s_{3'}\cdot\sin\varphi_{3'}\cdot\dot{\varphi}_{3'}\\ \dot{y}_{G_3}=\dot{y}_D+s_{3'}\cdot\cos\varphi_{3'}\cdot\dot{\varphi}_{3'}\end{cases}\Rightarrow\\ \Rightarrow\begin{cases}\ddot{x}_{G_3}=\ddot{x}_D-s_{3'}\cdot\cos\varphi_{3'}\cdot\omega_3^2-s_{3'}\cdot\sin\varphi_{3'}\cdot\varepsilon_3\\ \ddot{y}_{G_3}=\ddot{y}_D-s_{3'}\cdot\sin\varphi_{3'}\cdot\omega_3^2+s_{3'}\cdot\cos\varphi_{3'}\cdot\varepsilon_3\end{cases}\\ \\ \begin{cases}F_{G_2}^{ix}=-m_2\cdot\ddot{x}_{G_2}\\ F_{G_2}^{iy}=-m_2\cdot\ddot{y}_{G_2}\\ J_{G_2}=m_2\cdot\dfrac{l_2^2}{12}\\ M_2^i=-J_{G_2}\cdot\varepsilon_2\end{cases}\quad\begin{cases}F_{G_3}^{ix}=-m_3\cdot\ddot{x}_{G_3}\\ F_{G_3}^{iy}=-m_3\cdot\ddot{y}_{G_3}\\ J_{G_3}=m_3\cdot\dfrac{l_3^2}{12}\\ M_3^i=-J_{G_3}\cdot\varepsilon_3\end{cases}\end{cases}\tag{3}$$

$$\begin{cases}a_{11}\cdot R_{12}^x+a_{12}\cdot R_{12}^y=a_1\\ \\ a_{21}\cdot R_{12}^x+a_{22}\cdot R_{12}^y=a_2\end{cases}\tag{4}$$

$$\begin{cases} a_{11} = y_D - y_B; \; a_{12} = x_B - x_D; \; a_1 = F_{G_2}^{ix} \cdot \left(y_{G_2} - y_D\right) + \\ + F_{G_2}^{iy} \cdot \left(x_D - x_{G_2}\right) + F_{G_3}^{ix} \cdot \left(y_{G_3} - y_D\right) + F_{G_3}^{iy} \cdot \left(x_D - x_{G_3}\right) - M_2^i - M_3^i \\ a_{21} = y_C - y_B; \; a_{22} = x_B - x_C; \\ a_2 = F_{G_2}^{ix} \cdot \left(y_{G_2} - y_C\right) + F_{G_2}^{iy} \cdot \left(x_C - x_{G_2}\right) - M_2^i \end{cases} \tag{5}$$

Soluţiile sistemului (4) vor fi date de sistemul (6), după ce se calculează cu (5) coeficienţii: a_{11}, a_{12}, a_1, a_{21}, a_{22}, a_2.

Reacţiunea totală din cupla motoare se determină cu relaţia (7).

$$\begin{cases} \Delta = \begin{vmatrix} a_{11} & a_{12} \\ a_{21} & a_{22} \end{vmatrix} = a_{11} \cdot a_{22} - a_{12} \cdot a_{21} \\ \Delta_x = \begin{vmatrix} a_1 & a_{12} \\ a_2 & a_{22} \end{vmatrix} = a_{22} \cdot a_1 - a_{12} \cdot a_2 \\ \Delta_y = \begin{vmatrix} a_{11} & a_1 \\ a_{21} & a_2 \end{vmatrix} = a_{11} \cdot a_2 - a_{21} \cdot a_1 \\ R_{12}^x = \dfrac{\Delta_x}{\Delta} = \dfrac{a_{22} \cdot a_1 - a_{12} \cdot a_2}{a_{11} \cdot a_{22} - a_{12} \cdot a_{21}}; \\ R_{12}^y = \dfrac{\Delta_y}{\Delta} = \dfrac{a_{11} \cdot a_2 - a_{21} \cdot a_1}{a_{11} \cdot a_{22} - a_{12} \cdot a_{21}} \end{cases} \tag{6}$$

$$R_B \equiv R_{12} = \sqrt{\left(R_{12}^x\right)^2 + \left(R_{12}^y\right)^2} \tag{7}$$

A7-ECHILIBRAREA STATICĂ TOTALĂ A MECANISMULUI PATRULATER ARTICULAT

1. Consideraţii teoretice

Pentru echilibrarea statică totală a mecanismului patrulater articulat prin metoda I, clasică (fig. 1), este necesar ca centrul de masă (de greutate) al mecanismului să fie adus într-un punct fix, indiferent de poziţia pe care o ocupă mecanismul, pe parcursul întregului ciclu cinematic al acestuia.

Practic se aduce centrul de masă al întregului mecanism într-un punct fix, situat undeva pe axa A_0B_0. Se consideră masele elementelor 1, 2 şi 3 (m_1, m_2, m_3) concentrate în centrele de masă (de greutate) ale acestor elemente (G_1, G_2, G_3). Pentru început se distribuie pe rând, fiecare din cele trei mase concentrate, în articulaţiile corespunzătoare ale barelor respective; adică masa m_1 se distribuie în articulaţiile A_0 şi A, masa m_2 se distribuie în articulaţiile A şi B, iar masa m_3 se distribuie în articulaţiile B şi B_0. Masele din articulaţiile fixe A_0 respectiv B_0 vor fi egale acum cu masele distribuite $m_{A0}=m_{1A0}$ respectiv $m_{B0}=m_{3B0}$.

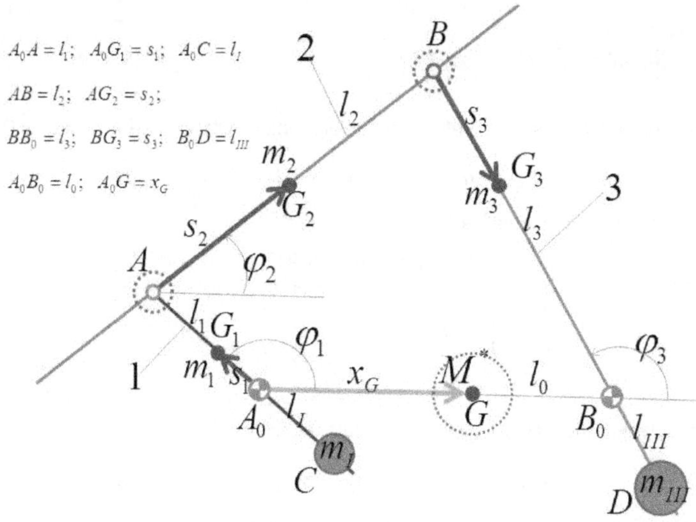

Fig. 1. *Echilibrarea statică a mec. patrulater articulat – Metoda I*

În articulaţiile mobile A şi B vom avea mase însumate din cele distribuite de pe câte două elemente, astfel: $m_A=m_{1A}+m_{2A}$ şi $m_B=m_{2B}+m_{3B}$.

Masele aduse deja în articulaţiile fixe A_0 şi B_0 sunt gata echilibrate, în vreme ce masele concentrate acum în articulaţiile mobile A şi B necesită o nouă deplasare către articulaţiile fixe A_0 respectiv B_0. În acest scop au fost prelungite elementele 1 şi 3 iar undeva pe aceste prelungiri se montează masele de echilibrare m_I respectiv m_{III}, la distanţele l_I respectiv l_{III}, astfel încât masele m_A respectiv m_B să fie aduse în articulaţiile fixe A_0 respectiv B_0; practic, trebuie ca suma momentelor greutăţilor G_A şi G_I faţă de articulaţia fixă A_0 să fie egală cu zero, iar suma momentelor greutăţilor G_B şi G_{III} faţă de articulaţia fixă B_0 să fie egală cu zero deasemenea. Acum masele din A respectiv B au fost aduse în A_0 respectiv B_0 dar cu ajutorul maselor suplimentare m_I respectiv m_{III} care s-au deplasat şi ele în articulaţiile fixe respective; masele din A_0 şi B_0 se recalculează acum astfel: $m_{A0}^*=m_{1A0}+m_A+m_I$ şi $m_{B0}^*=m_{3B0}+m_B+m_{III}$. Se poate stabili în continuare poziţia fixă a centrului de masă al mecanismului, care se va situa pe axa A_0B_0 la distanţa x_G faţă de articulaţia fixă A_0.

2. Materiale şi instrumente necesare

Macheta mecanismului patrulater articulat, calculator, instrumente pentru desen (riglă 300 mm), mase pentru echilibrare (contragreutăţi), balanţă şi tijă (suport prismatic) pentru determinarea centrelor de masă ale elementelor.

3. **Modul de lucru şi relaţiile de calcul**

Cele trei mase concentrate se repartizează în articulaţii:

$$m_1 \begin{cases} m_{1A0} = \dfrac{l_1 - s_1}{l_1} m_1 \\ m_{1A} = \dfrac{s_1}{l_1} m_1 \end{cases} \qquad m_2 \begin{cases} m_{2A} = \dfrac{l_2 - s_2}{l_2} m_2 \\ m_{2B} = \dfrac{s_2}{l_2} m_2 \end{cases}$$

$$m_3 \begin{cases} m_{3B} = \dfrac{l_3 - s_3}{l_3} m_3 \\ m_{3B0} = \dfrac{s_3}{l_3} m_3 \end{cases} \qquad (1)$$

Se calculează masele teoretice din cuplele (articulaţiile) mobile A respectiv B:

$$m_A = m_{1A} + m_{2A} \quad \text{şi} \quad m_B = m_{2B} + m_{3B}, \qquad (2)$$

care trebuiesc aduse în articulaţiile fixe.

Metoda I: Se aduce m_A în A_0 şi m_B în B_0 utilizând contragreutăţile m_I şi m_{III} (alese), montate la distanţele l_I respectiv l_{III} rezultate din următoarele relaţii de calcul:

$$l_I = l_1 . \frac{m_A}{m_I} \qquad l_{III} = l_3 . \frac{m_B}{m_{III}} \qquad (3)$$

Masele teoretice din articulaţiile fixe, după echilibrare, vor fi:

$$m^*_{A0} = m_{1A0} + m_A + m_I \qquad m^*_{B0} = m_{3B0} + m_B + m_{III} \qquad (4)$$

Se calculează parametrul x_G (măsurat pe axa A_0B_0, din punctul A_0), care ne poziţionează centrul de greutate al mecanismului articulat, după echilibrare:

$$(m^*_{A0} + m^*_{B0}).x_G = m^*_{B0}.l_0, \qquad x_G = \frac{m^*_{B0}}{m^*_{A0} + m^*_{B0}} l_0 \qquad (5)$$

Metoda II: Se aduce m_B în A (fig. 2), folosind masa m_{II} (aleasă), montată la distanţa:

$$l_{II} = l_2 \frac{m_B}{m_{II}} \qquad (6)$$

Se calculează noua masă din A:

$$m'_A = m_A + m_B + m_{II} \qquad (7)$$

care se aduce în A_0 prin procedeul clasic de la metoda I; se alege m'_I şi rezultă l'_I :

$$l_I' = l_1 \frac{m_A'}{m_I'} \tag{8}$$

Masele teoretice concentrate în articulaţiile fixe, după echilibrare, vor fi:

$$m_{A0}' = m_A' + m_{1A0} + m_I' \qquad m_{B0}' = m_{3B0} \tag{9}$$

Putem calcula acum şi coordonata x_G' a centrului de greutate al întregului mecanism după echilibrarea prin varianta a II-a:

$$x_G' = \frac{m_{B0}'}{m_{A0}' + m_{B0}'} l_0 \tag{10}$$

Se compară

$$M^* = m_{A0}^* + m_{B0}^* \qquad \text{cu} \qquad M' = m_{A0}' + m_{B0}' \tag{11}$$

şi x_G cu x_G'.

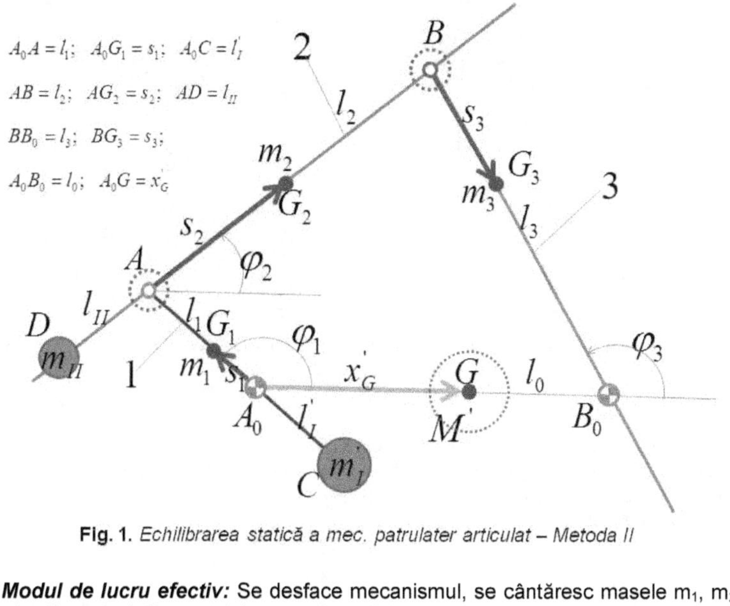

Fig. 1. *Echilibrarea statică a mec. patrulater articulat – Metoda II*

Modul de lucru efectiv: Se desface mecanismul, se cântăresc masele m_1, m_2, m_3 (cu şaibele din articulaţii montate), se măsoară l_1, l_2, l_3, l_0, s_1, s_2, s_3 (s-urile numai după determinarea centrelor de greutate pe prismă). Se remontează mecanismul, se efectuează calculele aferente, după care se montează masele alese m_I respectiv m_{III} la distanţele rezultate prin calcule, l_I respectiv l_{III}. Mecanismul rezultat trebuie să fie echilibrat static total. Se face verificarea, prin aşezarea manivelei în diferite poziţii succesive, mecanismul trebuind să fie stabil pentru fiecare poziţie (unghiul φ_1 ia valori în intervalul 0-360 [^{0}]). Se continuă calculele şi se face echilibrarea prin varianta a II-a; se compară masele finale obţinute prin cele două variante (relaţia (11)).

A8-DETERMINAREA MOMENTULUI DE INERŢIE MECANIC (MASIC, AL ÎNTREGULUI MECANISM) REDUS LA MANIVELĂ, LA MECANISMUL PATRULATER ARTICULAT

Momentul de inerţie mecanic sau masic al unui mecanism poate fi redus la manivela 1 (elementul conducător), astfel încât studiul dinamic al întregului mecanism să poată fi urmărit doar pe un singur element (elementul 1 conducător; vezi figura 1).

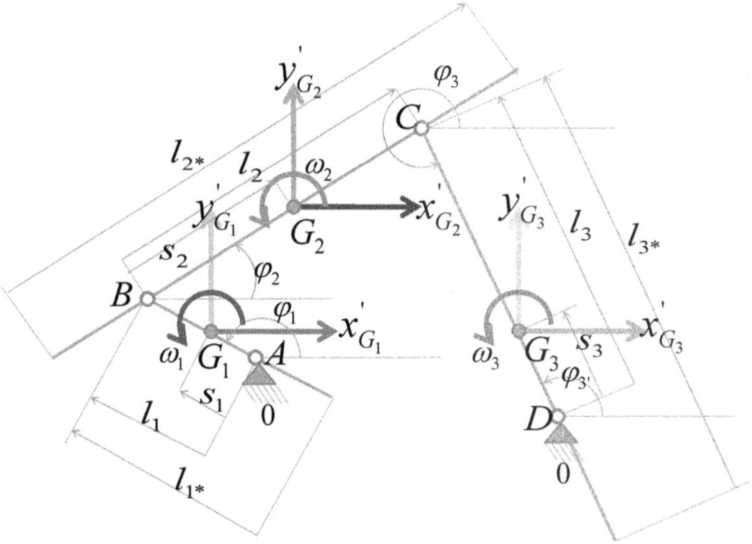

Fig. 1. *Determinarea momentului de inerţie masic (mecanic) redus la manivelă, la mecanismul patrulater articulat (plan)*

În figura 1, a fost reprezentat mecanismul patrulater plan încărcat cu vitezele unghiulare ale celor trei elemente mobile, şi cu vitezele liniare reduse ale centrelor de greutate (de masă) proiectate pe axele scalare x şi y, pentru fiecare din cele trei elemente mobile ale mecanismului.

Modul de lucru:

Se dă (se impune) poziţia manivelei 1 (AB), prin valoarea unghiului φ_1.

Se demontează mecanismul şi se determină valorile: m_1, m_2, m_3 (în [kg], prin cântărire), l_1, l_2, l_3, l_{1^*}, l_{2^*}, l_{3^*}, s_1, s_2, s_3, x_D, y_D (în [m], se măsoară cu o riglă).

Se determină momentele de inerţie mecanice sau masice ale fiecărui element mobil în parte, cu ajutorul relaţiilor (1).

$$\begin{cases} J_{G_1} = \frac{1}{12} \cdot m_1 \cdot l_{1*}^2 \ [kg \cdot m^2]; \ J_{G_2} = \frac{1}{12} \cdot m_2 \cdot l_{2*}^2 \ [kg \cdot m^2]; \\ J_{G_3} = \frac{1}{12} \cdot m_3 \cdot l_{3*}^2 \ [kg \cdot m^2] \end{cases} \tag{1}$$

Se determină iniţial unghiurile de poziţie ale celor două elemente ale diadei 3R cu ajutorul relaţiilor date de sistemul (2).

$$\begin{cases} x_B = l_1 \cdot \cos\varphi_1; \ y_B = l_1 \cdot \sin\varphi_1; \\ l^2 = (x_B - x_D)^2 + (y_B - y_D)^2; \ l = \sqrt{(x_B - x_D)^2 + (y_B - y_D)^2} \\ \cos B = \frac{l^2 + l_2^2 - l_3^2}{2 \cdot l \cdot l_2} \Rightarrow B = \arccos(\cos B); \\ \cos D = \frac{l^2 + l_3^2 - l_2^2}{2 \cdot l \cdot l_3} \Rightarrow D = \arccos(\cos D) \\ \begin{cases} \cos\varphi = \frac{x_D - x_B}{l} \\ \sin\varphi = \frac{y_D - y_B}{l} \end{cases} \Rightarrow \varphi = sign(\sin\varphi) \cdot \arccos(\cos\varphi); \\ \Rightarrow \begin{cases} \varphi_2 = \varphi + B \\ \varphi_3 = \varphi - D \end{cases} \Rightarrow \varphi_{3'} = \varphi_3 + \pi \end{cases} \tag{2}$$

Se calculează în final momentul de inerţie mecanic (masic) al întregului mecanism (patrulater articulat) redus la manivela 1 (redus la elementul conducător), cu ultima relaţie dată de sistemul (3), sau cu relaţia (4).

$$
\begin{cases}
\begin{cases} x_{G_1} = s_1 \cos\varphi_1 \\ y_{G_1} = s_1 \sin\varphi_1 \end{cases}
\begin{cases} x'_{G_1} = -s_1 \sin\varphi_1 \\ y'_{G_1} = s_1 \cos\varphi_1 \end{cases}
\begin{cases} x'^2_{G_1} = s_1^2 \sin^2\varphi_1 \\ y'^2_{G_1} = s_1^2 \cos^2\varphi_1 \end{cases}
\quad x'^2_{G_1} + y'^2_{G_1} = s_1^2 \\
\begin{cases} x_{G_2} = l_1 \cdot \cos\varphi_1 + s_2 \cdot \cos\varphi_2 \\ y_{G_2} = l_1 \cdot \sin\varphi_1 + s_2 \cdot \sin\varphi_2 \end{cases}
\begin{cases} x'_{G_2} = -l_1 \cdot \sin\varphi_1 - s_2 \cdot \sin\varphi_2 \cdot \varphi'_2 \\ y'_{G_2} = l_1 \cdot \cos\varphi_1 + s_2 \cdot \cos\varphi_2 \cdot \varphi'_2 \end{cases} \\
\Rightarrow x'^2_{G_2} + y'^2_{G_2} = l_1^2 + s_2^2 \cdot \varphi'^2_2 + 2 \cdot l_1 \cdot s_2 \cdot \varphi'_2 \cdot \cos(\varphi_1 - \varphi_2) \\
\begin{cases} x_{G_3} = x_D + s_3 \cdot \cos\varphi_{3'} \\ y_{G_3} = y_D + s_3 \cdot \sin\varphi_{3'} \end{cases}
\begin{cases} x'_{G_3} = -s_3 \cdot \sin\varphi_{3'} \cdot \varphi'_3 \\ y'_{G_3} = s_3 \cdot \cos\varphi_{3'} \cdot \varphi'_3 \end{cases}
\quad x'^2_{G_3} + y'^2_{G_3} = s_3^2 \cdot \varphi'^2_3 \\
\varphi'_2 = \frac{\omega_2}{\omega_1} = \frac{l_1 \cdot \sin(\varphi_1 - \varphi_3)}{l_2 \cdot \sin(\varphi_3 - \varphi_2)}; \quad \varphi'_3 = \frac{\omega_3}{\omega_1} = \frac{l_1 \cdot \sin(\varphi_1 - \varphi_2)}{l_3 \cdot \sin(\varphi_2 - \varphi_3)} \\
J^* = J_{G_1} + m_1 \cdot \left(x'^2_{G_1} + y'^2_{G_1}\right) + J_{G_2} \cdot \varphi'^2_2 + m_2 \cdot \left(x'^2_{G_2} + y'^2_{G_2}\right) + \\
+ J_{G_3} \cdot \varphi'^2_3 + m_3 \cdot \left(x'^2_{G_3} + y'^2_{G_3}\right) = J_{G_1} + m_1 \cdot s_1^2 + J_{G_2} \cdot \varphi'^2_2 + m_2 \cdot \\
\cdot \left[l_1^2 + s_2^2 \varphi'^2_2 + 2 l_1 s_2 \varphi'_2 \cos(\varphi_1 - \varphi_2)\right] + J_{G_3} \cdot \varphi'^2_3 + m_3 \cdot s_3^2 \cdot \varphi'^2_3 \\
J^* = J_{G_1} + m_1 \cdot s_1^2 + m_2 \cdot l_1^2 + 2 \cdot l_1 \cdot s_2 \cdot m_2 \cdot \cos(\varphi_1 - \varphi_2) \cdot \varphi'_2 + \\
+ \left(J_{G_2} + m_2 \cdot s_2^2\right) \cdot \varphi'^2_2 + \left(J_{G_3} + m_3 \cdot s_3^2\right) \cdot \varphi'^2_3 \\
J^* = J_{G_1} + m_1 \cdot s_1^2 + m_2 \cdot l_1^2 + 2 \cdot m_2 \cdot \frac{l_1^2}{l_2} \cdot s_2 \cdot \cos(\varphi_1 - \varphi_2) \cdot \\
\cdot \frac{\sin(\varphi_1 - \varphi_3)}{\sin(\varphi_3 - \varphi_2)} + \left(J_{G_2} + m_2 \cdot s_2^2\right) \cdot \frac{l_1^2}{l_2^2} \cdot \frac{\sin^2(\varphi_1 - \varphi_3)}{\sin^2(\varphi_3 - \varphi_2)} + \\
+ \left(J_{G_3} + m_3 \cdot s_3^2\right) \cdot \frac{l_1^2}{l_3^2} \cdot \frac{\sin^2(\varphi_1 - \varphi_2)}{\sin^2(\varphi_2 - \varphi_3)} \\
J^* = J_{G_1} + m_1 \cdot s_1^2 + m_2 \cdot l_1^2 + 2 \cdot m_2 \cdot \frac{l_1^2}{l_2} \cdot s_2 \cdot \cos(\varphi_1 - \varphi_2) \cdot \\
\cdot \frac{\sin(\varphi_1 - \varphi_3)}{\sin(\varphi_3 - \varphi_2)} + \left(J_{G_2} + m_2 \cdot s_2^2\right) \cdot \left(\frac{l_1}{l_2}\right)^2 \cdot \frac{\sin^2(\varphi_1 - \varphi_3)}{\sin^2(\varphi_3 - \varphi_2)} + \\
+ \left(J_{G_3} + m_3 \cdot s_3^2\right) \cdot \left(\frac{l_1}{l_3}\right)^2 \cdot \frac{\sin^2(\varphi_1 - \varphi_2)}{\sin^2(\varphi_3 - \varphi_2)}
\end{cases}
\tag{3}
$$

$$
\begin{cases}
J^* = J_{G_1} + m_1 \cdot s_1^2 + m_2 \cdot l_1^2 + 2 \cdot m_2 \cdot \frac{l_1^2}{l_2} \cdot s_2 \cdot \cos(\varphi_1 - \varphi_2) \cdot \frac{\sin(\varphi_1 - \varphi_3)}{\sin(\varphi_3 - \varphi_2)} + \\
+ \left(J_{G_2} + m_2 \cdot s_2^2\right) \cdot \left(\frac{l_1}{l_2}\right)^2 \cdot \frac{\sin^2(\varphi_1 - \varphi_3)}{\sin^2(\varphi_3 - \varphi_2)} + \left(J_{G_3} + m_3 \cdot s_3^2\right) \cdot \left(\frac{l_1}{l_3}\right)^2 \cdot \frac{\sin^2(\varphi_1 - \varphi_2)}{\sin^2(\varphi_3 - \varphi_2)}
\end{cases}
\tag{4}
$$

CAP. IV

MECANISMUL CARE ARE ÎN COMPONENŢĂ O CULISĂ OSCILANTĂ

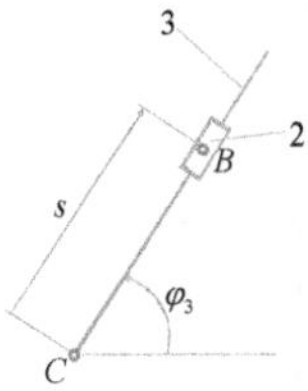

4.1. CINEMATICA DIADEI RTR

Diada de aspectul al treilea RTR, se utilizează în general la mecanismele cu culisă oscilantă. Schema cinematică a unei diade de aspectul III poate fi urmărită în figura 1. Se cunosc parametrii cuplelor C şi B şi trebuiesc determinaţi parametrii cinematici s şi φ_3, cu derivatele lor, fapt ce se realizează cu ajutorul relaţiilor de calcul aparţinând sistemului (1).

Fig. 1. *Schema cinematică a diadei RTR*

$$
\begin{cases}
s^2 = (x_B - x_C)^2 + (y_B - y_C)^2 \Rightarrow s = \sqrt{(x_B - x_C)^2 + (y_B - y_C)^2} \\
\begin{cases} x_B = x_C + s \cdot \cos\varphi_3 \\ y_B = y_C + s \cdot \sin\varphi_3 \end{cases}
\begin{cases} \cos\varphi_3 = \dfrac{x_B - x_C}{s} \\ \sin\varphi_3 = \dfrac{y_B - y_C}{s} \end{cases}
\Rightarrow \varphi_3 = semn(\sin\varphi_3) \cdot \cos^{-1}(\cos\varphi_3) \\
2 \cdot s \cdot \dot{s} = 2 \cdot (x_B - x_C) \cdot (\dot{x}_B - \dot{x}_C) + 2 \cdot (y_B - y_C) \cdot (\dot{y}_B - \dot{y}_C) \Rightarrow \\
\dot{s} = \dfrac{(x_B - x_C) \cdot (\dot{x}_B - \dot{x}_C) + (y_B - y_C) \cdot (\dot{y}_B - \dot{y}_C)}{s} \\
\ddot{s} = \dfrac{(\dot{x}_B - \dot{x}_C)^2 + (\dot{y}_B - \dot{y}_C)^2 - \dot{s}^2}{s} + \dfrac{(x_B - x_C) \cdot (\ddot{x}_B - \ddot{x}_C) + (y_B - y_C) \cdot (\ddot{y}_B - \ddot{y}_C)}{s} \\
\begin{cases} \dot{x}_B - \dot{x}_C = \dot{s} \cdot \cos\varphi_3 - s \cdot \sin\varphi_3 \cdot \dot{\varphi}_3 \mid \cdot(-\sin\varphi_3) \\ \dot{y}_B - \dot{y}_C = \dot{s} \cdot \sin\varphi_3 + s \cdot \cos\varphi_3 \cdot \dot{\varphi}_3 \mid \cdot(\cos\varphi_3) \end{cases}
\Rightarrow \dot{\varphi}_3 = \dfrac{(\dot{y}_B - \dot{y}_C) \cdot \cos\varphi_3 - (\dot{x}_B - \dot{x}_C) \cdot \sin\varphi_3}{s} \\
\begin{cases} \ddot{x}_B - \ddot{x}_C = \ddot{s} \cdot \cos\varphi_3 - 2 \cdot \dot{s} \cdot \sin\varphi_3 \cdot \dot{\varphi}_3 - \\ - s \cdot \cos\varphi_3 \cdot \dot{\varphi}_3^2 - s \cdot \sin\varphi_3 \cdot \ddot{\varphi}_3 \mid \cdot(-\sin\varphi_3) \\ \ddot{y}_B - \ddot{y}_C = \ddot{s} \cdot \sin\varphi_3 + 2 \cdot \dot{s} \cdot \cos\varphi_3 \cdot \dot{\varphi}_3 - \\ - s \cdot \sin\varphi_3 \cdot \dot{\varphi}_3^2 + s \cdot \cos\varphi_3 \cdot \ddot{\varphi}_3 \mid \cdot(\cos\varphi_3) \end{cases}
\Rightarrow \ddot{\varphi}_3 = \dfrac{(\ddot{y}_B - \ddot{y}_C) \cdot \cos\varphi_3 - (\ddot{x}_B - \ddot{x}_C) \cdot \sin\varphi_3 - 2 \cdot \dot{s} \cdot \dot{\varphi}_3}{s}
\end{cases}
\quad (1)
$$

4.2. CINETOSTATICA DIADEI RTR

Cinetostatica diadei de aspectul al treilea RTR, poate fi urmărită în figura 1, iar calculele în sistemul relaţional (1).

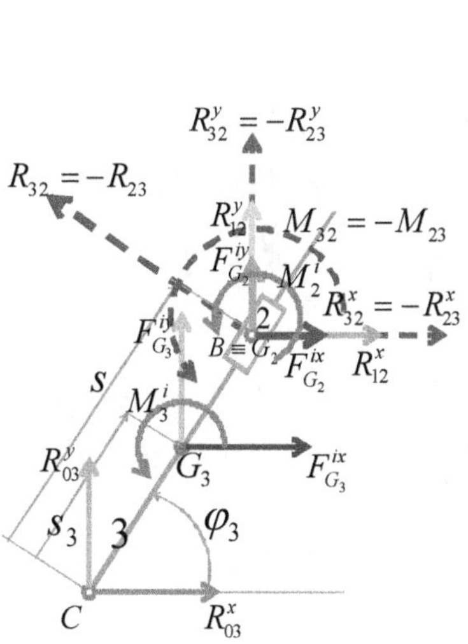

Fig. 1. *Cinetostatica diadei RTR*

$$
\begin{cases}
\begin{cases} x_{G_3} = x_C + s_3 \cdot \cos\varphi_3 \\ y_{G_3} = y_C + s_3 \cdot \sin\varphi_3 \end{cases}
\begin{cases} \dot{x}_{G_3} = \dot{x}_C - s_3 \cdot \sin\varphi_3 \cdot \dot{\varphi}_3 \\ \dot{y}_{G_3} = \dot{y}_C + s_3 \cdot \cos\varphi_3 \cdot \dot{\varphi}_3 \end{cases} \Rightarrow \\
\Rightarrow \begin{cases} \ddot{x}_{G_3} = \ddot{x}_C - s_3 \cdot \cos\varphi_3 \cdot \dot{\varphi}_3^2 - s_3 \cdot \sin\varphi_3 \cdot \ddot{\varphi}_3 \\ \ddot{y}_{G_3} = \ddot{y}_C - s_3 \cdot \sin\varphi_3 \cdot \dot{\varphi}_3^2 + s_3 \cdot \cos\varphi_3 \cdot \ddot{\varphi}_3 \end{cases} \\
\begin{cases} F_{G_3}^{ix} = -m_3 \cdot \ddot{x}_{G_3} \\ F_{G_3}^{iy} = -m_3 \cdot \ddot{y}_{G_3} \\ M_3^i = -J_{G_3} \cdot \ddot{\varphi}_3 \end{cases}
\begin{cases} F_{G_2}^{ix} = -m_2 \cdot \ddot{x}_{G_2} = -m_2 \cdot \ddot{x}_B \\ F_{G_2}^{iy} = -m_2 \cdot \ddot{y}_{G_2} = -m_2 \cdot \ddot{y}_B \\ M_2^i = -J_{G_2} \cdot \ddot{\varphi}_2 = -J_{G_2} \cdot \ddot{\varphi}_3 \end{cases} \\
\sum M_B^{(2)} = 0 \Rightarrow M_{32} + M_2^i = 0 \Rightarrow M_{32} = -M_2^i \Rightarrow M_{23} = M_2^i \\
\sum M_C^{(3)} = 0 \Rightarrow R_{23} \cdot s + M_{23} + M_3^i - F_{G_3}^{ix} \cdot \left(y_{G_3} - y_C\right) + \\
+ F_{G_3}^{iy} \cdot \left(x_{G_3} - x_C\right) = 0 \Rightarrow \\
\Rightarrow R_{23} = \dfrac{F_{G_3}^{ix} \cdot \left(y_{G_3} - y_C\right) + F_{G_3}^{iy} \cdot \left(x_C - x_{G_3}\right) - M_{23} - M_3^i}{s} \\
R_{32} = -R_{23} \Rightarrow \begin{cases} R_{32}^x = R_{32} \cdot \cos\left(\varphi_3 + \dfrac{\pi}{2}\right) = -R_{32} \cdot \sin\varphi_3 \\ R_{32}^y = R_{32} \cdot \sin\left(\varphi_3 + \dfrac{\pi}{2}\right) = R_{32} \cdot \cos\varphi_3 \end{cases} \\
\sum F_x^{(2)} = 0 \Rightarrow R_{12}^x + R_{32}^x + F_{G_2}^{ix} = 0 \Rightarrow R_{12}^x = -R_{32}^x - F_{G_2}^{ix} \\
\sum F_y^{(2)} = 0 \Rightarrow R_{12}^y + R_{32}^y + F_{G_2}^{iy} = 0 \Rightarrow R_{12}^y = -R_{32}^y - F_{G_2}^{iy} \\
\Rightarrow R_{12} = \sqrt{\left(R_{12}^x\right)^2 + \left(R_{12}^y\right)^2} \\
\sum F_x^{(3)} = 0 \Rightarrow R_{03}^x + F_{G_3}^{ix} + R_{23}^x = 0 \Rightarrow R_{03}^x = -F_{G_3}^{ix} + R_{32}^x \\
\sum F_y^{(3)} = 0 \Rightarrow R_{03}^y + F_{G_3}^{iy} + R_{23}^y = 0 \Rightarrow R_{03}^y = -F_{G_3}^{iy} + R_{32}^y \\
\Rightarrow R_{03} = \sqrt{\left(R_{03}^x\right)^2 + \left(R_{03}^y\right)^2}
\end{cases} \quad (1)
$$

4.3. DISTRIBUŢIA FORŢELOR LA MECANISMUL CARE ARE ÎN COMPONENŢA SA O CULISĂ OSCILANTĂ

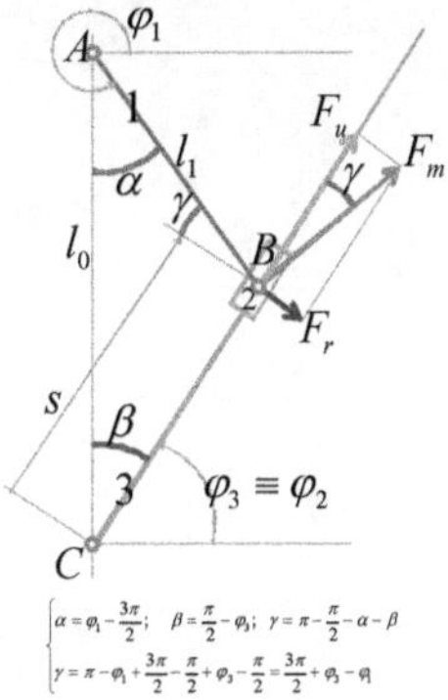

Distribuţia forţelor la mecanismul care are în componenţa sa o culisă oscilantă se face pentru regimul de compresor conform figurii 1. Relaţiile de calcul sunt date de sistemul (1).

Fig. 1. *Distribuţia forţelor la mecanismul cu culisă oscilantă, în regimul de compresor*

$$
\begin{cases}
\cos\gamma = \cos\left(\frac{3\pi}{2}+\varphi_3-\varphi_1\right) = \cos\left(\varphi_1-\varphi_3-\frac{3\pi}{2}\right) = \sin(2\pi-\varphi_1+\varphi_3) = \sin(\varphi_3-\varphi_1) \\
\begin{cases} F_u = F_m\cdot\cos\gamma = F_m\cdot\sin(\varphi_3-\varphi_1) \\ v_m = v_B = l_1\cdot\omega_1 \\ v_u \equiv \dot{s} = v_m\cdot\sin(\varphi_3-\varphi_1) \end{cases} \\
\Rightarrow \eta_i^c = \frac{F_u\cdot\dot{s}}{F_m\cdot v_m} \Rightarrow \eta_i^c = \frac{F_m\cdot\sin(\varphi_3-\varphi_1)\cdot v_m\cdot\sin(\varphi_3-\varphi_1)}{F_m\cdot v_m} = \sin^2(\varphi_3-\varphi_1) \\
\eta_i^{Dc} = \frac{F_u\cdot v_u}{F_m\cdot v_m} = \frac{F_m\sin(\varphi_3-\varphi_1)v_m\sin(\varphi_3-\varphi_1)}{F_m\cdot v_m} = \sin^2(\varphi_3-\varphi_1) \Rightarrow \begin{cases}\eta_i^{Dc}=\eta_i^c \\ \eta_i^{Dc}=D^c\cdot\eta_i^c\end{cases} \Rightarrow D^c = 1 \\
\eta_i^c = \sin^2(\varphi_3-\varphi_1) \Rightarrow \eta_i^c = \frac{l_0^2\cdot\cos^2\varphi_1}{l_0^2+l_1^2+2\cdot l_0\cdot l_1\cdot\sin\varphi_1} = \frac{\cos^2\varphi_1}{1+\lambda^2+2\cdot\lambda\cdot\sin\varphi_1} \quad \lambda = \frac{l_1}{l_0}
\end{cases}
\tag{1}
$$

Pentru regimul motor distribuţia forţelor poate fi urmărită în figura 2, iar relaţiile de calcul corespunzătoare sunt date de sistemul relaţional (2).

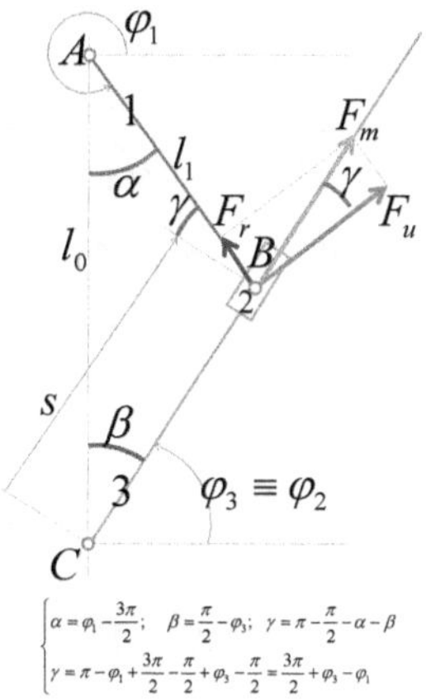

Fig. 2. *Distribuţia forţelor la mecanismul cu culisă oscilantă, în regim de motor*

$$
\begin{cases}
\cos\gamma = \cos\left(\frac{3\pi}{2} + \varphi_3 - \varphi_1\right) = \cos\left(\varphi_1 - \varphi_3 - \frac{3\pi}{2}\right) = \\
= \sin(2\pi - \varphi_1 + \varphi_3) = \sin(\varphi_3 - \varphi_1) \\
\begin{cases}
F_u = F_m \cdot \cos\gamma = F_m \cdot \sin(\varphi_3 - \varphi_1) \\
 \qquad\qquad\qquad\qquad\qquad\qquad \Rightarrow \\
v_u = v_B = l_1 \cdot \omega_1 \quad v_u^D = v_m \cdot \sin(\varphi_3 - \varphi_1) \\
v_m \equiv \dot{s} = v_B \cdot \sin(\varphi_3 - \varphi_1)
\end{cases} \\
\Rightarrow \eta_i^M = \frac{F_u \cdot v_u}{F_m \cdot \dot{s}} = \frac{F_m \cdot \sin(\varphi_3 - \varphi_1) \cdot v_B}{F_m \cdot v_B \cdot \sin(\varphi_3 - \varphi_1)} = 1 \\
\eta_i^{DM} = \frac{F_u \cdot v_u^D}{F_m \cdot v_m} = \frac{F_m \sin(\varphi_3 - \varphi_1) v_m \sin(\varphi_3 - \varphi_1)}{F_m \cdot v_m} = \sin^2(\varphi_3 - \varphi_1) \\
\Rightarrow \begin{cases}
\eta_i^{DM} = \sin^2(\varphi_3 - \varphi_1) \\
\eta_i^{DM} = D^M \cdot \eta_i^M = D^M
\end{cases} \Rightarrow D^M = \sin^2(\varphi_3 - \varphi_1); \; \eta_i^M = 1
\end{cases}
\qquad (2)
$$

Calculul dinamic necesită determinarea vitezei unghiulare variabile a manivelei conducătoare 1, şi a acceleraţiei unghiulare corespunzătoare. Viteza unghiulară se determină cu relaţiile cunoscute (3).

$$
\begin{cases}
\omega^D = D \cdot \omega \\
D^C = 1 \\
D^M = \sin^2(\varphi_3 - \varphi_1) = \frac{l_0^2 \cdot \cos^2\varphi_1}{l_0^2 + l_1^2 + 2 \cdot l_0 \cdot l_1 \cdot \sin\varphi_1} \\
\omega^{DC} = D^C \cdot \omega = \omega; \quad \omega^{DM} = D^M \cdot \omega = \sin^2(\varphi_3 - \varphi_1) \cdot \omega
\end{cases}
\qquad (3)
$$

Acceleraţia unghiulară se calculează cu relaţiile (4).

$$
\begin{cases}
D^C = 1 \Rightarrow \varepsilon^C = 0 \\
D^M = \sin^2(\varphi_3 - \varphi_1) = \frac{l_0^2 \cdot \cos^2\varphi_1}{l_0^2 + l_1^2 + 2 \cdot l_0 \cdot l_1 \cdot \sin\varphi_1} \Rightarrow \\
\Rightarrow \varepsilon^M \equiv \varepsilon_1 = \left(\dot{\omega}^{DM}\right) = \frac{d\left(D^M \cdot \omega\right)}{dt} = D^M{}' \cdot \omega^2 \\
D^M{}' = \sin[2 \cdot (\varphi_3 - \varphi_1)] \cdot (\varphi_3{}' - 1) \\
D^M{}' = \sin[2 \cdot (\varphi_3 - \varphi_1)] \cdot \frac{l_1 \cdot \cos(\varphi_3 - \varphi_1) - s}{s} \\
\varepsilon^M = \sin[2 \cdot (\varphi_3 - \varphi_1)] \cdot \frac{l_1 \cdot \cos(\varphi_3 - \varphi_1) - s}{s} \cdot \omega^2
\end{cases}
\qquad (4)
$$

Momentul de inerţie mecanic sau masic (al întregului mecanism) redus la manivelă, se determină cu relaţia (5).

$$
\begin{aligned}
&J^* = J_{G_1} + \left(J_{G_2} + J_{G_3}\right)\cdot\left(\frac{\omega_3}{\omega_1}\right)^2 + \\
&+ m_2\cdot\left(x'^2_{G_2} + y'^2_{G_2}\right) + m_3\cdot\left(x'^2_{G_3} + y'^2_{G_3}\right) \Rightarrow \\
&J^* = J_{G_1} + \left(J_{G_2} + J_{G_3}\right)\cdot\left(\frac{\omega_3}{\omega_1}\right)^2 + \\
&+ m_2\cdot\left(x'^2_{B} + y'^2_{B}\right) + m_3\cdot\left(x'^2_{G_3} + y'^2_{G_3}\right)
\end{aligned}
\tag{5}
$$

Poziţionarea centrelor de greutate ale mecanismului se face conform schemei cinematice prezentate în figura 3, astfel încât centrul de greutae al elementului mobil 2 să coincidă cu articulaţia B, iar centrul de greutate al elementului 1 (deja echilibrat) să coincidă cu articulaţia fixă A.

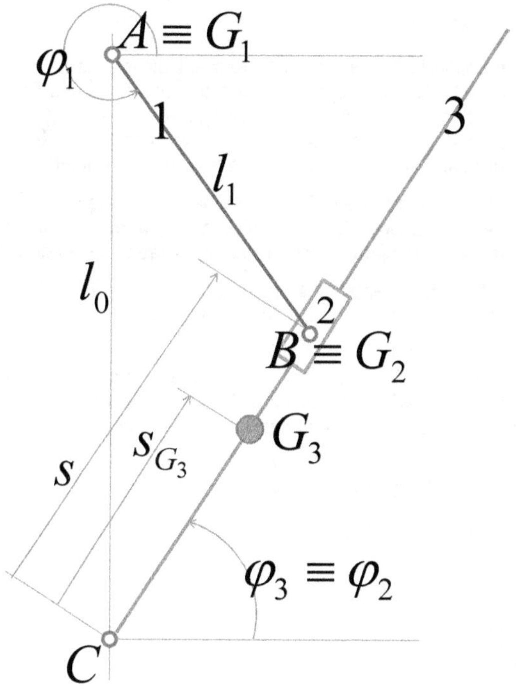

Fig. 3. *Centrele de greutate ale mecanismului cu culisă oscilantă*

CAP. V MECANISMUL ÎN CRUCE

5.1. CINEMATICA DIADEI RTT

Diada de aspectul cinci RTT, se utilizează în general la mecanismele în cruce. Schema cinematică a unei diade de aspectul V poate fi urmărită în figura 1.

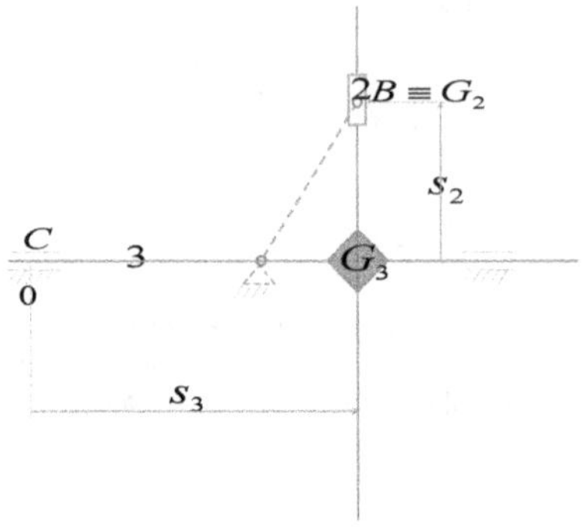

Fig. 1. *Schema cinematică a diadei RTT (2,3) de aspectul al V-lea*

Diada de aspectul cinci RTT (din figura 1) formată din elementele 2 şi 3, are doar o cuplă de intrare de rotaţie B, şi două cuple de translaţie, una interioară B*, şi alta exterioară de intrare C, care chiar dacă este materializată prin două cuple simetrice constructive (ce au rolul de susţinere şi de imprimare a unei dinamici corecte diadei RTT) reprezintă cinematic doar o singură cuplă deoarece realizează legătura numai între elementele 0 şi 3.

Crucea (elementul 3) se deplasează în dreapta sau în stânga pe suporţii cuplei C, fiind practic antrenată de patina (pistonul) 2, care culisează la rândul ei (lui) pe axa verticală a crucii, primind mişcarea de la un element motor prin intermediul cuplei de rotaţie B.

Pe diadă, toţi parametrii cinematici ai cuplelor de intrare B şi C sunt cunoscuţi, şi trebuiesc determinaţi parametrii poziţionali s_2 şi s_3 cu derivatele lor, conform relaţiilor date de sistemul (1).

Pentru o diadă RTT generală rezolvarea este simplă şi directă conform relaţiilor (1), iar în plus pentru diada RTT utilizată la mecanismul în cruce vitezele şi acceleraţiile punctului fix C sunt nule relaţiile simplificându-se mult conform sistemului (2).

$$\begin{cases} \begin{cases} x_B = x_C + s_3 \\ y_B = y_C + s_2 \end{cases} \Rightarrow \begin{cases} s_3 = x_B - x_C \\ s_2 = y_B - y_C \end{cases} \Rightarrow \\ \Rightarrow \begin{cases} \dot{s}_3 = \dot{x}_B - \dot{x}_C \\ \dot{s}_2 = \dot{y}_B - \dot{y}_C \end{cases} \Rightarrow \begin{cases} \ddot{s}_3 = \ddot{x}_B - \ddot{x}_C \\ \ddot{s}_2 = \ddot{y}_B - \ddot{y}_C \end{cases} \end{cases} \quad (1)$$

$$\begin{cases} \begin{cases} s_3 = x_B - x_C \\ s_2 = y_B - y_C \end{cases} \Rightarrow \begin{cases} \dot{s}_3 = \dot{x}_B \\ \dot{s}_2 = \dot{y}_B \end{cases} \Rightarrow \begin{cases} \ddot{s}_3 = \ddot{x}_B \\ \ddot{s}_2 = \ddot{y}_B \end{cases} \end{cases} \quad (2)$$

5.2. CINETOSTATICA DIADEI RTT

Diada de aspectul cinci RTT, are schema cinetostatică din figura 1. Ecuaţiile cinetostatice se pot urmări în relaţiile date de sistemul (1).

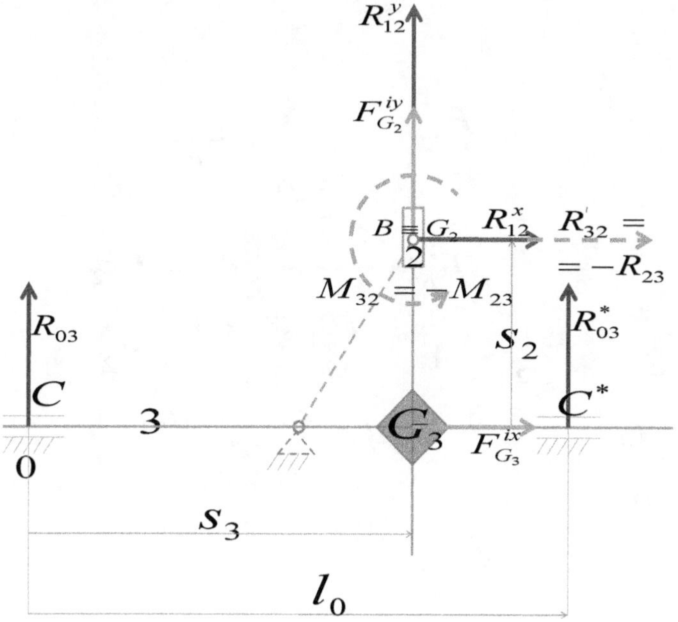

Fig. 1. *Schema cinetostatică a diadei RTT (2,3) de aspectul al V-lea*

$$\begin{cases} \sum M_B^{(2)} = 0 \Rightarrow M_{32} = 0 \\ \sum F_y^{(2)} = 0 \Rightarrow R_{12}^y + F_{G_2}^{iy} = 0 \Rightarrow R_{12}^y = -F_{G_2}^{iy} \\ \sum F_x^{(2,3)} = 0 \Rightarrow R_{12}^x + F_{G_3}^{ix} = 0 \Rightarrow R_{12}^x = -F_{G_3}^{ix} \\ \sum F_x^{(2)} = 0 \Rightarrow R_{32} + R_{12}^x = 0 \Rightarrow R_{32} = -R_{12}^x = F_{G_3}^{ix} \\ \\ \begin{cases} \sum F_y^{(3)} = 0 \Rightarrow R_{03} + R_{03}^* = 0 \Rightarrow R_{03}^* = -R_{03} \\ \sum M_B^{(3)} = 0 \Rightarrow -R_{03} \cdot s_3 + R_{03}^* \cdot (l_0 - s_3) + F_{G_3}^{ix} \cdot s_2 = 0 \Rightarrow \\ \Rightarrow R_{03} = \dfrac{s_2}{l_0} \cdot F_{G_3}^{ix} \end{cases} \end{cases} \qquad (1)$$

5.3. DISTRIBUŢIA FORŢELOR LA MECANISMUL ÎN CRUCE (ELEMENTUL CONDUCĂTOR 1+DIADA RTT)

Distribuţia forţelor la diada de aspectul cinci RTT, poate fi urmărită în cadrul figurii 1 pentru ciclul compresor, şi în figura 2 pentru ciclul motor.

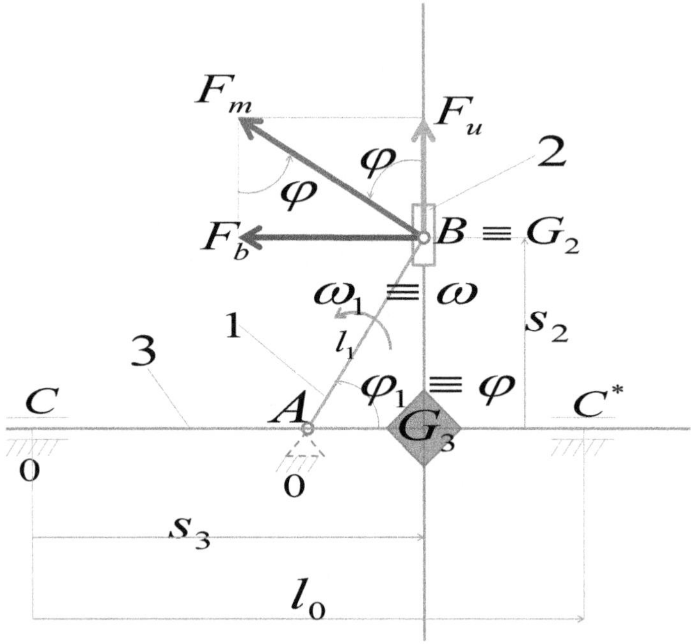

Fig. 1. *Distribuţia forţelor la mecanismul în cruce, pentru ciclul compresor*

Relaţiile de calcul pentru cazul în care mecanismul lucrează în regim de compresor sunt date de sistemul (1).

$$\begin{cases} \begin{cases} F_u = F_m \cdot \cos\varphi \\ F_b = F_m \cdot \sin\varphi \end{cases} \begin{cases} \dot{s}_2 = \dot{y}_B - \dot{y}_C = \dot{y}_B = l_1 \cdot \omega \cdot \cos\varphi = v_B \cdot \cos\varphi \\ v_m = v_B = l_1 \cdot \omega \end{cases} \\ \eta_i^C = \frac{P_u}{P_c} = \frac{F_u \cdot \dot{s}_2}{F_m \cdot v_m} = \frac{F_m \cdot \cos\varphi \cdot v_B \cdot \cos\varphi}{F_m \cdot v_B} = \cos^2\varphi \\ \eta_i^{DC} = \frac{P_u^D}{P_c} = \frac{F_u \cdot v_u}{F_m \cdot v_m} = \frac{F_m \cdot \cos\varphi \cdot v_m \cdot \cos\varphi}{F_m \cdot v_m} = \cos^2\varphi = \eta_i^C \\ \begin{cases} \eta_i^{DC} = \eta_i^C = \cos^2\varphi \\ \eta_i^{DC} = D^C \cdot \eta_i^C \end{cases} \Rightarrow D^C = 1 \end{cases} \quad (1)$$

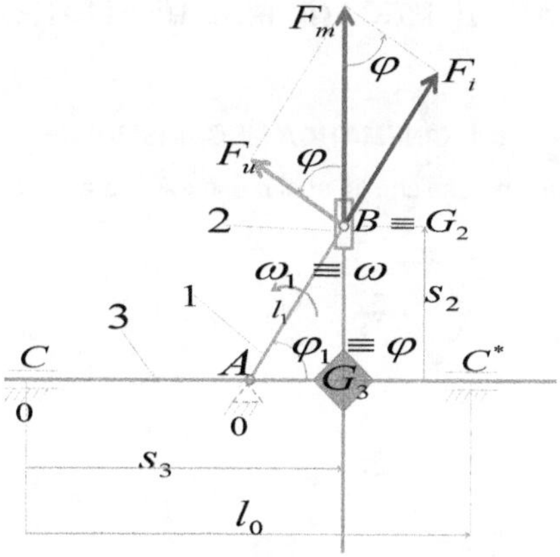

Fig. 2. *Distribuţia forţelor la mecanismul în cruce, pentru ciclul motor*

Relaţiile de calcul pentru cazul în care mecanismul lucrează în regim motor sunt date de sistemul (2).

$$\begin{cases} \begin{cases} F_u = F_m \cdot \cos\varphi \\ F_i = F_m \cdot \sin\varphi \end{cases} \begin{cases} v_m \equiv \dot{s}_2 = \dot{y}_B - \dot{y}_C = \dot{y}_B = \\ = l_1 \cdot \omega \cdot \cos\varphi = v_B \cdot \cos\varphi \\ v_u = v_m \cdot \cos\varphi = v_B \cdot \cos^2\varphi \end{cases} \\ \eta_i^M = \frac{P_u}{P_c} = \frac{F_u \cdot v_B}{F_m \cdot \dot{s}_2} = \frac{F_m \cdot \cos\varphi \cdot v_B}{F_m \cdot v_B \cdot \cos\varphi} = 1 \\ \eta_i^{DM} = \frac{P_u^D}{P_c} = \frac{F_u \cdot v_u}{F_m \cdot v_m} = \frac{F_m \cdot \cos\varphi \cdot v_m \cdot \cos\varphi}{F_m \cdot v_m} = \cos^2\varphi = \\ \begin{cases} \eta_i^{DM} = D^M \cdot \eta_i^M = \cos^2\varphi \\ \eta_i^M = 1 \end{cases} \Rightarrow D^C = \cos^2\varphi \end{cases} \tag{2}$$

<u>Concluzii:</u> *Dacă am utiliza pentru construcţia motoarelor cu ardere internă un mecanism de tip culisă oscilantă, sau un mecanism în cruce, randamentul mecanic instantaneu, cât şi cel final, ar fi mai ridicate decât cele realizate de mecanismul clasic bielă manivelă piston. Randamentul mecanic este mai mare la mecanismul de tip culisă oscilantă, şi sporeşte şi mai mult pentru mecanismul în cruce. La fel se întâmplă şi cu randamentele dinamice (care sunt de fapt cele reale, adică randamentele în funcţionare).*

Pe lângă faptul că randamentele mecanic şi dinamic sunt mai ridicate la mecanismul în cruce, în plus şi dinamica generală este mult îmbunătăţită la acest mecanism şi datorită faptului că el are mai puţine mişcări de rotaţie sau rototranslaţie, şi chiar momentul de inerţie mecanic (masic) redus la manivelă are o expresie mult simplificată (vezi relaţia 3; s-a considerat manivela de tip arbore, adică elementul 1 este deja echilibrat, G_1=A).

$$\begin{aligned} J^* &= J_{G_1} + m_2 \cdot s_2'^2 + m_3 \cdot s_3'^2 = J_{G_1} + m_2 \cdot l_1^2 \cdot \cos^2\varphi + \\ &+ m_3 \cdot l_1^2 \cdot \sin^2\varphi = J_{G_1} + l_1^2 \cdot \left(m_2 \cdot \cos^2\varphi + m_3 \cdot \sin^2\varphi\right) \end{aligned} \tag{3}$$

$$pentru \quad m_2 = m_3 = m \Rightarrow J^* = J_{G_1} + m \cdot l_1^2$$

CAP. VI MECANISMUL UNEI PRESE

6.1. CINEMATICA MECANISMULUI

Schema cinematică a mecanismului unei prese este dată în figura 1.

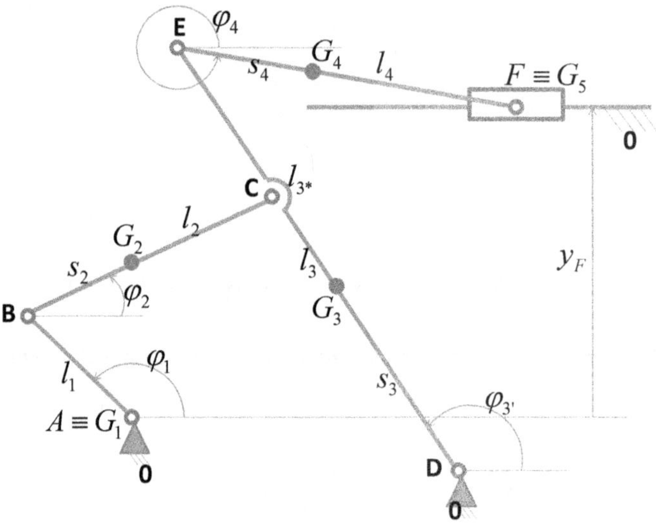

Fig. 1. *Schema cinematică a mecanismului unei prese*

Relaţiile de calcul cinematic pot fi urmărite în sistemele (1-2).

$$
\left\{
\begin{array}{l}
\begin{cases} x_B = l_1 \cdot \cos\varphi_1 \\ y_B = l_1 \cdot \sin\varphi_1 \end{cases}
\begin{cases} \dot{x}_B = -l_1 \cdot \sin\varphi_1 \cdot \omega_1 \\ \dot{y}_B = l_1 \cdot \cos\varphi_1 \cdot \omega_1 \end{cases}
\begin{cases} \ddot{x}_B = -l_1 \cdot \cos\varphi_1 \cdot \omega_1^2 \\ \ddot{y}_B = -l_1 \cdot \sin\varphi_1 \cdot \omega_1^2 \end{cases} \\
l^2 = (x_D - x_B)^2 + (y_D - y_B)^2 \Rightarrow l = \sqrt{(x_D - x_B)^2 + (y_D - y_B)^2} \\
\cos B = \dfrac{l^2 + l_2^2 - l_3^2}{2 \cdot l \cdot l_2} \Rightarrow B = \arccos\left(\dfrac{l^2 + l_2^2 - l_3^2}{2 \cdot l \cdot l_2}\right); \quad \cos D = \dfrac{l^2 + l_3^2 - l_2^2}{2 \cdot l \cdot l_3} \Rightarrow D = \arccos\left(\dfrac{l^2 + l_3^2 - l_2^2}{2 \cdot l \cdot l_3}\right) \\
\begin{cases} \cos\varphi = \dfrac{x_D - x_B}{l} \\ \sin\varphi = \dfrac{y_D - y_B}{l} \end{cases} \Rightarrow \varphi = sign\left(\dfrac{y_D - y_B}{l}\right) \cdot \arccos\left(\dfrac{x_D - x_B}{l}\right); \\
\Rightarrow \begin{cases} \varphi_2 = \varphi + B \\ \varphi_3 = \varphi - D \Rightarrow \varphi_{3'} = \varphi_3 + \pi \end{cases}
\begin{cases} x_C = x_D + l_3 \cdot \cos\varphi_{3'} \\ y_C = y_D + l_3 \cdot \sin\varphi_{3'} \end{cases}
\begin{cases} \dot{x}_C = -l_3 \cdot \sin\varphi_{3'} \cdot \dot{\varphi}_3 \\ \dot{y}_C = l_3 \cdot \cos\varphi_{3'} \cdot \dot{\varphi}_3 \end{cases}
\begin{cases} \ddot{x}_C = -l_3 \cdot \cos\varphi_{3'} \cdot \dot{\varphi}_3^2 - l_3 \cdot \sin\varphi_{3'} \cdot \ddot{\varphi}_3 \\ \ddot{y}_C = -l_3 \cdot \sin\varphi_{3'} \cdot \dot{\varphi}_3^2 + l_3 \cdot \cos\varphi_{3'} \cdot \ddot{\varphi}_3 \end{cases} \\
\omega_2 = \dfrac{\dot{x}_B \cdot \cos\varphi_3 + \dot{y}_B \cdot \sin\varphi_3}{l_2 \cdot \sin(\varphi_2 - \varphi_3)}; \omega_3 = \dfrac{\dot{x}_B \cdot \cos\varphi_2 + \dot{y}_B \cdot \sin\varphi_2}{l_3 \cdot \sin(\varphi_3 - \varphi_2)} \\
\varepsilon_2 = \dfrac{\ddot{x}_B \cdot \cos\varphi_3 + \ddot{y}_B \cdot \sin\varphi_3 + l_2 \cdot \omega_2 \cdot (\omega_3 - \omega_2) \cdot \cos(\varphi_3 - \varphi_2)}{l_2 \cdot \sin(\varphi_2 - \varphi_3)} + \dfrac{\dot{y}_B \cdot \cos\varphi_3 \cdot \omega_3 - \dot{x}_B \cdot \sin\varphi_3 \cdot \omega_3}{l_2 \cdot \sin(\varphi_2 - \varphi_3)} \\
\varepsilon_3 = \dfrac{\ddot{x}_B \cdot \cos\varphi_2 + \ddot{y}_B \cdot \sin\varphi_2 + l_3 \cdot \omega_3 \cdot (\omega_2 - \omega_3) \cdot \cos(\varphi_2 - \varphi_3)}{l_3 \cdot \sin(\varphi_3 - \varphi_2)} + \dfrac{\dot{y}_B \cdot \cos\varphi_2 \cdot \omega_2 - \dot{x}_B \cdot \sin\varphi_2 \cdot \omega_2}{l_3 \cdot \sin(\varphi_3 - \varphi_2)} \\
\begin{cases} x_{G_2} = x_B + s_2 \cdot \cos\varphi_2 \\ y_{G_2} = y_B + s_2 \cdot \sin\varphi_2 \end{cases}
\begin{cases} \dot{x}_{G_2} = \dot{x}_B - s_2 \cdot \sin\varphi_2 \cdot \omega_2 \\ \dot{y}_{G_2} = \dot{y}_B + s_2 \cdot \cos\varphi_2 \cdot \omega_2 \end{cases}
\begin{cases} \ddot{x}_{G_2} = \ddot{x}_B - s_2 \cdot \cos\varphi_2 \cdot \omega_2^2 - s_2 \cdot \sin\varphi_2 \cdot \varepsilon_2 \\ \ddot{y}_{G_2} = \ddot{y}_B - s_2 \cdot \sin\varphi_2 \cdot \omega_2^2 + s_2 \cdot \cos\varphi_2 \cdot \varepsilon_2 \end{cases}
\end{array}
\right. \tag{1}
$$

$$
\begin{cases}
\begin{cases} x_{G_3} = x_D + s_3 \cdot \cos\varphi_{3'} \\ y_{G_3} = y_D + s_3 \cdot \sin\varphi_{3'} \end{cases}
\begin{cases} \dot{x}_{G_3} = -s_3 \cdot \sin\varphi_{3'} \cdot \omega_3 \\ \dot{y}_{G_3} = s_3 \cdot \cos\varphi_{3'} \cdot \omega_3 \end{cases}
\begin{cases} \ddot{x}_{G_3} = -s_3 \cdot \cos\varphi_{3'} \cdot \omega_3^2 - s_3 \cdot \sin\varphi_{3'} \cdot \varepsilon_3 \\ \ddot{y}_{G_3} = -s_3 \cdot \sin\varphi_{3'} \cdot \omega_3^2 + s_3 \cdot \cos\varphi_{3'} \cdot \varepsilon_3 \end{cases} \\
\begin{cases} x_E = x_D + l_{3*} \cdot \cos\varphi_{3'} \\ y_E = y_D + l_{3*} \cdot \sin\varphi_{3'} \end{cases}
\begin{cases} \dot{x}_E = -l_{3*} \cdot \sin\varphi_{3'} \cdot \dot{\varphi}_3 \\ \dot{y}_E = l_{3*} \cdot \cos\varphi_{3'} \cdot \dot{\varphi}_3 \end{cases}
\begin{cases} \ddot{x}_E = -l_{3*} \cdot \cos\varphi_{3'} \cdot \dot{\varphi}_3^2 - l_{3*} \cdot \sin\varphi_{3'} \cdot \ddot{\varphi}_3 \\ \ddot{y}_E = -l_{3*} \cdot \sin\varphi_{3'} \cdot \dot{\varphi}_3^2 + l_{3*} \cdot \cos\varphi_{3'} \cdot \ddot{\varphi}_3 \end{cases} \\
\begin{cases} x_F = x_E \pm \sqrt{l_4^2 - (y_F - y_E)^2} \\ x_F = x_E + \sqrt{l_4^2 - (y_F - y_E)^2} \\ \varphi_4 = semn\left(\dfrac{y_F - y_E}{l_4}\right) \cdot \arccos\left(\dfrac{x_F - x_E}{l_4}\right) \end{cases}
\begin{cases} \cos\varphi_4 = \dfrac{x_F - x_E}{l_4} \\ \sin\varphi_4 = \dfrac{y_F - y_E}{l_4} \end{cases} \\
\dot{x}_F = \dot{x}_E + \dfrac{(y_F - y_E) \cdot \dot{y}_E}{(x_F - x_E)}; \quad \ddot{x}_F = \ddot{x}_E + \dfrac{\left[(y_F - y_E)\ddot{y}_E - \dot{y}_E^2\right](x_F - x_E) - (\dot{x}_F - \dot{x}_E)(y_F - y_E)\dot{y}_E}{(x_F - x_E)^2} \\
\omega_4 = \dfrac{(\dot{x}_E - \dot{x}_F) \cdot \sin\varphi_4 - \dot{y}_E \cdot \cos\varphi_4}{l_4}; \quad \varepsilon_4 = \dfrac{(\ddot{x}_E - \ddot{x}_F) \cdot \sin\varphi_4 - \ddot{y}_E \cdot \cos\varphi_4}{l_4} \\
\begin{cases} x_{G_4} = x_E + s_4 \cdot \cos\varphi_4 \\ y_{G_4} = y_E + s_4 \cdot \sin\varphi_4 \end{cases}
\begin{cases} \dot{x}_{G_4} = \dot{x}_E - s_4 \cdot \sin\varphi_4 \cdot \omega_4 \\ \dot{y}_{G_4} = \dot{y}_E + s_4 \cdot \cos\varphi_4 \cdot \omega_4 \end{cases}
\begin{cases} \ddot{x}_{G_4} = \ddot{x}_E - s_4 \cdot \cos\varphi_4 \cdot \omega_4^2 - s_4 \cdot \sin\varphi_4 \cdot \varepsilon_4 \\ \ddot{y}_{G_4} = \ddot{y}_E - s_4 \cdot \sin\varphi_4 \cdot \omega_4^2 + s_4 \cdot \cos\varphi_4 \cdot \varepsilon_4 \end{cases}
\end{cases}
\tag{2}
$$

6.2. CINETOSTATICA MECANISMULUI

Coeficientul dinamic total al mecanismului D se obţine ca produs al coeficenţilor dinamici ai celor două diade (3R şi RRT; sistemul 3). Viteza unghiulară variabilă a elementului conducător şi acceleraţia sa unghiulară sunt date de relaţiile sistemului (3). Torsorul forţelor de inerţie se exprimă cu relaţiile sistemului (4).

$$
\begin{cases}
D = D_1 \cdot D_2; \quad D_1 = \sin^2(\varphi_3 - \varphi_2); \quad D_2 = \sin^2(\varphi_4 - \varphi_3) \\
\dot{\varphi}_1 \equiv \omega_1^D = D \cdot \omega; \quad \varepsilon_1 = \ddot{\varphi}_1 = \dot{D} \cdot \omega = D' \cdot \dot{\varphi}_1 \cdot \omega = D' \cdot D \cdot \omega_1^2; \quad D' = D_1' \cdot D_2 + D_1 \cdot D_2' \\
D_1' = 2 \cdot \sin(\varphi_3 - \varphi_2) \cdot \cos(\varphi_3 - \varphi_2) \cdot \left(\dfrac{\omega_3}{\omega_1} - \dfrac{\omega_2}{\omega_1}\right); \quad D_2' = 2 \cdot \sin(\varphi_4 - \varphi_3) \cdot \cos(\varphi_4 - \varphi_3) \cdot \left(\dfrac{\omega_4}{\omega_1} - \dfrac{\omega_3}{\omega_1}\right) \\
\dfrac{\omega_2}{\omega_1} = \dfrac{l_1}{l_2} \cdot \dfrac{\sin(\varphi_3 - \varphi_1)}{\sin(\varphi_2 - \varphi_3)}; \quad \dfrac{\omega_3}{\omega_1} = \dfrac{l_1}{l_3} \cdot \dfrac{\sin(\varphi_2 - \varphi_1)}{\sin(\varphi_3 - \varphi_2)}; \quad \dfrac{\omega_4}{\omega_1} = \dfrac{-\dot{y}_E}{l_4 \cdot \cos\varphi_4 \cdot \omega_1} = \dfrac{-l_{3*}}{l_4} \cdot \dfrac{\cos\varphi_3}{\cos\varphi_4} \cdot \dfrac{\omega_3}{\omega_1}
\end{cases}
\tag{3}
$$

$$
\begin{cases}
M_1^i = -J_{G_1} \cdot \varepsilon_1 \\
\begin{cases} M_2^i = -J_{G_2} \cdot \varepsilon_2 \\ F_{G_2}^{ix} = -m_2 \cdot \ddot{x}_{G_2} \\ F_{G_2}^{iy} = -m_2 \cdot \ddot{y}_{G_2} \end{cases}
\begin{cases} M_3^i = -J_{G_3} \cdot \varepsilon_3 \\ F_{G_3}^{ix} = -m_3 \cdot \ddot{x}_{G_3} \\ F_{G_3}^{iy} = -m_3 \cdot \ddot{y}_{G_3} \end{cases}
\begin{cases} M_4^i = -J_{G_4} \cdot \varepsilon_4 \\ F_{G_4}^{ix} = -m_4 \cdot \ddot{x}_{G_4} \\ F_{G_4}^{iy} = -m_4 \cdot \ddot{y}_{G_4} \end{cases} \\
F_{G_5}^{ix} = -m_5 \cdot \ddot{x}_{G_5} = -m_5 \cdot \ddot{x}_F
\end{cases}
\tag{4}
$$

Torsorul forţelor exterioare cuprinde pe lângă torsorul inerţial şi forţele care se opun mişcării (denumite rezistenţe tehnologice). Uneori, dacă se cunoaşte poziţia de lucru a mecanismului, şi dacă înclinaţia acestuia rămâne mereu neschimbată, se pot lua în calcul şi forţele de greutate ale elementelor, dar numai dacă turaţia de lucru a maşinii (a mecanismului) este scăzută, dacă ea lucrează într-o singură poziţie (care trebuie să fie verticală, nu orizontală), şi dacă mecanismul nu a fost echilibrat (lucru mai rar întâlnit, astfel încât forţele de greutate mai mult încurcă calculele, şi în general ele trebuiesc neglijate).

Rezistenţa tehnologică se opune întotdeauna mişcării, astfel încât scalarul ei (în cazul nostru ea acţionează în cupla F, pe axa orizontală) va fi dat de relaţia (5).

$$R_T = -semn(\dot{x}_F)\cdot\left|R_T\right| \qquad (5)$$

Calculul cinetostatic începe de la ultima diadă a mecanismului (fig. 2) şi se termină cu elementul conducător (adică tocmai invers faţă de calculul cinematic).

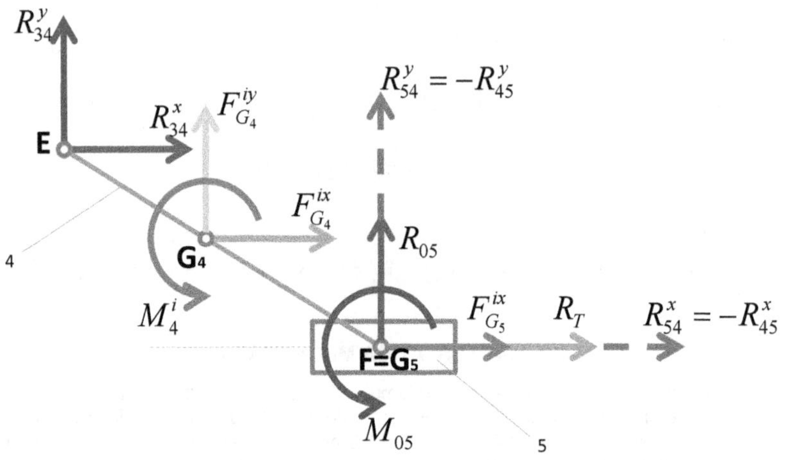

Fig. 2. *Cinetostatica diadei RRT la mecanismul unei prese*

Calculul forţelor de pe ultima diadă se face cu relaţiile sistemului (6).

$$\begin{cases}
\sum M_F^{(5)} = 0 \Rightarrow M_{05} = 0 \\
\sum F_x^{(4,5)} = 0 \Rightarrow R_{34}^x + F_{G_4}^{ix} + F_{G_5}^{ix} + R_T = 0 \Rightarrow \\
\Rightarrow R_{34}^x = -F_{G_4}^{ix} - F_{G_5}^{ix} - R_T \Rightarrow R_{43}^x = F_{G_4}^{ix} + F_{G_5}^{ix} + R_T \\
\sum M_F^{(4)} = 0 \Rightarrow -R_{34}^y\cdot(x_F - x_E) - R_{34}^x\cdot(y_E - y_F) - \\
-F_{G_4}^{iy}\cdot(x_F - x_{G_4}) - F_{G_4}^{ix}\cdot(y_{G_4} - y_F) + M_4^i = 0 \Rightarrow \\
R_{34}^y = \dfrac{M_4^i - R_{34}^x\cdot(y_E - y_F) - F_{G_4}^{iy}\cdot(x_F - x_{G_4}) - F_{G_4}^{ix}\cdot(y_{G_4} - y_F)}{x_F - x_E} \\
R_{43}^y = \dfrac{R_{34}^x\cdot(y_E - y_F) + F_{G_4}^{iy}\cdot(x_F - x_{G_4}) + F_{G_4}^{ix}\cdot(y_{G_4} - y_F) - M_4^i}{x_F - x_E}
\end{cases} \qquad (6)$$

Cinetostatica mecanismului continuă cu diada RRR (figura 3), sistemul relaţional (7).

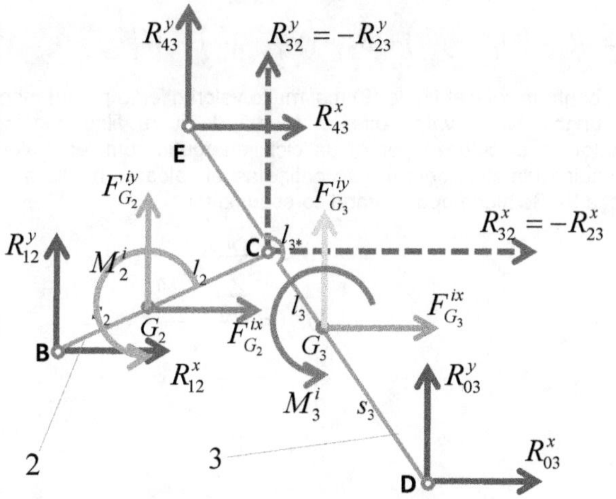

Fig. 3. *Cinetostatica diadei RRR la mecanismul unei prese*

$$\begin{cases}
\sum M_C^{(2)}=0\Rightarrow R_{12}^{x}\cdot(y_C-y_B)-R_{12}^{y}\cdot(x_C-x_B)+F_{G_2}^{ix}\cdot(y_C-y_{G_2})-F_{G_2}^{iy}\cdot(x_C-x_{G_2})+M_2^{i}=0\\
\sum M_D^{(2,3)}=0\Rightarrow -R_{12}^{x}\cdot(y_B-y_D)-R_{12}^{y}\cdot(x_D-x_B)-F_{G_2}^{ix}\cdot(y_{G_2}-y_D)-F_{G_2}^{iy}\cdot(x_D-x_{G_2})+M_2^{i}-R_{43}^{x}\cdot(y_E-y_D)-\\
-R_{43}^{y}\cdot(x_D-x_E)-F_{G_3}^{ix}\cdot(y_{G_3}-y_D)-F_{G_3}^{iy}\cdot(x_D-x_{G_3})+M_3^{i}=0\\
\begin{cases}a_{11}\cdot R_{12}^{x}+a_{12}\cdot R_{12}^{y}=a_1\\ a_{21}\cdot R_{12}^{x}+a_{22}\cdot R_{12}^{y}=a_2\end{cases}
\begin{cases}a_{11}=y_C-y_B;\ \ a_{12}=x_B-x_C;\\ a_1=F_{G_2}^{ix}\cdot(y_{G_2}-y_C)+F_{G_2}^{iy}\cdot(x_C-x_{G_2})-M_2^{i}\\ a_{21}=y_D-y_B;\ \ a_{22}=x_B-x_D;\\ a_2=F_{G_2}^{ix}\cdot(y_{G_2}-y_D)+F_{G_2}^{iy}\cdot(x_D-x_{G_2})-M_2^{i}+R_{43}^{x}\cdot(y_E-y_D)+\\ +R_{43}^{y}\cdot(x_D-x_E)+F_{G_3}^{ix}\cdot(y_{G_3}-y_D)+F_{G_3}^{iy}\cdot(x_D-x_{G_3})-M_3^{i}\end{cases}\\
\Delta=\begin{vmatrix}a_{11}&a_{12}\\a_{21}&a_{22}\end{vmatrix}=a_{11}\cdot a_{22}-a_{12}\cdot a_{21};\ \ \Delta_x=\begin{vmatrix}a_1&a_{12}\\a_2&a_{22}\end{vmatrix}=a_1\cdot a_{22}-a_{12}\cdot a_2;\ \ \Delta_y=\begin{vmatrix}a_{11}&a_1\\a_{21}&a_2\end{vmatrix}=a_{11}\cdot a_2-a_1\cdot a_{21}\Rightarrow R_{12}^{x}=\frac{\Delta_x}{\Delta};\ \ R_{12}^{y}=\frac{\Delta_y}{\Delta}\\
R_{21}^{x}=-R_{12}^{x};\ \ R_{21}^{y}=-R_{12}^{y}
\end{cases} \qquad (7)$$

Deoarece la diada 3R nu se pot decupla complet relaţiile de calcul, este necesară rezolvarea unui sistem liniar de două ecuaţii de gradul 1 cu două necunoscute.

S-a ajuns cu cinetostatica mecanismului la elementul conducător (manivela 1; figura 4, şi relaţiile de calcul date de sistemul 8).

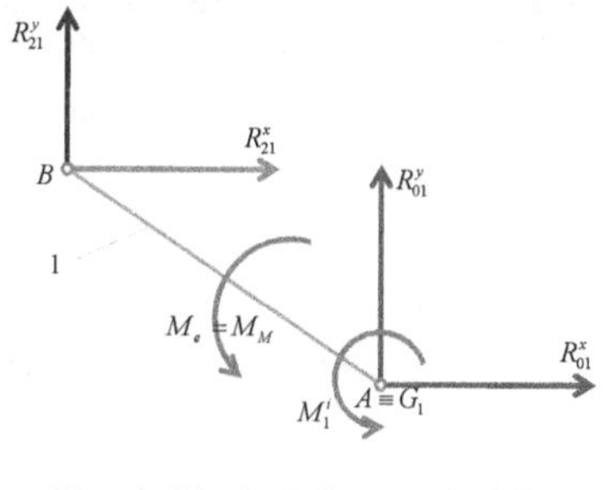

Fig. 4. *Cinetostatica manivelei*

$$\begin{cases} \sum M_A^{(1)} = 0 \Rightarrow M_M + M_1^i - R_{21}^x \cdot (y_B - y_A) - R_{21}^y \cdot (x_A - x_B) = 0 \\ \Rightarrow M_M = R_{21}^x \cdot (y_B - y_A) + R_{21}^y \cdot (x_A - x_B) - M_1^i \end{cases} \quad (8)$$

Se obţin conform relaţiei finale (8) mai multe valori diferite pentru momentul motor M_M, atunci când unghiul φ ia valori diferite, turaţia de lucru fiind considerată constantă. Momentul motor se calculează pentru un ciclu energetic complet. Valorile obţinute sunt puse într-o medie aritmetică pentru a se obţine astfel valoarea medie a momentului motor necesar (relaţia 9). Se alege apoi motorul corespunzător.

$$M_m = \frac{\sum_{i=1}^{n} M_{Mi}}{n} \quad (9)$$

6.3. DINAMICA MECANISMULUI

Odată ales motorul (de regulă electric) are o caracteristică clară trasată de constructor, care prezintă variaţia exactă a momentului motor cu viteza unghiulară a mecanismului. Rezultă că pentru fiecare poziţie a manivelei (dată de unghiul de poziţie φ) se cunosc nu doar viteza unghiulară ci şi momentul motor corespunzător ei. Relaţia (8) poate fi utilizată acum la determinarea dinamicii mecanismului, prin explicitarea valorii exacte a acceleraţiei unghiulare a manivelei (relaţia 10).

$$\begin{cases} \sum M_A^{(1)} = 0 \Rightarrow M_M + M_1^i - R_{21}^x \cdot (y_B - y_A) - R_{21}^y \cdot (x_A - x_B) = 0 \\ \Rightarrow -M_1^i = M_M - R_{21}^x \cdot (y_B - y_A) - R_{21}^y \cdot (x_A - x_B) \\ \Rightarrow J_{G_1} \cdot \varepsilon_1 = M_M - R_{21}^x \cdot (y_B - y_A) - R_{21}^y \cdot (x_A - x_B) \\ \Rightarrow \varepsilon_1 = \dfrac{M_M - R_{21}^x \cdot (y_B - y_A) - R_{21}^y \cdot (x_A - x_B)}{J_{G_1}} \end{cases} \quad (10)$$

Apoi se reface cinematica întregului mecanism, având acum valoarea exactă a lui ε_1 cunoscută. Pentru viteza unghiulară a manivelei se consideră valorile variabile date de relaţia (11). Dacă se doreşte o precizie şi mai mare a calculelor dinamice, se va înlocui valoarea variabilă a vitezei unghiulare a manivelei cu cea dată de ecuaţia diferenţială Lagrange, pentru fiecare poziţie a manivelei. În acest caz mai trebuiesc determinate şi momentul de inerţie mecanic (masic) al întregului mecanism redus la manivelă (J^*), cât şi derivata acestuia în funcţie de unghiul φ ($J^{*'}$).

$$\frac{d\varphi_1}{dt} = \dot{\varphi}_1 \equiv \omega_1^D \equiv \omega^D \equiv \omega^* = D \cdot \omega_1 = D \cdot \omega \quad (11)$$

Scopul principal al cinetostaticii mecanismului este acela de a cunoaşte valorile încărcărilor cuplelor (reacţiunile din cuplele cinematice), pentru a putea alege grosimile, lăţimile, dimensiunile, cuplelor şi elementelor, astfel încât acestea să suporte sarcinile calculate.

Se alege apoi tot pe seama reacţiunilor din cuple materialul necesar confecţionării lor, şi metodele de prelucrare, împreună cu tratamentele necesare, astfel încât elementele şi cuplele cinematice să reziste la numărul de cicluri necesare (impuse).

Din metoda cinetostatică mai rezultă şi momentul motor necesar, şi sau dinamica mecanismului (acceleraţia unghiulară a elementului de intrare).

Acestea însă se pot obţine şi direct, prin metoda conservării puterii pe întregul mecanism (vezi sistemul 12).

$$\begin{cases} \sum P = 0 \Rightarrow M_M \cdot \omega_1 - |R_T| \cdot |\dot{x}_F| + M_1^i \cdot \omega_1 + M_2^i \cdot \omega_2 + \\ + F_{G_2}^{ix} \cdot \dot{x}_{G_2} + F_{G_2}^{iy} \cdot \dot{y}_{G_2} + M_3^i \cdot \omega_3 + F_{G_3}^{ix} \cdot \dot{x}_{G_3} + F_{G_3}^{iy} \cdot \dot{y}_{G_3} + \\ + M_4^i \cdot \omega_4 + F_{G_4}^{ix} \cdot \dot{x}_{G_4} + F_{G_4}^{iy} \cdot \dot{y}_{G_4} + F_{G_5}^{ix} \cdot \dot{x}_{G_5} \Rightarrow \\ \\ \Rightarrow M_M = |R_T| \cdot \left| \frac{\dot{x}_F}{\omega_1} \right| - M_1^i - M_2^i \cdot \frac{\omega_2}{\omega_1} - M_3^i \cdot \frac{\omega_3}{\omega_1} - M_4^i \cdot \frac{\omega_4}{\omega_1} - \\ - F_{G_2}^{ix} \cdot \frac{\dot{x}_{G_2}}{\omega_1} - F_{G_2}^{iy} \cdot \frac{\dot{y}_{G_2}}{\omega_1} - F_{G_3}^{ix} \cdot \frac{\dot{x}_{G_3}}{\omega_1} - F_{G_3}^{iy} \cdot \frac{\dot{y}_{G_3}}{\omega_1} - F_{G_4}^{ix} \cdot \frac{\dot{x}_{G_4}}{\omega_1} - \\ - F_{G_4}^{iy} \cdot \frac{\dot{y}_{G_4}}{\omega_1} - F_{G_5}^{ix} \cdot \frac{\dot{x}_F}{\omega_1} \\ \\ \Rightarrow \varepsilon_1 = \frac{1}{J_{G_1}} \cdot \left[M_M - |R_T| \cdot |x_F'| + M_2^i \cdot \varphi_2' + M_3^i \cdot \varphi_3' + M_4^i \cdot \varphi_4' + \right. \\ + F_{G_2}^{ix} \cdot x_{G_2}' + F_{G_2}^{iy} \cdot y_{G_2}' + F_{G_3}^{ix} \cdot x_{G_3}' + F_{G_3}^{iy} \cdot y_{G_3}' + F_{G_4}^{ix} \cdot x_{G_4}' + \\ + F_{G_4}^{iy} \cdot y_{G_4}' + F_{G_5}^{ix} \cdot x_F' \end{cases} \quad (12)$$

CAP. VII UN MECANISM CU O TRIADĂ 6R

7.1. CINEMATICA TRIADEI 6R

Schema cinematică a unei triade 6R poate fi urmărită în figura 1.

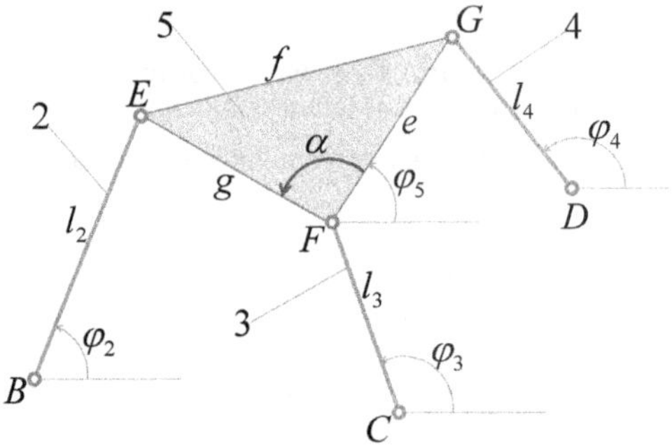

Fig. 1. *Cinematica unei triade 6R*

Ecuaţiile cinematice de poziţii se scriu pentru două contururi independente sub forma sistemului (1).

Deşi rezultă un sistem de patru ecuaţii cu patru necunoscute, rezolvarea sistemului este mai dificilă ecuaţiile fiind transcedentale.

$$\begin{cases} \begin{cases} x_B + l_2 \cdot \cos\varphi_2 = x_C + l_3 \cdot \cos\varphi_3 + g \cdot \cos(\varphi_5 + \alpha) \\ y_B + l_2 \cdot \sin\varphi_2 = y_C + l_3 \cdot \sin\varphi_3 + g \cdot \sin(\varphi_5 + \alpha) \end{cases} \\ \begin{cases} x_C + l_3 \cdot \cos\varphi_3 + e \cdot \cos\varphi_5 = x_D + l_4 \cdot \cos\varphi_4 \\ y_C + l_3 \cdot \sin\varphi_3 + e \cdot \sin\varphi_5 = y_D + l_4 \cdot \sin\varphi_4 \end{cases} \end{cases} \tag{1}$$

Se scrie sistemul (1) în forma (2) şi se ridică fiecare ecuaţie la pătrat, după care se adună primele două şi ultimele două cu scopul eliminării a două necunoscute (φ_2 şi φ_4). Se obţine noul sistem (3) de două ecuaţii cu două necunoscute care se aranjează succesiv în formele (4), (5) şi (6).

$$\begin{cases} \begin{cases} l_2 \cdot \cos\varphi_2 = x_C - x_B + l_3 \cdot \cos\varphi_3 + g \cdot \cos(\varphi_5 + \alpha) |\hat{}2 \\ l_2 \cdot \sin\varphi_2 = y_C - y_B + l_3 \cdot \sin\varphi_3 + g \cdot \sin(\varphi_5 + \alpha) |\hat{}2 \end{cases} \Rightarrow I \\ \begin{cases} l_4 \cdot \cos\varphi_4 = x_C - x_D + l_3 \cdot \cos\varphi_3 + e \cdot \cos\varphi_5 |\hat{}2 \\ l_4 \cdot \sin\varphi_4 = y_C - y_D + l_3 \cdot \sin\varphi_3 + e \cdot \sin\varphi_5 |\hat{}2 \end{cases} \Rightarrow II \end{cases} \tag{2}$$

$$\begin{cases} I: \; l_2^2 = [(x_C - x_B) + l_3 \cdot \cos\varphi_3 + g \cdot \cos(\varphi_5 + \alpha)]^2 + [(y_C - y_B) + l_3 \cdot \sin\varphi_3 + g \cdot \sin(\varphi_5 + \alpha)]^2 \\ II: \; l_4^2 = [(x_C - x_D) + l_3 \cdot \cos\varphi_3 + e \cdot \cos\varphi_5]^2 + [(y_C - y_D) + l_3 \cdot \sin\varphi_3 + e \cdot \sin\varphi_5]^2 \end{cases} \tag{3}$$

$$
\begin{cases}
l_2^2 = (x_C - x_B)^2 + (y_C - y_B)^2 + l_3^2 + g^2 + 2\cdot l_3 \cdot (x_C - x_B)\cdot \cos\varphi_3 + \\
+2\cdot l_3 \cdot (y_C - y_B)\cdot \sin\varphi_3 + 2\cdot g\cdot (x_C - x_B)\cdot \cos(\varphi_5 + \alpha) + \\
+2\cdot g\cdot (y_C - y_B)\cdot \sin(\varphi_5 + \alpha) + 2\cdot g\cdot l_3 \cdot \cos(\varphi_5 + \alpha - \varphi_3) \\
\\
l_4^2 = (x_C - x_D)^2 + (y_C - y_D)^2 + l_3^2 + e^2 + 2\cdot l_3 \cdot (x_C - x_D)\cdot \cos\varphi_3 + \\
+2\cdot l_3 \cdot (y_C - y_D)\cdot \sin\varphi_3 + 2\cdot e\cdot (x_C - x_D)\cdot \cos\varphi_5 + \\
+2\cdot e\cdot (y_C - y_D)\cdot \sin\varphi_5 + 2\cdot e\cdot l_3 \cdot \cos(\varphi_5 - \varphi_3)
\end{cases}
\tag{4}
$$

$$
\begin{cases}
l_2^2 = (x_C - x_B)^2 + (y_C - y_B)^2 + l_3^2 + g^2 + 2\cdot l_3 \cdot (x_C - x_B)\cdot \cos\varphi_3 + \\
+2\cdot l_3 \cdot (y_C - y_B)\cdot \sin\varphi_3 + 2\cdot g\cdot (x_C - x_B)\cdot \cos\alpha \cdot \cos\varphi_5 - \\
-2\cdot g\cdot (x_C - x_B)\cdot \sin\alpha \cdot \sin\varphi_5 + 2\cdot g\cdot (y_C - y_B)\cdot \sin\alpha \cdot \cos\varphi_5 + \\
+2\cdot g\cdot (y_C - y_B)\cdot \cos\alpha \cdot \sin\varphi_5 + 2\cdot g\cdot l_3 \cdot \cos\alpha \cdot \cos(\varphi_5 - \varphi_3) - \\
-2\cdot g\cdot l_3 \cdot \sin\alpha \cdot \sin(\varphi_5 - \varphi_3) \\
\\
l_4^2 = (x_C - x_D)^2 + (y_C - y_D)^2 + l_3^2 + e^2 + 2\cdot l_3 \cdot (x_C - x_D)\cdot \cos\varphi_3 + \\
+2\cdot l_3 \cdot (y_C - y_D)\cdot \sin\varphi_3 + 2\cdot e\cdot (x_C - x_D)\cdot \cos\varphi_5 + \\
+2\cdot e\cdot (y_C - y_D)\cdot \sin\varphi_5 + 2\cdot e\cdot l_3 \cdot \cos(\varphi_5 - \varphi_3)
\end{cases}
\tag{5}
$$

$$
\begin{cases}
l_2^2 = (x_C - x_B)^2 + (y_C - y_B)^2 + l_3^2 + g^2 + 2\cdot l_3 \cdot (x_C - x_B)\cdot \cos\varphi_3 + \\
+2\cdot l_3 \cdot (y_C - y_B)\cdot \sin\varphi_3 + \\
+2\cdot g\cdot [(x_C - x_B)\cdot \cos\alpha + (y_C - y_B)\cdot \sin\alpha]\cdot \cos\varphi_5 + \\
+2\cdot g\cdot [(y_C - y_B)\cdot \cos\alpha - (x_C - x_B)\cdot \sin\alpha]\cdot \sin\varphi_5 + \\
+2\cdot g\cdot l_3 \cdot \cos\alpha \cdot \cos(\varphi_5 - \varphi_3) - 2\cdot g\cdot l_3 \cdot \sin\alpha \cdot \sin(\varphi_5 - \varphi_3) \\
\\
l_4^2 = (x_C - x_D)^2 + (y_C - y_D)^2 + l_3^2 + e^2 + 2\cdot l_3 \cdot (x_C - x_D)\cdot \cos\varphi_3 + \\
+2\cdot l_3 \cdot (y_C - y_D)\cdot \sin\varphi_3 + 2\cdot e\cdot (x_C - x_D)\cdot \cos\varphi_5 + \\
+2\cdot e\cdot (y_C - y_D)\cdot \sin\varphi_5 + 2\cdot e\cdot l_3 \cdot \cos(\varphi_5 - \varphi_3)
\end{cases}
\tag{6}
$$

Pentru rezolvarea sistemului (6) transcedental, se aplică metoda aproximaţiilor succesive, la care se consideră funcţiile trigonometrice cunoscute prin cunoaşterea unghiurilor φ_3 şi φ_5 (li se dă o valoare iniţială oarecare acestor două unghiuri, pentru amorsarea calculelor iterative) şi se calculează diferenţele $\Delta\varphi_3$ si $\Delta\varphi_5$. Sistemul (6) se rescrie în forma (8) prin înlocuirea unghiurilor cu unghiul plus o diferenţă conform relaţiilor (7).

$$\begin{cases}\begin{cases}\cos\varphi_3 \Rightarrow \cos\varphi_3 - \Delta\varphi_3 \cdot \sin\varphi_3 \\ \sin\varphi_3 \Rightarrow \sin\varphi_3 + \Delta\varphi_3 \cdot \cos\varphi_3\end{cases}\begin{cases}\cos\varphi_5 \Rightarrow \cos\varphi_5 - \Delta\varphi_5 \cdot \sin\varphi_5 \\ \sin\varphi_5 \Rightarrow \sin\varphi_5 + \Delta\varphi_5 \cdot \cos\varphi_5\end{cases} \\ \begin{cases}\cos(\varphi_5 - \varphi_3) \Rightarrow \cos(\varphi_5 - \varphi_3) - (\Delta\varphi_5 - \Delta\varphi_3) \cdot \sin(\varphi_5 - \varphi_3) \\ \sin(\varphi_5 - \varphi_3) \Rightarrow \sin(\varphi_5 - \varphi_3) + (\Delta\varphi_5 - \Delta\varphi_3) \cdot \cos(\varphi_5 - \varphi_3)\end{cases}\end{cases} \tag{7}$$

$$\begin{cases}l_2^2 = (x_C - x_B)^2 + (y_C - y_B)^2 + l_3^2 + g^2 + 2 \cdot l_3 \cdot (x_C - x_B) \cdot \cos\varphi_3 + 2 \cdot l_3 \cdot (y_C - y_B) \cdot \sin\varphi_3 - \\ -2 \cdot l_3 \cdot (x_C - x_B) \cdot \sin\varphi_3 \cdot \Delta\varphi_3 + 2 \cdot l_3 \cdot (y_C - y_B) \cdot \cos\varphi_3 \cdot \Delta\varphi_3 + 2 \cdot g \cdot [(x_C - x_B) \cdot \cos\alpha + (y_C - y_B) \cdot \sin\alpha] \cdot \cos\varphi_5 - \\ -2 \cdot g \cdot [(x_C - x_B) \cdot \cos\alpha + (y_C - y_B) \cdot \sin\alpha] \cdot \sin\varphi_5 \cdot \Delta\varphi_5 + 2 \cdot g \cdot [(y_C - y_B) \cdot \cos\alpha - (x_C - x_B) \cdot \sin\alpha] \cdot \sin\varphi_5 + \\ +2 \cdot g \cdot [(y_C - y_B) \cdot \cos\alpha - (x_C - x_B) \cdot \sin\alpha] \cdot \cos\varphi_5 \cdot \Delta\varphi_5 + 2 \cdot g \cdot l_3 \cdot \cos\alpha \cdot \cos(\varphi_5 - \varphi_3) - 2 \cdot g \cdot l_3 \cdot \cos\alpha \cdot \sin(\varphi_5 - \varphi_3) \cdot \Delta\varphi_5 + \\ +2 \cdot g \cdot l_3 \cdot \cos\alpha \cdot \sin(\varphi_5 - \varphi_3) \cdot \Delta\varphi_3 - 2 \cdot g \cdot l_3 \cdot \sin\alpha \cdot \sin(\varphi_5 - \varphi_3) - 2 \cdot g \cdot l_3 \cdot \sin\alpha \cdot \cos(\varphi_5 - \varphi_3) \cdot \Delta\varphi_5 + 2 \cdot g \cdot l_3 \cdot \sin\alpha \cdot \cos(\varphi_5 - \varphi_3) \cdot \Delta\varphi_3 \\ \\ l_4^2 = (x_C - x_D)^2 + (y_C - y_D)^2 + l_3^2 + e^2 + 2 \cdot l_3 \cdot (x_C - x_D) \cdot \cos\varphi_3 - 2 \cdot l_3 \cdot (x_C - x_D) \cdot \sin\varphi_3 \cdot \Delta\varphi_3 + 2 \cdot l_3 \cdot (y_C - y_D) \cdot \sin\varphi_3 + \\ +2 \cdot l_3 \cdot (y_C - y_D) \cdot \cos\varphi_3 \cdot \Delta\varphi_3 + 2 \cdot e \cdot (x_C - x_D) \cdot \cos\varphi_5 - 2 \cdot e \cdot (x_C - x_D) \cdot \sin\varphi_5 \cdot \Delta\varphi_5 + 2 \cdot e \cdot (y_C - y_D) \cdot \sin\varphi_5 + \\ +2 \cdot e \cdot (y_C - y_D) \cdot \cos\varphi_5 \cdot \Delta\varphi_5 + 2 \cdot e \cdot l_3 \cdot \cos(\varphi_5 - \varphi_3) - 2 \cdot e \cdot l_3 \cdot \sin(\varphi_5 - \varphi_3) \cdot \Delta\varphi_5 + 2 \cdot e \cdot l_3 \cdot \sin(\varphi_5 - \varphi_3) \cdot \Delta\varphi_3\end{cases} \tag{8}$$

Sistemul (8) se aranjează sub forma (9) prin gruparea termenilor corespunzător, astfel încât să apară un sistem liniar de două ecuaţii cu două necunoscute, necunoscutele fiind $\Delta\varphi_3$ şi $\Delta\varphi_5$. Se vede acum clar care a fost scopul adăugării diferenţelor finite. Sistemul neliniar s-a liniarizat luând forma unui sistem de tip (10). Soluţiile sistemului (10) sunt date de relaţiile (11).

$$\begin{cases}\{2 \cdot l_3 \cdot [(y_C - y_B) \cdot \cos\varphi_3 - (x_C - x_B) \cdot \sin\varphi_3] + 2 \cdot g \cdot l_3 \cdot \sin(\varphi_5 - \varphi_3 + \alpha)\} \cdot \Delta\varphi_3 + 2 \cdot g \cdot \{(y_C - y_B) \cdot \cos\alpha \cdot \cos\varphi_5 - \\ -(x_C - x_B) \cdot \sin\alpha \cdot \cos\varphi_5 - (x_C - x_B) \cdot \cos\alpha \cdot \sin\varphi_5 - (y_C - y_B) \cdot \sin\alpha \cdot \sin\varphi_5 - l_3 \cdot [\cos\alpha \cdot \sin(\varphi_5 - \varphi_3) + \\ +\sin\alpha \cdot \cos(\varphi_5 - \varphi_3)]\} \cdot \Delta\varphi_5 = l_2^2 - (x_C - x_B)^2 - (y_C - y_B)^2 - l_3^2 - g^2 - 2 \cdot l_3 \cdot (x_C - x_B) \cdot \cos\varphi_3 - 2 \cdot l_3 \cdot (y_C - y_B) \cdot \sin\varphi_3 - \\ -2 \cdot g \cdot \{[(x_C - x_B) \cdot \cos\alpha + (y_C - y_B) \cdot \sin\alpha] \cdot \cos\varphi_5 + [(y_C - y_B) \cdot \cos\alpha - (x_C - x_B) \cdot \sin\alpha] \cdot \sin\varphi_5\} - \\ -2 \cdot g \cdot l_3 \cdot [\cos\alpha \cdot \cos(\varphi_5 - \varphi_3) - \sin\alpha \cdot \sin(\varphi_5 - \varphi_3)] \\ \\ 2l_3 \cdot [(y_C - y_D)\cos\varphi_3 - (x_C - x_D)\sin\varphi_3 + e\sin(\varphi_5 - \varphi_3)]\Delta\varphi_3 + 2e \cdot [(y_C - y_D)\cos\varphi_5 - (x_C - x_D)\sin\varphi_5 - l_3\sin(\varphi_5 - \varphi_3)]\Delta\varphi_5 = \\ = l_4^2 - (x_C - x_D)^2 - (y_C - y_D)^2 - l_3^2 - e^2 - 2 \cdot l_3 \cdot (x_C - x_D) \cdot \cos\varphi_3 - 2 \cdot l_3 \cdot (y_C - y_D) \cdot \sin\varphi_3 - \\ -2 \cdot e \cdot (x_C - x_D) \cdot \cos\varphi_5 - 2 \cdot e \cdot (y_C - y_D) \cdot \sin\varphi_5 - 2 \cdot e \cdot l_3 \cdot \cos(\varphi_5 - \varphi_3)\end{cases} \tag{9}$$

$$\begin{cases}a_{11} \cdot \Delta\varphi_3 + a_{12} \cdot \Delta\varphi_5 = a_1 \\ a_{21} \cdot \Delta\varphi_3 + a_{22} \cdot \Delta\varphi_5 = a_2\end{cases} \tag{10}$$

$$\begin{cases}\Delta = \begin{vmatrix} a_{11} & a_{12} \\ a_{21} & a_{22} \end{vmatrix} = a_{11}a_{22} - a_{12}a_{21}; \Delta_3 = \begin{vmatrix} a_1 & a_{12} \\ a_2 & a_{22} \end{vmatrix} = a_1 \cdot a_{22} - a_{12} \cdot a_2 \\ \Delta_5 = \begin{vmatrix} a_{11} & a_1 \\ a_{21} & a_2 \end{vmatrix} = a_{11} \cdot a_2 - a_1 \cdot a_{21} \Rightarrow \Delta\varphi_3 = \dfrac{\Delta_3}{\Delta}; \ \Delta\varphi_5 = \dfrac{\Delta_5}{\Delta}\end{cases} \tag{11}$$

Coeficienţii sistemului (10) se identifică din (9) fiind daţi de sistemul relaţional (12).

$$\begin{cases} a_{11} = 2 \cdot l_3 \cdot \left[(y_C - y_B) \cdot \cos\varphi_3 - (x_C - x_B) \cdot \sin\varphi_3 + g \cdot \sin(\varphi_5 - \varphi_3 + \alpha) \right] \\ a_{12} = 2 \cdot g \cdot \left[(y_C - y_B) \cdot \cos(\varphi_5 + \alpha) - (x_C - x_B) \sin(\varphi_5 + \alpha) - l_3 \cdot \sin(\varphi_5 - \varphi_3 + \alpha) \right] \\ a_1 = l_2^2 - l_3^2 - g^2 - (x_C - x_B)^2 - (y_C - y_B)^2 - 2 \cdot l_3 \cdot \left[(x_C - x_B) \cdot \cos\varphi_3 + (y_C - y_B) \cdot \sin\varphi_3 \right] - \\ - 2 \cdot g \cdot \left[(x_C - x_B) \cdot \cos(\varphi_5 + \alpha) + (y_C - y_B) \cdot \sin(\varphi_5 + \alpha) + l_3 \cdot \cos(\varphi_5 - \varphi_3 + \alpha) \right] \\ a_{21} = 2 \cdot l_3 \cdot \left[(y_C - y_D) \cos\varphi_3 - (x_C - x_D) \sin\varphi_3 + e \sin(\varphi_5 - \varphi_3) \right] \\ a_{22} = 2 \cdot e \cdot \left[(y_C - y_D) \cos\varphi_5 - (x_C - x_D) \sin\varphi_5 - l_3 \sin(\varphi_5 - \varphi_3) \right] \\ a_2 = l_4^2 - l_3^2 - e^2 - (x_C - x_D)^2 - (y_C - y_D)^2 - 2 \cdot l_3 \cdot (x_C - x_D) \cdot \cos\varphi_3 - 2 \cdot l_3 \cdot (y_C - y_D) \cdot \sin\varphi_3 - \\ - 2 \cdot e \cdot (x_C - x_D) \cdot \cos\varphi_5 - 2 \cdot e \cdot (y_C - y_D) \cdot \sin\varphi_5 - 2 \cdot e \cdot l_3 \cdot \cos(\varphi_5 - \varphi_3) \end{cases} \quad (12)$$

La pasul 1 se determină $\Delta\varphi_3^{\ 0}$ si $\Delta\varphi_5^{\ 0}$ în radieni, care se adună la valorile considerate iniţial obţinându-se valorile unghiurilor pentru prima iteraţie, conform sistemului (13).

$$\begin{cases} \varphi_3^{\ 1} = \varphi_3^{\ 0} + \Delta\varphi_3^{\ 0} \\ \varphi_5^{\ 1} = \varphi_5^{\ 0} + \Delta\varphi_5^{\ 0} \end{cases} \quad (13)$$

Dacă valorile obţinute sunt foarte apropiate de cele exacte, procesul iterativ se opreşte. În caz contrar aproximaţiile succesive vor continua până la obţinerea valorilor dorite. Se consideră valorile finale φ_3 şi φ_5 ca fiind OK atunci când eroarea (diferenţa) faţă de valoarea lor calculată la pasul anterior este suficient de mică.

Se revine apoi la sistemele poziţionale iniţiale, pentru a se determina şi celelalte două valori φ_2 şi φ_4, utilizând sistemul (14).

$$\begin{cases} \begin{cases} \cos\varphi_2 = \dfrac{x_C - x_B + l_3 \cdot \cos\varphi_3 + g \cdot \cos(\varphi_5 + \alpha)}{l_2} \\ \sin\varphi_2 = \dfrac{y_C - y_B + l_3 \cdot \sin\varphi_3 + g \cdot \sin(\varphi_5 + \alpha)}{l_2} \end{cases} \Rightarrow \varphi_2 \\ \varphi_2 = semn(\sin\varphi_2) \cdot \arccos(\cos\varphi_2) \\ \begin{cases} \cos\varphi_4 = \dfrac{x_C - x_D + l_3 \cdot \cos\varphi_3 + e \cdot \cos\varphi_5}{l_4} \\ \sin\varphi_4 = \dfrac{y_C - y_D + l_3 \cdot \sin\varphi_3 + e \cdot \sin\varphi_5}{l_4} \end{cases} \Rightarrow \varphi_4 \\ \varphi_4 = semn(\sin\varphi_4) \cdot \arccos(\cos\varphi_4) \end{cases} \quad (14)$$

După ce s-au determinat cele patru poziţii unghiulare, se trece la derivarea sistemelor iniţiale, pentru a se obţine vitezele unghiulare, iar apoi acceleraţiile unghiulare.

Se derivează mai întâi sistemul poziţional (1) obţinându-se sistemul de viteze liniar (15).

$$\begin{cases} \begin{cases} \dot{x}_B - l_2 \cdot \sin\varphi_2 \cdot \omega_2 = \dot{x}_C - l_3 \cdot \sin\varphi_3 \cdot \omega_3 - g \cdot \sin(\varphi_5 + \alpha) \cdot \omega_5 \\ \dot{y}_B + l_2 \cdot \cos\varphi_2 \cdot \omega_2 = \dot{y}_C + l_3 \cdot \cos\varphi_3 \cdot \omega_3 + g \cdot \cos(\varphi_5 + \alpha) \cdot \omega_5 \end{cases} \\ \begin{cases} \dot{x}_C - l_3 \cdot \sin\varphi_3 \cdot \omega_3 - e \cdot \sin\varphi_5 \cdot \omega_5 = \dot{x}_D - l_4 \cdot \sin\varphi_4 \cdot \omega_4 \\ \dot{y}_C + l_3 \cdot \cos\varphi_3 \cdot \omega_3 + e \cdot \cos\varphi_5 \cdot \omega_5 = \dot{y}_D + l_4 \cdot \cos\varphi_4 \cdot \omega_4 \end{cases} \end{cases} \tag{15}$$

Pentru rezolvarea mai simplă a sistemului (15) eliminăm într-o primă fază două dintre cele patru necunoscute prin înmulţirea primei ecuaţii a sistemului cu $\cos\varphi_2$, a celei de a doua cu $\sin\varphi_2$, a celei de-a treia cu $\cos\varphi_4$, şi ultimei cu $\sin\varphi_4$. Apoi se adună primele două ecuaţii obţinute şi respectiv ultimele două, rezultând sistemul (16) format din două ecuaţii liniare cu două necunoscute.

$$\begin{cases} (\dot{x}_B - \dot{x}_C) \cdot \cos\varphi_2 + (\dot{y}_B - \dot{y}_C) \cdot \sin\varphi_2 = l_3 \cdot \sin(\varphi_2 - \varphi_3) \cdot \omega_3 + g \cdot \sin(\varphi_2 - \varphi_5 - \alpha) \cdot \omega_5 \\ (\dot{x}_D - \dot{x}_C) \cdot \cos\varphi_4 + (\dot{y}_D - \dot{y}_C) \cdot \sin\varphi_4 = l_3 \cdot \sin(\varphi_4 - \varphi_3) \cdot \omega_3 + e \cdot \sin(\varphi_4 - \varphi_5) \cdot \omega_5 \end{cases} \tag{16}$$

Pentru rezolvarea sistemului (16) aplicăm două etape.

În prima etapă se amplifică prima ecuaţie a sistemului cu $e \cdot \sin(\varphi_4 - \varphi_5)$, iar cea de-a doua cu $-g \cdot \sin(\varphi_2 - \varphi_5 - \alpha)$. Se adună apoi cele două expresii obţinute şi rezultă o relaţie din care-l explicităm direct pe ω_3 (vezi expresia 17).

$$\begin{aligned} \omega_3 = \{ & e \cdot [(\dot{x}_B - \dot{x}_C) \cdot \cos\varphi_2 + (\dot{y}_B - \dot{y}_C) \cdot \sin\varphi_2] \cdot \sin(\varphi_4 - \varphi_5) - \\ & - g \cdot [(\dot{x}_D - \dot{x}_C) \cdot \cos\varphi_4 + (\dot{y}_D - \dot{y}_C) \cdot \sin\varphi_4] \cdot \sin(\varphi_2 - \varphi_5 - \alpha)\} / \\ & \{l_3 \cdot [e \sin(\varphi_2 - \varphi_3) \sin(\varphi_4 - \varphi_5) - g \sin(\varphi_4 - \varphi_3) \sin(\varphi_2 - \varphi_5 - \alpha)]\} \end{aligned} \tag{17}$$

În a doua etapă se amplifică prima ecuaţie a sistemului cu $\sin(\varphi_4 - \varphi_3)$, iar cea de-a doua cu $-\sin(\varphi_2 - \varphi_3)$. Se adună apoi cele două expresii obţinute şi rezultă o relaţie din care-l explicităm direct pe ω_5 (vezi expresia 18).

$$\begin{aligned} \omega_5 = \{ & [(\dot{x}_B - \dot{x}_C) \cdot \cos\varphi_2 + (\dot{y}_B - \dot{y}_C) \cdot \sin\varphi_2] \cdot \sin(\varphi_4 - \varphi_3) - \\ & - [(\dot{x}_D - \dot{x}_C) \cdot \cos\varphi_4 + (\dot{y}_D - \dot{y}_C) \cdot \sin\varphi_4] \cdot \sin(\varphi_2 - \varphi_3)\} / \\ & [g \sin(\varphi_4 - \varphi_3) \sin(\varphi_2 - \varphi_5 - \alpha) - e \sin(\varphi_2 - \varphi_3) \sin(\varphi_4 - \varphi_5)] \end{aligned} \tag{18}$$

Din sistemul (15) se explicitează apoi din primele două ecuaţii amplificate cu $-\sin\varphi_2$, respectiv $\cos\varphi_2$, viteza unghiulară ω_2, (relaţia 19), iar din ultimele două relaţii amplificate cu $-\sin\varphi_4$, respectiv $\cos\varphi_4$, viteza unghiulară ω_4, (relaţia 20).

$$\omega_2 = \frac{(\dot{x}_B - \dot{x}_C)\cdot \sin\varphi_2 + (\dot{y}_C - \dot{y}_B)\cdot \cos\varphi_2}{l_2} + \frac{l_3 \cdot \omega_3 \cdot \cos(\varphi_3 - \varphi_2) + g \cdot \omega_5 \cdot \cos(\varphi_2 - \varphi_5 - \alpha)}{l_2} \tag{19}$$

$$\omega_4 = \frac{(\dot{x}_D - \dot{x}_C)\cdot \sin\varphi_4 + (\dot{y}_C - \dot{y}_D)\cdot \cos\varphi_4}{l_4} + \frac{l_3 \cdot \omega_3 \cdot \cos(\varphi_4 - \varphi_3) + e \cdot \omega_5 \cdot \cos(\varphi_4 - \varphi_5)}{l_4} \tag{20}$$

Acceleraţiile unghiulare corespunzătoare se obţin cel mai sigur prin derivarea directă a expresiilor vitezelor unghiulare corespunzătoare.

Se scrie expresia (17) desfăşurată (în forma 21) pentru a o putea deriva mai uşor.

$$\begin{aligned}
&\omega_3 l_3 [e \sin(\varphi_2 - \varphi_3)\sin(\varphi_4 - \varphi_5) - g \sin(\varphi_4 - \varphi_3)\sin(\varphi_2 - \varphi_5 - \alpha)] \\
&= e \cdot [(\dot{x}_B - \dot{x}_C)\cdot \cos\varphi_2 + (\dot{y}_B - \dot{y}_C)\cdot \sin\varphi_2]\cdot \sin(\varphi_4 - \varphi_5) - \\
&- g \cdot [(\dot{x}_D - \dot{x}_C)\cdot \cos\varphi_4 + (\dot{y}_D - \dot{y}_C)\cdot \sin\varphi_4]\cdot \sin(\varphi_2 - \varphi_5 - \alpha)
\end{aligned} \tag{21}$$

Se derivează direct expresia (21) a vitezei unghiulare ω_3 în raport cu timpul, şi se obţine expresia (22) a acceleraţiei unghiulare ε_3 corespunzătoare, care se explicitează apoi imediat la forma (23).

$$\begin{aligned}
&\varepsilon_3 l_3 [e \sin(\varphi_2 - \varphi_3)\sin(\varphi_4 - \varphi_5) - g \sin(\varphi_4 - \varphi_3)\sin(\varphi_2 - \varphi_5 - \alpha)] = -\omega_3 \cdot [l_3 \cdot e \cdot \cos(\varphi_2 - \varphi_3)\cdot \sin(\varphi_4 - \varphi_5)\cdot(\omega_2 - \omega_3) + \\
&+ l_3 \cdot e \cdot \sin(\varphi_2 - \varphi_3)\cdot \cos(\varphi_4 - \varphi_5)\cdot(\omega_4 - \omega_5) - l_3 \cdot g \cdot \cos(\varphi_4 - \varphi_3)\cdot \sin(\varphi_2 - \varphi_5 - \alpha)\cdot(\omega_4 - \omega_3) - \\
&- l_3 \cdot g \cdot \sin(\varphi_4 - \varphi_3)\cdot \cos(\varphi_2 - \varphi_5 - \alpha)\cdot(\omega_2 - \omega_5)] + e \cdot [(\ddot{x}_B - \ddot{x}_C)\cdot \cos\varphi_2 + (\ddot{y}_B - \ddot{y}_C)\cdot \sin\varphi_2 - \\
&- (\dot{x}_B - \dot{x}_C)\cdot \sin\varphi_2 \cdot \omega_2 + (\dot{y}_B - \dot{y}_C)\cdot \cos\varphi_2 \cdot \omega_2]\cdot \sin(\varphi_4 - \varphi_5) + e[(\dot{x}_B - \dot{x}_C)\cos\varphi_2 + (\dot{y}_B - \dot{y}_C)\sin\varphi_2]\cos(\varphi_4 - \varphi_5)(\omega_4 - \omega_5) - \\
&- g \cdot [(\ddot{x}_D - \ddot{x}_C)\cdot \cos\varphi_4 + (\ddot{y}_D - \ddot{y}_C)\cdot \sin\varphi_4 - (\dot{x}_D - \dot{x}_C)\sin\varphi_4 \cdot \omega_4 + (\dot{y}_D - \dot{y}_C)\cos\varphi_4 \cdot \omega_4]\sin(\varphi_2 - \varphi_5 - \alpha) - \\
&- g[(\dot{x}_D - \dot{x}_C)\cos\varphi_4 + (\dot{y}_D - \dot{y}_C)\sin\varphi_4]\cos(\varphi_2 - \varphi_5 - \alpha)(\omega_2 - \omega_5)
\end{aligned} \tag{22}$$

$$\begin{aligned}
\varepsilon_3 = \{&- \omega_3 \cdot [l_3 \cdot e \cdot \cos(\varphi_2 - \varphi_3)\cdot \sin(\varphi_4 - \varphi_5)\cdot(\omega_2 - \omega_3) + \\
&+ l_3 \cdot e \cdot \sin(\varphi_2 - \varphi_3)\cdot \cos(\varphi_4 - \varphi_5)\cdot(\omega_4 - \omega_5) - \\
&- l_3 \cdot g \cdot \cos(\varphi_4 - \varphi_3)\cdot \sin(\varphi_2 - \varphi_5 - \alpha)\cdot(\omega_4 - \omega_3) - \\
&- l_3 \cdot g \cdot \sin(\varphi_4 - \varphi_3)\cdot \cos(\varphi_2 - \varphi_5 - \alpha)\cdot(\omega_2 - \omega_5)] + \\
&+ e \cdot [(\ddot{x}_B - \ddot{x}_C)\cdot \cos\varphi_2 + (\ddot{y}_B - \ddot{y}_C)\cdot \sin\varphi_2 - \\
&- (\dot{x}_B - \dot{x}_C)\cdot \sin\varphi_2 \cdot \omega_2 + (\dot{y}_B - \dot{y}_C)\cdot \cos\varphi_2 \cdot \omega_2]\cdot \sin(\varphi_4 - \varphi_5) + \\
&+ e[(\dot{x}_B - \dot{x}_C)\cos\varphi_2 + (\dot{y}_B - \dot{y}_C)\sin\varphi_2]\cos(\varphi_4 - \varphi_5)(\omega_4 - \omega_5) - \\
&- g \cdot [(\ddot{x}_D - \ddot{x}_C)\cdot \cos\varphi_4 + (\ddot{y}_D - \ddot{y}_C)\cdot \sin\varphi_4 - \\
&- (\dot{x}_D - \dot{x}_C)\sin\varphi_4 \cdot \omega_4 + (\dot{y}_D - \dot{y}_C)\cos\varphi_4 \cdot \omega_4]\sin(\varphi_2 - \varphi_5 - \alpha) - \\
&g[(\dot{x}_D - \dot{x}_C)\cos\varphi_4 + (\dot{y}_D - \dot{y}_C)\sin\varphi_4]\cos(\varphi_2 - \varphi_5 - \alpha)(\omega_2 - \omega_5)\} \\
&: [l_3 e \sin(\varphi_2 - \varphi_3)\sin(\varphi_4 - \varphi_5) - l_3 g \sin(\varphi_4 - \varphi_3)\sin(\varphi_2 - \varphi_5 - \alpha)]
\end{aligned} \tag{23}$$

În continuare se scrie viteza unghiulară ω_5 desfăşurată (relaţia 24), pentru a o putea deriva cu uşurinţă.

$$
\begin{aligned}
&\omega_5\left[g\sin(\varphi_4-\varphi_3)\sin(\varphi_2-\varphi_5-\alpha)-e\sin(\varphi_2-\varphi_3)\sin(\varphi_4-\varphi_5)\right]=\\
&=\left[(\dot{x}_B-\dot{x}_C)\cdot\cos\varphi_2+(\dot{y}_B-\dot{y}_C)\cdot\sin\varphi_2\right]\cdot\sin(\varphi_4-\varphi_3)-\\
&-\left[(\dot{x}_D-\dot{x}_C)\cdot\cos\varphi_4+(\dot{y}_D-\dot{y}_C)\cdot\sin\varphi_4\right]\cdot\sin(\varphi_2-\varphi_3)
\end{aligned}
\tag{24}
$$

Se derivează expresia (24) în raport cu timpul pentru a se obţine direct expresia acceleraţiei unghiulare ε_5. Se obţine astfel relaţia (25), din care se explicitează apoi valoarea acceleraţiei unghiulare ε_5 în forma (26).

$$
\begin{aligned}
&\varepsilon_5\left[g\sin(\varphi_4-\varphi_3)\sin(\varphi_2-\varphi_5-\alpha)-e\sin(\varphi_2-\varphi_3)\sin(\varphi_4-\varphi_5)\right]=-\omega_5\cdot\left[g\cdot\cos(\varphi_2-\varphi_5-\alpha)\cdot\right.\\
&\cdot\sin(\varphi_4-\varphi_3)\cdot(\omega_2-\omega_5)+g\cdot\sin(\varphi_2-\varphi_5-\alpha)\cdot\cos(\varphi_4-\varphi_3)\cdot(\omega_4-\omega_3)-\\
&-e\cdot\cos(\varphi_4-\varphi_5)\cdot\sin(\varphi_2-\varphi_3)\cdot(\omega_4-\omega_5)-e\cdot\sin(\varphi_4-\varphi_5)\cdot\cos(\varphi_2-\varphi_3)\cdot\left.(\omega_2-\omega_3)\right]+\\
&+\sin(\varphi_4-\varphi_3)\cdot\left[(\ddot{x}_B-\ddot{x}_C)\cdot\cos\varphi_2+(\ddot{y}_B-\ddot{y}_C)\cdot\sin\varphi_2-(\dot{x}_B-\dot{x}_C)\cdot\sin\varphi_2\cdot\omega_2+(\dot{y}_B-\dot{y}_C)\cdot\cos\varphi_2\cdot\omega_2\right]+\\
&+\left[(\dot{x}_B-\dot{x}_C)\cos\varphi_2+(\dot{y}_B-\dot{y}_C)\sin\varphi_2\right]\cdot\cos(\varphi_4-\varphi_3)\cdot(\omega_4-\omega_3)-\\
&-\left[(\ddot{x}_D-\ddot{x}_C)\cdot\cos\varphi_4+(\ddot{y}_D-\ddot{y}_C)\cdot\sin\varphi_4-(\dot{x}_D-\dot{x}_C)\cdot\sin\varphi_4\cdot\omega_4+\right.\\
&\left.+(\dot{y}_D-\dot{y}_C)\cdot\cos\varphi_4\cdot\omega_4\right]\cdot\sin(\varphi_2-\varphi_3)-\left[(\dot{x}_D-\dot{x}_C)\cdot\cos\varphi_4+(\dot{y}_D-\dot{y}_C)\cdot\sin\varphi_4\right]\cdot\cos(\varphi_2-\varphi_3)\cdot(\omega_2-\omega_3)
\end{aligned}
\tag{25}
$$

$$
\begin{aligned}
\varepsilon_5=&\left\{-\omega_5\cdot\left[g\cdot\cos(\varphi_2-\varphi_5-\alpha)\cdot\sin(\varphi_4-\varphi_3)\cdot(\omega_2-\omega_5)+\right.\right.\\
&+g\cdot\sin(\varphi_2-\varphi_5-\alpha)\cdot\cos(\varphi_4-\varphi_3)\cdot(\omega_4-\omega_3)-\\
&-e\cdot\cos(\varphi_4-\varphi_5)\cdot\sin(\varphi_2-\varphi_3)\cdot(\omega_4-\omega_5)-\\
&-e\cdot\sin(\varphi_4-\varphi_5)\cdot\cos(\varphi_2-\varphi_3)\cdot\left.(\omega_2-\omega_3)\right]+\\
&+\sin(\varphi_4-\varphi_3)\cdot\left[(\ddot{x}_B-\ddot{x}_C)\cdot\cos\varphi_2+(\ddot{y}_B-\ddot{y}_C)\cdot\sin\varphi_2-\right.\\
&-\left.(\dot{x}_B-\dot{x}_C)\cdot\sin\varphi_2\cdot\omega_2+(\dot{y}_B-\dot{y}_C)\cdot\cos\varphi_2\cdot\omega_2\right]+\\
&+\left[(\dot{x}_B-\dot{x}_C)\cos\varphi_2+(\dot{y}_B-\dot{y}_C)\sin\varphi_2\right]\cdot\cos(\varphi_4-\varphi_3)\cdot(\omega_4-\omega_3)-\\
&-\left[(\ddot{x}_D-\ddot{x}_C)\cdot\cos\varphi_4+(\ddot{y}_D-\ddot{y}_C)\cdot\sin\varphi_4-(\dot{x}_D-\dot{x}_C)\cdot\sin\varphi_4\cdot\omega_4+\right.\\
&+\left.(\dot{y}_D-\dot{y}_C)\cdot\cos\varphi_4\cdot\omega_4\right]\cdot\sin(\varphi_2-\varphi_3)-\\
&-\left.\left[(\dot{x}_D-\dot{x}_C)\cos\varphi_4+(\dot{y}_D-\dot{y}_C)\sin\varphi_4\right]\cos(\varphi_2-\varphi_3)(\omega_2-\omega_3)\right\}:\\
&:\left[g\sin(\varphi_4-\varphi_3)\sin(\varphi_2-\varphi_5-\alpha)-e\sin(\varphi_2-\varphi_3)\sin(\varphi_4-\varphi_5)\right]
\end{aligned}
\tag{26}
$$

Se derivează în continuare expresia (27) a vitezei unghiulare ω_2 şi se obţine direct acceleraţia unghiulară ε_2 (relaţia 28).

$$
\omega_2=\frac{(\dot{x}_B-\dot{x}_C)\cdot\sin\varphi_2+(\dot{y}_C-\dot{y}_B)\cdot\cos\varphi_2}{l_2}+
+\frac{l_3\cdot\omega_3\cdot\cos(\varphi_3-\varphi_2)+g\cdot\omega_5\cdot\cos(\varphi_2-\varphi_5-\alpha)}{l_2}
\tag{27}
$$

$$\varepsilon_2 = \frac{1}{l_2} \cdot \left[\left(\ddot{x}_B - \ddot{x}_C \right) \cdot \sin\varphi_2 + \left(\ddot{y}_C - \ddot{y}_B \right) \cdot \cos\varphi_2 + \right.$$
$$+ \left(\dot{x}_B - \dot{x}_C \right) \cdot \cos\varphi_2 \cdot \omega_2 - \left(\dot{y}_C - \dot{y}_B \right) \cdot \sin\varphi_2 \cdot \omega_2 + \tag{28}$$
$$+ l_3 \cdot \varepsilon_3 \cdot \cos(\varphi_3 - \varphi_2) - l_3 \cdot \omega_3 \cdot \sin(\varphi_3 - \varphi_2) \cdot (\omega_3 - \omega_2) +$$
$$\left. + g \cdot \varepsilon_5 \cdot \cos(\varphi_2 - \varphi_5 - \alpha) - g \cdot \omega_5 \cdot \sin(\varphi_2 - \varphi_5 - \alpha) \cdot (\omega_2 - \omega_5) \right]$$

Se derivează apoi direct expresia (29) a vitezei unghiulare ω_4 şi se obţine expresia acceleraţiei unghiulare ε_4 (relaţia 30).

$$\omega_4 = \frac{\left(\dot{x}_D - \dot{x}_C \right) \cdot \sin\varphi_4 + \left(\dot{y}_C - \dot{y}_D \right) \cdot \cos\varphi_4}{l_4} + \tag{29}$$
$$+ \frac{l_3 \cdot \omega_3 \cdot \cos(\varphi_4 - \varphi_3) + e \cdot \omega_5 \cdot \cos(\varphi_4 - \varphi_5)}{l_4}$$

$$\varepsilon_4 = \frac{1}{l_4} \cdot \left[\left(\ddot{x}_D - \ddot{x}_C \right) \cdot \sin\varphi_4 + \left(\ddot{y}_C - \ddot{y}_D \right) \cdot \cos\varphi_4 + \right.$$
$$+ \left(\dot{x}_D - \dot{x}_C \right) \cdot \cos\varphi_4 \cdot \omega_4 - \left(\dot{y}_C - \dot{y}_D \right) \cdot \sin\varphi_4 \cdot \omega_4 + \tag{30}$$
$$+ l_3 \cdot \varepsilon_3 \cdot \cos(\varphi_4 - \varphi_3) - l_3 \cdot \omega_3 \cdot \sin(\varphi_4 - \varphi_3) \cdot (\omega_4 - \omega_3) +$$
$$\left. + e \cdot \varepsilon_5 \cdot \cos(\varphi_4 - \varphi_5) - e \cdot \omega_5 \cdot \sin(\varphi_4 - \varphi_5) \cdot (\omega_4 - \omega_5) \right]$$

Se determină în continuare cinematica cuplelor interioare ale diadei şi a centrelor de greutate de pe fiecare element al diadei 6R (vezi figura 2 şi sistemele relaţionale 31-32).

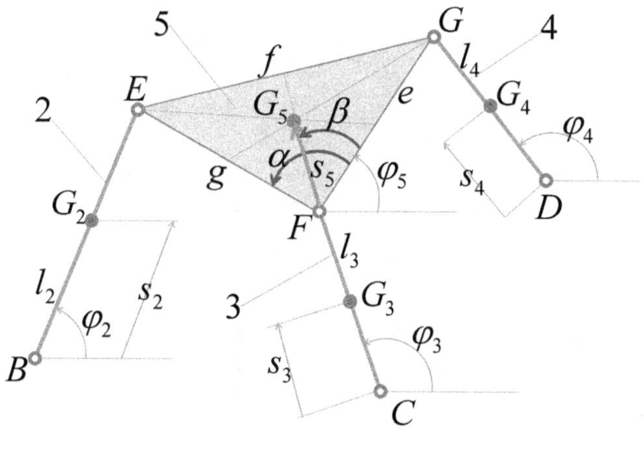

Fig. 2. *Cinematica centrelor de greutate la o triadă 6R*

$$\begin{cases} \begin{cases} x_E = x_B + l_2 \cdot \cos\varphi_2 \\ y_E = y_B + l_2 \cdot \sin\varphi_2 \end{cases} \Rightarrow \begin{cases} \dot{x}_E = \dot{x}_B - l_2 \cdot \sin\varphi_2 \cdot \omega_2 \\ \dot{y}_E = \dot{y}_B + l_2 \cdot \cos\varphi_2 \cdot \omega_2 \end{cases} \Rightarrow \begin{cases} \ddot{x}_E = \ddot{x}_B - l_2 \cdot \cos\varphi_2 \cdot \omega_2^2 - l_2 \cdot \sin\varphi_2 \cdot \varepsilon_2 \\ \ddot{y}_E = \ddot{y}_B - l_2 \cdot \sin\varphi_2 \cdot \omega_2^2 + l_2 \cdot \cos\varphi_2 \cdot \varepsilon_2 \end{cases} \\ \begin{cases} x_F = x_C + l_3 \cdot \cos\varphi_3 \\ y_F = y_C + l_3 \cdot \sin\varphi_3 \end{cases} \Rightarrow \begin{cases} \dot{x}_F = \dot{x}_C - l_3 \cdot \sin\varphi_3 \cdot \omega_3 \\ \dot{y}_F = \dot{y}_C + l_3 \cdot \cos\varphi_3 \cdot \omega_3 \end{cases} \Rightarrow \begin{cases} \ddot{x}_F = \ddot{x}_C - l_3 \cdot \cos\varphi_3 \cdot \omega_3^2 - l_3 \cdot \sin\varphi_3 \cdot \varepsilon_3 \\ \ddot{y}_F = \ddot{y}_C - l_3 \cdot \sin\varphi_3 \cdot \omega_3^2 + l_3 \cdot \cos\varphi_3 \cdot \varepsilon_3 \end{cases} \\ \begin{cases} x_G = x_D + l_4 \cdot \cos\varphi_4 \\ y_G = y_D + l_4 \cdot \sin\varphi_4 \end{cases} \Rightarrow \begin{cases} \dot{x}_G = \dot{x}_D - l_4 \cdot \sin\varphi_4 \cdot \omega_4 \\ \dot{y}_G = \dot{y}_D + l_4 \cdot \cos\varphi_4 \cdot \omega_4 \end{cases} \Rightarrow \begin{cases} \ddot{x}_G = \ddot{x}_D - l_4 \cdot \cos\varphi_4 \cdot \omega_4^2 - l_4 \cdot \sin\varphi_4 \cdot \varepsilon_4 \\ \ddot{y}_G = \ddot{y}_D - l_4 \cdot \sin\varphi_4 \cdot \omega_4^2 + l_4 \cdot \cos\varphi_4 \cdot \varepsilon_4 \end{cases} \end{cases} \quad (31)$$

$$\begin{cases} \begin{cases} x_{G_2} = x_B + s_2 \cdot \cos\varphi_2 \\ y_{G_2} = y_B + s_2 \cdot \sin\varphi_2 \end{cases} \Rightarrow \begin{cases} \dot{x}_{G_2} = \dot{x}_B - s_2 \cdot \sin\varphi_2 \cdot \omega_2 \\ \dot{y}_{G_2} = \dot{y}_B + s_2 \cdot \cos\varphi_2 \cdot \omega_2 \end{cases} \Rightarrow \begin{cases} \ddot{x}_{G_2} = \ddot{x}_B - s_2 \cdot \cos\varphi_2 \cdot \omega_2^2 - s_2 \cdot \sin\varphi_2 \cdot \varepsilon_2 \\ \ddot{y}_{G_2} = \ddot{y}_B - s_2 \cdot \sin\varphi_2 \cdot \omega_2^2 + s_2 \cdot \cos\varphi_2 \cdot \varepsilon_2 \end{cases} \\ \begin{cases} x_{G_3} = x_C + s_3 \cdot \cos\varphi_3 \\ y_{G_3} = y_C + s_3 \cdot \sin\varphi_3 \end{cases} \Rightarrow \begin{cases} \dot{x}_{G_3} = \dot{x}_C - s_3 \cdot \sin\varphi_3 \cdot \omega_3 \\ \dot{y}_{G_3} = \dot{y}_C + s_3 \cdot \cos\varphi_3 \cdot \omega_3 \end{cases} \Rightarrow \begin{cases} \ddot{x}_{G_3} = \ddot{x}_C - s_3 \cdot \cos\varphi_3 \cdot \omega_3^2 - s_3 \cdot \sin\varphi_3 \cdot \varepsilon_3 \\ \ddot{y}_{G_3} = \ddot{y}_C - s_3 \cdot \sin\varphi_3 \cdot \omega_3^2 + s_3 \cdot \cos\varphi_3 \cdot \varepsilon_3 \end{cases} \\ \begin{cases} x_{G_4} = x_D + s_4 \cdot \cos\varphi_4 \\ y_{G_4} = y_D + s_4 \cdot \sin\varphi_4 \end{cases} \Rightarrow \begin{cases} \dot{x}_{G_4} = \dot{x}_D - s_4 \cdot \sin\varphi_4 \cdot \omega_4 \\ \dot{y}_{G_4} = \dot{y}_D + s_4 \cdot \cos\varphi_4 \cdot \omega_4 \end{cases} \Rightarrow \begin{cases} \ddot{x}_{G_4} = \ddot{x}_D - s_4 \cdot \cos\varphi_4 \cdot \omega_4^2 - s_4 \cdot \sin\varphi_4 \cdot \varepsilon_4 \\ \ddot{y}_{G_4} = \ddot{y}_D - s_4 \cdot \sin\varphi_4 \cdot \omega_4^2 + s_4 \cdot \cos\varphi_4 \cdot \varepsilon_4 \end{cases} \\ \begin{cases} x_{G_5} = x_F + s_5 \cdot \cos(\varphi_5 + \beta) \\ y_{G_5} = y_F + s_5 \cdot \sin(\varphi_5 + \beta) \end{cases} \Rightarrow \begin{cases} \dot{x}_{G_5} = \dot{x}_F - s_5 \cdot \sin(\varphi_5 + \beta) \cdot \omega_5 \\ \dot{y}_{G_5} = \dot{y}_F + s_5 \cdot \cos(\varphi_5 + \beta) \cdot \omega_5 \end{cases} \\ \Rightarrow \begin{cases} \ddot{x}_{G_5} = \ddot{x}_F - s_5 \cdot \cos(\varphi_5 + \beta) \cdot \omega_5^2 - s_5 \cdot \sin(\varphi_5 + \beta) \cdot \varepsilon_5 \\ \ddot{y}_{G_5} = \ddot{y}_F - s_5 \cdot \sin(\varphi_5 + \beta) \cdot \omega_5^2 + s_5 \cdot \cos(\varphi_5 + \beta) \cdot \varepsilon_5 \end{cases} \end{cases} \quad (32)$$

7.2. CINETOSTATICA TRIADEI 6R

Schema cinetostatică a unei triade 6R poate fi urmărită în figura 3.

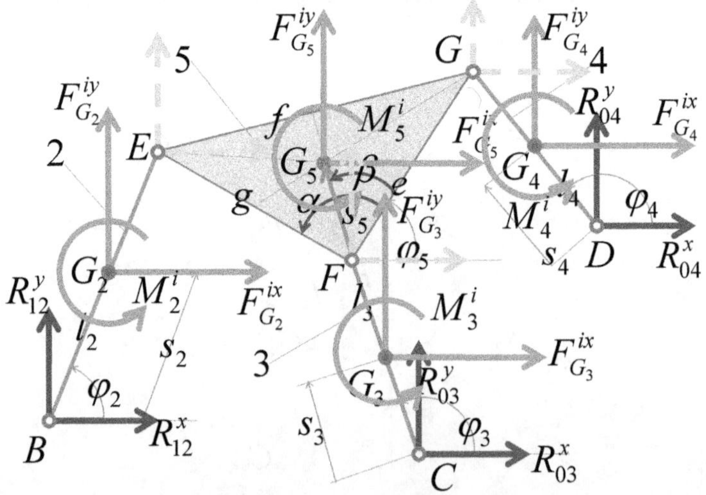

Fig. 3. *Cinetostatica la o triadă 6R*

Torsorul forţelor de inerţie se exprimă cu relaţiile (33).

$$\begin{cases} F_{G_2}^{ix} = -m_2 \cdot \ddot{x}_{G_2} \\ F_{G_2}^{iy} = -m_2 \cdot \ddot{y}_{G_2} \\ M_2^i = -J_{G_2} \cdot \varepsilon_2 \end{cases} \begin{cases} F_{G_3}^{ix} = -m_3 \cdot \ddot{x}_{G_3} \\ F_{G_3}^{iy} = -m_3 \cdot \ddot{y}_{G_3} \\ M_3^i = -J_{G_3} \cdot \varepsilon_3 \end{cases} \begin{cases} F_{G_4}^{ix} = -m_4 \cdot \ddot{x}_{G_4} \\ F_{G_4}^{iy} = -m_4 \cdot \ddot{y}_{G_4} \\ M_4^i = -J_{G_4} \cdot \varepsilon_4 \end{cases} \begin{cases} F_{G_5}^{ix} = -m_5 \cdot \ddot{x}_{G_5} \\ F_{G_5}^{iy} = -m_5 \cdot \ddot{y}_{G_5} \\ M_5^i = -J_{G_5} \cdot \varepsilon_5 \end{cases} \quad (33)$$

Pentru o decuplare parţială a reacţiunilor din cuple se scriu mai întâi o sumă de momente de pe elementul 2 faţă de punctul E, o sumă de momente de pe elementul 3 faţă de punctul F, o sumă de momente de pe întreaga triadă faţă de punctul D, şi o sumă de momente faţă de punctul G de pe elementele (2, 3, 5).

Se crează astfel un sistem liniar de patru ecuaţii de gradul 1 cu patru necunoscute, R_{12}^x, R_{12}^y, R_{03}^x, R_{03}^y. Se rezolvă cu determinanţi, iar apoi se scriu două sume de forţe pe întreaga triadă proiectate pe axele x, respectiv y, din care se obţin şi ultimile două reacţiuni din cuplele de intrare, R_{04}^x şi R_{04}^y.

Urmează sume de forţe proiectate pe axele x respectiv y, de pe elementul 2, apoi de pe elementul 3, şi la final de pe elementul 4. Acestea donează şi perechile de reacţiuni din cuplele interioare ale triadei 6R.

7.3. EXEMPLU DE MECANISM CU TRIADĂ 6R

Schema cinematică din figura 4 prezintă un mecanism cu triadă 6R.

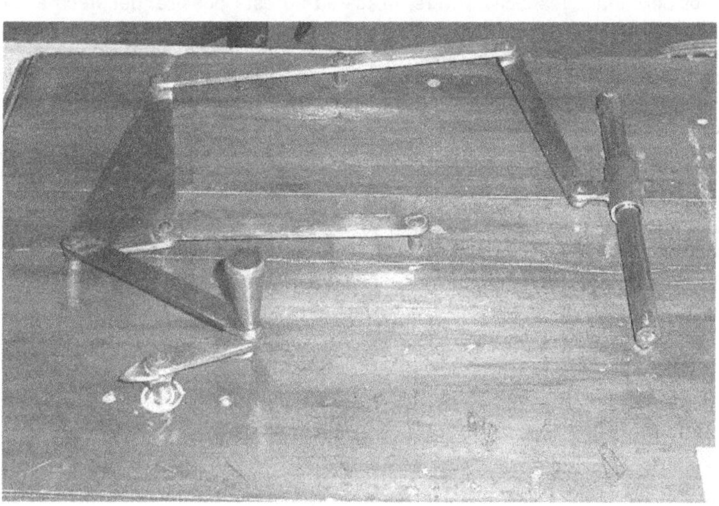

Fig. 4. *Mecanism cu triadă 6R*

CAP. VIII

UN MECANISM DE TIP CRUCE DE MALTA (GENEVA DRIVER)

Schema cinematică a unui mecanism cu cruce de malta (cu două începuturi) poate fi urmărită în figura 1, în care se reprezintă totodată şi distribuţia forţelor pe mecanism.

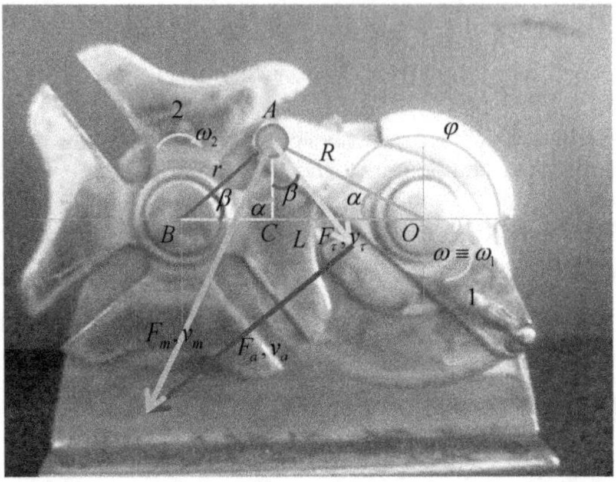

Fig. 1. *Mecanism cu cruce de malta; schema cinematică şi distribuţia forţelor*

Elementul conducător 1 transmite mişcarea de rotaţie crucii de malta 2. Forţa motoare F_m perpendiculară în A pe manivela 1, OA=R, se divide pe elementul 2 în două componente: O componentă F_t perpendiculară pe manivela crucii AB=r care este o forţă activă, utilă, de transmisie de putere, ce produce rotaţia crucii de malta; şi o altă componentă de alunecare, F_a, care reprezintă o pierdere de putere a mecanismului (a cuplei), prin alunecarea relativă a celor două profile corespunzătoare celor două elemente mobile aflate în contact. Elementul doi permite alunecarea bolţului eă lementului 1 conducător pe canalul respectiv. Invers, mişcarea nu este posibilă, deoarece atunci când crucea devine element conducător, forţa ei motoare se divide în două componente, mult mai mare fiind componenta care trage de elementul 1 întinzându-l (sau îl comprimă), producând şi o apăsare foarte mare între cele două profile care generează o forţă de frecare foarte mare ce nu permite componentei foarte mici de rotaţie să rotească elementul 1. În plus componenta care ar trebui să rotească elementul 1, perpendiculară pe OA în A nu mai este orientată pe direcţia canalului AB ci pe o altă direcţie astfel încât ea are mai mult un efect de reacţiune împingând înapoi în elementul 2 conducător şi producând astfel blocarea mecanismului. Rezultă că mecanismul de tip cruce de malta este ireversibil (se mişcă în ambele sensuri, dar nu poate transmite mişcare decât de la driver la cruce, invers blocându-se); el poate ca şi mecanismele de tip melc-roată melcată, sau cele cu clichet, să fie utilizat la mecanismele de direcţie, la contoare, la transmisiile de la roboţi, etc. Se pot scrie relaţiile (1-3).

$$\begin{cases} \begin{cases} F_\tau = F_m \cdot \cos(\alpha+\beta) \\ v_\tau = v_m \cdot \cos(\alpha+\beta) \end{cases} \begin{cases} AC = R \cdot \sin\alpha \\ OC = R \cdot \cos\alpha \\ BC = BO - OC = L - R \cdot \cos\alpha \end{cases} \quad \eta_{iD} = \frac{P_u}{P_c} = \frac{F_\tau \cdot v_\tau}{F_m \cdot v_m} = \frac{F_m \cdot v_m}{F_m \cdot v_m} \cdot \cos^2(\alpha+\beta) = \cos^2(\alpha+\beta) \\ \begin{cases} \omega_2 = \frac{v_2}{r} = \frac{v_\tau}{AB} = \frac{v_m \cdot \cos(\alpha+\beta)}{\sqrt{R^2 + L^2 - 2 \cdot R \cdot L \cdot \cos\alpha}} = \frac{R \cdot \omega \cdot \cos(\alpha+\beta)}{r} \\ \sin\beta = \frac{R}{r} \cdot \sin\alpha; \quad \cos\beta = \frac{L - R \cdot \cos\alpha}{r} \end{cases} \end{cases} \tag{1}$$

$$
\begin{cases}
\cos(\alpha+\beta)=\cos\alpha\cdot\cos\beta-\sin\alpha\cdot\sin\beta= \\
=\cos\alpha\cdot\dfrac{L-R\cdot\cos\alpha}{r}-\sin\alpha\cdot\dfrac{R\cdot\sin\alpha}{r}= \\
=\dfrac{1}{r}\cdot\left(L\cdot\cos\alpha-R\cdot\cos^2\alpha-R\cdot\sin^2\alpha\right)=\dfrac{L\cdot\cos\alpha-R}{r}\Rightarrow \\
\Rightarrow\cos(\alpha+\beta)=\dfrac{L\cdot\cos\alpha-R}{r} \\
\cos^2(\alpha+\beta)=\dfrac{(L\cdot\cos\alpha-R)^2}{r^2}=\dfrac{L^2\cdot\cos^2\alpha+R^2-2R\cdot L\cdot\cos\alpha}{L^2+R^2-2\cdot R\cdot L\cdot\cos\alpha} \\
\eta_{iD}=\cos^2(\alpha+\beta)=\dfrac{L^2\cdot\cos^2\alpha+R^2-2R\cdot L\cdot\cos\alpha}{L^2+R^2-2\cdot R\cdot L\cdot\cos\alpha} \\
\omega_2=\dfrac{R\cdot\omega\cdot(L\cdot\cos\alpha-R)}{L^2+R^2-2\cdot R\cdot L\cdot\cos\alpha}=\dfrac{R\cdot L\cdot\cos\alpha-R^2}{L^2+R^2-2\cdot R\cdot L\cdot\cos\alpha}\cdot\omega
\end{cases}
\tag{2}
$$

$$
\begin{cases}
\omega_2\cdot\left(L^2+R^2-2\cdot R\cdot L\cdot\cos\alpha\right)=R\cdot L\cdot\cos\alpha\cdot\omega-R^2\cdot\omega \\
\varepsilon_2\cdot\left(L^2+R^2-2\cdot R\cdot L\cdot\cos\alpha\right)+\omega_2\cdot 2\cdot R\cdot L\cdot\sin\alpha\cdot\dot\alpha= \\
=-R\cdot L\cdot\omega\cdot\sin\alpha\cdot\dot\alpha;\ \ \alpha=\pi-\varphi;\ \ \dot\alpha=-\omega\Rightarrow-\dot\alpha=\omega \\
\varepsilon_2=-R\cdot L\cdot\sin\alpha\cdot\dfrac{\omega+2\cdot\omega_2}{L^2+R^2-2\cdot R\cdot L\cdot\cos\alpha}\cdot\dot\alpha \\
\varepsilon_2=R\cdot L\cdot\sin\alpha\cdot\dfrac{1+2\cdot\dfrac{R\cdot L\cdot\cos\alpha-R^2}{L^2+R^2-2\cdot R\cdot L\cdot\cos\alpha}}{L^2+R^2-2\cdot R\cdot L\cdot\cos\alpha}\cdot\omega^2 \\
\omega_2=\dfrac{-R\cdot L\cdot\cos\varphi-R^2}{L^2+R^2+2\cdot R\cdot L\cdot\cos\varphi}\cdot\omega \\
\varepsilon_2=R\cdot L\cdot\sin\varphi\cdot\dfrac{L^2-R^2}{\left(L^2+R^2+2\cdot R\cdot L\cdot\cos\varphi\right)^2}\cdot\omega^2 \\
\varphi_2=-\arcsin\left(\dfrac{R\cdot\sin\varphi}{\sqrt{L^2+R^2+2\cdot L\cdot R\cdot\cos\varphi}}\right)\cdot\dfrac{\varphi}{\pi-\varphi}
\end{cases}
\tag{3}
$$

CAP. IX MECANISME CU CAMĂ ŞI TACHET

9.1. UN SCURT ISTORIC AL MECANISMELOR DE DISTRIBUŢIE LEGAT DE ISTORICUL MOTORULUI OTTO ŞI DE CEL AL AUTOMOBILULUI

9.1.1. Apariţia şi dezvoltarea motoarelor cu ardere internă, cu supape, de tip Otto sau Diesel

În anul 1680 fizicianul olandez, Christian Huygens proiectează primul motor cu ardere internă.

În 1807 elveţianul Francois Isaac de Rivaz inventează un motor cu ardere internă care utiliza drept combustibil un amestec lichid de hidrogen şi oxigen. Automobilul proiectat de Rivaz pentru noul său motor a fost însă un mare insucces, astfel încât şi motorul său a trecut pe linie moartă, neavând o aplicaţie imediată.

În 1824 inginerul englez Samuel Brown adaptează un motor cu aburi determinându-l să funcţioneze cu benzină.

În 1858 inginerul de origine belgiană ***Jean Joseph Etienne Lenoir***, inventează şi brevetează doi ani mai târziu, practic primul motor real cu ardere internă cu aprindere electrică prin scânteie, cu gaz lichid (extras din cărbune), acesta fiind un motor ce funcţiona în doi timpi. În 1863 tot belgianul Lenoir este cel care adaptează la motorul său un carburator făcându-l să funcţioneze cu gaz petrolier (sau benzină).

În anul 1862 inginerul francez Alphonse Beau de Rochas, brevetează pentru prima oară motorul cu ardere internă în patru timpi (fără însă a-l construi).

Este meritul inginerilor germani ***Eugen Langen*** şi ***Nikolaus August Otto*** de a construi (realiza fizic, practic, modelul teoretic al francezului Rochas), primul motor cu ardere internă în patru timpi, în anul **1866**, având aprinderea electrică, carburaţia şi **distribuţia** într-o formă **avansată**.

Zece ani mai târziu, (în 1876), Nikolaus August Otto îşi brevetează motorul său.

În acelaşi an (1876), ***Sir Dougald Clerk***, pune la punct motorul în doi timpi al belgianului ***Lenoir***, (aducându-l la forma cunoscută şi azi).

În 1885 ***Gottlieb Daimler*** aranjează un motor cu ardere internă în patru timpi cu un singur cilindru aşezat vertical şi cu un carburator îmbunătăţit.

Un an mai târziu şi compatriotul său ***Karl Benz*** aduce unele îmbunătăţiri motorului în patru timpi pe benzină. Atât Daimler cât şi Benz lucrau noi motoare pentru noile lor autovehicole (atât de renumite).

În 1889 **Daimler îmbunătăţeşte** motorul cu ardere internă în patru timpi, construind un «doi cilindri în V», şi aducând **distribuţia la forma clasică de azi, «cu supapele în formă de ciupercuţe»**.

În 1890, Wilhelm Maybach, construieşte primul «patru-cilindri», cu ardere internă în patru timpi.

În anul 1892, inginerul german ***Rudolf Christian Karl Diesel***, inventează motorul cu aprindere prin comprimare, şi cu injecţie de combustibil, pe scurt motorul diesel. Primele motoare diesel au fost prevăzute (chiar din proiectare) să funcţioneze cu biocombustibili (acest mare inventator, Diesel, s-a gândit în mod evident şi la timpurile în care petrolul va fi tot mai puţin şi tot mai scump). Astfel primul model prezentat de Diesel lucra cu ulei vegetal stors din alune (arahide).

Mai târziu el a fost adaptat pe motorină, care nu putea fi utilizată la motoarele cu benzină deoarece motorina avea cifra octanică prea scăzută şi motorul de tip Otto (pe atunci cu carburaţie şi aprindere prin scânteie) făcea autoaprindere, aşa cum face şi azi când combustibilii utilizaţi nu au cifra octanică ridicată. Doar motoarele cu carburaţie (amestec carburant) în doi timpi pot face faţă la combustibili mai greoi, adică la benzine şi amestecuri cu cifră octanică mai scăzută, dar cu motorină se ancrasează şi ele foarte repede, plus că încep şi ele să facă autoaprindere. Motorina având cifra octanică scăzută se potriveşte perfect motoarelor diesel cu injecţie de combustibil şi cu autoaprindere, ca şi multe uleiuri vegetale dealtfel. Mai trebuie făcută precizarea că la motoarele diesel este eliminat carburatorul din start comprimându-se doar aerul, combustibilul fiind introdus atunci când comprimarea este terminată, prin injectare şi pulverizare (împrăştiere) sub presiune. El se autoaprinde imediat datorită presiunilor ridicate (în urma comprimării aerului). Prin arderea sa creşte foarte mult temperatura fapt ce sporeşte încă presiunea din camera de ardere producând timpul motor (detenta).

Astăzi şi motoarele Otto au eliminat carburaţia, injectând combustibilul asemenea motoarelor diesel, dar utilizând în continuare bujii pentru aprinderea combustibilului prin scânteie. În general delcoul a fost înlocuit cu o aprindere electronică. Motoarele diesel au şi ele un sistem de aprindere care funcţionează numai la rece, adică numai la pornirea motorului rece, după care se decuplează automat. Ele ar putea fi excluse dacă aerul introdus în motor ar fi preîncălzit (numai la motoarele diesel la care combustibilii grei, unsuroşi, motorine sau uleiuri vegetale, se aprind foarte uşor având cifra octanică scăzută; lucrul nu este posibil la combustibilii uşori cu cifre octanice mari, benzina, gazul, alcoolii, utilizaţi la motoarele Otto cu aprindere controlată prin scânteie). Mai trebuie făcută precizarea că atât motoarele Otto cât şi cele Diesel, funcţionează după un ciclu termic, energetic (de tip Carnot) în patru timpi, deci sunt motoare în patru timpi, astăzi ambele cu comprimare de aer şi injecţie de combustibil. Primele au aprindere, ultimele au autoaprindere.

Motoarele Lenoir-Clerk, în doi timpi, pot fi şi de tip otto (cu aprindere prin scânteie), şi de tip diesel (cu autoaprindere), în funcţie de modul lor de proiectare şi de combustibilii utilizaţi. Totuşi cele mai des întâlnite sunt cele clasice stil Otto, cu aprindere prin scânteie, cu carburaţie, şi având în loc de supape ferestre de distribuţie, astfel încât motoarele în doi timpi nu au contribuit la dezvoltarea mecanismelor de distribuţie cu supape.

Mai mult chiar, primele mecanisme cu supape nu au apărut datorită automobilelor ci datorită trenurilor, ele fiind utilizate la locomotivele cu aburi.

9.1.2. Primele mecanisme cu supape

Primele mecanisme cu supape apar în anul 1844, fiind utilizate la locomotivele cu aburi (fig. 1); ele au fost proiectate şi construite de inginerul mecanic belgian ***Egide Walschaerts***.

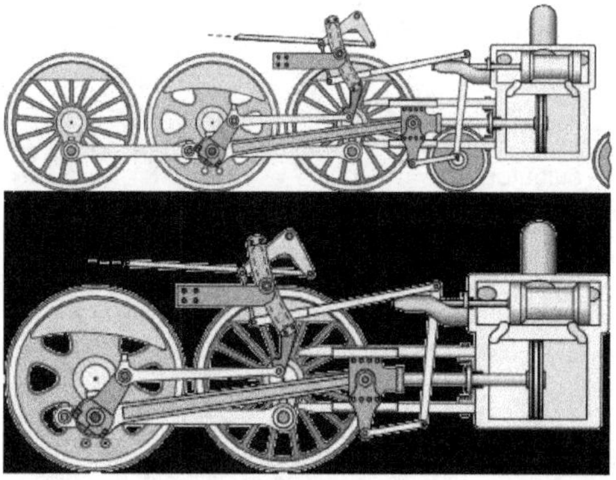

Fig. 1. *Primele mecanisme cu supape, utilizate la locomotivele cu aburi*

9.1.3. Primele mecanisme cu came

Primele mecanisme cu came sunt utilizate în Anglia şi Olanda la războaiele de ţesut (fig. 2). În 1719, în Anglia, un oarecare John Kay deschide într-o clădire cu cinci etaje o filatură. Cu un personal de peste 300 de femei şi copii, aceasta avea să fie prima fabrică din lume. Tot el devine celebru inventând suveica zburătoare, datorită căreia ţesutul devine mult mai rapid. Dar maşinile erau în continuare acţionate manual. Abia pe la 1750 industria textilă avea să fie revoluţionată prin aplicarea pe scară largă a acestei invenţii. Iniţial ţesătorii i s-au opus, distrugând suveicile zburătoare şi alungându-l pe inventator. Pe la 1760 apar războaiele de ţesut şi primele fabrici în accepţiunea modernă a cuvântului. Era nevoie de primele motoare. De mai bine de un secol, italianul Giovanni Branca propusese utilizarea aburului pentru acţionarea unor turbine. Experimentele ulterioare nu au dat satisfacţie. În Franţa şi Anglia, inventatori de marcă, ca Denis Papin sau marchizul de Worcester, veneau cu noi şi noi idei. La sfârşitul secolului XVII, Thomas Savery construise deja "prietenul minerului", un motor cu aburi ce punea în funcţiune o pompă pentru scos apa din galerii. Thomas Newcomen a realizat varianta comercială a pompei cu aburi, iar inginerul James Watt realizează şi adaptează un regulator de turaţie ce îmbunătăţeşte net motorul. Împreună cu fabricantul Mathiew Boulton construieşte primele motoare navale cu aburi şi în mai puţin de o jumătate de secol, vântul ce asigurase mai bine de 3000 de ani forţa de propulsie pe mare mai umfla acum doar pânzele navelor de agrement. În 1785 intră în funcţiune, prima filatură acţionată de forţa aburului, urmată rapid de alte câteva zeci.

Fig. 2. *Război de ţesut*

9.2. MECANISMELE DE DISTRIBUŢIE – PREZENTARE GENERALĂ

Primele mecanisme de distribuţie apar odată cu motoarele în patru timpi pentru automobile.

Schemele arborelui cu came şi a mecanismului de distribuţie pot fi urmărite în figura 1:

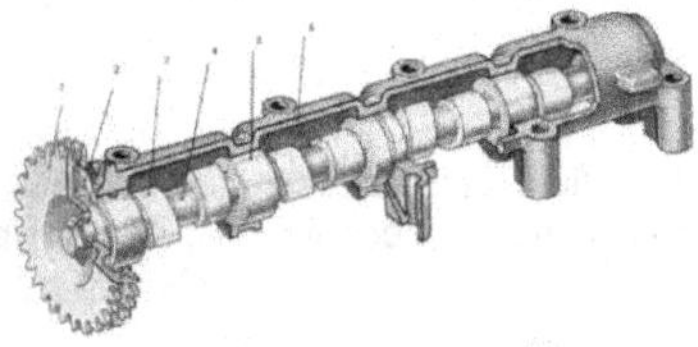

1. – roata de lanţ;
2. – fixare axială a arborelui;
3. – camă;
4. – arborele de distribuţie zonă neprelucrată ;
5. – fus palier; 6. – carcasă.

1. – arbore de distribuţie;
2. – tachet;
3. – tijă împingătoare;
4. – culbutor;
5. – supapă;
6. – arc de supapă.

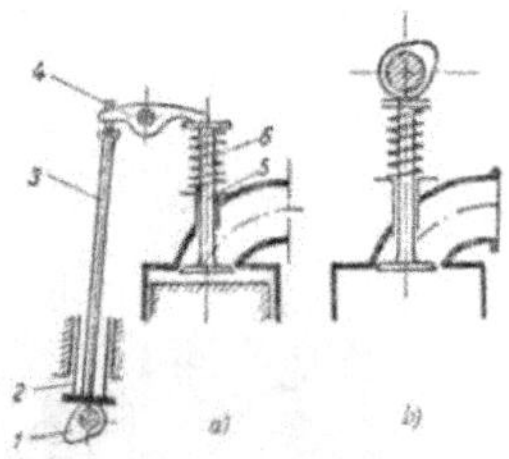

a) – model clasic cu tijă şi culbutor; b) – varianta compactă.

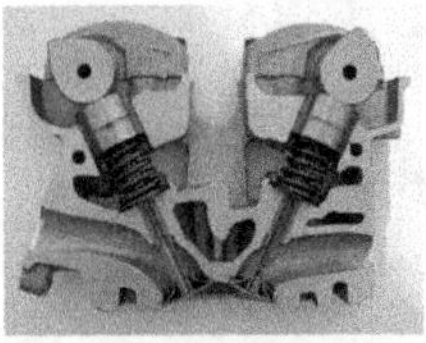

b. Un model constructiv pentru varianta compactă,

Tachetul este clasic, adică plat (sau cu talpă).

Fig. 1. *Schema mecanismului de distribuţie*

În ultimii 25 ani, s-au utilizat fel de fel de variante constructive, pentru a spori numărul de supape pe un cilindru, pentru a face distribuţia (variabilă deja) cât mai variabilă; de la 2 supape pe cilindru s-a ajuns chiar la 12 supape/cilindru; s-a revenit însă la variantele mai simple cu 2, 3, 4, sau 5 supape/cilindru. O suprafaţă mai mare de admisie sau evacuare se poate obţine şi cu o singură supapă, dar atunci când sunt mai multe se poate realiza o distribuţie variabilă pe o plajă mai mare de turaţii.

În figura 2 se poate vedea un mecanism de distribuţie echilibrat, de ultimă generaţie, cu patru supape pe cilindru, două pentru admisie şi două pentru evacuare; s-a revenit la mecanismul clasic cu tijă împingătoare şi culbutor, deoarece dinamica acestui model de mecanism este mult mai bună (decât la modelul fără culbutor). Constructorul suedez a considerat chiar că se poate îmbunătăţii dinamica mecanismului clasic utilizat prin înlocuirea tachetului clasic cu talpă printr-unul cu rolă.

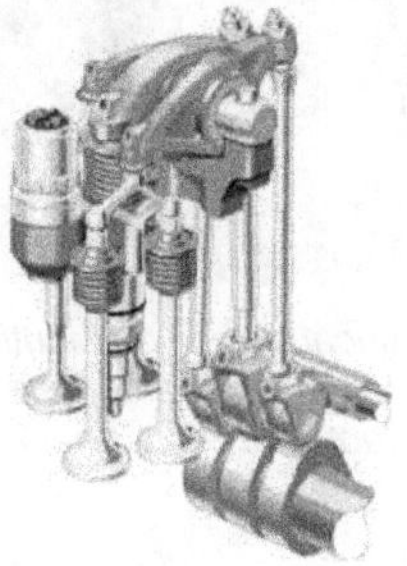

Fig. 2. *Mecanismul de distribuţie Scania (cu tachet cu rolă şi patru supape/cilindru)*

Camera de ardere modulară are o construcţie unică a sistemului de acţionare a supapelor. Arcurile supapelor exercită forţe mari pentru a asigura închiderea lor rapidă. Forţele pentru deschiderea lor sunt asigurate de tacheţi cu rolă acţionaţi de arborele cu came.

Economie: Tacheţii şi camele sunt mari, asigurând o acţionare lină şi precisă asupra supapelor. Aceasta se reflectă în consumul redus de combustibil.

Emisii poluante reduse: Acurateţea funcţionării mecanismului de distribuţie este un factor vital în eficienţa motorului şi în obţinerea unei combustii curate.

Cost de operare: Un beneficiu important adus de dimensiunile tacheţilor este rata scăzută a uzurii lor. Acest fapt reduce nevoia de reglaje. Funcţionarea supapelor rămâne constantă pentru o perioada lungă de timp. Dacă sunt necesare reglaje, acestea pot fi făcute rapid şi uşor.

În figura 3 se pot vedea schemele cinematice ale mecanismului de distribuţie cu două (în stânga), respectiv cu patru (în dreapta) supape pe cilindru.

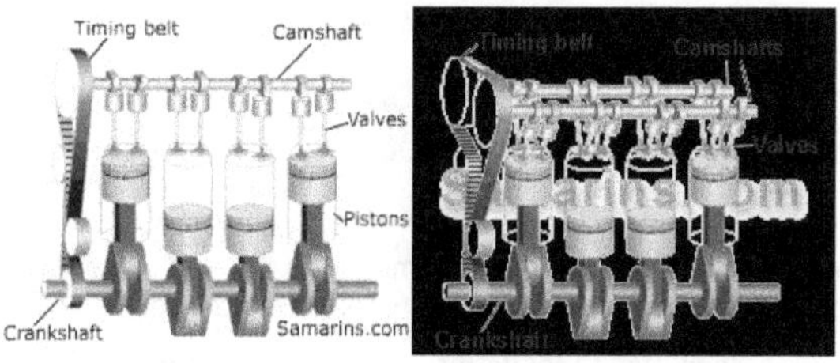

Fig. 3. *Schemele cinematice ale mecanismului de distribuţie cu două (în stânga), respectiv cu patru (în dreapta) supape pe cilindru*

În figura 4 se poate vedea schema cinematică a unui mecanism cu distribuţie variabilă cu 4 supape pe cilindru; prima camă deschide supapa normal iar a doua cu defazaj (motor hibrid realizat de grupul Peugeot-Citroen în anul 2006).

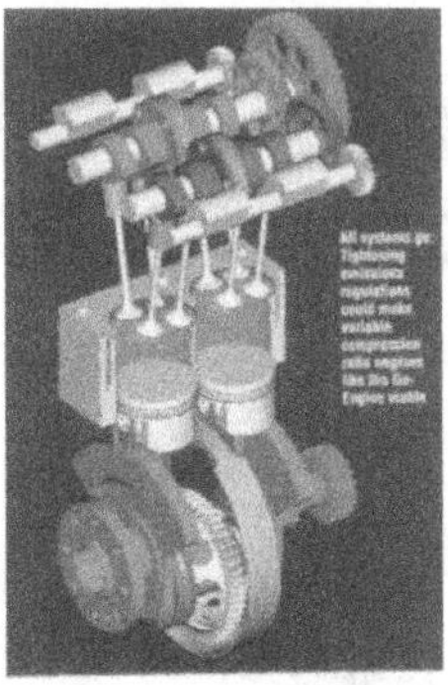

Fig. 4. *Schema cinematică a unui mecanism cu distribuţie variabilă cu 4 supape pe cilindru; prima camă deschide supapa normal iar a doua cu defazaj (motor hibrid realizat de grupul Peugeot-Citroen în anul 2006)*

9.3. MECANISMELE CU CAMĂ ROTATIVĂ ŞI TACHET DE TRANSLAŢIE PLAT (CU TALPĂ)

Primele MECANISME DE DISTRIBUŢIE (sau mecanismele de distribuţie clasice) utilizau o camă rotativă şi un tachet translant cu talpă (vezi fig. 1). Cum aceste mecanisme sunt de bază şi astăzi se va studia în continuare acest tip de mecanisme.

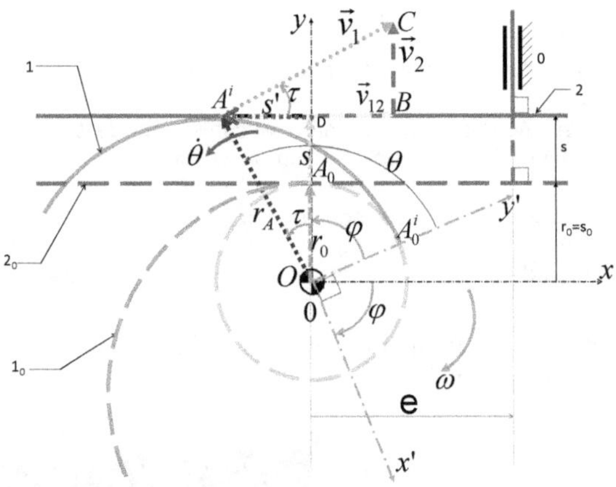

Fig. 1. *Schema de sinteză a unui mecanism clasic cu camă rotativă şi tachet de translaţie plat*

Sinteza geometro-cinematică a mecanismului din figura 1 se poate face cel mai rapid (cel mai simplu) prin (utilizând) metoda coordonatelor carteziene.

Tachetul 2 ocupă poziţia cea mai de jos atunci când se află în poziţia iniţială 0. Cama 1 se roteşte constant şi orar cu viteza ω începând să ridice (să salte) tachetul din poziţia iniţială 0 mergând până la o înălţime maximă, după care acesta începe să coboare revenind la un moment dat pe cercul de bază al camei, unde staţionează până când începe următorul ciclu cinematic de ridicare şi coborâre.

Pe figură sunt reprezentate două poziţii ale mecanismului. Cea iniţială 0, în care începe urcarea (ridicarea) tachetului, şi o poziţie oarecare din cursa de ridicare.

Avem în general patru segmente importante pe camă, corespunzătoare la tot atâtea faze ce compun ciclul cinematic al mecanismului. Faza de ridicare (urcare), faza de staţionare pe cercul de vârf al camei, faza de coborâre (revenire) şi ultima, faza de staţionare pe cercul de bază al camei.

9.3.1. Sinteza geometro-cinematică a unui mecanism clasic cu camă rotativă şi tachet plat translant

O metodă rapidă de sinteză geometrică este cea a coordonatelor carteziene (vezi fig. 1).

În sistemul fix xOy, coordonatele carteziene ale punctului A de contact (aparţinând tachetului 2) sunt date de proiecţiile vectorului de poziţie r_A pe axele Ox respectiv Oy, şi au expresiile analitice exprimate de sistemul relaţional (1).

$$\begin{cases} x_T = r_A \cdot \cos\left(\varphi + \tau + \frac{\pi}{2} - \varphi\right) = r_A \cdot \cos\left(\frac{\pi}{2} + \tau\right) = -r_A \cdot \sin\tau = -r_A \cdot \frac{s'}{r_A} = -s' \\ y_T = r_A \cdot \sin\left(\varphi + \tau + \frac{\pi}{2} - \varphi\right) = r_A \cdot \sin\left(\frac{\pi}{2} + \tau\right) = r_A \cdot \cos\tau = r_A \cdot \frac{r_0 + s}{r_A} = r_0 + s \end{cases} \quad (1)$$

În sistemul mobil x'Oy', coordonatele carteziene ale punctului A de contact (aparţinând profilului camei 1 care s-a rotit orar cu unghiul φ), sunt date de relaţiile sistemelor (2-3).

$$\begin{cases} x_C = r_A \cdot \cos\left(\varphi + \tau + \frac{\pi}{2} - \varphi + \varphi\right) = r_A \cdot \cos\left(\frac{\pi}{2} + \tau + \varphi\right) = r_A \cdot \sin(-\varphi - \tau) = -r_A \cdot \sin(\varphi + \tau) = \\ = -r_A \cdot (\sin\varphi \cdot \cos\tau + \sin\tau \cdot \cos\varphi) = -r_A \cdot \frac{r_0 + s}{r_A} \cdot \sin\varphi - r_A \cdot \frac{s'}{r_A} \cdot \cos\varphi = -(r_0 + s) \cdot \sin\varphi - s' \cdot \cos\varphi \\ y_C = r_A \cdot \sin\left(\varphi + \tau + \frac{\pi}{2} - \varphi + \varphi\right) = r_A \cdot \sin\left(\frac{\pi}{2} + \tau + \varphi\right) = r_A \cdot \cos(-\varphi - \tau) = r_A \cdot \cos(\varphi + \tau) = \\ = r_A \cdot (\cos\varphi \cdot \cos\tau - \sin\tau \cdot \sin\varphi) = r_A \cdot \frac{r_0 + s}{r_A} \cdot \cos\varphi - r_A \cdot \frac{s'}{r_A} \cdot \sin\varphi = (r_0 + s) \cdot \cos\varphi - s' \cdot \sin\varphi \end{cases} \quad (2)$$

$$\begin{cases} x_C = -s' \cdot \cos\varphi - (r_0 + s) \cdot \sin\varphi \\ y_C = (r_0 + s) \cdot \cos\varphi - s' \cdot \sin\varphi \end{cases} \quad (3)$$

Observaţie: Dezaxarea e dintre axa tachetului şi cea a camei, nu influenţează sinteza geometro-cinematică a mecanismului.

9.3.2. Distribuţia forţelor şi determinarea randamentului la un mecanism clasic cu camă rotativă şi tachet plat translant

Forţa motoare consumată, F_c, perpendiculară în A pe vectorul r_A, se divide în două componente: a) F_m, care reprezintă forţa utilă, sau forţa motoare redusă la tachet; b) F_ψ, care este forţa de alunecare între cele două profile ale camei şi tachetului, (vezi figura 2) şi relaţiile (1-10).

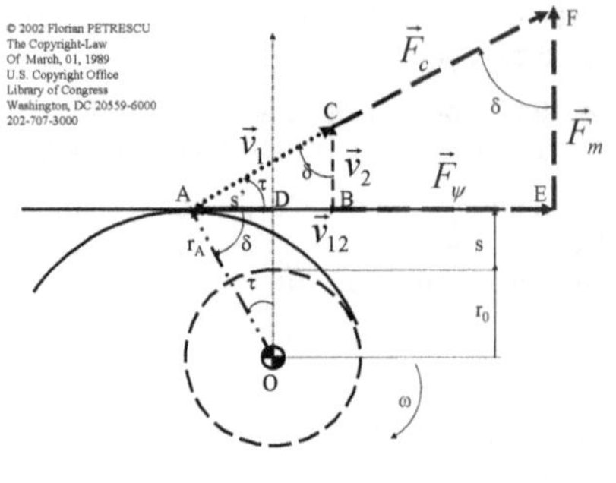

Fig. 2. *Forţe şi viteze la tachetul translant cu talpă*

$$F_m = F_c \cdot \sin\tau \quad (1) \qquad v_2 = v_1 \cdot \sin\tau \quad (2) \qquad P_u = F_m \cdot v_2 = F_c \cdot v_1 \cdot \sin^2\tau \quad (3)$$

$$P_c = F_c \cdot v_1 \quad (4) \qquad \eta_i = \frac{P_u}{P_c} = \frac{F_c \cdot v_1 \cdot \sin^2\tau}{F_c \cdot v_1} = \sin^2\tau = \cos^2\delta \quad (5)$$

$$\sin^2\tau = \frac{s'^2}{r_A^2} = \frac{s'^2}{(r_0+s)^2 + s'^2} \quad (6) \qquad F_\psi = F_c \cdot \cos\tau \quad (7) \qquad v_{12} = v_1 \cdot \cos\tau \quad (8)$$

$$P_\psi = F_\psi \cdot v_{12} = F_c \cdot v_1 \cdot \cos^2\tau \quad (9) \qquad \psi_i = \frac{P_\psi}{P_c} = \frac{F_c \cdot v_1 \cdot \cos^2\tau}{F_c \cdot v_1} = \cos^2\tau = \sin^2\delta \quad (10)$$

9.3.3. Dinamica mecanismelor clasice de distribuţie

9.3.3.1 Cinematica de precizie (dinamică) la mecanismul clasic de distribuţie

În figura 3 este prezentată schema cinematică a mecanismului clasic de distribuţie, în două poziţii consecutive; cu linie întreruptă este reprezentată poziţia particulară când tachetul se află în planul cel mai de jos, (s=0), iar cama, care se roteşte în sens orar cu viteza unghiulară constantă, ω, se situează în punctul A^0, adică în punctul de racordare dintre profilele de bază şi de urcare, punct particular care marchează începutul urcării tachetului, datorită ridicării profilului camei; cu linie continuă este reprezentată cupla superioară într-o poziţie oarecare aparţinând fazei de ridicare.

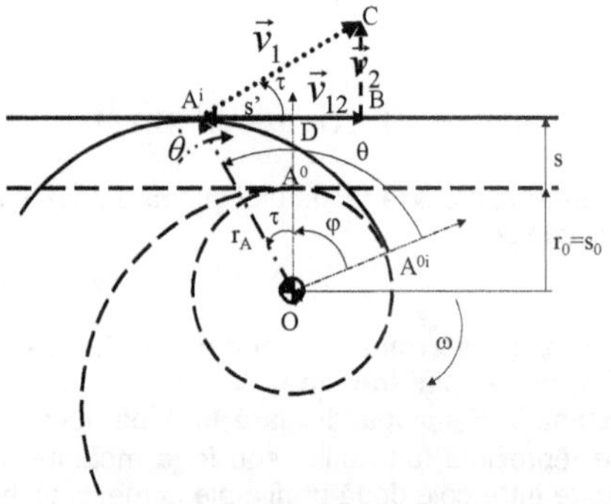

Fig. 3. Cinematica la mecanismul clasic de distribuţie

Punctul A^0 marchează deci, poziţia iniţială a cuplei, reprezentând în acelaşi timp şi punctul de contact dintre camă şi tachet în poziţia iniţială. Cama se roteşte cu viteza unghiulară ω, viteză constantă ce caracterizează arborele cu came (mişcarea arborelui de distribuţie).

Cama se roteşte deci cu viteza ω, parcurgând unghiul φ, care arată cum cercul de bază s-a rotit în sens orar, solidar cu arborele; rotaţia se poate urmări pe cercul de bază între cele două puncte particulare, A^0 şi A^{0i}.

În acest timp vectorul r_A=OA (care reprezintă distanţa de la centrul camei, O, până la punctul de contact A, dintre camă şi tachet), se roteşte în sens invers (trigonometric) cu unghiul τ. Dacă măsurăm unghiul θ, care poziţionează vectorul general r_A în funcţie de vectorul particular r_{A0} (care arată distanţa de la centrul camei, O, la punctul de racordare A^0 dintre profilul de bază şi cel de ridicare, vector care se roteşte şi el odată cu cama), observăm faptul că valoarea lui θ este de fapt suma dintre cele două unghiuri care se rotesc în sensuri opuse, φ şi τ. De fapt acest unghi θ se măsoară trigonometric, de la vectorul r_{A0} la vectorul r_A, fapt care ne obligă să măsurăm unghiul φ tot trigonometric, de la vectorul r_{A0} aflat într-o poziţie oarecare i, la vectorul r_{A0} din poziţia iniţială (corespunzător axei verticale); aşadar şi unghiul φ se va măsura tot trigonometric, invers rotaţiei, adică în sensul care descrie trasarea profilului camei. Putem exprima acum relaţia (0):

$$\theta = \varphi + \tau \qquad (0)$$

Practic dacă r_A este modulul (lungimea variabilă a) vectorului $\vec{r}_A$, θ_A reprezintă unghiul de fază al vectorului $\vec{r}_A$. Adică r_A şi θ_A sunt coordonatele polare ale vectorului $\vec{r}_A$.

Viteza de rotaţie a vectorului $\vec{r}_A$ este $\dot{\theta}_A$ şi este o funcţie de viteza unghiulară a camei, ω (adică de turaţia camei), dar şi de unghiul φ, prin intermediul legilor de mişcare s(φ), s'(φ), s"(φ).

Tachetul nu este acţionat direct de camă, de unghiul φ, şi de viteza unghiulară ω, ci de către vectorul $\vec{r}_A$, care are modulul r_A, unghiul de poziţie θ_A şi viteza unghiulară (viteza de rotaţie) $\dot{\theta}_A$. Aşadar, definitoriu pentru cinematica mecanismelor cu camă şi tachet, este faptul că tachetul nu este acţionat direct de camă ci indirect, în cazul modulului clasic C prin vectorul $\vec{r}_A$, care se roteşte cu viteza unghiulară $\dot{\theta}_A$, iar nu cu cea a camei, ω. De aici rezultă o cinematică particulară-exactă, cea prezentată în general în manualele de specialitate fiind de fapt doar o cinematică aproximativă a cuplei superioare cu camă şi tachet. Aşa cum se va vedea în continuare acest fapt conduce la o funcţie de transmitere a mişcării foarte complexă, greu de dedus şi de urmărit (fapt care ar justifica ocolirea ei printr-o cinematică aproximativă, mult mai comodă dar inexactă).

Din punct de vedere cinematic definim următoarele viteze (vezi fig. 3):

$\vec{v}_1$ =viteza camei; este de fapt viteza vectorului $\vec{r}_A$, în punctul A, astfel încât nu este corect să scriem relaţia (1) aproximativă, dar este valabilă relaţia (2) pentru determinarea precisă a vitezei de intrare, v_1:

$$v_1 = r_A.\omega \qquad (1) \qquad\qquad v_1 = r_A.\dot{\theta}_A \qquad (2)$$

Relaţia (2) exprimă modulul exact al vitezei de intrare, cunoscută, $\vec{v}_1$.

Viteza $\vec{v}_1$ =AC se descompune în vitezele $\vec{v}_2$ =BC (viteza tachetului care acţionează pe axa acestuia, pe direcţie verticală) şi $\vec{v}_{12}$ =AB (viteza de alunecare dintre profile, viteza de alunecare dintre camă şi tachet, care lucrează pe direcţia tangentei comune la cele două profile dusă în punctul de contact).

Cum deobicei cama (profilul camei) se construieşte cu AD=s', pentru modulul clasic, C, putem scrie relaţiile:

$$r_A^2 = (r_0 + s)^2 + s'^2 \quad (3) \qquad r_A = \sqrt{(r_0 + s)^2 + s'^2} \quad (4)$$

$$\cos\tau = \frac{r_0 + s}{r_A} = \frac{r_0 + s}{\sqrt{(r_0 + s)^2 + s'^2}} \quad (5)$$

$$\sin\tau = \frac{AD}{r_A} = \frac{s'}{r_A} = \frac{s'}{\sqrt{(r_0 + s)^2 + s'^2}} \quad (6)$$

$$v_2 = v_1.\sin\tau = r_A.\dot{\theta}_A.\frac{s'}{r_A} = s'.\dot{\theta}_A \quad (7)$$

Se credea că viteza tachetului se poate scrie; v_2=s'.ω, dar iată că în realitate cama (mecanismul cu camă şi tachet) impune o funcţie de transmitere (în funcţie de tipul cuplei).

La mecanismul clasic de distribuţie, funcţia de transmitere este reprezentată printr-un parametru (coeficient dinamic) D, conform relaţiilor (8-9):

$$\dot{\theta}_A = D.\omega; \quad D = \frac{\dot{\theta}_A}{\omega} \quad (8) \qquad v_2 = s'.\dot{\theta}_A = s'.D.\omega \quad (9)$$

Determinarea vitezei de alunecare dintre profile se face cu ajutorul relaţiei (10):

$$v_{12} = v_1.\cos\tau = r_A.\dot{\theta}_A.\frac{r_0 + s}{r_A} = (r_0 + s).\dot{\theta}_A \quad (10)$$

Unghiurile τ şi θ_A vor fi determinate în continuare, împreună şi cu derivatele lor de ordinul 1 şi 2.

Unghiul τ se determină din triunghiul ODA' (vezi fig..1) cu relaţiile (11-13):

$$\sin\tau = \frac{s'}{\sqrt{(r_0 + s)^2 + s'^2}} \quad (11)$$

$$\cos\tau = \frac{r_0 + s}{\sqrt{(r_0 + s)^2 + s'^2}} \quad (12)$$

$$tg\tau = \frac{s'}{r_0 + s} \quad (13)$$

Derivăm (11) în funcţie de unghiul φ şi obţinem (14):

$$\tau'.\cos\tau = \frac{s''.r_A - s'.\dfrac{(r_0+s).s'+s'.s''}{r_A}}{(r_0+s)^2+s'^2} \tag{14}$$

Relaţia (14) se scrie sub forma (15):

$$\tau'.\cos\tau = \frac{s''.(r_0+s)^2 + s''.s'^2 - s'^2.(r_0+s) - s'^2.s''}{[(r_0+s)^2+s'^2].\sqrt{(r_0+s)^2+s'^2}} \tag{15}$$

Din relaţia (12) scoatem valoarea lui cosτ şi o introducem în termenul stâng al expresiei (15); apoi se reduc s".s'[2] din termenul drept al expresiei (15) şi obţinem o relaţie de forma (16):

$$\tau'.\frac{r_0+s}{\sqrt{(r_0+s)^2+s'^2}} = \frac{(r_0+s).[s''.(r_0+s)-s'^2]}{[(r_0+s)^2+s'^2].\sqrt{(r_0+s)^2+s'^2}} \tag{16}$$

După simplificări obţinem în final relaţia (17) care reprezintă expresia lui τ':

$$\tau' = \frac{s''.(r_0+s)-s'^2}{(r_0+s)^2+s'^2} \tag{17}$$

Acum, când avem τ' explicitat, putem determina imediat derivatele următoare, pentru moment limitându-ne la derivata de ordinul 2, τ" (pentru alte modele dinamice, mai sunt necesare încă cel puţin două derivate, τ''' şi τ^{IV}). Expresia (17) se derivează direct şi obţinem pentru început relaţia (18):

$$\tau'' = \frac{[s'''(r_0+s)+s''s'-2s's''][(r_0+s)^2+s'^2]-2[s''(r_0+s)-s'^2][(r_0+s)s'+s's'']}{[(r_0+s)^2+s'^2]^2} \tag{18}$$

Se reduc parţial termenii s'.s" din prima paranteză de la numărător, după care se scoate s' din a patra paranteză de la numărător în factor comun şi obţinem expresia (19):

$$\tau'' = \frac{[s'''.(r_0+s)-s'.s''].[(r_0+s)^2+s'^2]-2.s'.[s''.(r_0+s)-s'^2].[r_0+s+s'']}{[(r_0+s)^2+s'^2]^2} \tag{19}$$

Acum se poate calcula θ_A, cu primele două derivate ale sale, $\dot{\theta}_A$ şi $\ddot{\theta}_A$. Pentru simplificare în loc de θ_A se va scrie simplu, θ. Din figura 1 se observă imediat relaţia (20), care este o reluare a primei expresii prezentate în acest capitol, expresia (0):

$$\theta = \tau + \varphi \tag{20}$$

Derivăm (20) şi obţinem relaţia (21):

$$\dot{\theta} = \dot{\tau} + \dot{\varphi} = \tau'.\omega + \omega = \omega.(1+\tau') = D.\omega \tag{21}$$

Derivăm a doua oară (20), adică derivăm (21) şi obţinem (22):

$$\ddot{\theta} = \ddot{\tau} + \ddot{\varphi} = \tau''\cdot\omega^2 = D'\cdot\omega^2 \tag{22}$$

Se observă faptul că funcţia de transmitere a mişcării, la modulul clasic (C), se poate scrie acum sub forma (23-24):

$$D = \tau' + 1 \tag{23}$$

$$D^I = \tau'' \tag{24}$$

Despre rolul funcţiilor de transmitere, D şi D', sau funcţia de transmitere (coeficientul dinamic) D cu derivata ei se va vorbi în continuare.

Relaţia $\dot{s} = s'.\omega$ este perfect valabilă, numai că ideea conform căreia $\dot{s}$ este identic cu v_2 (viteza tachetului, impusă de cuplă) este eronată. Viteza tachetului pe care deja am demonstrat-o anterior, se obţine cu ajutorul funcţiei de transmitere, D, conform relaţiei (25):

$$v_2 = s' \cdot w = s' \cdot \dot{\theta}_A = s' \cdot \dot{\theta} = s' \cdot D \cdot \omega = \dot{s} \cdot D \tag{25}$$

Iată că în realitate viteza tachetului este produsul lui s' nu cu ω, ci cu o viteză unghiulară variabilă, w, care însă se poate exprima sub forma unui produs dintre o variabilă D şi viteza unghiulară constantă, ω, (vezi relaţia 26).

$$w = D.\omega \tag{26}$$

Această relaţie generală lucrează în cazul tuturor mecanismelor cu camă şi tachet, iar pentru mecanismul clasic de distribuţie (Modul C), variabila w este identică cu $\dot{\theta}_A$ (vezi relaţia 25). De exemplu, la modulul B (mecanismul cu camă rotativă şi tachet translant cu rolă), funcţia de transmitere este mult mai complexă, fapt care conduce şi la derivate ale ei mult mai complexe, deoarece dacă obţinerea funcţiei de transmitere, D, la modulul B, este dificilă, deja prima ei derivată, D', se obţine cu multă trudă, iar pentru D" şi D''' volumul de muncă este considerabil. Dacă viteza reală (chiar cinematic, nu numai dinamic) a tachetului, la modulul clasic C, este $\dot{y} \equiv v_2 = s'.D.\omega$, putem determina imediat şi acceleraţia reală a tachetului (vezi relaţia 27), prin derivarea lui v_2 în funcţie de timp.

$$\ddot{y} \equiv a_2 = (s'' \cdot D + s' \cdot D') \cdot \omega^2 \tag{27}$$

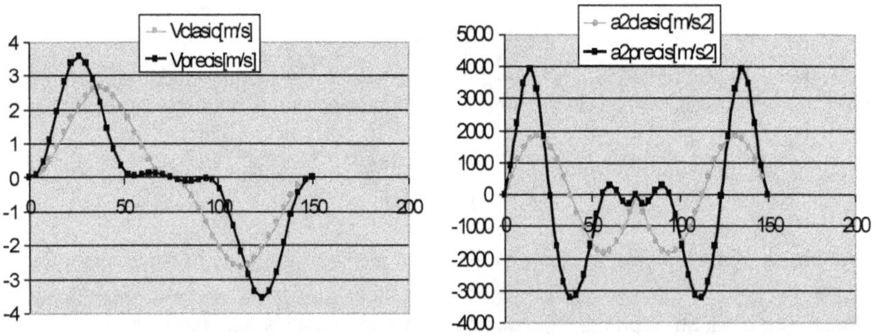

a) b)

Fig. 4. *Comparaţie între cinematica clasică şi cea propusă în prezenta lucrare. a-viteze şi b-acceleraţii ale tachetului*

Rezultă de aici faptul că pentru determinarea acceleraţiei reale a tachetului, sunt necesare atât s' şi s", cât şi D şi D', iar pentru obţinerea lui D respectiv D' sunt necesare variabilele τ' şi respectiv τ".

Numai când se trasează diagramele v_2 şi a_2 în funcţie de unghiul φ, calculate cinematic precis, pe baza relaţiilor (25) şi respectiv (27), avem impresia unei viteze şi a unei *acceleraţii* cu aspecte *dinamice* (vezi diagramele din figura 4 a-b). Calculele care au stat la baza trasării diagramelor comparative, se bazează pe legea SINus, o turaţie a arborelui motor de n=5500 [rot/min], un unghi de urcare φ_u=75 [grade] egal cu cel de coborâre, o rază a cercului de bază r_0=17 [mm] şi o cursă maximă a tachetului h_T=6[mm].

Totuşi dinamica este mult mai complexă, ţinând cont şi de masele şi momentele inerţiale, de forţele rezistente şi motoare ale mecanismului, de amortizările şi elasticităţile întregului lanţ cinematic, de forţele de inerţie din sistem, de turaţia mecanismului, de variaţia vitezei unghiulare ω (considerată în general constantă) cu poziţia φ a camei dar şi cu turaţia n a arborelui motor.

9.3.3.2 Rezolvarea aproximativă a ecuaţiei de mişcare Lagrange

În cadrul studiului cinematic şi cinetostatic al mecanismelor, se consideră viteza de rotaţie a arborelui de intrare (manivela), constantă, $\dot{\varphi} = \omega$=constant, iar acceleraţia unghiulară corespunzătoare, nulă, $\ddot{\varphi} = \dot{\omega} = \varepsilon = 0$.

În realitate, datorită maselor şi momentelor inerţiale, dar şi a momentelor motoare şi rezistente, această viteză unghiulară ω nu este constantă, ci variază în funcţie de poziţia φ a arborelui respectiv. Mecanismele cu camă şi tachet se supun şi ele acestei legi, astfel încât vom urmări ecuaţia generală Lagrange, scrisă sub formă diferenţială şi modul ei general de rezolvare. Ecuaţia Lagrange, scrisă sub formă diferenţială (denumită şi ecuaţia maşinii), are forma (28).

$$J^*.\ddot{\varphi} + \frac{1}{2}.J^{*I}.\dot{\varphi}^2 = M^* \tag{28}$$

unde J* este momentul de inerţie (momentul masic, sau mecanic) al mecanismului, redus la manivelă, iar M* reprezintă momentul motor redus minus momentul rezistent redus, reduse la manivelă; unghiul φ reprezintă unghiul de rotaţie al manivelei. J^{*I} reprezintă derivata momentului mecanic în funcţie de unghiul φ de rotaţie al manivelei (29).

$$\frac{1}{2}.J^{*I} = \frac{1}{2}.\frac{dJ^*}{d\varphi} = L \tag{29}$$

Dacă utilizăm notaţia (29), ecuaţia (28) se rescrie sub forma (30):

$$J^*.\ddot{\varphi} + L.\dot{\varphi}^2 = M^* \tag{30}$$

Împărţim ambii termeni la J* şi (30) ia forma (31):

$$\ddot{\varphi} + \frac{L}{J^*}.\dot{\varphi}^2 = \frac{M^*}{J^*} \tag{31}$$

Trecem termenul cu $\dot{\varphi}^2$ în dreapta şi obţinem (32):

$$\ddot{\varphi} = \frac{M^*}{J^*} - \frac{L}{J^*}.\dot{\varphi}^2 \tag{32}$$

Prelucrăm termenul din stânga ecuaţiei (32) sub forma (33), şi obţinem pentru (32) forma (34):

$$\ddot{\varphi}=\frac{d\dot{\varphi}}{dt}=\frac{d\dot{\varphi}}{d\varphi}.\frac{d\varphi}{dt}=\frac{d\dot{\varphi}}{d\varphi}.\dot{\varphi}=\frac{d\omega}{d\varphi}.\omega \qquad (33)$$

$$\omega.\frac{d\omega}{d\varphi}=\frac{M^*}{J^*}-\frac{L}{J^*}.\omega^2=\frac{M^*-L.\omega^2}{J^*} \qquad (34)$$

Deoarece, pentru un anumit unghi φ, ω variază de la valoarea nominală constantă ω_n la valoarea ω, putem scrie relaţia (35), unde $d\omega$ reprezintă variaţia instantanee pentru un anumit φ, ea fiind o variabilă de φ, care adăugată la constanta ω_n conduce la variabila căutată, ω:

$$\omega=\omega_n+d\omega \qquad (35)$$

În relaţia (35), ω şi $d\omega$ sunt funcţii de unghiul φ, iar ω_n este un parametru constant, care poate lua diferite valori în funcţie de turaţia arborelui conducător, n. La un moment dat, turaţia n este considerată constantă şi la fel ω_n, însă cum ea poate lua diferite valori (şi n şi ω_n) se poate considera ω_n ca fiind o funcţie de turaţia n, astfel încât şi ω devine o funcţie şi de n, cu atât mai mult cu cât chiar $d\omega$ este funcţie de φ dar şi de ω_n (vezi relaţia 36):

$$\omega(\varphi,n)=\omega_n(n)+d\omega(\varphi,\omega_n(n)) \qquad (36)$$

Introducând (35) în (34), obţinem ecuaţia (37):

$$(\omega_n+d\omega).d\omega=[\frac{M^*}{J^*}-\frac{L}{J^*}.(\omega_n+d\omega)^2].d\varphi \qquad (37)$$

În continuare obţinem ecuaţia de forma (38):

$$\omega_n.d\omega+(d\omega)^2=\frac{M^*}{J^*}.d\varphi-\frac{L}{J^*}.d\varphi.[\omega_n^2+(d\omega)^2+2.\omega_n.d\omega] \qquad (38)$$

Ecuaţia (38) se scrie sub forma (39):

$$\begin{aligned}&\omega_n.d\omega+(d\omega)^2-\frac{M^*}{J^*}.d\varphi+\frac{L}{J^*}.d\varphi.\omega_n^2+\\&+\frac{L}{J^*}.d\varphi.(d\omega)^2+2.\frac{L}{J^*}.d\varphi.\omega_n.d\omega=0\end{aligned} \qquad (39)$$

Grupăm termenii doi câte doi şi obţinem ecuaţia (40):

$$\begin{aligned}&(\frac{L}{J^*}.d\varphi+1).(d\omega)^2+2.(\frac{L}{J^*}.d\varphi+\frac{1}{2}).\omega_n.d\omega-\\&-(\frac{M^*}{J^*}.d\varphi-\frac{L}{J^*}.d\varphi.\omega_n^2)=0\end{aligned} \qquad (40)$$

Ecuaţia (40) este o ecuaţie de gradul 2 în ($d\omega$). Discriminantul ecuaţiei (40) se scrie iniţial sub forma (41), iar apoi se reduce la forma (42):

$$\Delta = \frac{L^2}{J^{*2}}.(d\varphi)^2.\omega_n^2 + \frac{\omega_n^2}{4} + \frac{L}{J^*}.d\varphi.\omega_n^2 + \frac{L.M^*}{J^{*2}}.(d\varphi)^2$$
$$+ \frac{M^*}{J^*}.d\varphi - \frac{L^2}{J^{*2}}.(d\varphi)^2.\omega_n^2 - \frac{L}{J^*}.d\varphi.\omega_n^2 \quad (41)$$

$$\Delta = \frac{\omega_n^2}{4} + \frac{L.M^*}{J^{*2}}.(d\varphi)^2 + \frac{M^*}{J^*}.d\varphi \quad (42)$$

Se reţine, pentru dω, numai soluţia cu plus, care poate genera atât valori pozitive cât şi valori negative (43), valori care se încadrează în limite normale, generând pentru ω valori normale; pentru $\Delta < 0$ se consideră dω=0 (acest caz nu apare de loc pentru o ecuaţie corectă).

$$d\omega = \frac{-\frac{L}{J^*}.d\varphi.\omega_n - \frac{\omega_n}{2} + \sqrt{\Delta}}{\frac{L}{J^*}.d\varphi + 1} \quad (43)$$

Observaţii: Pentru mecanismele cu camă şi tachet, utilizând noile relaţiile, cu M^* (momentul redus al întregului mecanism) obţinut prin scrierea momentului rezistent redus cunoscut şi prin calculul celui motor prin integrarea celui rezistent pe toată zona de urcare (de exemplu), se determină frecvent valori mari şi chiar foarte mari pentru dω, sau zone întregi în care realizantul Δ, ia valori negative, generând soluţii complexe pentru dω, pe care îl considerăm 0 pe aceste zone, fapt care ne îndreptăţeşte să reconsiderăm metoda determinării momentului redus, unde unul din cele două momente, cel rezistent sau cel motor este cunoscut printr-o relaţie de calcul, iar celălalt, se determină prin integrarea celui cunoscut pe un anumit domeniu.

Dacă considerăm cunoscute atât M^*_r cât şi M^*_m şi le calculăm pe fiecare în parte cu relaţia aferentă (independentă una de alta, adică fără integrare), se obţin pentru mecanismele cu camă şi tachet, valori normale pentru dω (valori care se păstrează pe tot intervalul în limite normale, iar în plus discriminantul, Δ, este în permanenţă pozitiv, adică ≥0, astfel încât nu apar soluţii complexe pentru dω).

Forţa rezistentă redusă la supapă e dată de (44), iar forţa motoare redusă la axul supapei se obţine cu (45):

$$F_r^* = k.(x_0 + x) \quad (44)$$

$$F_m^* = K.(y - x) \quad (45)$$

Momentul rezistent redus (46) sau cel motor redus (47), se calculează înmulţind forţa rezistentă redusă, respectiv cea motoare redusă, cu viteza redusă x'.

$$M_r^* = k.(x_0 + x).x' \quad (46)$$

$$M_m^* = K.(y - x).x' \quad (47)$$

9.3.3.3 Relaţia dinamică utilizată

Relaţiile dinamice utilizate sunt (48-49).

$$\Delta X = (-1)\cdot \frac{(k^2+2\cdot k\cdot K)\cdot s^2+2\cdot k\cdot x_0\cdot(K+k)\cdot s+[\frac{K^2}{K+k}\cdot m_S^*+(K+k)\cdot m_T^*]\cdot\omega^2\cdot(Ds')^2}{2\cdot(s+\frac{k\cdot x_0}{K+k})\cdot(K+k)^2} \quad (48)$$

$$X = s - \frac{[\frac{K^2}{K+k}\cdot m_S^*+(K+k)\cdot m_T^*]\cdot\omega^2\cdot(Ds')^2}{2\cdot(s+\frac{k\cdot x_0}{K+k})\cdot(K+k)^2} - \frac{(k^2+2\cdot k\cdot K)\cdot s^2+2\cdot k\cdot x_0\cdot(K+k)\cdot s}{2\cdot(s+\frac{k\cdot x_0}{K+k})\cdot(K+k)^2} \quad (49)$$

9.3.3.4 Analiza dinamică

Analiza dinamică a legii clasice sin, se vede în diagrama din figura 3, iar în figura 4 se observă cea pentru o lege originală (C4P):

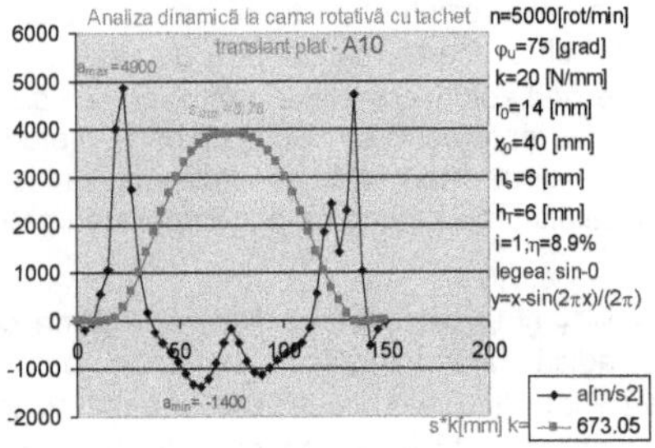

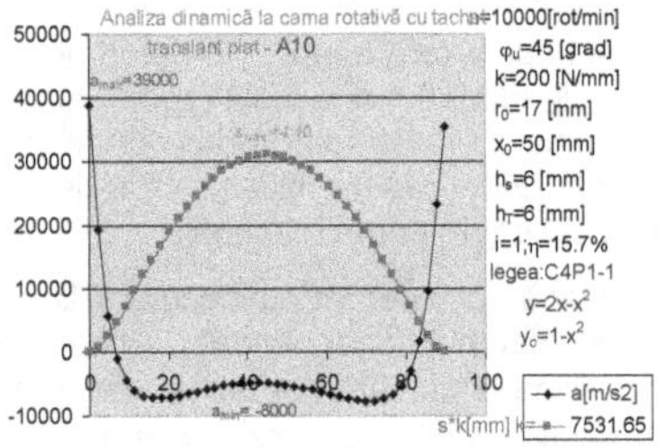

Fig. 3. *Analiza dinamică a legii sin, φ_u=75 [grad], n=5000 [r/m]* **Fig. 4.** *Analiza dinamică la legea originală C4P, φ_u=45 [grad], n=10000 [r/m]*

9.4. MECANISMELE CU CAMĂ ROTATIVĂ ŞI TACHET DE TRANSLAŢIE CU ROLĂ

9.4.1 Prezentare generală

Mecanismele cu camă rotativă şi tachet translant cu rolă (Modul B), au o cinematică aparte, datorată în primul rând geometriei mecanismului, fapt care ne obligă la un studiu mai amănunţit dacă dorim să determinăm cu precizie cinematica şi dinamica acestui mecanism. În mod normal acest tip de mecanism se studiază aproximativ, considerându-se, atât pentru cinematică cât şi pentru cinetostatică, suficient, un studiu asupra cuplei B (centrul rolei).

Aproximarea aceasta (vezi fig. 1) prezintă însă o mare deficienţă datorită faptului că se neglijează cinematica şi cinetostatica de precizie a mecanismului, fapt ce conduce la un studiu dinamic inadecvat.

Un studiu precis (exact), este posibil doar atunci când analizăm ce se petrece în punctul A (punctul de contact dintre camă şi rola tachetului).

Punctul A este definit de vectorul $\overline{r}_A$ având lungimea (modulul) r_A şi unghiul de poziţie θ_A.

La fel se defineşte poziţia punctului B (centrul rolei), prin vectorul $\overline{r}_B$, care se poziţionează la rândul său prin, unghiul θ_B şi are lungimea r_B.

Între cei doi vectori prezentaţi ($\overline{r}_A$ *si* $\overline{r}_B$) se formează un unghi μ.

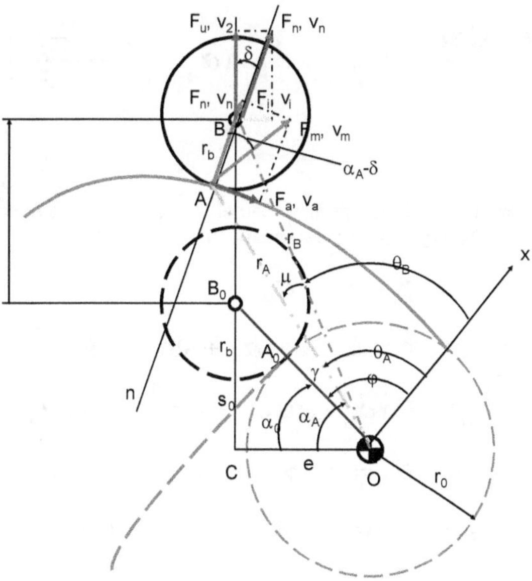

Fig. 1. *Mecanism cu camă rotativă şi tachet de translaţie cu rolă*

Unghiul α_0 defineşte poziţia, de bază, a vectorului $\overline{r}_{B0}$, în triunghiul dreptunghic OCB_0, astfel încât putem scrie relaţiile (1-4):

$$r_{B_0} = r_0 + r_b \quad (1) \qquad s_0 = \sqrt{r_{B_0}^2 - e^2} \quad (2)$$

$$\cos\alpha_0 = \frac{e}{r_{B_0}} \quad (3) \qquad \sin\alpha_0 = \frac{s_0}{r_{B_0}} \quad (4)$$

Unghiul de presiune δ, care apare între normala n dusă prin punctul de contact A şi o verticală, are mărimea cunoscută dată de relaţiile (5-7):

$$\cos\delta = \frac{s_0 + s}{\sqrt{(s_0 + s)^2 + (s'-e)^2}} \quad (5) \qquad \sin\delta = \frac{s'-e}{\sqrt{(s_0 + s)^2 + (s'-e)^2}} \quad (6)$$

$$tg\delta = \frac{s'-e}{s_0 + s} \quad (7)$$

Vectorul $\bar{r}_A$ se poate determina direct cu relaţiile (8-9):

$$r_A^2 = (e + r_b \cdot \sin\delta)^2 + (s_0 + s - r_b \cdot \cos\delta)^2 \quad (8)$$

$$r_A = \sqrt{(e + r_b \cdot \sin\delta)^2 + (s_0 + s - r_b \cdot \cos\delta)^2} \quad (9)$$

Putem determina direct şi unghiul α_A (10-11):

$$\cos\alpha_A = \frac{e + r_b \cdot \sin\delta}{r_A} \quad (10) \qquad \sin\alpha_A = \frac{s_0 + s - r_b \cdot \cos\delta}{r_A} \quad (11)$$

9.4.2. Trasare profil

Se poate acum trasa direct profilul camei cu ajutorul coordonatelor polare r_A (cunoscută, vezi relaţia 9) şi θ_A (care se determină cu relaţiile 12-17):

$$\gamma = \alpha_A - \alpha_0 \quad (12)$$

$$\cos\gamma = \cos\alpha_A \cdot \cos\alpha_0 + \sin\alpha_A \cdot \sin\alpha_0 \quad (13)$$

$$\sin\gamma = \sin\alpha_A \cdot \cos\alpha_0 - \cos\alpha_A \cdot \sin\alpha_0 \quad (14)$$

$$\theta_A = \varphi - \gamma \quad (15)$$

$$\cos\theta_A = \cos\varphi \cdot \cos\gamma + \sin\varphi \cdot \sin\gamma \quad (16)$$

$$\sin\theta_A = \sin\varphi \cdot \cos\gamma - \sin\gamma \cdot \cos\varphi \quad (17)$$

9.4.3. Cinematica exactă la modulul B

Se determină în continuare câteva relaţii de calcul, necesare obţinerii cinematicii precise pentru mecanismul cu camă rotativă şi tachet de translaţie cu rolă.

Din triunghiul OCB (fig. 1) se determină lungimea r_B (OB) şi unghiurile complementare α_B şi τ (unde unghiul α_B este unghiul COB, iar unghiul complementar τ este de fapt unghiul CBO; aceste două unghiuri intuitive nu au mai fost trecute pe desenul din fig. 1. pentru a nu o încărca prea mult).

$$r_B^2 = e^2 + (s_0 + s)^2 \quad (18) \qquad r_B = \sqrt{r_B^2} \quad (19)$$

$$\cos\alpha_B \equiv \sin\tau = \frac{e}{r_B} \quad (20) \qquad \sin\alpha_B \equiv \cos\tau = \frac{s_0 + s}{r_B} \quad (21)$$

Din triunghiul oarecare OAB, la care se cunosc laturile OB şi AB şi unghiul dintre ele B (unghiul ABO), care reprezintă suma unghiurilor τ şi δ, putem determina lungimea OA şi unghiul μ (unghiul AOB):

$$\cos(\delta+\tau)=\cos\delta\cdot\cos\tau-\sin\delta\cdot\sin\tau \tag{22}$$

$$r_A^2=r_B^2+r_b^2-2\cdot r_b\cdot r_B\cdot\cos(\delta+\tau) \tag{23}$$

$$\cos\mu=\frac{r_A^2+r_B^2-r_b^2}{2\cdot r_A\cdot r_B} \tag{24}$$

$$\sin(\delta+\tau)=\sin\delta\cdot\cos\tau+\sin\tau\cdot\cos\delta \tag{25}$$

$$\sin\mu=\frac{r_b}{r_A}\cdot\sin(\delta+\tau) \tag{26}$$

Cu α_B şi μ putem acum să determinăm α_A:

$$\alpha_A=\alpha_B-\mu \tag{27}$$

Relaţia (27) o derivăm în raport cu timpul şi obţinem $\dot{\alpha}_A$:

$$\dot{\alpha}_A=\dot{\alpha}_B-\dot{\mu} \tag{28}$$

Se derivează expresia (20) şi se obţine $\dot{\alpha}_B$ (32):

$$-\sin\alpha_B\cdot\dot{\alpha}_B=-\frac{e\cdot\dot{r}_B}{r_B^2} \tag{29}$$

$$\dot{\alpha}_B=\frac{e\cdot r_B\cdot\dot{r}_B}{(s_0+s)\cdot r_B^2} \tag{30}$$

Pentru a afla $\dot{r}_B$ se derivează expresia (18):

$$\begin{aligned}2\cdot r_B\cdot\dot{r}_B&=2\cdot(s_0+s)\cdot\dot{s}\\ r_B\cdot\dot{r}_B&=(s_0+s)\cdot\dot{s}\end{aligned} \tag{31}$$

Acum $\dot{\alpha}_B$ se scrie sub forma (32):

$$\dot{\alpha}_B=\frac{e\cdot(s_0+s)\cdot\dot{s}}{(s_0+s)\cdot r_B^2}=\frac{e\cdot\dot{s}}{r_B^2} \tag{32}$$

Expresia lui $\dot{\mu}$ este ceva mai dificilă, pentru obţinerea ei derivăm în raport cu timpul relaţia (24) şi obţinem expresia (33):

$$\begin{aligned}&2\cdot\dot{r}_A\cdot r_B\cdot\cos\mu+2\cdot r_A\cdot\dot{r}_B\cdot\cos\mu-2\cdot r_A\cdot r_B\cdot\sin\mu\cdot\dot{\mu}=\\&2\cdot r_A\cdot\dot{r}_A+2\cdot r_B\cdot\dot{r}_B\end{aligned} \tag{33}$$

Din (33) se explicitează $\dot{\mu}$ (38), care se poate determina dacă obţinem mai întâi $\dot{r}_A$ prin derivarea expresiei (23):

$$\begin{aligned} 2 \cdot r_A \cdot \dot{r}_A &= 2 \cdot r_B \cdot \dot{r}_B - 2 \cdot r_b \cdot \dot{r}_B \cdot \cos(\delta + \tau) \\ &+ 2 \cdot r_b \cdot r_B \cdot \sin(\delta + \tau) \cdot (\dot{\delta} + \dot{\tau}) \end{aligned} \quad (34)$$

Pentru rezolvarea expresiei (34) sunt necesare derivatele $\dot{\delta}$ şi $\dot{\tau}$.

Se derivează (7) şi se obţine (35 şi 36):

$$\delta' = \frac{s''\cdot(s_0 + e) - s'\cdot(s' - e)}{(s_0 + s)^2 + (s' - e)^2} \quad (35)$$

$$\dot{\delta} = \delta'\cdot\omega \quad (36)$$

Se observă faptul că τ este complementarul lui α_B, astfel încât vitezele lor (derivatele lor în raport cu timpul) sunt egale dar de semne contrare, astfel încât există relaţia:

$$\dot{\tau} = -\dot{\alpha}_B = -\frac{e \cdot \dot{s}}{r_B^2} \quad (37)$$

Acum putem calcula $\dot{\mu}$:

$$\dot{\mu} = \frac{\dot{r}_A \cdot r_B \cdot \cos\mu + r_A \cdot \dot{r}_B \cdot \cos\mu - r_A \cdot \dot{r}_A - r_B \cdot \dot{r}_B}{r_A \cdot r_B \cdot \sin\mu} \quad (38)$$

Se poate determina acum $\dot{\alpha}_A$ (28) şi $\dot{\theta}_A$ (39):

$$\dot{\theta}_A = \dot{\varphi} - \dot{\gamma} = \omega - \dot{\alpha}_A \quad (39)$$

În continuare reexprimăm funcţiile trigonometrice de bază (sin şi cos) de unghiul α_A în alt mod decât prin relaţiile (10-11), pe baza calculelor anterioare:

$$\cos\alpha_A = \frac{e \cdot \sqrt{(s_0 + s)^2 + (s' - e)^2} + r_b \cdot (s' - e)}{r_A \cdot \sqrt{(s_0 + s)^2 + (s' - e)^2}} \quad (40)$$

$$\sin\alpha_A = \frac{(s_0 + s) \cdot [\sqrt{(s_0 + s)^2 + (s' - e)^2} - r_b]}{r_A \cdot \sqrt{(s_0 + s)^2 + (s' - e)^2}} \quad (41)$$

Putem să obţinem acum expresia $\cos(\alpha_A-\delta)$:

$$\cos(\alpha_A-\delta)=\frac{(s_0+s)\cdot s'}{r_A\cdot\sqrt{(s_0+s)^2+(s'-e)^2}}=\frac{s'}{r_A}\cdot\cos\delta \quad (42)$$

Produsul $\cos(\alpha_A-\delta).\cos\delta$ se exprimă acum sub forma simplificată (43):

$$\cos(\alpha_A-\delta)\cdot\cos\delta=\frac{s'}{r_A}\cdot\cos^2\delta \quad (43)$$

Putem scrie următoarele forţe şi viteze:

La intrare avem F_m şi v_m perpendiculare pe vectorul r_A. Ele se descompun în F_a (respectiv v_a), forţa şi viteza de alunecare dintre profile, şi în F_n (respectiv v_n) forţa şi viteza normale la profil, care trec prin punctul B şi se descompun la rândul lor în două componente; forţa F_i (respectiv viteza v_i), forţa şi viteza de încovoiere a tachetului (produc vibraţii, oscilaţii laterale) şi forţa F_u (respectiv viteza v_2), adică forţa utilă care deplasează tachetul efectiv şi viteza sa de deplasare v_2. În plus forţa F_a dă naştere la un moment $F_a.r_b$ care face ca rola să se rotească.

Scriem următoarele relaţii de forţe şi viteze:

$$\begin{cases} v_a=v_m\cdot\sin(\alpha_A-\delta) \\ F_a=F_m\cdot\sin(\alpha_A-\delta) \end{cases} \quad (44)$$

$$\begin{cases} v_n=v_m\cdot\cos(\alpha_A-\delta) \\ F_n=F_m\cdot\cos(\alpha_A-\delta) \end{cases} \quad (45)$$

$$\begin{cases} v_i=v_n\cdot\sin\delta \\ F_i=F_n\cdot\sin\delta \end{cases} \quad (46)$$

$$\begin{cases} v_2=v_n\cdot\cos\delta=v_m\cdot\cos(\alpha_A-\delta)\cdot\cos\delta \\ F_u=F_n\cdot\cos\delta=F_m\cdot\cos(\alpha_A-\delta)\cdot\cos\delta \end{cases} \quad (47)$$

9.4.4. Determinarea randamentului la modulul B

Se determină în continuare randamentul mecanic exact al mecanismului.

Puterea utilă se scrie:

$$P_u=F_u\cdot v_2=F_m\cdot v_m\cdot\cos^2(\alpha_A-\delta)\cdot\cos^2\delta \quad (48)$$

Puterea consumată este:

$$P_c=F_m\cdot v_m \quad (49)$$

Se determină randamentul instantaneu:

$$\eta_i = \frac{P_u}{P_c} = \frac{F_m \cdot v_m \cdot \cos^2(\alpha_A - \delta) \cdot \cos^2 \delta}{F_m \cdot v_m} =$$
$$= \cos^2(\alpha_A - \delta) \cdot \cos^2 \delta = [\cos(\alpha_A - \delta) \cdot \cos \delta]^2 = \quad (50)$$
$$= [\frac{s'}{r_A} \cdot \cos^2 \delta]^2 = \frac{s'^2}{r_A^2} \cdot \cos^4 \delta$$

9.4.5. Determinarea funcţiei de transmitere, D, la modulul B

Se determină în continuare funcţia de transmitere a mişcării la modulul B, adică funcţia notată cu D (COEFICIENTUL DINAMIC):

Se reia viteza tachetului din expresia (47) şi se scrie sub forma (51):

$$v_2 = v_n \cdot \cos \delta = v_m \cdot \cos(\alpha_A - \delta) \cdot \cos \delta = v_m \cdot \frac{s'}{r_A} \cdot \cos^2 \delta =$$
$$= r_A \cdot \dot{\theta}_A \cdot \frac{s'}{r_A} \cdot \cos^2 \delta = \dot{\theta}_A \cdot s' \cdot \cos^2 \delta = \theta_A^I \cdot \omega \cdot s' \cdot \cos^2 \delta \quad (51)$$

Pe de altă parte se cunoaşte pentru viteza tachetului expresia (52):

$$v_2 = s' \cdot D \cdot \omega \quad (52)$$

Din egalarea celor două relaţii (51 şi 52) se identifică expresia lui D, extrem de complexă (53) (pentru derivatele lui D, volumul de lucru este mare):

$$D = \theta_A^I \cdot \cos^2 \delta \quad (53)$$

Expresia lui $\cos^2\delta$ se cunoaşte (54):

$$\cos^2 \delta = \frac{(s_0 + s)^2}{(s_0 + s)^2 + (s' - e)^2} \quad (54)$$

Expresia lui θ'_A este ceva mai dificilă având forma din relaţia (55):

$$\theta_A^I = [(s_0 + s)^2 + e^2 - e \cdot s' - r_b \cdot \sqrt{(s_0 + s)^2 + (s' - e)^2}] \cdot$$
$$\cdot \{[(s_0 + s)^2 + (s' - e)^2] \cdot \sqrt{(s_0 + s)^2 + (s' - e)^2} +$$
$$+ r_b \cdot [s'' \cdot (s_0 + s) - s' \cdot (s' - e) - (s_0 + s)^2 - (s' - e)^2]\} / \quad (55)$$
$$/[(s_0 + s)^2 + (s' - e)^2] / \{[(s_0 + s)^2 + e^2 + r_b^2] \cdot$$
$$\cdot \sqrt{(s_0 + s)^2 + (s' - e)^2} - 2 \cdot r_b \cdot [(s_0 + s)^2 + e^2 - e \cdot s']\}$$

Se dau în continuare şi expresiile lui μ (56-57):

$$\cos\mu = \frac{[(s_0+s)^2+e^2]\cdot\sqrt{(s_0+s)^2+(s'-e)^2} - r_b\cdot[(s_0+s)^2+e^2-e\cdot s']}{r_A\cdot r_B\cdot\sqrt{(s_0+s)^2+(s'-e)^2}} \tag{56}$$

$$\sin\mu = \frac{r_b\cdot(s_0+s)\cdot s'}{r_A\cdot r_B\cdot\sqrt{(s_0+s)^2+(s'-e)^2}} \tag{57}$$

9.4.6. Dinamica pentru modulul B

Se utilizează pentru dinamica modulului B relaţiile (58-60):

$$\Delta X = -\frac{\dfrac{k^2+2kK}{(K+k)^2}\cdot s^2 + \dfrac{2kx_0}{K+k}\cdot s + \dfrac{[\dfrac{K^2}{(K+k)^2}\cdot m_S^* + m_T^*]\cdot\omega^2}{K+k}\cdot y'^2}{2\cdot[s+\dfrac{kx_0}{K+k}]} \tag{58}$$

$$\Delta X = -\frac{\dfrac{k^2+2kK}{(K+k)^2}\cdot s^2 + \dfrac{2kx_0}{K+k}\cdot s + \dfrac{[\dfrac{K^2}{(K+k)^2}\cdot m_S^* + m_T^*]\cdot\omega^2}{K+k}\cdot(D\cdot s')^2}{2\cdot[s+\dfrac{kx_0}{K+k}]} \tag{59}$$

Cunoscându-l pe ΔX îl putem determina imediat pe X cu relaţia (60):

$$X = s + \Delta X \tag{60}$$

9.4.7. Analiza dinamică la modulul B

În continuare se prezintă analiza dinamică a modulului B, pentru câteva legi de mişcare cunoscute. Se începe cu legea clasică SIN (vezi diagrama dinamică din figura 2), pentru a o putea compara cu dinamica acestei legi de la modulul clasic C. Se utilizează o turaţie de n=5500 [rot/min], pentru o deplasare maximă teoretică atât la supapă cât şi la tachet, h=6 [mm]. Unghiul de fază este, $\varphi_u=\varphi_c=65$ [grad]; raza cercului de bază are valoarea, $r_0=13$ [mm]. Pentru raza rolei s-a adoptat valoarea $r_b=13$ [mm].

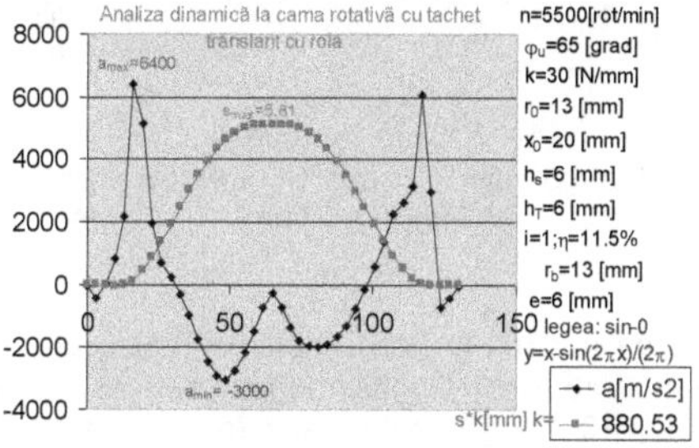

Fig. 2. *Analiza dinamică la modulul B. Legea SIN, n=5500 [rot/min]*

φ_u=65 [grad], r_0=13 [mm], r_b=13 [mm], h_T=6 [mm].

Excentricitatea ghidajului în raport cu centrul camei este, e=6 [mm].

Randamentul are o valoare ridicată, η=11.5%; reglajele resortului sunt normale, k=30 [N/mm] şi x_0=20 [mm].

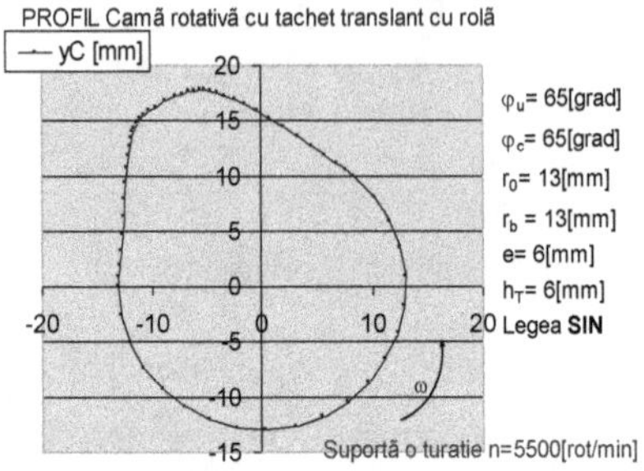

Fig. 3. *Profilul SIN la modulul B. n=5500 [rot/min]*

φ_u=65 [grad], r_0=13 [mm], r_b=13 [mm], h_T=6 [mm].

Dinamica este mai bună (în general) comparativ cu cea a modulului clasic, C. *Pentru un unghi de fază de numai 65 grade atingem aceleaşi vârfuri de acceleraţii pe care modulul clasic le atingea la o fază relaxată de 75-80 grade.*

În figura 3 se poate urmări profilul aferent, trasat invers decât cele de la modulul C, adică cu profilul de ridicare în partea stângă şi cu cel de revenire în dreapta, (deoarece sensul de rotaţie a camei a fost şi el inversat, din orar în trigonometric).

Pentru legea cos (aşa cum ne-am obişnuit deja) vibraţiile sunt mai liniştite comparativ cu legea sin, la fel ca la modulul dinamic clasic, C (a se vedea diagrama dinamică din figura 4).

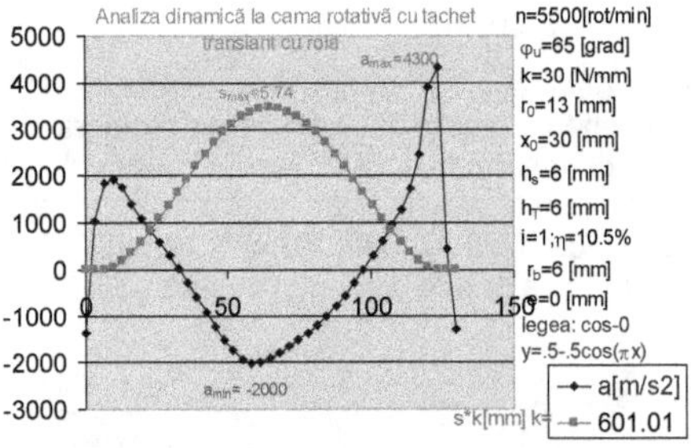

Fig. 4. *Analiza dinamică la modulul B. Legea COS, n=5500 [rot/min], φ_u=65 [grad], r_0=13 [mm], r_b=6 [mm], h_T=6 [mm].*

Turaţia aleasă este de n=5500 [rot/min], pentru o deplasare maximă teoretică atât la supapă cât şi la tachet de, h=6 [mm]. Unghiul de fază este, $\varphi_u=\varphi_c$=65 [grad]; Raza cercului de bază are valoarea, r_0=13 [mm]. Pentru raza rolei s-a adoptat valoarea r_b=6 [mm]. Excentricitatea ghidajului în raport cu centrul camei este, e=0 [mm]. Un studiu dinamic arată că ce se câştigă la randament în una din faze (urcare sau coborâre) datorită excentricităţii, e, se pierde în faza cealaltă, astfel încât, *e, poate regla o fază şi în acelaşi timp o dereglează pe cealaltă. Iată un motiv serios ca valoarea adoptată a lui e să fie zero.*

Randamentul mecanismului are o valoare ridicată (mai mare decât cea de la modulul clasic, C), η=10.5%, dar mai redusă cu un procent comparativ cu legea sin.

Reglajele resortului sunt normale, k=30 [N/mm] şi x_0=30 [mm]. Profilul COS (pentru modulul dinamic B), corespunzător diagramei dinamice din figura 4, este trasat în figura 5. Profilul de ridicare, sau de urcare, sau de atac, este cel din stânga, iar cel de revenire (sau coborâre), este situat în dreapta. Ca o primă observaţie aceste profiluri sunt mai rotunjite şi mai pline, comparativ cu cele de la modulul clasic, C.

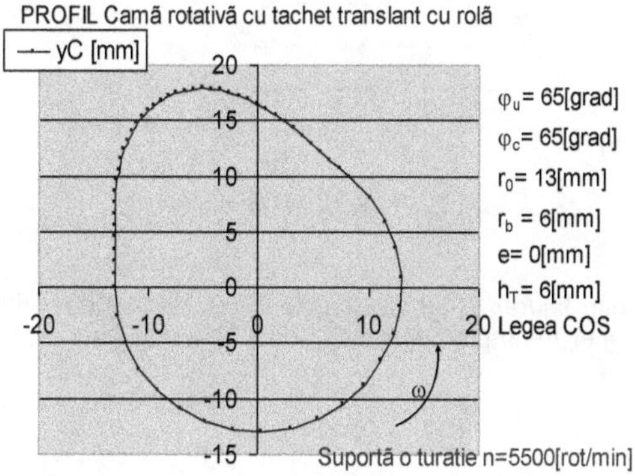

Fig. 5. *Profilul COS la modulul B. n=5500 [rot/min] φ_u=65 [grad], r_0=13 [mm], r_b=6 [mm], h_T=6 [mm].*

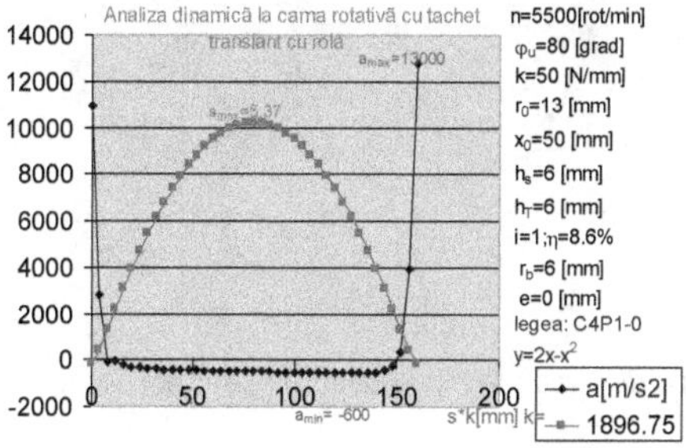

Fig. 6. *Analiza dinamică la modulul B. Legea C4P1-0, n=5500 [rot/min], φ_u=80 [grad], r_0=13 [mm], r_b=6 [mm], h_T=6 [mm].*

În figura 6 se analizează dinamic legea C4P, sintetizată de autori, pornind de la o turaţie n=5500 [rot/min].

Vârfurile negative ale acceleraţiilor sunt foarte reduse (funcţionare normală, cu zgomote şi vibraţii scăzute). Ridicarea efectivă (dinamică) a supapei este suficient de mare, s_{max}=5.37 [mm], comparativ cu h impus de 6 [mm]. Randamentul se păstrează în limite normale, η=8.6%. În figura 7. se prezintă profilul corespunzător.

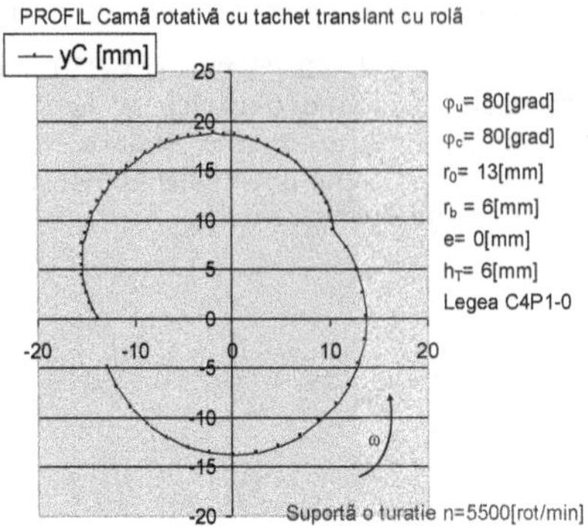

Fig. 7. *Profilul C4P la modulul B.*

În diagrama din figura 8 turaţia creşte până la 40000 [rot/min], în vreme ce randamentul creşte şi el, în detrimentul lui s_{max} care abia mai atinge valoarea de 3.88 [mm].

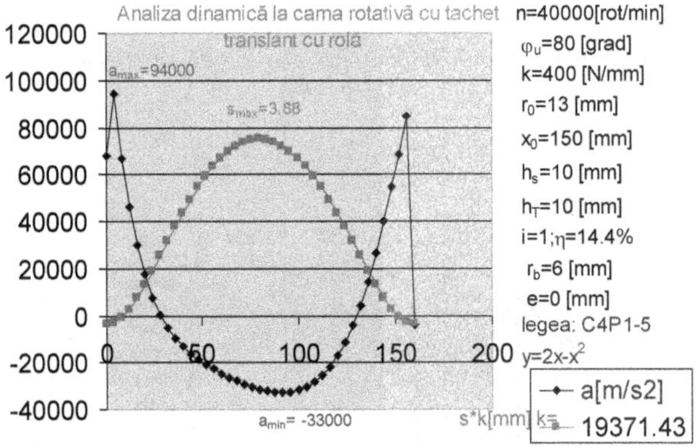

Fig. 8. *Analiza dinamică la modulul B. Legea C4P1-5, n=40000 [rot/min].*

Concluzii:

Se poate vorbi în mod evident de un avantaj al tachetului cu rolă, sau bilă, (Modul B), faţă de tachetul clasic cu talpă, (Modul C).

Se pot obţine aşadar turaţii ridicate, dar şi randamente superioare, cu ajutorul modulului B.

Anexă: câteva legi de mişcare (principale) utilizate la mecanismele cu came.

$$\begin{cases} Legea\quad Co\sin usoidal\tilde{a};\quad \varphi\in[0,\varphi_0] \\ urcare \qquad\qquad\qquad\qquad coborâre \\ s=\frac{h}{2}-\frac{h}{2}\cdot\cos\left(\pi\cdot\frac{\varphi}{\varphi_u}\right) \quad s_c=\frac{h}{2}+\frac{h}{2}\cdot\cos\left(\pi\cdot\frac{\varphi}{\varphi_c}\right) \\ v_r=\frac{90\cdot h}{\varphi_u}\cdot\sin\left(\pi\cdot\frac{\varphi}{\varphi_u}\right) \quad v_{rc}=-\frac{90\cdot h}{\varphi_c}\cdot\sin\left(\pi\cdot\frac{\varphi}{\varphi_c}\right) \end{cases}$$

$$\begin{cases} Legea\quad Sinusoidal\tilde{a};\quad \varphi\in[0,\varphi_0] \\ urcare \qquad\qquad\qquad\qquad coborâre \\ s=h\cdot\frac{\varphi}{\varphi_u}-\frac{h}{2\cdot\pi}\cdot\sin\left(2\pi\cdot\frac{\varphi}{\varphi_u}\right) \quad s_c=h-h\cdot\frac{\varphi}{\varphi_c}+\frac{h}{2\cdot\pi}\cdot\sin\left(2\pi\cdot\frac{\varphi}{\varphi_c}\right) \\ v_r=\frac{180\cdot h}{\pi\cdot\varphi_u}-\frac{180\cdot h}{\pi\cdot\varphi_u}\cdot\cos\left(2\pi\cdot\frac{\varphi}{\varphi_u}\right) \quad v_{rc}=-\frac{180\cdot h}{\pi\cdot\varphi_c}+\frac{180\cdot h}{\pi\cdot\varphi_c}\cdot\cos\left(2\pi\cdot\frac{\varphi}{\varphi_c}\right) \end{cases}$$

$$\begin{cases} Legea\quad Parabolic\tilde{a}; \\ \varphi\in[0,\frac{\varphi_0}{2}] \qquad\qquad\qquad\qquad \varphi\in[\frac{\varphi_0}{2},\varphi_0] \\ urcare \qquad coborâre \qquad urcare \qquad coborâre \\ s_1=2h\cdot\left(\frac{\varphi}{\varphi_u}\right)^2 \quad s_{1c}=h-2h\cdot\left(\frac{\varphi}{\varphi_c}\right)^2 \quad s_2=h-2h\cdot\left(1-\frac{\varphi}{\varphi_u}\right)^2 \quad s_{2c}=2h\cdot\left(1-\frac{\varphi}{\varphi_c}\right)^2 \\ v_{r1}=\frac{720\cdot h}{\pi\cdot\varphi_u^2}\cdot\varphi \quad v_{r1c}=-\frac{720\cdot h}{\pi\cdot\varphi_c^2}\cdot\varphi \quad v_{r2}=\frac{720\cdot h}{\pi\cdot\varphi_u^2}\cdot(\varphi_u-\varphi) \quad v_{r2c}=-\frac{720\cdot h}{\pi\cdot\varphi_c^2}\cdot(\varphi_c-\varphi) \end{cases}$$

$$\begin{cases} Legea\quad Liniar\tilde{a};\quad \varphi\in[0,\varphi_0] \\ urcare \qquad coborâre \\ s=h\cdot\frac{\varphi}{\varphi_u} \quad s_c=h\cdot\left(1-\frac{\varphi}{\varphi_c}\right) \\ v_r=\frac{180\cdot h}{\pi\cdot\varphi_u} \quad v_{rc}=-\frac{180\cdot h}{\pi\cdot\varphi_c} \end{cases}$$

9.5.1. DINAMICA LA DISTRIBUȚIA CLASICĂ

Se determină pentru început momentul de inerție masic (mecanic) al mecanismului, redus la elementul de rotație, adică la camă (practic se utilizează conservarea energiei cinetice; sistemul 1).

$$\begin{cases} J_{cama} = \frac{1}{2} \cdot M_c \cdot R^2 \\ R^2 = (R_0 + s)^2 + s'^2 \\ J_{cama} = \frac{1}{2} \cdot M_c \cdot \left[(R_0 + s)^2 + s'^2\right] \\ J^* = \frac{1}{2} \cdot M_c \cdot \left[(R_0 + s)^2 + s'^2\right] + m_T \cdot s'^2 \\ J^* = \frac{1}{2} \cdot M_c \cdot R_0^2 + \frac{1}{2} \cdot M_c \cdot s^2 + M_c \cdot R_0 \cdot s + \frac{1}{2} \cdot M_c \cdot s'^2 + m_T \cdot s'^2 \\ J^* = J_{constant} + J \\ J \equiv J_{variabil} = \frac{1}{2} \cdot M_c \cdot s^2 + M_c \cdot R_0 \cdot s + \frac{1}{2} \cdot M_c \cdot s'^2 + m_T \cdot s'^2 \end{cases} \quad (1)$$

Momentul de inerție redus mediu se calculează cu relația (2).

$$J_m^* = \frac{J_{\min}^* + J_{\max}^*}{2} = \frac{1}{2} \cdot M_c \cdot R_0^2 + \frac{J_{\max}}{2} \quad (2)$$

Expresia (2) (practic J_{max}) depinde de tipul mecanismului camă-tachet, dar și de legea de mișcare utilizată atât la urcare cât și la coborâre.

Viteza unghiulară este o funcție de poziția camei (φ) dar și de turația ei (3).

$$\omega^2 = \frac{J_m^* \cdot \omega_m^2}{J^*} \quad (3)$$

Pentru a putea determina ω^2 (cu relația 3) trebuie găsit J*, și mai exact J_{max}.

Și la distribuția clasică, pe care o tratează acest capitol, adică la cama rotativă (de rotație) cu tachet translant (de translație) plat (cu talpă), relația care-l determină pe J_{max} depinde și de legea de mișcare.

Vom porni simularea cu o lege de mișcare clasică, și anume legea ***cos****inus*oidală. La urcare legea cosinus se exprimă prin relațiile sistemului (4).

$$\begin{cases} s = \frac{h}{2} - \frac{h}{2} \cdot \cos\left(\pi \cdot \frac{\varphi}{\varphi_u}\right); \quad s' \equiv v_r = \frac{\pi \cdot h}{2 \cdot \varphi_u} \cdot \sin\left(\pi \cdot \frac{\varphi}{\varphi_u}\right) \\ s'' \equiv a_r = \frac{\pi^2 \cdot h}{2 \cdot \varphi_u^2} \cdot \cos\left(\pi \cdot \frac{\varphi}{\varphi_u}\right); \quad s''' \equiv \alpha_r = -\frac{\pi^3 \cdot h}{2 \cdot \varphi_u^3} \cdot \sin\left(\pi \cdot \frac{\varphi}{\varphi_u}\right) \end{cases} \quad (4)$$

Unde φ variază (ia valori) de la 0 la φ_u. J_{max} se produce pentru $\varphi=\varphi_u/2$.

$$J_{max} = M_c \cdot \left[\frac{h^2}{8} + R_0 \cdot \frac{h}{2} + \frac{1}{8} \cdot \frac{\pi^2 \cdot h^2}{\varphi_u^2}\right] + m_T \cdot \frac{\pi^2 \cdot h^2}{4 \cdot \varphi_u^2} \tag{5}$$

Expresia (3) capătă acum forma (6).

$$\begin{cases} \omega^2 = \omega_m^2 \cdot \dfrac{A}{B} \\ A = M_c \cdot R_0^2 + M_c \cdot \dfrac{h^2}{8} + \dfrac{1}{2} \cdot M_c \cdot R_0 \cdot h + \dfrac{1}{8} \cdot M_c \cdot \dfrac{\pi^2 \cdot h^2}{\varphi_u^2} + \dfrac{1}{4} \cdot m_T \cdot \dfrac{\pi^2 \cdot h^2}{\varphi_u^2} \\ B = M_c \cdot R_0^2 + M_c \cdot s^2 + 2 \cdot M_c \cdot R_0 \cdot s + M_c \cdot s'^2 + 2 \cdot m_T \cdot s'^2 \\ \omega = \omega_m \cdot \sqrt{\dfrac{A}{B}} \end{cases} \tag{6}$$

Unde ω_m reprezintă viteza medie nominală a camei și se exprimă la mecanismele de distribuție în funcție de turația arborelui motor (7).

$$\omega_m = 2 \cdot \pi \cdot \nu_c = 2 \cdot \pi \cdot \frac{n_c}{60} = \frac{2 \cdot \pi}{60} \cdot \frac{n_{motor}}{2} = \frac{\pi \cdot n}{60} \tag{7}$$

Derivând formula (6), în funcție de timp, se obține expresia accelerației unghiulare (8).

$$\varepsilon = -\omega^2 \cdot \frac{(M_c \cdot s + M_c \cdot R_0 + M_c \cdot s'' + 2 \cdot m_T \cdot s'') \cdot s'}{B} \tag{8}$$

Pentru un mecanism clasic cu camă și tachet (fără supapă) deplasarea dinamică a tachetului se exprimă cu relația (9), care reprezintă ecuaţia de mişcare particularizată prin anularea masei supapei.

$$x = s - \frac{(K + k) \cdot m_T \cdot \omega^2 \cdot s'^2 + (k^2 + 2k \cdot K) \cdot s^2 + 2k \cdot x_0 \cdot (K + k) \cdot s}{2 \cdot (K + k)^2 \cdot \left(s + \dfrac{k \cdot x_0}{K + k}\right)} \tag{9}$$

Unde x reprezintă deplasarea dinamică a tachetului, în vreme ce s este deplasarea sa normală (cinematică). K este constanta elastică a sistemului, iar k reprezintă constanta elastică a resortului care ține tachetul. S-a notat cu x_0 pretensionarea (prestrângerea) resortului tachetului, cu m_T masa tachetului, cu ω viteza unghiulară a camei (sau a arborelui cu came), s' fiind prima derivată în funcție de φ a deplasării tachetului s. Derivând de două ori, succesiv, expresia (9) în raport cu unghiul φ, se obțin viteza redusă (relația 10) și respectiv accelerația redusă a tachetului (11).

$$\begin{cases} N = (K + k) \cdot m_T \cdot \omega^2 \cdot s'^2 + (k^2 + 2k \cdot K) \cdot s^2 + 2k \cdot x_0 \cdot (K + k) \cdot s \\ M = \left[(K + k) m_T \omega^2 \cdot 2s's'' + (k^2 + 2kK) \cdot 2ss' + 2kx_0 (K + k) \cdot s'\right] \cdot \left(s + \dfrac{kx_0}{K + k}\right) - N \cdot s' \\ x' = s' - \dfrac{M}{2 \cdot (K + k)^2 \cdot \left(s + \dfrac{kx_0}{K + k}\right)^2} \end{cases} \tag{10}$$

$$\begin{cases} N = (K+k)\cdot m_T \cdot \omega^2 \cdot s'^2 + (k^2 + 2k\cdot K)\cdot s^2 + 2k\cdot x_0 \cdot (K+k)\cdot s \\ M = \left[(K+k)m_T\omega^2 \cdot 2s's'' + \left(k^2+2kK\right)\cdot 2ss' + 2kx_0(K+k)\cdot s'\right]\cdot\left(s+\dfrac{kx_0}{K+k}\right) - N\cdot s' \\ O = (K+k)\cdot m_T\cdot\omega^2\cdot 2\cdot\left(s''^2 + s'\cdot s'''\right) + \left(k^2+2\cdot k\cdot K\right)\cdot 2\cdot\left(s'^2 + s\cdot s''\right) + 2\cdot k\cdot x_0\cdot(K+k)\cdot s'' \\ x'' = s'' - \dfrac{\left[O\cdot\left(s+\dfrac{kx_0}{K+k}\right) - N\cdot s''\right]\cdot\left(s+\dfrac{kx_0}{K+k}\right) - M\cdot 2\cdot s'}{2\cdot(K+k)^2\cdot\left(s+\dfrac{kx_0}{K+k}\right)^3} \end{cases} \tag{11}$$

În continuare se poate determina direct accelerația reală (dinamică) a tachetului utilizând relația (12).

$$\ddot{x} = x''\cdot\omega^2 + x'\cdot\varepsilon \tag{12}$$

9.5.2. SINTEZA DINAMICA LA CAMA ROTATIVĂ CU TACHET TRANSLANT CU ROLĂ

Cama rotativă cu tachet de translație cu rolă sau bilă, se sintetizează dinamic urmărind relațiile viitoare și figura de mai jos.

Se determină pentru început momentul de inerție masic (mecanic) al mecanismului, redus la elementul de rotație, adică la camă (practic se utilizează conservarea energiei cinetice; sistemul 1).

S-a considerat pentru legea de mișcare a tachetului varianta clasică deja utilizată a legii cosinusoidale (atât pentru urcare cât și pentru coborâre).

$$\begin{cases} J_{cama} = \dfrac{1}{2}\cdot M_c \cdot R^2 \\ R^2 \equiv r_A^2 = x_A^2 + y_A^2 = e^2 + r_b^2\cdot\sin^2\delta + 2\cdot e\cdot r_b\cdot\sin\delta + (s_0+s)^2 + r_b^2\cdot\cos^2\delta - 2\cdot r_b\cdot(s_0+s)\cdot\cos\delta \\ r_A^2 = e^2 + r_b^2 + (s_0+s)^2 + 2\cdot r_b\cdot\left[e\cdot\sin\delta - (s_0+s)\cdot\cos\delta\right] \\ r_A^2 = e^2 + r_b^2 + (s_0+s)^2 + 2\cdot r_b\cdot e\cdot\dfrac{s'-e}{\sqrt{(s_0+s)^2+(s'-e)^2}} - 2\cdot r_b\cdot(s_0+s)\cdot\dfrac{(s_0+s)}{\sqrt{(s_0+s)^2+(s'-e)^2}} \\ r_A^2 = e^2 + r_b^2 + (s_0+s)^2 - \dfrac{2\cdot r_b\cdot(s_0+s)^2}{\sqrt{(s_0+s)^2+(s'-e)^2}} + \dfrac{2\cdot r_b\cdot e\cdot(s'-e)}{\sqrt{(s_0+s)^2+(s'-e)^2}} \\ J_m^* = \dfrac{1}{2}\cdot M_c\cdot\left(r_0^2 + r_b^2 + r_0\cdot r_b\right) + \dfrac{1}{4}\cdot M_c\cdot s_0\cdot h + \dfrac{1}{16}\cdot M_c\cdot h^2 + \dfrac{1}{2}\cdot M_c\cdot r_b\cdot\dfrac{e\cdot\dfrac{\pi\cdot h}{2\cdot\varphi_0} - e^2 - \left(s_0+\dfrac{h}{2}\right)^2}{\sqrt{\left(s_0+\dfrac{h}{2}\right)^2 + \left(\dfrac{\pi\cdot h}{2\cdot\varphi_0} - e\right)^2}} + \dfrac{m_T\cdot\pi^2\cdot h^2}{8\cdot\varphi_0^2} \\ J^* = \dfrac{1}{2}\cdot M_c\cdot\left(2\cdot r_b^2 + r_0^2 + 2\cdot r_0\cdot r_b\right) + M_c\cdot s_0\cdot s + \dfrac{1}{2}\cdot M_c\cdot s^2 + M_c\cdot r_b\cdot\dfrac{e\cdot s' - e^2 - (s_0+s)^2}{\sqrt{(s_0+s)^2+(s'-e)^2}} + m_T\cdot s'^2 \end{cases} \tag{1}$$

Viteza unghiulară este o funcție de poziția camei (φ) dar și de turația ei (2); (a se vedea și capitolul 10). Unde ω_m reprezintă viteza medie nominală a camei și se exprimă la mecanismele de distribuție în funcție de turația arborelui motor (3).

$$\omega^2 = \frac{J_m^*}{J^*}\cdot\omega_m^2 \quad (2) \qquad \omega_m = 2\cdot\pi\cdot\nu_c = 2\cdot\pi\cdot\frac{n_c}{60} = \frac{2\cdot\pi}{60}\cdot\frac{n_{motor}}{2} = \frac{\pi\cdot n}{60} \quad (3)$$

Vom porni simularea cu o lege de mișcare clasică, și anume legea ***cos**inus*oidală. La urcare legea cosinus se exprimă prin relațiile sistemului (4).

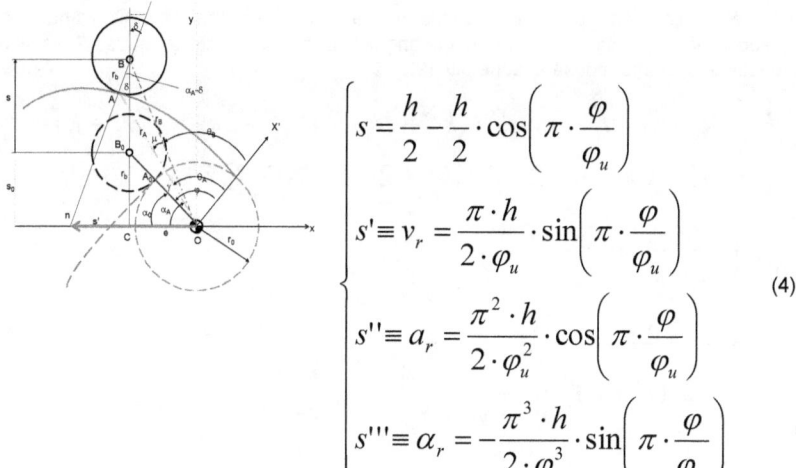

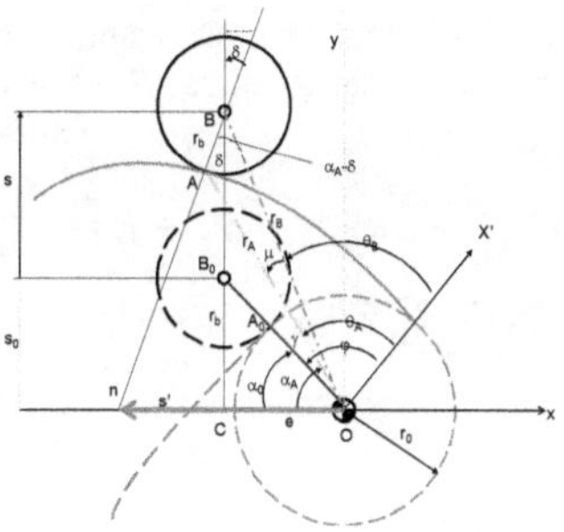

$$
\begin{cases}
s = \dfrac{h}{2} - \dfrac{h}{2} \cdot \cos\left(\pi \cdot \dfrac{\varphi}{\varphi_u}\right) \\
s' \equiv v_r = \dfrac{\pi \cdot h}{2 \cdot \varphi_u} \cdot \sin\left(\pi \cdot \dfrac{\varphi}{\varphi_u}\right) \\
s'' \equiv a_r = \dfrac{\pi^2 \cdot h}{2 \cdot \varphi_u^2} \cdot \cos\left(\pi \cdot \dfrac{\varphi}{\varphi_u}\right) \\
s''' \equiv \alpha_r = -\dfrac{\pi^3 \cdot h}{2 \cdot \varphi_u^3} \cdot \sin\left(\pi \cdot \dfrac{\varphi}{\varphi_u}\right)
\end{cases}
\tag{4}
$$

Unde φ variază (ia valori) de la 0 la φ_u. J_{max} se produce pentru $\varphi=\varphi_u/2$.

Cu relația (5) se exprimă prima derivată a momentului de inerție mecanic redus. Acesta este necesar determinării accelerației unghiulare (6).

$$
\begin{aligned}
J^{*'} &= M_c \cdot s_0 \cdot s' + M_c \cdot s \cdot s' + 2 \cdot m_T \cdot s' \cdot s'' + \\
&+ M_c \cdot r_b \cdot \frac{\left[e \cdot s'' - 2 \cdot (s_0 + s) \cdot s'\right] \cdot \left[(s_0 + s)^2 + (s' - e)^2\right]}{\left[(s_0 + s)^2 + (s' - e)^2\right]^{3/2}} - \\
&- M_c \cdot r_b \cdot \frac{\left[e \cdot s' - e^2 - (s_0 + s)^2\right] \cdot \left[(s_0 + s) \cdot s' + (s' - e) \cdot s''\right]}{\left[(s_0 + s)^2 + (s' - e)^2\right]^{3/2}}
\end{aligned}
\tag{5}
$$

Derivând formula (2), în funcție de timp, se obține expresia accelerației unghiulare (6).

$$
\varepsilon = -\frac{\omega^2}{2} \cdot \frac{J^{*'}}{J^*} \tag{6}
$$

Relațiile (2) și (6) utilizate și la capitolul anterior au un caracter general, și reprezintă practic două ecuații de mișcare originale extrem de importante pentru mecanică și mecanisme.

Pentru un mecanism cu camă de rotație și tachet (fără supapă) de translație cu rolă sau bilă, deplasarea dinamică a tachetului se exprimă cu relația (7).

$$
x = s - \frac{(K + k) \cdot m_T \cdot \omega^2 \cdot s'^2 + (k^2 + 2k \cdot K) \cdot s^2 + 2k \cdot x_0 \cdot (K + k) \cdot s}{2 \cdot (K + k)^2 \cdot \left(s + \dfrac{k \cdot x_0}{K + k}\right)} \tag{7}
$$

Unde x reprezintă deplasarea dinamică a tachetului, în vreme ce s este deplasarea sa normală (cinematică). K este constanta elastică a sistemului, iar k reprezintă constanta elastică a resortului care ține tachetul. S-a notat cu x_0 pretensionarea (prestrângerea) resortului tachetului, cu m_T masa tachetului, cu ω viteza unghiulară a camei (sau a arborelui cu came), s' fiind prima derivată în funcție de φ a deplasării tachetului s. Derivând de două ori, succesiv, expresia (7) în raport cu unghiul φ, se obțin viteza redusă (relația 8) și respectiv accelerația redusă a tachetului (9).

$$\begin{cases} N=(K+k)\cdot m_T\cdot\omega^2\cdot s'^2+(k^2+2k\cdot K)\cdot s^2+2k\cdot x_0\cdot(K+k)\cdot s \\ M=\left[(K+k)m_T\omega^2\cdot 2s's''+\left(k^2+2kK\right)\cdot 2ss'+2kx_0\left(K+k\right)\cdot s'\right]\cdot \\ \cdot\left(s+\dfrac{kx_0}{K+k}\right)-N\cdot s' \\ x'=s'-\dfrac{M}{2\cdot(K+k)^2\cdot\left(s+\dfrac{kx_0}{K+k}\right)^2} \end{cases} \tag{8}$$

$$\begin{cases} N=(K+k)\cdot m_T\cdot\omega^2\cdot s'^2+(k^2+2k\cdot K)\cdot s^2+2k\cdot x_0\cdot(K+k)\cdot s \\ M=\left[(K+k)m_T\omega^2\cdot 2s's''+\left(k^2+2kK\right)\cdot 2ss'+2kx_0\left(K+k\right)\cdot s'\right]\cdot \\ \cdot\left(s+\dfrac{kx_0}{K+k}\right)-N\cdot s' \\ O=\left(K+k\right)\cdot m_T\cdot\omega^2\cdot 2\cdot\left(s''^2+s'\cdot s'''\right)+ \\ +\left(k^2+2\cdot k\cdot K\right)\cdot 2\cdot\left(s'^2+s\cdot s''\right)+2\cdot k\cdot x_0\cdot\left(K+k\right)\cdot s'' \\ x''=s''-\dfrac{\left[O\cdot\left(s+\dfrac{kx_0}{K+k}\right)-N\cdot s''\right]\cdot\left(s+\dfrac{kx_0}{K+k}\right)-M\cdot 2\cdot s'}{2\cdot(K+k)^2\cdot\left(s+\dfrac{kx_0}{K+k}\right)^3} \end{cases} \tag{9}$$

În continuare se poate determina direct accelerația reală (dinamică) a tachetului utilizând relația (10).

$$\ddot{x}=x''\cdot\omega^2+x'\cdot\varepsilon \tag{10}$$

APLICAŢII:

A9-DETERMINAREA EXPERIMENTALĂ A VALORII CRITICE A UNGHIULUI DE PRESIUNE PENTRU MECANISMELE CU CAMĂ

1. Scopul lucrării

Pentru proiectarea unui mecanism cu camă şi tachet, este necesară cunoaşterea valorii critice a unghiului de presiune. În timpul funcţionării, unghiul de presiune efectiv nu trebuie să ajungă la valoarea lui critică, pentru evitarea blocării tachetului în ghidaj.

2. Principiul lucrării

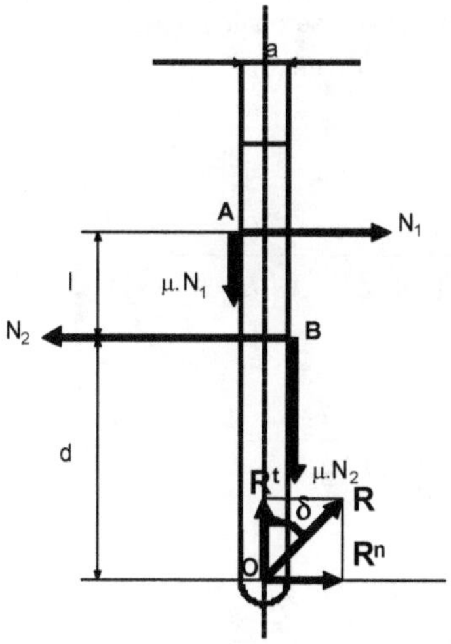

Fig. 1. Tachet cu rolă; forte si lungimi.

Se consideră un mecanism cu camă de rotaţie plană, cu tachet de translaţie prevăzut cu rolă.

Sistemul de forţe care realizează echilibrul tachetului este reprezentat în figură.

Se consideră că blocarea tachetului se produce în principal datorită forţelor de frecare din ghidaj, făcându-se aprecierea că frecarea dintre rolă şi camă, cât şi cea din articulaţia rolei este relativ mică.

Reacţiunea R ce se transmite de la camă către tachet, este înclinată cu unghiul de presiune δ faţă de axa tachetului (direcţia lui de deplasare).

Componenta normală R^n a reacţiunii produce rotirea în sens trigonometric a tachetului în ghidaj, ceea ce conduce la apariţia, în punctele extreme ale ghidajului a reacţiunilor N_1 şi N_2.

Componenta tangenţială R^t reprezintă forţa motoare ce acţionează tachetul pentru a fi ridicat.

Blocarea tachetului se produce când forţa motoare R^t nu poate să învingă forţele de frecare din ghidaj.

Pe figură s-a mai notat cu l distanţa dintre punctele extreme ale ghidajului, cu d, distanţa variabilă măsurată de la ghidaj până la articulaţia rolei, iar cu a lăţimea tachetului.

Din cele trei ecuaţii independente, se obţin :

$$N_1 = \frac{d \cdot tg\delta - \frac{a}{2}}{l - \mu \cdot a} \cdot R^t \quad (1) \qquad N_2 = \frac{(d + l) \cdot tg\delta + \frac{a}{2}}{l + \mu \cdot a} \cdot R^t \quad (2)$$

$$R^t > \mu \cdot N_1 + \mu \cdot N_2 \quad (3)$$

Din cele trei relaţii se obţine în final forma (4).

Deoarece lungimea a este mult mai mică decât lungimile l şi d, iar coeficientul de frecare μ are întotdeauna valori subunitare, se poate neglija termenul $-\mu \cdot a$ din relaţia (4) care capătă forma aproximativă, simplificată (5):

$$tg\delta_{cr} = \frac{l}{\mu \cdot (l + 2 \cdot d - \mu \cdot a)} \quad (4)$$

$$tg\delta_{cr} = \frac{l}{\mu \cdot (l + 2 \cdot d)} \quad (5)$$

3. Metoda de lucru

Pe mecanismul cu camă se măsoară parametrii constanţi l, $d=d_{max}$ şi a. Cu relaţia (4) se determină δ_{cr} exact pentru diferiţi coeficienţi de frecare μ şi se completează primul rand din tabelul următor. Apoi cu relaţia (5) se calculează δ_{cr} aproximativ pentru diversele valori ale lui μ şi se completează ultimul rând din tabelul următor:

l	d_{max}	a	Valorile coeficientului de frecare, μ										
[mm]			0.02	0.03	0.04	0.05	0.06	0.07	0.08	0.09	0.12	0.15	0.18
$\delta_{cr} exact$													
$\delta_{cr} aprox$													

A10-DETERMINAREA EXPERIMENTALĂ A PARAMETRILOR DE POZIŢIE PENTRU MECANISMELE CU CAMĂ ŞI TACHET; OBŢINEREA VITEZELOR ŞI ACCELERAŢIILOR PRINTR-O METODĂ DE DERIVARE NUMERICĂ APROXIMATIVĂ BAZATĂ PE DEZVOLTAREA UNEI FUNCŢII ÎN SERIE TAYLOR

1. Noţiuni introductive

Un mecanism cu camă şi tachet se compune în principiu dintr-un element conducător, profilat, numit camă, şi un element condus, numit tachet. Legătura dintre camă şi tachet se face printr-o cuplă superioară. Cama poate fi rotativă, sau translantă. Se va studia în continuare cama clasică rotativă. Tachetul poate fi translant sau rotativ. Se va studia în continuare tachetul translant. El poate fi cu vârf, cu rolă, cu talpă, profilat, etc. Se va avea în vedere un tachet cu vârf sau cu rolă.

Ştandul experimental se compune dintr-un arbore de distribuţie (arbore cu came), sau dintr-o camă rotativă profilată, şi un ceas comparator, care ţine loc de tachet translant cu vârf (rolă) (vezi figura 1). Ceasul comparator poate măsura deplasarea liniară a tachetului, cu o precizie de o sutime de milimetru.

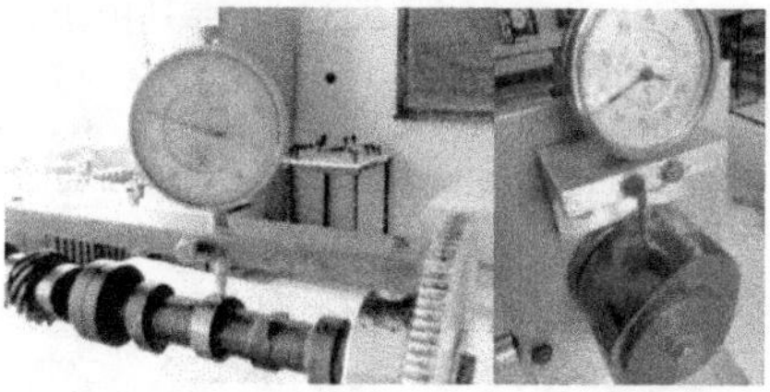

Fig. 1. *Ştandul experimental compus din camă rotativă şi ceas comparator*

Cama are în general patru faze de lucru: ridicarea (urcarea), staţionarea pe cercul superior (de vârf), coborârea (revenirea), staţionarea pe cercul inferior (de bază). Ridicarea şi coborârea sunt obligatorii. Staţionările superioară sau inferioară pot însă să lipsească.

2. Modul de lucru

Deplasarea s a tachetului se citeşte pe ceasul comparator (în mm) cu o precizie de sutimi de milimetru (cadranul ceasului e împărţit în 100 diviziuni, fiecare reprezentând o sutime de milimetru; de câte ori acul se dă peste cap se mai adaugă un mm), pentru fiecare poziţie φ a camei. Unghiul φ ia valori de la 0 la 360 grade sexazecimale [deg], şi cum măsurătorile se fac din 10 în 10 grade [deg] rezultă un tabel cu 5 coloane şi 37 rânduri.

Măsurătorile se trec în mm în tabelul 1. În principiu valorile s_{37} şi s_1 trebuie să coincidă.

Tabelul 1

Nr. crt. k	φ[deg]	s_k[mm]	s_k'[mm]	s_k''[mm]
1	0			
2	10			
	...	...	...	...
36	350			
37	360			

Dacă deplasarea s a tachetului se face experimental prin citiri succesive, vitezele reduse şi acceleraţiile reduse ale tachetului se determină prin calcul pentru fiecare unghi φ (pentru fiecare poziţie a camei) şi pentru fiecare s măsurat corespunzător. Se utilizează metoda derivării numerice aproximative, care se bazează pe dezvoltarea funcţiilor în serie taylor. Formulele de calcul numeric ce se vor utiliza sunt date de sistemul (1).

$$\begin{cases} s_k' = \dfrac{s_{k+1} - s_{k-1}}{2 \cdot \Delta\varphi}; \quad \Delta\varphi = 10 \cdot \dfrac{\pi}{180} = \dfrac{\pi}{18} = 0{,}1745; \quad 2 \cdot \Delta\varphi = 0{,}349 \\ \Rightarrow s_k' = \dfrac{s_{k+1} - s_{k-1}}{0{,}349} \quad pentru \ un \ pas \ \Delta\varphi = 10[\text{deg}]; \\ s_k'' = \dfrac{s_{k+1} + s_{k-1} - 2 \cdot s_k}{(\Delta\varphi)^2}; \quad \Delta\varphi = 0{,}1745; \Rightarrow (\Delta\varphi)^2 = 0{,}03 \\ \Rightarrow s_k'' = \dfrac{s_{k+1} + s_{k-1} - 2 \cdot s_k}{0{,}03} \quad pentru \ un \ pas \ \Delta\varphi = 10[\text{deg}]; \end{cases} \quad (1)$$

Observaţie: dacă măsurătorile se vor face cu precizie mai mare, din 5 în 5 grade sexazecimale [deg], se vor utiliza relaţiile de calcul din sistemul (2).

$$\begin{cases} s_k' = \dfrac{s_{k+1} - s_{k-1}}{2 \cdot \Delta\varphi}; \quad \Delta\varphi = 5 \cdot \dfrac{\pi}{180} = \dfrac{\pi}{36} = 0{,}087; \quad 2 \cdot \Delta\varphi = 0{,}1745 \\ \Rightarrow s_k' = \dfrac{s_{k+1} - s_{k-1}}{0{,}1745} \quad pentru \ un \ pas \ \Delta\varphi = 5[\text{deg}]; \\ s_k'' = \dfrac{s_{k+1} + s_{k-1} - 2 \cdot s_k}{(\Delta\varphi)^2}; \quad \Delta\varphi = 0{,}087; \Rightarrow (\Delta\varphi)^2 = 0{,}0076 \\ \Rightarrow s_k'' = \dfrac{s_{k+1} + s_{k-1} - 2 \cdot s_k}{0{,}0076} \quad pentru \ un \ pas \ \Delta\varphi = 5[\text{deg}]; \end{cases} \quad (2)$$

Se completează întregul tabel 1 (37 poziţii).

În continuare se trasează diagramele s=s(φ); s'=s'(φ); s"=s"(φ), pe hârtie milimetrică, asemănător modelului din figura 2, şi se determină cele patru unghiuri de fază: φ_u, φ_{ss}, φ_c, φ_{si}.

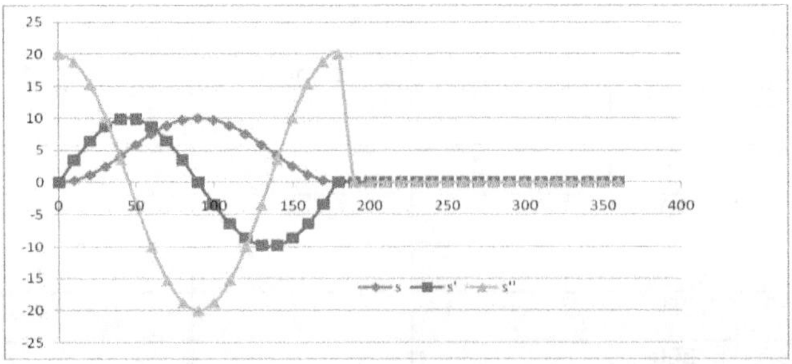

Fig. 2. *Diagramele legilor de mişcare ale tachetului: s=s(φ); s'=s'(φ); s"=s"(φ)*

A11-A14-DETERMINAREA LEGILOR DE MIȘCARE ȘI A RAZEI MINIME A CERCULUI DE BAZĂ, PENTRU O CAMĂ CLASICĂ. TRASAREA (SINTEZA) PROFILULUI CAMEI. DETERMINAREA RANDAMENTULUI CUPLEI

O camă rotativă este alcătuită practic din două cercuri concentrice (un cerc interior de bază, și un cerc exterior de vârf), racordate între ele prin două arce de cerc așa cum se vede în figura de mai jos. Se constituie patru sectoare principale. Cel de urcare (de la cercul de bază la cel de vârf), cel de staționare superioară (pe cercul de vârf; de rază R_M), cel de coborâre (revenire de pe cercul de vârf pe cel de bază), și ultimul de staționare inferioară (pe cercul de bază; de rază R_0). Fiecărui sector îi corespunde un unghi φ, de rotație a camei. Apar astfel patru unghiuri: $\varphi_u, \varphi_{ss}, \varphi_c, \varphi_{si}$. Evident suma celor patru unghiuri este întotdeauna 2π [rad], sau 360 [deg].

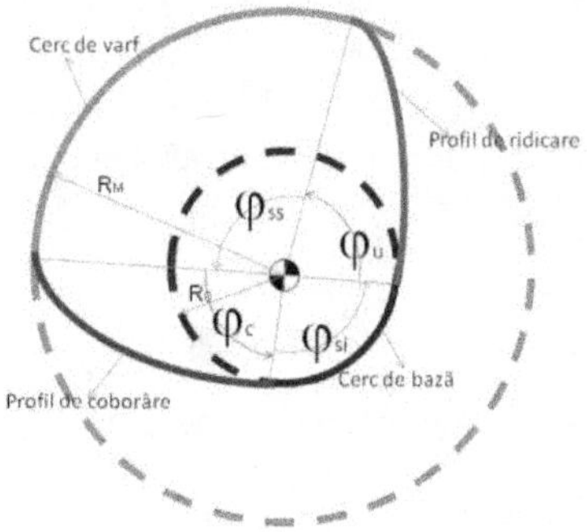

Fig. 1. *Schema cinematică a unei came simple*

Se impun valorile unghiurilor $\varphi_u, \varphi_{ss}, \varphi_c, \varphi_{si}$, și legile de mișcare pentru profilul de ridicare și pentru cel de coborâre.

Se dă și deplasarea (ridicarea maximă a tachetului) s_{max}=h.

A11

Se cere să se determine valorile legilor de mișcare ale tachetului și să se traseze diagramele legilor de mișcare (ale tachetului), pentru o rotație completă a camei.

Utilizând relațiile impuse, separat pentru urcare și coborâre, se completează tabelul următor.

α_u [deg]	s_u [mm]	s_u' [mm]	s_u'' [mm]	φ	α_c [deg]	s_c [mm]	s_c' [mm]	s_c'' [mm]	φ [deg]
0				0	0				$\varphi_u+\varphi_{ss}$
10				10	10				$\varphi_u+\varphi_{ss}+10$
...				...	...				...
φ_u				φ_u	φ_c				$\varphi_u+\varphi_{ss}+\varphi_c$

În continuare se trasează diagramele s=s(φ); s'=s'(φ); s''=s''(φ), pe hârtie milimetrică, asemănător modelului din figura 2, şi se determină cele patru unghiuri de fază: φ_u, φ_{ss}, φ_c, φ_{si}.

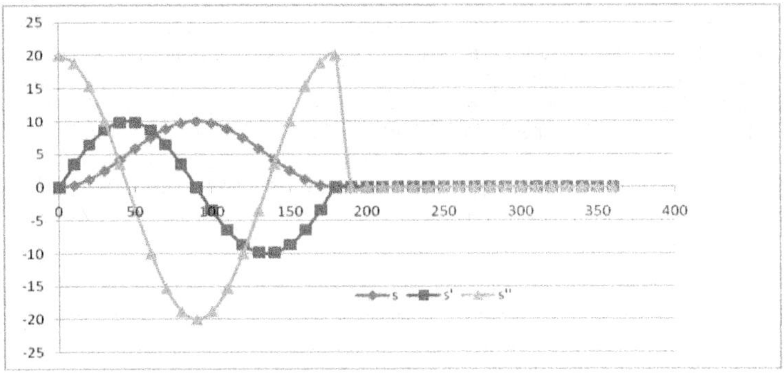

Fig. 2. *Diagramele legilor de mişcare ale tachetului: s=s(φ); s'=s'(φ); s''=s''(φ)*

A12

Cu ajutorul datelor din tabelul anterior se trasează diagrama s=s(s'), care are în general un aspect asemănător celui următor. Scara trebuie să fie 1-1 sau mărită identic. Se duc tangentele la profil înclinate cu unghiurile critice de presiune pentru urcare respectiv coborâre măsurate de la verticală. Triunghiul hașurat reprezintă zona în care se poate poziționa centrul de rotație al camei. Pentru ca raza cercului de bază să fie cât mai mică putem lua centrul camei chiar în punctul de intersecție al tangentelor, A. Dacă se impune o dezaxare e se duce dreapta paralelă cu verticala astfel încât de la ea la axa Os să avem o distanță e, iar centrul camei va trebui să fie în triunghiul hașurat și pe dreapta respectivă. Pentru o rază R_0 minimă se poate lua centrul camei în punctul B. Mărimea razei R_0 în mm, se află prin măsurarea grafică a segmentului care-i corespunde. Dacă desenul nu a fost conceput la scara 1/1, atunci pentru mărimea reală a razei cercului de bază trebuie făcută corecția conform scării utilizate.

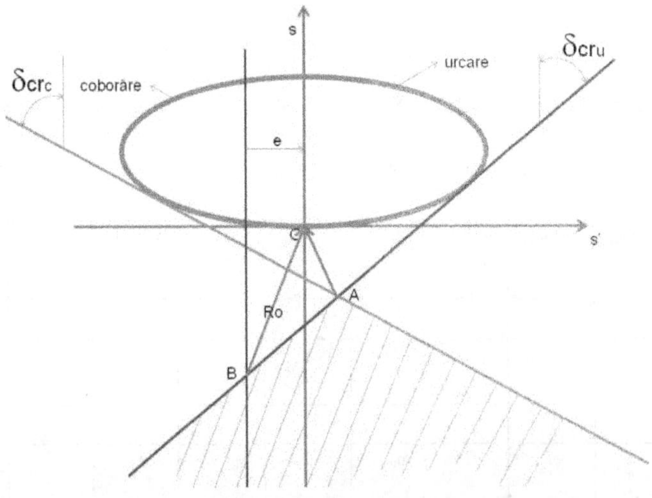

Fig. 3. *Diagrama s=s(s'); determinarea lungimii minime a razei cercului de bază*

A13 TRASAREA (SINTEZA) PROFILULUI CAMEI CLASICE

O metodă rapidă de sinteză geometrică este cea a coordonatelor carteziene.

În sistemul fix xOy, coordonatele carteziene ale punctului A de contact (aparţinând tachetului 2) sunt date de proiecţiile vectorului de poziţie r_A pe axele Ox respectiv Oy, şi au expresiile analitice exprimate de sistemul relaţional (1).

$$\begin{cases} x_T = r_A \cdot \cos\left(\varphi + \tau + \dfrac{\pi}{2} - \varphi\right) = r_A \cdot \cos\left(\dfrac{\pi}{2} + \tau\right) = -r_A \cdot \sin\tau = \\ = -r_A \cdot \dfrac{s'}{r_A} = -s' \\ y_T = r_A \cdot \sin\left(\varphi + \tau + \dfrac{\pi}{2} - \varphi\right) = r_A \cdot \sin\left(\dfrac{\pi}{2} + \tau\right) = r_A \cdot \cos\tau = \\ = r_A \cdot \dfrac{r_0 + s}{r_A} = r_0 + s \end{cases} \tag{1}$$

În sistemul mobil x'Oy', coordonatele carteziene ale punctului A de contact (aparţinând profilului camei 1 care s-a rotit orar cu unghiul φ), sunt date de relaţiile sistemelor (2-3).

$$\begin{cases} x_C = r_A \cdot \cos\left(\varphi + \tau + \dfrac{\pi}{2} - \varphi + \varphi\right) = r_A \cdot \cos\left(\dfrac{\pi}{2} + \tau + \varphi\right) = \\ = r_A \cdot \sin(-\varphi - \tau) = -r_A \cdot \sin(\varphi + \tau) = \\ = -r_A \cdot (\sin\varphi \cdot \cos\tau + \sin\tau \cdot \cos\varphi) = \\ = -r_A \cdot \dfrac{r_0 + s}{r_A} \cdot \sin\varphi - r_A \cdot \dfrac{s'}{r_A} \cdot \cos\varphi = \\ = -(r_0 + s) \cdot \sin\varphi - s' \cdot \cos\varphi \\ y_C = r_A \cdot \sin\left(\varphi + \tau + \dfrac{\pi}{2} - \varphi + \varphi\right) = r_A \cdot \sin\left(\dfrac{\pi}{2} + \tau + \varphi\right) = \\ = r_A \cdot \cos(-\varphi - \tau) = r_A \cdot \cos(\varphi + \tau) = \\ = r_A \cdot (\cos\varphi \cdot \cos\tau - \sin\tau \cdot \sin\varphi) = \\ = r_A \cdot \dfrac{r_0 + s}{r_A} \cdot \cos\varphi - r_A \cdot \dfrac{s'}{r_A} \cdot \sin\varphi = \\ = (r_0 + s) \cdot \cos\varphi - s' \cdot \sin\varphi \end{cases} \tag{2}$$

$$\begin{cases} x_C = -s' \cdot \cos\varphi - (r_0 + s) \cdot \sin\varphi \\ y_C = (r_0 + s) \cdot \cos\varphi - s' \cdot \sin\varphi \end{cases} \tag{3}$$

Trasarea profilului camei se realizează în coordonate carteziene, xOy, ele determinându-se pentru un întreg ciclu cinematic (360 deg); se utilizează relațiile (3).

Raza cercului de bază s-a determinat la punctul anterior; $R_0=r_0$ [mm]. s, s' și φ, se iau din tabelul anterior, pentru urcare și respectiv coborâre, în vreme ce pentru staționarea pe cercurile de vârf sau de bază, acestea au valori constante; pe cercul de vârf $s=s_{max}=h$, $s'=0$, iar pe cercul de bază $s=s_{min}=0$, $s'=0$.

Pentru porțiunea de ridicare unghiul φ are aceleași valori cu unghiul α_u, variind de la 0 la φ_u.

Pentru staționarea pe cercul de vârf, φ variază de la φ_u la $\varphi_u+\varphi_{ss}$.

Pe porțiunea de coborâre, φ variază de la $\varphi_u+\varphi_{ss}$ la $\varphi_u+\varphi_{ss}+\varphi_c$.

La staționarea pe cercul de bază, φ variază de la $\varphi_u+\varphi_{ss}+\varphi_c$ la $\varphi_u+\varphi_{ss}+\varphi_c+\varphi_{si}$.

Observaţie: Dezaxarea e dintre axa tachetului şi cea a camei, nu influenţează sinteza geometro-cinematică a mecanismului la cama clasică (cu tachet translant plat).

A14 DETERMINAREA RANDAMENTULUI CUPLEI

În continuare se va prezenta o metodă exactă de calcul a coeficientului TF la mecanismele de distribuţie clasice, cu camă rotativă şi tachet de translaţie cu talpă (tachet de translaţie plat), adică la Modulul clasic de distribuţie, Modulul C.

În figura 4 se poate urmări modul de calcul al coeficientului de transmitere a forţei (CTF), la mecanismul clasic de distribuţie, cu determinarea vitezelor principale din cuplă şi a forţelor principale din cuplă, cu care se calculează puterile principale şi pe baza lor randamentul mecanic al cuplei cinematice superioare (camă-tachet).

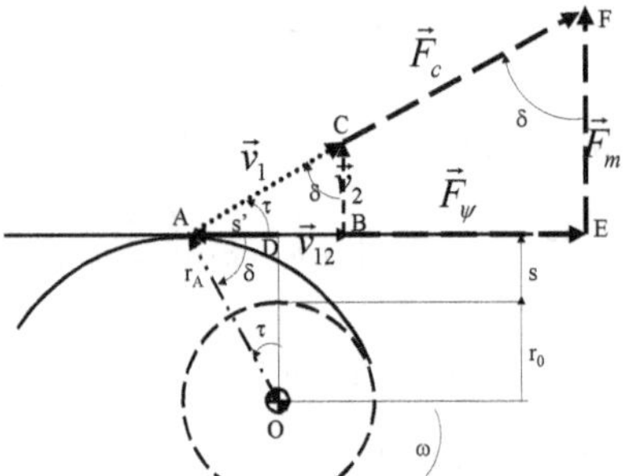

Fig. 4. *Determinarea coeficientului TF la Modulul C. Forţe şi viteze.*

Forţa motoare consumată, F_c, sau forţa motoare de intrare, adică forţa motoare redusă la camă (forţa motoare redusă la arborele de distribuţie), perpendiculară în A pe vectorul r_A, se împarte în două componente perpendiculare între ele: Forţa F_m, care reprezintă forţa motoare redusă la tachet, sau forţa utilă şi acţionează pe verticală (de jos în sus pe porţiunea de ridicare), ea fiind forţa care mişcă tachetul pe porţiunea de ridicare şi care este opusă forţei rezistente redusă la tachet; Forţa F_ψ, care acţionează pe orizontală şi produce alunecarea dintre cele două profile (camă-tachet), provocând pierderile din sistem datorate alunecărilor dintre profile.

Se pot scrie următoarele relaţii:

$F_m = F_c.\sin\tau$ (1) $v_2 = v_1.\sin\tau$ (2) $P_u = F_m.v_2 = F_c.v_1.\sin^2\tau$ (3)

$P_c = F_c.v_1$ (4) $\eta_i = \dfrac{P_u}{P_c} = \dfrac{F_c.v_1.\sin^2\tau}{F_c.v_1} = \sin^2\tau = \cos^2\delta$ (5)

$F_\psi = F_c.\cos\tau$ (6) $v_{12} = v_1.\cos\tau$ (7) $P_\psi = F_\psi.v_{12} = F_c.v_1.\cos^2\tau$ (8)

$$\psi_i = \frac{P_\psi}{P_c} = \frac{F_c.v_1.\cos^2\tau}{F_c.v_1} = \cos^2\tau = \sin^2\delta \quad (9)$$

Unde P_c este puterea totală consumată, P_u=P_m reprezintă puterea utilă, P_ψ este puterea pierdută, η_i este coeficientul TF instantaneu al mecanismului, iar ψ_i reprezintă coeficientul instantaneu al pierderilor din mecanism.

Se ştie că suma dintre η_i şi ψ_i trebuie să fie 1, iar dacă facem această verificare ea apare ca adevărată imediat.

$$\eta_i + \psi_i = \sin^2\tau + \cos^2\tau = \cos^2\delta + \sin^2\delta = 1 \quad (10)$$

Determinarea coeficientului TF total, pentru cursa de urcare de exemplu, se face prin integrarea coeficientului TF instantaneu, pe porţiunea de ridicare, conform relaţiilor (11-21).

$\eta = \dfrac{1}{\Delta\tau}.\displaystyle\int_{\tau_m}^{\tau_M}\eta_i.d\tau$ (11) $\eta = \dfrac{1}{\Delta\tau}.\displaystyle\int_{\tau_m}^{\tau_M}\sin^2\tau.d\tau$ (12)

$\eta = \dfrac{1}{2.\Delta\tau}.\displaystyle\int_{\tau_m}^{\tau_M}2.\sin^2\tau.d\tau$ (13) $\eta = \dfrac{1}{2.\Delta\tau}.\displaystyle\int_{\tau_m}^{\tau_M}[1-\cos(2.\tau)].d\tau$ (14)

$$\eta = \frac{1}{2.\Delta\tau}.[\tau - \frac{1}{2}.\sin(2.\tau)]_{\tau_m}^{\tau_M} \quad (15)$$

$$\eta = \frac{1}{2.\Delta\tau}.\{\Delta\tau - \frac{1}{2}.[\sin(2.\tau_M) - \sin(2.\tau_m)]\} \quad (16)$$

$\eta = \dfrac{1}{2} + \dfrac{\sin(2.\tau_m) - \sin(2.\tau_M)}{4.\Delta\tau}$ (17) $\tau_m = 0$ (18)

$$\eta = \frac{1}{2} - \frac{\sin(2.\tau_M)}{4.\tau_M} \quad (19)$$

$$\eta = \frac{1}{2} - \frac{2.\sin\tau_M.\cos\tau_M}{4.\tau_M} = \frac{1}{2} - \frac{\sin\tau_M.\cos\tau_M}{2.\tau_M} \quad (20)$$

$$\eta = 0.5 \cdot \{1 - \frac{(r_0 + s_{\tau_M}).s'_{\tau_M}}{\tau_M.[(r_0 + s_{\tau_M})^2 + s'^2_{\tau_M}]}\} \quad (21)$$

Se determină τ_M şi valorile corespunzătoare ale lui s_{τ_M} şi s'_{τ_M}, după care se calculează, uşor, coeficientul TF total al mecanismului, pentru cursa de urcare. Dificultatea constă în determinarea matematică a valorii τ_M, fapt pentru care în practică se aproximează s'_{τ_M} cu s' la mijlocul intervalului de ridicare şi cu valorile s şi τ care îi corespund, sau se extrag aceste valori prin tabelare.

După determinarea lui τ_M, se poate utiliza pentru calculul randamentului mecanic al cuplei (fără frecări), una din formulele (19-21). Cea mai simplă pare a fi formula 19.

$$\eta = \frac{1}{2} - \frac{\sin(2.\tau_M)}{4.\tau_M} \quad (19) \qquad\qquad tg\tau = \frac{s'}{s + r_0} \quad (22)$$

Modul de lucru: se determină r_0 [mm] prin măsurare.

Dacă se cunosc legile de mişcare (formulele) se calculează s şi s' pentru diferitele valori ale unghiului φ. Dacă s a fost determinat direct de pe mecanism prin măsurarea cu un ceas comparator (lucrarea A2), s' se calculează prin derivare numerică. Se completează datele în tabelul de mai jos. Se calculează tgτ, τ [deg], $\eta_i = \sin^2 \tau$.

n	1	2	3	...	...	...	...	...	n
φ [deg]	0	5	10	...	...	...	...	...	φ_u
S' [mm]									
S [mm]									
$tg\tau = \frac{s'}{s + r_0}$									
τ [deg]									
$\eta_i = \sin^2 \tau$									

În final se determină randamentul mecanic (fără să se ţină seama şi de influenţa frecărilor din cuplă) prin două metode diferite. Se utilizează mai întâi formula 23 la care se determină randamentul total al cuplei prin medierea (aritmetică) a valorilor randamentelor instantanee. A doua metodă obţine direct randamentul mecanic al cuplei, utilizând formula 24, în care se introduce pentru τ valoarea maximă luată din tabelul de mai sus.

$$\eta = \frac{\sum_{i=1}^{n} \eta_i}{n} \quad (23) \qquad\qquad \eta = \frac{1}{2} - \frac{\sin(2.\tau_M)}{4.\tau_M} \quad (24)$$

Se compară apoi rezultatele obţinute.

A15-A18-SINTEZA DINAMICĂ A CAMEI ROTATIVE CU TACHET TRANSLANT PLAT (LEGEA COS-COS)

O camă rotativă cu tachet de translație plat, utilizează legile cos-cos (la urcare și coborâre). Să se determine parametrii dinamici și să se completeze tabelul următor. Să se traseze apoi diagrama $\ddot{x} = \ddot{x}(\varphi)$.

Dinamica la cama clasică (legea de mișcare cosinusoidală)									
φ [deg]	0	10	20	...	φ_u	0	10	...	φ_c
s [m]									
s' [m]									
s'' [m]									
s''' [m]									
ω^2 [s^{-2}]									
ε [s^{-2}]									
x [m]									
x' [m]									
x'' [m]									
$\ddot{x}$ [ms^{-2}]									

Se dau următorii parametrii:

R_0=0.013 [m]; h=0.008 [m]; x_0=0.03 [m]; $\varphi_u=\pi/2$; $\varphi_c=\pi/2$; K=5000000 [N/m]; k=20000 [N/m]; m_T=0.1 [kg]; M_c=0.2 [kg]; n_{motor}=5500 [rot/min].

Modul de lucru

Se determină legile de mișcare cu relațiile (1).

$$\begin{cases} s=\dfrac{h}{2}-\dfrac{h}{2}\cdot\cos\left(\pi\cdot\dfrac{\varphi}{\varphi_u}\right) & s_c=\dfrac{h}{2}+\dfrac{h}{2}\cdot\cos\left(\pi\cdot\dfrac{\varphi}{\varphi_c}\right)\\ s'\equiv v_r=\dfrac{\pi\cdot h}{2\cdot\varphi_u}\cdot\sin\left(\pi\cdot\dfrac{\varphi}{\varphi_u}\right) & s_c^{'}=-\dfrac{\pi\cdot h}{2\cdot\varphi_c}\cdot\sin\left(\pi\cdot\dfrac{\varphi}{\varphi_c}\right)\\ s''\equiv a_r=\dfrac{\pi^2\cdot h}{2\cdot\varphi_u^2}\cdot\cos\left(\pi\cdot\dfrac{\varphi}{\varphi_u}\right) & s_c^{''}=-\dfrac{\pi^2\cdot h}{2\cdot\varphi_c^2}\cdot\cos\left(\pi\cdot\dfrac{\varphi}{\varphi_c}\right)\\ s'''\equiv \alpha_r=-\dfrac{\pi^3\cdot h}{2\cdot\varphi_u^3}\cdot\sin\left(\pi\cdot\dfrac{\varphi}{\varphi_u}\right) & s_c^{'''}=\dfrac{\pi^3\cdot h}{2\cdot\varphi_c^3}\cdot\sin\left(\pi\cdot\dfrac{\varphi}{\varphi_c}\right) \end{cases} \tag{1}$$

În continuare se calculează A, B și ω^2 cu relațiile sistemului (2) și ε cu expresia (4); din (5-8) se scot x, x', x'' și $\ddot{x}$.

$$\begin{cases} \omega^2=\omega_m^2\cdot\dfrac{A}{B};\\ A=M_c\cdot R_0^2+M_c\cdot\dfrac{h^2}{8}+\dfrac{1}{2}\cdot M_c\cdot R_0\cdot h+\dfrac{1}{8}\cdot M_c\cdot\dfrac{\pi^2\cdot h^2}{\varphi_0^2}+\dfrac{1}{4}\cdot m_T\cdot\dfrac{\pi^2\cdot h^2}{\varphi_0^2}\\ B=M_c\cdot R_0^2+M_c\cdot s^2+2\cdot M_c\cdot R_0\cdot s+M_c\cdot s'^2+2\cdot m_T\cdot s'^2 \end{cases} \tag{2}$$

Unde ω_m reprezintă viteza medie nominală a camei și se exprimă la mecanismele de distribuție în funcție de turația arborelui motor (3); $\varphi_0=\varphi_u$ sau φ_c.

$$\omega_m = 2\cdot\pi\cdot\nu_c = 2\cdot\pi\cdot\frac{n_c}{60} = \frac{2\cdot\pi}{60}\cdot\frac{n_{motor}}{2} = \frac{\pi\cdot n}{60} \tag{3}$$

$$\varepsilon = -\omega^2\cdot\frac{\left(M_c\cdot s + M_c\cdot R_0 + M_c\cdot s'' + 2\cdot m_T\cdot s''\right)\cdot s'}{B} \tag{4}$$

Pentru un mecanism clasic cu camă și tachet (fără supapă) deplasarea dinamică a tachetului se exprimă cu relația (5).

$$x = s - \frac{(K+k)\cdot m_T\cdot\omega^2\cdot s'^2 + (k^2+2k\cdot K)\cdot s^2 + 2k\cdot x_0\cdot(K+k)\cdot s}{2\cdot(K+k)^2\cdot\left(s+\frac{k\cdot x_0}{K+k}\right)} \tag{5}$$

Unde x reprezintă deplasarea dinamică a tachetului, în vreme ce s este deplasarea sa normală (cinematică). K este constanta elastică a sistemului, iar k reprezintă constanta elastică a resortului care ține tachetul. S-a notat cu x_0 pretensionarea (prestrângerea) resortului tachetului, cu m_T masa tachetului, cu ω viteza unghiulară a camei (sau a arborelui cu came), s' fiind prima derivată în funcție de φ a deplasării tachetului s. Derivând de două ori, succesiv, expresia (5) în raport cu unghiul φ, se obțin viteza redusă (relația 6) și respectiv accelerația redusă a tachetului (7).

$$\begin{cases} N = (K+k)\cdot m_T\cdot\omega^2\cdot s'^2 + (k^2+2k\cdot K)\cdot s^2 + 2k\cdot x_0\cdot(K+k)\cdot s \\ M = \left[(K+k)m_T\omega^2\cdot 2s's'' + (k^2+2kK)\cdot 2ss' + 2kx_0(K+k)\cdot s'\right]\cdot\left(s+\frac{kx_0}{K+k}\right) - N\cdot s' \\ x' = s' - \frac{M}{2\cdot(K+k)^2\cdot\left(s+\frac{kx_0}{K+k}\right)^2} \end{cases} \tag{6}$$

$$\begin{cases} N = (K+k)\cdot m_T\cdot\omega^2\cdot s'^2 + (k^2+2k\cdot K)\cdot s^2 + 2k\cdot x_0\cdot(K+k)\cdot s \\ M = \left[(K+k)m_T\omega^2\cdot 2s's'' + (k^2+2kK)\cdot 2ss' + 2kx_0(K+k)\cdot s'\right]\cdot\left(s+\frac{kx_0}{K+k}\right) - N\cdot s' \\ O = (K+k)\cdot m_T\cdot\omega^2\cdot 2\cdot\left(s''^2 + s'\cdot s'''\right) + \left(k^2+2\cdot k\cdot K\right)\cdot 2\cdot\left(s'^2 + s\cdot s''\right) + 2\cdot k\cdot x_0\cdot(K+k)\cdot s'' \\ x'' = s'' - \frac{\left[O\cdot\left(s+\frac{kx_0}{K+k}\right) - N\cdot s''\right]\cdot\left(s+\frac{kx_0}{K+k}\right) - M\cdot 2\cdot s'}{2\cdot(K+k)^2\cdot\left(s+\frac{kx_0}{K+k}\right)^3} \end{cases} \tag{7}$$

În continuare se poate determina direct accelerația reală (dinamică) a tachetului utilizând relația (8).

$$\ddot{x} = x''\cdot\omega^2 + x'\cdot\varepsilon \tag{8}$$

Urmează ***Analiza Dinamică***, în cadrul căreia se modifică ***k, x₀***, ***r₀***, ***h***, φ_u, și legile de mișcare utilizate.

A19-A22-SINTEZA DINAMICĂ A CAMEI ROTATIVE CU TACHET TRANSLANT CU ROLĂ (LEGEA COS-COS)

Cama rotativă cu tachet de translație cu rolă sau bilă, se sintetizează dinamic urmărind relațiile viitoare și figura de mai jos. Se determină pentru început momentul de inerție masic (mecanic) al mecanismului, redus la elementul de rotație, adică la camă (practic se utilizează conservarea energiei cinetice; sistemul 1). S-a considerat pentru legea de mișcare a tachetului varianta clasică deja utilizată a legii cosinusoidale (atât pentru urcare cât și pentru coborâre).

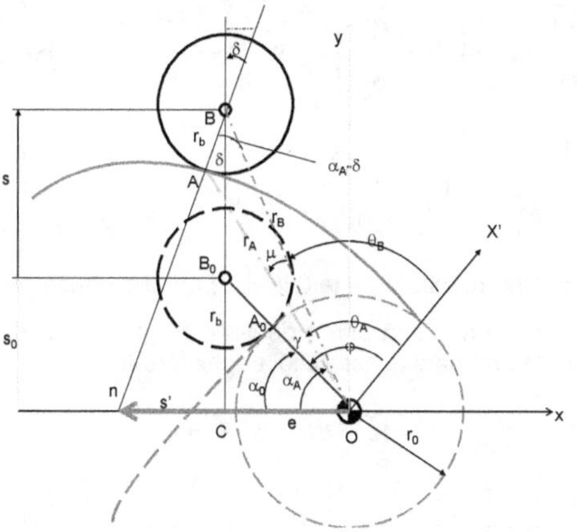

Fig. 1. *Schema cinematică a unei came rotative cu tachet translant cu rolă*

$$\begin{cases} J_{cama} = \frac{1}{2}\cdot M_c \cdot R^2 \\ R^2 \equiv r_A^2 = x_A^2 + y_A^2 = e^2 + r_b^2\cdot\sin^2\delta + 2\cdot e\cdot r_b\cdot\sin\delta + (s_0+s)^2 + r_b^2\cdot\cos^2\delta - 2\cdot r_b\cdot(s_0+s)\cdot\cos\delta \\ r_A^2 = e^2 + r_b^2 + (s_0+s)^2 + 2\cdot r_b\cdot[e\cdot\sin\delta - (s_0+s)\cdot\cos\delta] \\ r_A^2 = e^2 + r_b^2 + (s_0+s)^2 + 2\cdot r_b\cdot e\cdot\frac{s'-e}{\sqrt{(s_0+s)^2+(s'-e)^2}} - 2\cdot r_b\cdot(s_0+s)\cdot\frac{(s_0+s)}{\sqrt{(s_0+s)^2+(s'-e)^2}} \\ r_A^2 = e^2 + r_b^2 + (s_0+s)^2 - \frac{2\cdot r_b\cdot(s_0+s)^2}{\sqrt{(s_0+s)^2+(s'-e)^2}} + \frac{2\cdot r_b\cdot e\cdot(s'-e)}{\sqrt{(s_0+s)^2+(s'-e)^2}} \\ J_m^* = \frac{1}{2}\cdot M_c\cdot(r_0^2+r_b^2+r_0\cdot r_b) + \frac{1}{4}\cdot M_c\cdot s_0\cdot h + \frac{1}{16}\cdot M_c\cdot h^2 + \frac{1}{2}\cdot M_c\cdot r_b\cdot\frac{e\cdot\frac{\pi\cdot h}{2\cdot\varphi_0} - e^2 - \left(s_0+\frac{h}{2}\right)^2}{\sqrt{\left(s_0+\frac{h}{2}\right)^2+\left(\frac{\pi\cdot h}{2\cdot\varphi_0}-e\right)^2}} + \frac{m_T\cdot\pi^2\cdot h^2}{8\cdot\varphi_0^2} \\ J^* = \frac{1}{2}\cdot M_c\cdot(2\cdot r_b^2+r_0^2+2\cdot r_0\cdot r_b) + M_c\cdot s_0\cdot s + \frac{1}{2}\cdot M_c\cdot s^2 + M_c\cdot r_b\cdot\frac{e\cdot s'-e^2-(s_0+s)^2}{\sqrt{(s_0+s)^2+(s'-e)^2}} + m_T\cdot s'^2 \end{cases} \quad (1)$$

Viteza unghiulară este o funcție de poziția camei (φ) dar și de turația ei (2). Unde ω_m reprezintă viteza medie nominală a camei și se exprimă la mecanismele de distribuție în funcție de turația arborelui motor (3).

$$\omega^2 = \frac{J_m^*}{J^*}\cdot\omega_m^2 \quad (2) \qquad \omega_m = 2\cdot\pi\cdot\nu_c = 2\cdot\pi\cdot\frac{n_c}{60} = \frac{2\cdot\pi}{60}\cdot\frac{n_{motor}}{2} = \frac{\pi\cdot n}{60} \quad (3)$$

Vom porni simularea cu o lege de mișcare clasică, și anume legea ***cos****inus*oidală. Legea cosinus se exprimă prin relațiile sistemului (4).

$$\begin{cases} s=\frac{h}{2}-\frac{h}{2}\cdot\cos\left(\pi\cdot\frac{\varphi}{\varphi_u}\right) & s_c=\frac{h}{2}+\frac{h}{2}\cdot\cos\left(\pi\cdot\frac{\varphi}{\varphi_c}\right) \\ s'\equiv v_r=\frac{\pi\cdot h}{2\cdot\varphi_u}\cdot\sin\left(\pi\cdot\frac{\varphi}{\varphi_u}\right) & s_c^{'}=-\frac{\pi\cdot h}{2\cdot\varphi_c}\cdot\sin\left(\pi\cdot\frac{\varphi}{\varphi_c}\right) \\ s''\equiv a_r=\frac{\pi^2\cdot h}{2\cdot\varphi_u^2}\cdot\cos\left(\pi\cdot\frac{\varphi}{\varphi_u}\right) & s_c^{''}=-\frac{\pi^2\cdot h}{2\cdot\varphi_c^2}\cdot\cos\left(\pi\cdot\frac{\varphi}{\varphi_c}\right) \\ s'''\equiv \alpha_r=-\frac{\pi^3\cdot h}{2\cdot\varphi_u^3}\cdot\sin\left(\pi\cdot\frac{\varphi}{\varphi_u}\right) & s_c^{'''}=\frac{\pi^3\cdot h}{2\cdot\varphi_c^3}\cdot\sin\left(\pi\cdot\frac{\varphi}{\varphi_c}\right) \end{cases} \tag{4}$$

Unde φ variază (ia valori) de la 0 la φ_0. J_{max} se produce pentru $\varphi=\varphi_0/2$.

Cu relația (5) se exprimă prima derivată a momentului de inerție mecanic redus. Acesta este necesar determinării accelerației unghiulare (6).

$$\begin{aligned} J^{*'} &= M_c\cdot s_0\cdot s'+M_c\cdot s\cdot s'+2\cdot m_T\cdot s'\cdot s''+ \\ &+M_c\cdot r_b\cdot\frac{\left[e\cdot s''-2\cdot(s_0+s)\cdot s'\right]\cdot\left[(s_0+s)^2+(s'-e)^2\right]}{\left[(s_0+s)^2+(s'-e)^2\right]^{3/2}}- \\ &-M_c\cdot r_b\cdot\frac{\left[e\cdot s'-e^2-(s_0+s)^2\right]\cdot\left[(s_0+s)\cdot s'+(s'-e)\cdot s''\right]}{\left[(s_0+s)^2+(s'-e)^2\right]^{3/2}} \end{aligned} \tag{5}$$

Derivând formula (2), în funcție de timp, se obține expresia accelerației unghiulare (6).

$$\varepsilon=-\frac{\omega^2}{2}\cdot\frac{J^{*'}}{J^*} \tag{6}$$

Relațiile (2) și (6) utilizate și la capitolul anterior au un caracter general, și reprezintă practic două ecuații de mișcare originale extrem de importante pentru mecanică și mecanisme.

Pentru un mecanism cu camă de rotație și tachet (fără supapă) de translație cu rolă sau bilă, deplasarea dinamică a tachetului se exprimă cu relația (7), care este de fapt ecuaţia de mişcare particularizată.

$$x=s-\frac{(K+k)\cdot m_T\cdot\omega^2\cdot s'^2+(k^2+2k\cdot K)\cdot s^2+2k\cdot x_0\cdot(K+k)\cdot s}{2\cdot(K+k)^2\cdot\left(s+\frac{k\cdot x_0}{K+k}\right)} \tag{7}$$

Unde x reprezintă deplasarea dinamică a tachetului, în vreme ce s este deplasarea sa normală (cinematică). K este constanta elastică a sistemului, iar k reprezintă constanta elastică a resortului care ține tachetul. S-a notat cu x_0 pretensionarea (prestrângerea) resortului tachetului, cu m_T masa tachetului, cu ω viteza unghiulară a camei (sau a arborelui cu came), s' fiind prima derivată în funcție de φ a deplasării tachetului s.

Derivând de două ori, succesiv, expresia (7) în raport cu unghiul φ, se obțin viteza redusă (relația 8) și respectiv accelerația redusă a tachetului (9).

$$\begin{cases} N=(K+k)\cdot m_T\cdot\omega^2\cdot s'^2+(k^2+2k\cdot K)\cdot s^2+2k\cdot x_0\cdot(K+k)\cdot s \\ M=\left[(K+k)m_T\omega^2\cdot 2s's''+\left(k^2+2kK\right)\cdot 2ss'+2kx_0\left(K+k\right)\cdot s'\right]\cdot \\ \cdot\left(s+\dfrac{kx_0}{K+k}\right)-N\cdot s' \\ x'=s'-\dfrac{M}{2\cdot(K+k)^2\cdot\left(s+\dfrac{kx_0}{K+k}\right)^2} \end{cases} \tag{8}$$

$$\begin{cases} N=(K+k)\cdot m_T\cdot\omega^2\cdot s'^2+(k^2+2k\cdot K)\cdot s^2+2k\cdot x_0\cdot(K+k)\cdot s \\ M=\left[(K+k)m_T\omega^2\cdot 2s's''+\left(k^2+2kK\right)\cdot 2ss'+2kx_0\left(K+k\right)\cdot s'\right]\cdot \\ \cdot\left(s+\dfrac{kx_0}{K+k}\right)-N\cdot s' \\ O=\left(K+k\right)\cdot m_T\cdot\omega^2\cdot 2\cdot\left(s''^2+s'\cdot s'''\right)+ \\ +\left(k^2+2\cdot k\cdot K\right)\cdot 2\cdot\left(s'^2+s\cdot s''\right)+2\cdot k\cdot x_0\cdot\left(K+k\right)\cdot s'' \\ x''=s''-\dfrac{\left[O\cdot\left(s+\dfrac{kx_0}{K+k}\right)-N\cdot s''\right]\cdot\left(s+\dfrac{kx_0}{K+k}\right)-M\cdot 2\cdot s'}{2\cdot(K+k)^2\cdot\left(s+\dfrac{kx_0}{K+k}\right)^3} \end{cases} \tag{9}$$

În continuare se poate determina direct accelerația reală (dinamică) a tachetului utilizând relația (10).

$$\ddot{x}=x''\cdot\omega^2+x'\cdot\varepsilon \tag{10}$$

MODUL DE LUCRU:

Se dau următorii parametrii:

R_0=0.013 [m]; r_b=0.005 [m]; h=0.008 [m]; e=0.01 [m]; x_0=0.03 [m]; $\varphi_u=\pi/2$; $\varphi_c=\pi/2$; K=5000000 [N/m]; k=20000 [N/m]; m_T=0.1 [kg]; M_c=0.2 [kg]; n_{motor}=5500 [rot/min].

Utilizând relațiile anterioare să se calculeze parametrii din tabelul de mai jos.

Dinamica la cama clasică (legea de mişcare cosinusoidală)									
φ [deg]	0	10	20	...	φ_u	0	10	...	φ_c
s [m]									
s' [m]									
s'' [m]									
s''' [m]									
ω^2 [s^{-2}]									
ε [s^{-2}]									
x [m]									
x' [m]									
x'' [m]									
$\ddot{x}\ [ms^{-2}]$									

Sinteza dinamică.

Pentru a se realiza o sinteză dinamică, pe baza unui program de calcul, se pot varia datele de intrare până când se obține o accelerație corespunzătoare (vezi figura 2). Se sintetizează apoi profilul corespunzător al camei (figura 3) utilizând relațiile (11).

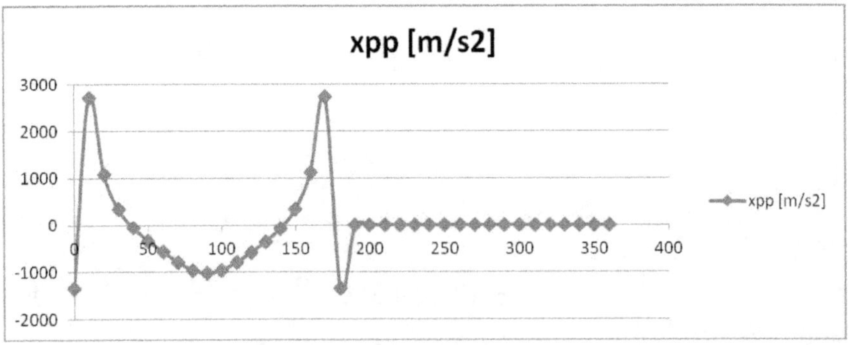

Fig. 2. *Analiza dinamică a camei (diagrama accelerațiilor)*

$$\begin{cases} \begin{cases} x_T = -e - r_b \cdot \sin\delta \\ y_T = (s_0 + s) - r_b \cdot \cos\delta \end{cases} \\ \begin{cases} x_C = x_T \cdot \cos\varphi - y_T \cdot \sin\varphi \\ y_C = x_T \cdot \sin\varphi + y_T \cdot \cos\varphi \end{cases} \\ \begin{cases} x_C = (-e - r_b \cdot \sin\delta) \cdot \cos\varphi - [(s_0 + s) - r_b \cdot \cos\delta] \cdot \sin\varphi \\ y_C = (-e - r_b \cdot \sin\delta) \cdot \sin\varphi + [(s_0 + s) - r_b \cdot \cos\delta] \cdot \cos\varphi \end{cases} \end{cases} \tag{11}$$

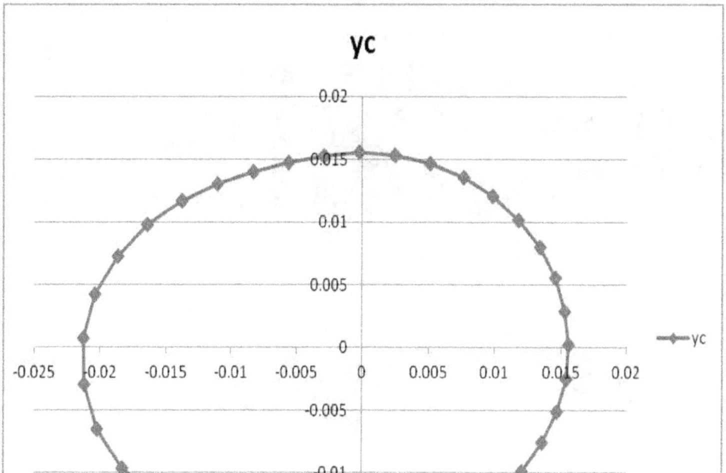

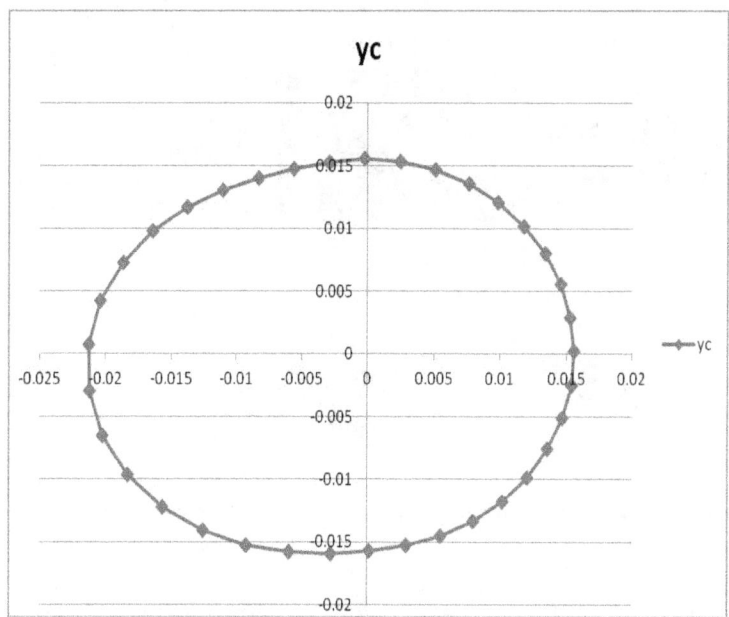

Fig. 3. *Profilul camei rotative cu tachet translant cu rolă*

r_b=0.003 [m]; e=0.003 [m]; h=0.006 [m]; r_0=0.013 [m]; $\varphi_0=\pi/2$ [rad];

CAP. X ANGRENAJE CU AXE FIXE, SAU MECANISME CU ROŢI DINŢATE CU AXE FIXE

10.1. DEFINIŢIE ŞI CLASIFICARE

Conform standardelor în vigoare (vezi STAS 915/2-81), angrenajul se defineşte ca fiind un mecanism elementar format din două elemente dinţate (roţi, sectoare, sau bare dinţate), aflate în mişcare rotativă / translantă absolută sau relativă, în care unul din elemente îl antrenează pe celălalt prin acţiunea dinţilor aflaţi în contact succesiv şi continuu.

Angrenajele, sau mecanismele cu roţi dinţate, sunt practic cuple superioare (în general de clasa a patra - C_4), care au rolul de a transmite şi sau transforma mişcarea, prin reducerea turaţiei (cu creşterea momentului), ori prin amplificarea vitezei unghiulare (cu scăderea sarcinii), de la intrare către ieşire, cu păstrarea aproximativ constantă a puterii (cu pierderi foarte mici, mecanice şi de fricţiune, datorită randamentelor mari şi foarte mari la care lucrează mecanismele cu roţi dinţate).

Cele mai vechi, mai utilizate (mai răspândite), mai fiabile, funcţionând şi cu randamente mai bune, sunt angrenajele cu axe fixe, care vor fi prezentate în acest capitol. Există şi angrenaje cu axe mobile (fac obiectul unui capitol separat), sau mixte, care deşi sunt mai uşoare şi mai compacte, funcţionează în schimb cu randamente mai scăzute, decât cele cu axe fixe, şi sunt şi mai puţin rigide şi fiabile.

Din punct de vedere structural-geometro-cinematic (şi constructiv), angrenajele cu axe fixe se clasifică în trei mari categorii (vezi figura 1), în funcţie de poziţia relativă a axelor celor două roţi care alcătuiesc angrenajul: A-paralele (cilindrice), B-concurente (conice) şi C-încrucişate (de tip melc-roată melcată, hipoidale, toroidale).

A- angrenaje cu axe paralele (angrenaje cilindrice)

B- angrenaje cu axe concurente (angrenaje conice)

C- angrenaje cu axe încrucişate (de tip melc-roată melcată, sau hipoide)

Fig. 1. *Clasificarea angrenajelor*

La categoriile A şi B putem avea dantură dreaptă, înclinată, curbă, sau în V.

Angrenările cilindrice (A) pot fi exterioare (între două roţi cu dantură exterioară) sau interioare (între o roată cu dantură exterioară şi una cu dantură interioară). Ele pot fi şi combinate, un element având mişcare de rotaţie (roată dinţată cu dantură exterioară) iar celălalt de translaţie (cremalieră).

10.2. ELEMENTELE GEOMETRICE DE BAZĂ ALE UNUI ANGRENAJ CILINDRIC CU DINŢI DREPŢI

Elementele geometrice ale unei roţi dinţate şi ale unui angrenaj pot fi urmărite în figura 1 (conform standardelor internaţionale).

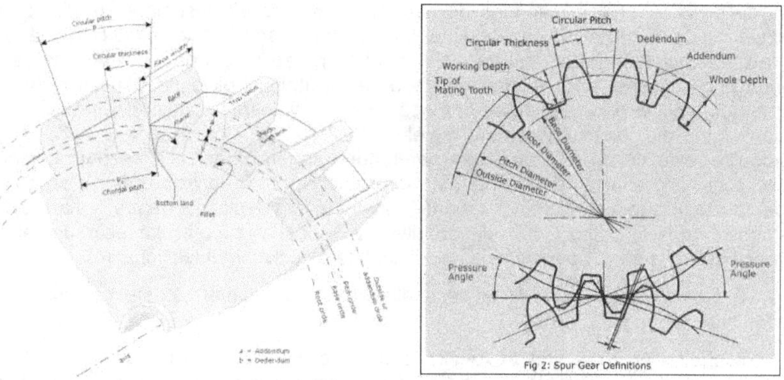

Fig. 1. *Elementele geometrice ale unui angrenaj cilindric cu dinţi drepţi; cercurile de cap, de rădăcină, şi de divizare; pasul circular*

În cazul când axele de rotaţie sunt paralele, angrenajul se numeşte cilindric. Când linia dinţilor are aceeaşi direcţie cu axa de rotaţie se spune că angrenajul are dinţii drepţi.

Principalii parametri ai unui astfel de angrenaj sunt puşi în evidenţă în figura 1, în care este reprezentată dantura unei roţi cu profil nedeplasat, în cadrul unui angrenări cilindrice exterioare nedeplasată cu dinţi drepţi.

Elementul de pornire al unei roţi este cercul de divizare (sau de pas – pe care se măsoară pasul), cerc care defineşte şi poziţia celorlalte cercuri ale roţii. Diametrul cercului de divizare este unul dintre primele elemente ce se pot calcula la o roată, cât şi la un angrenaj (la un angrenaj vom avea două roţi deci două diametre de divizare; a se vedea formulele 1).

$$d_1 = m \cdot z_1; \quad d_2 = m \cdot z_2 \qquad (1)$$

Unde z_1 si z_2 reprezintă numerele de dinţi ale roţii 1 respectiv 2, iar m (parametrul principal al unei roţi sau al unui angrenaj) este modulul roţilor şi angrenajului, el fiind practic un pas liniar, ce se măsoară în [mm], şi fie că se calculează, ori se măsoară (la analiza unui angrenaj), sau se alege (la sinteza unui angrenaj), el este o valoare standardizată, care poate lua numai anumite valori (conform STAS 822-61): 0.25; 0.3; 0.4; 0.5; 0.6; 0.8; 1; 1.25; 1.5; 2; 2.5; 3; 4; 5; 6; 8; 10;...; sau oricare dintre aceste valori amplificate ori împărţite cu multiplii lui 10.

Pasul pe cercul de divizare, p, se calculează cu formula 2.

$$p = m \cdot \pi \qquad (2)$$

Dacă se explicitează modulul din relaţia (2) rezultă expresia (3), care evidenţiază clar faptul că modulul nu este practic altceva decât un pas liniar, el fiind rezultatul împărţirii pasului liniar p la constanta π.

$$m = \frac{p}{\pi} \tag{3}$$

Modulul mai apare şi în expresia diametrului de divizare al unei roţi dinţate, astfel încât diametrul unei roţi este direct proporţional cu modulul m, deci gabaritul roţii şi cel al angrenajului depinde direct de mărimea modulului m.

În plus aşa cum vom vedea imediat, de el depind şi valorile înălţimii capului şi piciorului dintelui, deci el este practic cel care dă şi înălţimea dinţilor ambelor roţi dinţate.

C_a este cercul de cap al dinţilor (de vârf), sau cercul cel mai din afară, sau cercul de adăugare („addendum circle"), ajungându-se la el prin adăugarea unei lungimi h_a=a=m pe raza de divizare; practic diametrul de cap d_a, va rezulta din însumarea la diametrul de divizare d a două înălţimi de cap de dinte $2h_a$=2a=2m. C_r sau C_f este cercul rădăcină (cercul de la baza dintelui), sau cercul de picior al dinţilor, sau cercul de diminuare, la care se ajunge prin scăderea pe raza de divizare a valorii înălţimii piciorului dintelui h_f=b=1,25m diametrul rădăcină d_f obţinându-se prin scăderea din valoarea diametrului de divizare d a două lungimi ale înălţimii piciorului dintelui $2h_f$=2b=2,5m. Cercul de rulare C_w, sau de rostogolire, este cercul roţii care este permanent tangent la cercul corespunzător al roţii pereche din angrenaj. În general el este diferit de cercul de divizare, dar la angrenajele nedeplasate şi care au roţile din angrenare construite fără deplasare de profil, diametrele de rostogolire (rulare) coincid cu cele de divizare. Acest caz particular este utilizat şi la angrenajul din figura 1. Formulele de calcul sunt date de sistemul relaţional (4).

Cu c se notează jocul de la baza dintelui. „Dedendumul b" este mai mare decât „addendumul a" cu jocul c.

Pasul circular p măsurat pe cercul de divizare conţine un plin (t=s) şi un gol (e), el reprezentând practic distanţa dintre doi dinţi consecutivi (distanţa dintre două flancuri omoloage consecutive) măsurată pe cercul de divizare. El este în mod obligatoriu acelaşi pentru ambele roţi în angrenare, deoarece cercurile trebuie să se rostogolească prin învelire reciprocă (fără alunecare). Un plin t (s) plus un gol e dau pasul p (sau p_0) pe cercul de divizare. Golul trebuie să depăşească cu puţin lungimea plinului: e>t. Adică există un joc j de forma j=e-t. În general jocul este cuprins în domeniul p/20-p/80. Cel mai uzual j=p/60.

Cunoscând valoarea jocului j=p/60=e-t, şi pe cea a pasului circular pe diametrul de divizare p=mπ=e+t, se obţin valorile lui t şi e.

$$\begin{cases} a \equiv h_a = m;\ \ b \equiv h_f = 1.25\cdot m;\ \ c = 0.25\cdot m;\ \ b = a + c; \\ \rho \equiv \rho_0 = 0.38\cdot m;\ \ c = b - a = h_f - h_a;\ \ h = h_a + h_f = 2.25m \\ r_a = r + a = r + h_a = r + m \Rightarrow d_a = d + 2\cdot a = m\cdot z + 2\cdot m = m\cdot(z+2) \Rightarrow \\ \Rightarrow \begin{cases} d_{a_1} = d_1 + 2\cdot a = m\cdot z_1 + 2\cdot m = m\cdot(z_1+2) \\ d_{a_2} = d_2 + 2\cdot a = m\cdot z_2 + 2\cdot m = m\cdot(z_2+2) \end{cases} \\ r_f = r - b = r - h_f = r - 1.25\cdot m \Rightarrow d_f = d - 2\cdot b = m\cdot z - 2\cdot 1.25\cdot m = m\cdot(z-2.5) \Rightarrow \\ \Rightarrow \begin{cases} d_{f_1} = d_1 - 2\cdot b = m\cdot z_1 - 2.5\cdot m = m\cdot(z_1-2.5) \\ d_{f_2} = d_2 - 2\cdot b = m\cdot z_2 - 2.5\cdot m = m\cdot(z_2-2.5) \end{cases};\ \ d_{b_1} = d_1\cdot\cos\alpha_0;\ \ d_{b_2} = d_2\cdot\cos\alpha_0 \\ a_0 = \frac{d_{w_1}+d_{w_2}}{2} \equiv \frac{d_1+d_2}{2} = \frac{m}{2}\cdot(z_1+z_2);\ \ i_{12} = \mp\frac{r_2}{r_1} = \mp\frac{d_2}{d_1} = \mp\frac{m\cdot z_2}{m\cdot z_1} = \mp\frac{z_2}{z_1} = \frac{\omega_1}{\omega_2} \end{cases} \tag{4}$$

Distanţa dintre axe a_0, (vezi figura 2 şi sistemul 4) adică distanţa dintre centrele celor două roţi dinţate din angrenare, este dată de suma razelor cercurilor de rostogolire, în cazul particular considerat în locul cercurilor de rostogolire considerând cercurile de divizare.

Raportul de transmitere de la roata conducătoare 1 la roata condusă 2, se exprimă constructiv (geometric) ca rapoarte de raze, diametre sau numere de dinţi, sau cinematic în funcţie de raţia vitezelor unghiulare (vezi sistemul relaţional 4). Semnul minus arată că se schimbă sensul de rotaţie de la roata conducătoare la cea condusă la angrenarea exterioară, iar semnul plus indică faptul că sensul de rotaţie rămâne acelaşi şi pentru roata condusă ca şi pentru cea conducătoare la angrenarea interioară alcătuită dintr-o roată cu dantură exterioară şi una cu dantură interioară (numită coroană dinţată, sau inel).

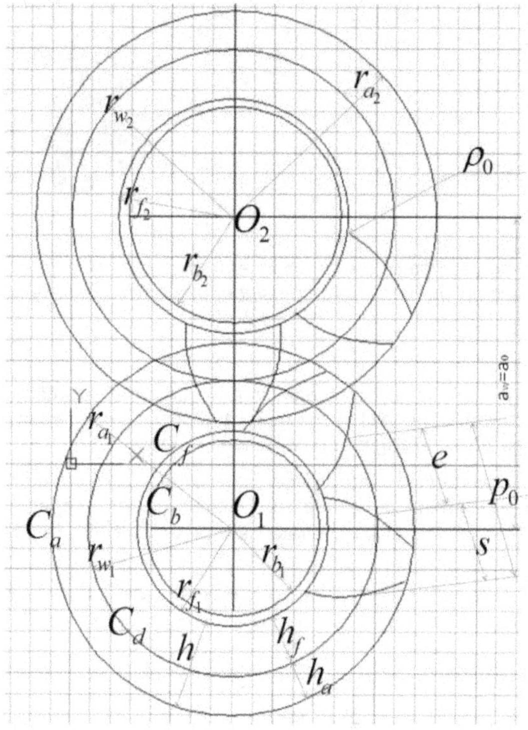

Fig. 2. *Elementele geometrice ale unui angrenaj cilindric cu dinţi drepţi; distanţa dintre axe; un plin plus un gol dau pasul circular p*

Raza de racordare la piciorul dintelui este ρ=0,38m (vezi figura 2).

Cercul de bază al unei roţi este un cerc teoretic obţinut prin amplificarea diametrului de divizare al roţii respective cu cosinusul unghiului de angrenare normal pe cercul de divizare (α_0).

Unghiul de angrenare normal pe cercul de divizare este standardizat şi are de regulă valoarea de 20 [deg].

Tangenta la cele două cercuri de bază reprezintă linia de angrenare, de acţiune, de acţionare, de antrenare, de forţă, de presiune, de transmitere a forţei. Această linie nu se modifică. Ea face cu dreapta tangentă la cele două cercuri de rostogolire un unghi de presiune constant α (vezi figura 3). Dacă cercurile de divizare coincid cu (se suprapun peste) cele de rostogolire, unghiul de presiune α, capătă valoarea standardizată α_0. De regulă unghiului standardizat α_0 i se atribuie valoarea 20 [deg].

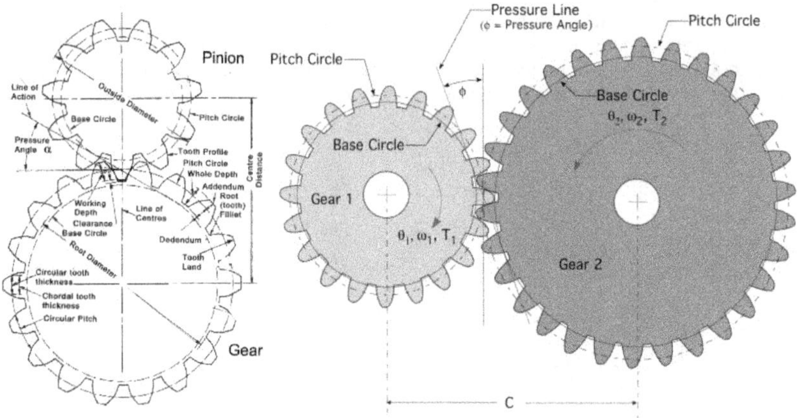

Fig. 3. *Elementele geometrice ale unui angrenaj cilindric cu dinţi drepţi; dreapta de angrenare (sau linia de acţiune) ori linia de presiune; unghiul de presiune notat de regulă cu* α *sau* ϕ

Pentru ca angrenarea să se desfăşoare fără şocuri, fără alunecări, fără zgomote, şi fără jocuri, se proiectează angrenajul în aşa fel încât atunci când o pereche de dinţi iese din angrenare, să fie deja intrată în angrenare perechea următoare.

Numărul de perechi de dinţi aflate în angrenare simultan (pentru o bună funcţionare a angrenajului) reprezintă gradul de acoperire. Deci gradul de acoperire al angrenajului („contact ratio", în engleză) notat cu ε (arată câte perechi de dinţi sunt în angrenare în acelaşi timp).

El se obţine cu relaţia (5) sau (7) pentru o angrenare exterioară şi cu relaţia (6) sau (8) pentru o angrenare interioară.

$$\varepsilon = \frac{\sqrt{(z_1+2)^2 - z_1^2\cos^2\alpha_0} + \sqrt{(z_2+2)^2 - z_2^2\cos^2\alpha_0} - (z_1+z_2)\sin\alpha_0}{2\cdot\pi\cdot\cos\alpha_0} \tag{5}$$

$$\varepsilon = \frac{\sqrt{(z_e+2)^2 - z_e^2\cos^2\alpha_0} - \sqrt{(z_i-2)^2 - z_i^2\cos^2\alpha_0} + (z_i-z_e)\sin\alpha_0}{2\cdot\pi\cdot\cos\alpha_0} \tag{6}$$

$$\varepsilon_{12}^{a.e.} = \frac{\sqrt{z_1^2\cdot\sin^2\alpha_0 + 4\cdot z_1 + 4} + \sqrt{z_2^2\cdot\sin^2\alpha_0 + 4\cdot z_2 + 4} - (z_1+z_2)\cdot\sin\alpha_0}{2\cdot\pi\cdot\cos\alpha_0} \tag{7}$$

$$\varepsilon_{12}^{a.i.} = \frac{\sqrt{z_e^2\cdot\sin^2\alpha_0 + 4\cdot z_e + 4} - \sqrt{z_i^2\cdot\sin^2\alpha_0 - 4\cdot z_i + 4} + (z_i-z_e)\cdot\sin\alpha_0}{2\cdot\pi\cdot\cos\alpha_0} \tag{8}$$

Deducerea lungimii segmentului de angrenare AE, şi a mărimii gradului de acoperire la angrenarea exterioară.

În figura 4 este prezentată schematic deducerea gradului de acoperire ε, pe baza obţinerii (calculării) lungimii segmentului de angrenare AE.

Se trasează cele două cercuri de bază (C_{b1} şi C_{b2}) şi tangenta lor comună tt'. Ducem r_{b1} şi r_{b2}, razele celor două cercuri de bază, perpendiculare pe dreapta de angrenare t-t' în punctele k_1 respectiv k_2. Angrenarea poate avea loc cel mult între aceste două puncte. Se vor determina în continuare cu exactitate punctul A de intrare în angrenare, cât şi punctul E de ieşire din angrenare. Punctul A se obţine prin intersectarea cercului de cap (addendum) al roţii 2, C_{a2} cu dreapta tt'. Punctul E se obţine prin intersectarea cercului de cap al roţii 1, C_{a1} cu dreapta tt'. Angrenarea se va face exact între cele două puncte AE de intrare în angrenare şi de ieşire din angrenare (vezi figura 4).

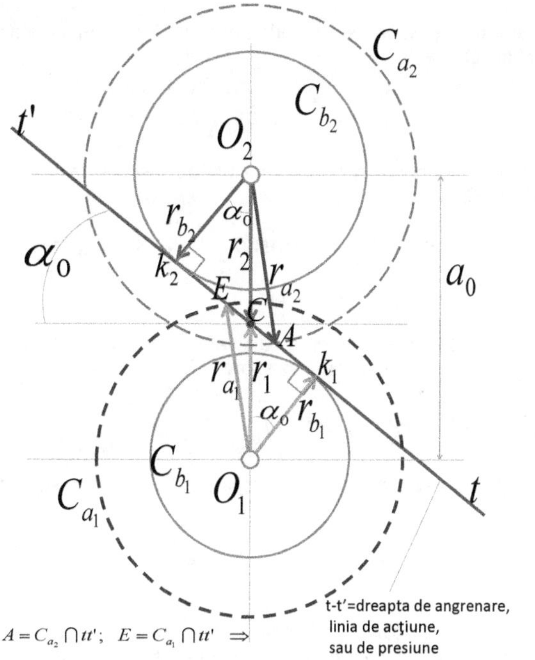

$A = C_{a_2} \cap tt'$; $E = C_{a_1} \cap tt'$ $\Rightarrow$

$\Rightarrow AE = segmentul\ \ de\ \ angrenare$

Fig. 4. *Elementele geometrice ale unui angrenaj cilindric cu dinţi drepţi; dreapta de angrenare; deducerea segmentului de angrenare AE şi a gradului de acoperire* ε_{12}

Segmentul AE (lungimea lui în mm) în cadrul căruia se face angrenarea efectivă a perechilor de dinţi, se compară cu lungimea desfăşurată a pasului circular pe cercul de bază p_b, obţinută prin proiectarea pasului circular p de pe cercul de divizare pe cercul de bază, conform relaţiei (9).

$$p_b \equiv p_{b_0} = p \cdot \cos\alpha_0 = m \cdot \pi \cdot \cos\alpha_0 \quad (9)$$

Pasul circular pe cercul de bază arată cât durează angrenarea unei perechi. De câte ori el se cuprinde în segmentul efectiv de angrenare AE, atâtea perechi de angrenare vor încăpea simultan în segmentul AE pe care se face angrenarea efectivă. Practic gradul de acoperire va fi raportul dintre AE şi p_b. El trebuie să fie supraunitar, pentru a avea mai multe perechi în angrenare simultană astfel încât să nu mai apară „timpi morţi", întreruperi ale angrenării, jocuri şi ciocniri la intrarea în angrenare datorate jocurilor, acestea producând şi vibraţii şi zgomote. Un grad de acoperire cât mai mare aduce şi un randament mecanic al angrenajului sporit.

Segmentul de angrenare AE se calculează direct cu relaţia (10).

$$AE = K_1E + K_2A - K_1K_2 \tag{10}$$

Expresia K_1E se obţine din triunghiul dreptunghic O_1K_1E, prin aplicarea teoremei lui Pitagora (relaţia 11).

$$K_1E = \sqrt{r_{a_1}^2 - r_{b_1}^2} \tag{11}$$

Similar se determină şi expresia K_2A prin aplicarea teoremei lui Pitagora (relaţia 12) în triunghiul dreptunghic O_2K_2A.

$$K_2A = \sqrt{r_{a_2}^2 - r_{b_2}^2} \tag{12}$$

K_1K_2 se exprimă trigonometric prin calcularea segmentelor K_1C şi K_2C şi prin însumarea lor (relaţia 13).

$$\begin{aligned} K_1K_2 &= K_1C + K_2C = r_1 \cdot \sin\alpha_0 + r_2 \cdot \sin\alpha_0 = \\ &= (r_1 + r_2) \cdot \sin\alpha_0 = a_0 \cdot \sin\alpha_0 \end{aligned} \tag{13}$$

Se înlocuiesc apoi cele trei segmente calculate cu relaţiile (11), (12), (13), în expresia (10) şi rezultă lungimea segmentului de angrenare AE (relaţia 14).

$$AE = \sqrt{r_{a_1}^2 - r_{b_1}^2} + \sqrt{r_{a_2}^2 - r_{b_2}^2} - a_0 \cdot \sin\alpha_0 \tag{14}$$

Gradul de acoperire ε se determină prin împărţirea lui AE la pasul p_b (relaţia 15).

$$\varepsilon \equiv \varepsilon_{12} = \frac{\sqrt{r_{a_1}^2 - r_{b_1}^2} + \sqrt{r_{a_2}^2 - r_{b_2}^2} - a_0 \cdot \sin\alpha_0}{m \cdot \pi \cdot \cos\alpha_0} \tag{15}$$

Înlocuind în (15) valorile razelor în funcţie de numerele de dinţi ale roţilor din angrenare se obţine direct relaţia (5). Dacă se desfac binoamele (se ridică la pătrat binoamele) de sub radicali, se obţine relaţia (7).

Evitarea fenomenului de interferenţă

Pentru ca să se evite fenomenul de interferenţă (figura 4) punctul A trebuie să se găsească între C şi K_1 (adică cercul de cap al roţii 2, C_{a2}, trebuie să taie segmentul de angrenare între punctele C şi K_1, şi sub nici o formă să nu depăşească punctul K_1). La fel, cercul C_{a1} trebuie să taie dreapta de angrenare între punctele C şi K_2, determinând punctul E, care sub nici o formă nu trebuie să treacă de K_2. Aceste condiţii de evitare a interferenţei se scriu cu relaţiile (16).

$$\begin{cases}
CA < K_1C \ \ si \ \ CE < K_2C \\
CA = K_2A - K_2C = \sqrt{r_{a_2}^2 - r_{b_2}^2} - r_2 \cdot \sin\alpha_0; \ \ CA < K_1C \Rightarrow \\
\Rightarrow \sqrt{r_{a_2}^2 - r_{b_2}^2} - r_2 \cdot \sin\alpha_0 < r_1 \cdot \sin\alpha_0 \Rightarrow \sqrt{r_{a_2}^2 - r_{b_2}^2} < (r_1 + r_2)\cdot \sin\alpha_0 \\
\Rightarrow d_{a_2}^2 - d_{b_2}^2 < (d_1 + d_2)^2 \cdot \sin^2\alpha_0 \Rightarrow \\
\Rightarrow m^2 \cdot (z_2 + 2)^2 - m^2 \cdot z_2^2 \cdot \cos^2\alpha_0 < m^2 \cdot (z_1 + z_2)^2 \cdot \sin^2\alpha_0 \Rightarrow \\
\Rightarrow z_2^2 + 4 \cdot z_2 + 4 - z_2^2 < z_1^2 \cdot \sin^2\alpha_0 + 2 \cdot z_1 \cdot z_2 \cdot \sin^2\alpha_0 \Rightarrow \\
\Rightarrow 4 \cdot z_2 + 4 < z_1^2 \cdot \sin^2\alpha_0 + 2 \cdot z_1 \cdot z_2 \cdot \sin^2\alpha_0 \\
din \ \ CE < K_2C \Rightarrow 4 \cdot z_1 + 4 < z_2^2 \cdot \sin^2\alpha_0 + 2 \cdot z_1 \cdot z_2 \cdot \sin^2\alpha_0 \\
se \ \ obtine \ \ sistemul \begin{cases} 4 \cdot z_2 + 4 < z_1^2 \cdot \sin^2\alpha_0 + 2 \cdot z_1 \cdot z_2 \cdot \sin^2\alpha_0 \\ 4 \cdot z_1 + 4 < z_2^2 \cdot \sin^2\alpha_0 + 2 \cdot z_1 \cdot z_2 \cdot \sin^2\alpha_0 \end{cases} \\
se \ \ ia \ \ i \equiv |i_{12}| = \frac{z_2}{z_1} \Rightarrow z_2 = i \cdot z_1; cu \ \ care \ \ obtinem \ \ sistemul \\
\begin{cases} \sin^2\alpha_0 \cdot (1 + 2 \cdot i) \cdot z_1^2 - 2 \cdot 2 \cdot i \cdot z_1 - 4 > 0 \\ \sin^2\alpha_0 \cdot (i^2 + 2 \cdot i) \cdot z_1^2 - 2 \cdot 2 \cdot z_1 - 4 > 0 \end{cases} \ \ care \ \ au \ \ solutiile: \\
\begin{cases} z_{1_{1,2}} = \dfrac{2 \cdot i \pm 2 \cdot \sqrt{i^2 + \sin^2\alpha_0 + 2 \cdot i \cdot \sin^2\alpha_0}}{(2 \cdot i + 1) \cdot \sin^2\alpha_0} \\ z_{1_{3,4}} = \dfrac{2 \pm 2 \cdot \sqrt{1 + i^2 \cdot \sin^2\alpha_0 + 2 \cdot i \cdot \sin^2\alpha_0}}{(2 \cdot i + i^2) \cdot \sin^2\alpha_0} \end{cases} se \ \ opresc \ \ solutiile + \\
\begin{cases} z_{1_2} = 2 \cdot \dfrac{i + \sqrt{i^2 + \sin^2\alpha_0 + 2 \cdot i \cdot \sin^2\alpha_0}}{(2 \cdot i + 1) \cdot \sin^2\alpha_0} \\ z_{1_4} = 2 \cdot \dfrac{1 + \sqrt{1 + i^2 \cdot \sin^2\alpha_0 + 2 \cdot i \cdot \sin^2\alpha_0}}{(2 \cdot i + i^2) \cdot \sin^2\alpha_0} \end{cases}
\end{cases} \tag{16}$$

Relaţia care îl generează pe z_{1_4} dă întotdeauna valori mai mici decât relaţia care-l generează pe z_{1_2}, astfel încât este suficientă condiţia (17) pentru aflarea numărului minim de dinţi necesar evitării interferenţei danturii angrenajului.

$$z_{1_2} = 2 \cdot \frac{i + \sqrt{i^2 + \sin^2\alpha_0 + 2 \cdot i \cdot \sin^2\alpha_0}}{(2 \cdot i + 1) \cdot \sin^2\alpha_0} \tag{17}$$

În tabelul 1 se prezintă valorile obţinute cu ajutorul relaţiei (17), pentru diferite valori standardizate ale raportului de transmitere i, şi pentru trei valori diferite atribuite unghiului de presiune α_0.

Tabelul 1. *Z_{min} pentru evitarea interferenţei*

α_0	20 [deg]									
i	1	1.25	1.6	2	2.5	3.15	4	5	6.3	8
z_{1_2}	12.32	12.96	13.62	14.16	14.64	15.07	15.44	15.74	15.99	16.22
α_0	20 [deg]									
i	10	12.5	16	20	25	31.5	40	50	63	80
z_{1_2}	16.38	16.52	16.64	16.73	16.80	16.86	16.91	16.95	16.98	17.00
α_0	4 [deg]									
i	1	1.25	1.6	2	2.5	3.15	4	5	6.3	8
z_{1_2}	275.	294.4	313.8	329.3	342.9	355.	365.6	373.9	380.9	387.
α_0	35 [deg]									
i	1	1.25	1.6	2	2.5	3.15	4	5	6.3	8
z_{1_2}	4.88	5.03	5.19	5.32	5.44	5.55	5.64	5.72	5.79	5.84

Se observă că numărul minim de dinţi necesar evitării interferenţei pentru unghiul de presiune standard (α_0=20 [deg]) este 13 corespunzător unui raport de transmitere i=1, şi creşte odată cu raportul de transmitere i stas ajungând la valoarea maximă de 18 dinţi pentru i>100. Pentru rapoartele de transmitere uzuale z_{min} ia valori cuprinse între 13 şi 17 dinţi, pentru unghiul de presiune standard. Dacă α_0 scade până la valoarea de 4 [deg], z_{min} variază între 275 şi 410 dinţi.

Când α_0 creşte până la valoarea de 35 [deg], z_{min} variază între 5 şi 6 dinţi.

Observaţie: Metodele mai vechi de proiectare a angrenajelor cilindrice cu dantură dreaptă, nu calculau z_{min} şi în funcţie de i, şi nu se punea problema modificării unghiului de presiune α_0, astfel încât singurele metode de a construi angrenaje care să poată să-şi scadă numărul minim de dinţi erau deplasarea de profil şi sau scurtarea dinţilor. Oricum roţile cilindrice cu dinţi drepţi s-au utilizat din ce în ce mai puţin, fiind înlocuite cu cele cu dantură înclinată, dar şi cu angrenajele conice, hiperboloidale, toroidale, melcate.

Prin scăderea numărului de dinţi al roţii conducătoare 1, scade şi gradul de acoperire cât şi randamentul angrenajului, creşte unghiul de presiune, cresc eforturile, uzura, şi scade perioada de viaţă a angrenajului.

Dacă creştem în schimb, numărul minim de dinţi al roţii de intrare, creşte gradul de acoperire, creşte randamentul angrenajului, scad unghiurile de presiune şi eforturile din cuplă, creşte fiabilitatea angrenajului, acesta funcţionând cu vibraţii şi zgomote mult mai reduse, cu randamente ridicate, şi un timp mai îndelungat.

10.3. DISTRIBUŢIA FORŢELOR ŞI DETERMINAREA RANDAMENTULUI MECANIC AL UNUI ANGRENAJ CILINDRIC

Unele mecanisme lucrează prin impulsuri şi transmit mişcarea de la un element al cuplei la celălalt prin pulsuri şi nu prin fricţiune. Altele lucrează prin fricţiune, sau combinat. Angrenajele lucrează practic numai prin impulsuri. Componenta forţei de alunecare reprezintă practic tocmai pierderea sistemului. Din acest motiv eficacitatea transmisiei mecanice a acestui tip de cuplă reprezintă tocmai randamentul mecanic al transmisiei cu angrenaje dinţate.

Influenţa pierderilor prin frecări fiind foarte mică la această cuplă, poate fi neglijată total.

Se va analiza influenţa câtorva parametrii asupra randamentului angrenajelor cu roţi dinţate. Cu relaţiile prezentate în acest capitol, se poate face sinteza mecanismelor care utilizează transmisii cu roţi dinţate.

10.3.1. Forţele din cuplă şi determinarea randamentului mecanic instantaneu

În figura 1 este prezentată cupla cinematică cu cele două profile în angrenare, cu forţele care acţionează asupra ei.

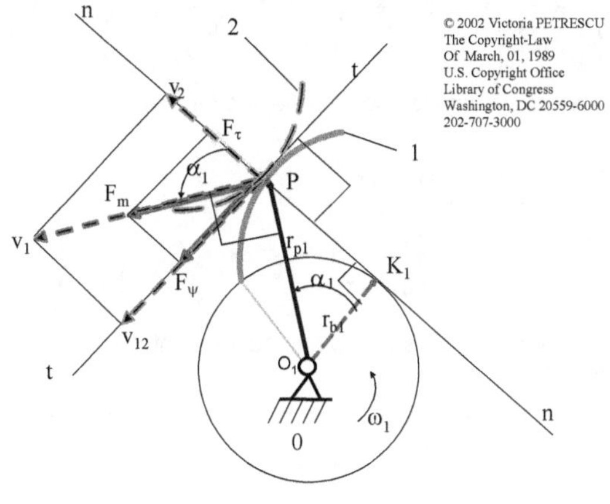

Fig. 1. *Distribuţia forţelor şi vitezelor în cupla C4 a unui angrenaj cilindric cu dinţi drepţi*

Sistemul (1) calculează forţa transmisă elementului 2 (profilului 2) în lungul liniei de angrenare în funcţie de forţa motoare, şi viteza transmisă v_2 în funcţie de viteza de intrare.

$$\begin{cases} F_\tau = F_m \cdot \cos\alpha_1 \quad F_\psi = F_m \cdot \sin\alpha_1 \quad \overline{F}_m = \overline{F}_\tau + \overline{F}_\psi \\ v_2 = v_1 \cdot \cos\alpha_1 \quad v_{12} = v_1 \cdot \sin\alpha_1 \quad \overline{v}_1 = \overline{v}_2 + \overline{v}_{12} \end{cases} \tag{1}$$

Unde: F_m - *forţa motoare* (forţa care se consumă); $F\tau$ - pulsul, sau forţa transmisă (forţa utilă); $F\psi$ - forţa de alunecare, cu sau fără frecare (forţa care se pierde); v_1 - viteza elementului 1, sau a roţii conducătoare 1; v_2 - viteza elementului 2, sau a roţii conduse 2; v_{12} - viteza relativă a roţii 1 faţă de roata 2 (aceasta este o viteză de alunecare).

Puterea consumată (în cazul nostru fiind şi puterea motoare) ia forma (2).

$$P_c \equiv P_m = F_m \cdot v_1 \tag{2}$$

Puterea utilă (adică puterea transmisă de la roata 1 conducătoare la roata 2 condusă, de la dintele motor la dintele condus) se va scrie cu relaţia (3).

$$P_u \equiv P_\tau = F_\tau \cdot v_2 = F_m \cdot v_1 \cdot \cos^2 \alpha_1 \tag{3}$$

Puterea pierdută se va putea exprima prin relaţia de forma (4).

$$P_\psi = F_\psi \cdot v_{12} = F_m \cdot v_1 \cdot \sin^2 \alpha_1 \tag{4}$$

Randamentul instantaneu al cuplei se va calcula direct cu relaţia (5).

$$\left\{ \eta_i = \frac{P_u}{P_c} \equiv \frac{P_\tau}{P_m} = \frac{F_m \cdot v_1 \cdot \cos^2 \alpha_1}{F_m \cdot v_1} \quad \eta_i = \cos^2 \alpha_1 \right. \tag{5}$$

Coeficientul pierderilor instantanee se va scrie sub forma (6).

$$\begin{cases} \psi_i = \dfrac{P_\psi}{P_m} = \dfrac{F_m \cdot v_1 \cdot \sin^2 \alpha_1}{F_m \cdot v_1} = \sin^2 \alpha_1 \\ \eta_i + \psi_i = \cos^2 \alpha_1 + \sin^2 \alpha_1 = 1 \end{cases} \tag{6}$$

Se vede cu uşurinţă faptul că suma dintre randamentul instantaneu şi coeficientul pierderilor instantanee este 1.

Se vor determina acum elementele geometrice ale angrenării. Ele vor fi necesare la determinarea randamentului cuplei, η.

10.3.2. Elementele geometrice ale angrenării

Vom determina acum următoarele elemente geometrice ale angrenării exterioare (pentru dinţi drepţi, β=0): Raza cercului de bază al roţii 1 conducătoare (7); raza cercului exterior al roţii conducătoare 1 (8); unghiul maxim de presiune al angrenării exterioare (9).

$$r_{b1} = \frac{1}{2} \cdot m \cdot z_1 \cdot \cos \alpha_0 \tag{7}$$

$$r_{a1} = \frac{1}{2} \cdot (m \cdot z_1 + 2 \cdot m) = \frac{m}{2} \cdot (z_1 + 2) \tag{8}$$

$$\cos\alpha_{1M} = \frac{r_{b1}}{r_{a1}} = \frac{\frac{1}{2}\cdot m\cdot z_1\cdot\cos\alpha_0}{\frac{1}{2}\cdot m\cdot(z_1+2)} = \frac{z_1\cdot\cos\alpha_0}{z_1+2} \qquad (9)$$

Determinăm aceiaşi parametrii şi pentru roata condusă 2: raza cercului de bază (10), raza cercului exterior (de cap) (11), şi determinarea unghiului minim de presiune al angrenării exterioare (12).

$$r_{b2} = \frac{1}{2}\cdot m\cdot z_2\cdot\cos\alpha_0 \qquad (10)$$

$$r_{a2} = \frac{m}{2}\cdot(z_2+2) \qquad (11)$$

$$tg\alpha_{1m} = [(z_1+z_2)\cdot\sin\alpha_0 - \\ -\sqrt{z_2^2\cdot\sin^2\alpha_0+4\cdot z_2+4}]/(z_1\cdot\cos\alpha_0) \qquad (12)$$

Reţinem relaţiile (9)-(12).

Pentru angrenarea exterioară cu dinţi înclinaţi ($\beta\neq 0$) se utilizează relaţiile de calcul (13, 14 şi 15).

La angrenările interioare cu dantură înclinată ($\beta\neq 0$) se vor utiliza relaţiile de calcul (13 cu 16 şi 17-A, sau 13 cu 18 şi 19-B).

$$tg\alpha_t = \frac{tg\alpha_0}{\cos\beta} \qquad (13)$$

$$tg\alpha_{1m} = [(z_1+z_2)\cdot\frac{\sin\alpha_t}{\cos\beta} - \\ -\sqrt{z_2^2\cdot\frac{\sin^2\alpha_t}{\cos^2\beta}+4\cdot\frac{z_2}{\cos\beta}+4}]\cdot\frac{\cos\beta}{z_1\cdot\cos\alpha_t} \qquad (14)$$

$$\cos\alpha_{1M} = \frac{\dfrac{z_1\cdot\cos\alpha_t}{\cos\beta}}{\dfrac{z_1}{\cos\beta}+2} \qquad (15)$$

A. Când roata conducătoare 1, are dantură exterioară:

$$tg\alpha_{1m} = [(z_1 - z_2)\cdot\frac{\sin\alpha_t}{\cos\beta} + \sqrt{z_2^2\cdot\frac{\sin^2\alpha_t}{\cos^2\beta} - 4\cdot\frac{z_2}{\cos\beta} + 4}]\cdot\frac{\cos\beta}{z_1\cdot\cos\alpha_t} \quad (16)$$

$$\cos\alpha_{1M} = \frac{\frac{z_1\cdot\cos\alpha_t}{\cos\beta}}{\frac{z_1}{\cos\beta} + 2} \quad (17)$$

B. Când roata conducătoare 1, are dantură interioră:

$$tg\alpha_{1M} = [(z_1 - z_2)\cdot\frac{\sin\alpha_t}{\cos\beta} + \sqrt{z_2^2\cdot\frac{\sin^2\alpha_t}{\cos^2\beta} + 4\cdot\frac{z_2}{\cos\beta} + 4}]\cdot\frac{\cos\beta}{z_1\cdot\cos\alpha_t} \quad (18)$$

$$\cos\alpha_{1m} = \frac{\frac{z_1\cdot\cos\alpha_t}{\cos\beta}}{\frac{z_1}{\cos\beta} - 2} \quad (19)$$

10.3.3. Determinarea randamentului

Randamentul mecanic al angrenajului se va calcula prin integrarea randamentului instantaneu pe tot sectorul de angrenare, practic de la unghiul minim de presiune până la unghiul maxim de presiune; relaţia (20).

$$
\begin{aligned}
\eta &= \frac{1}{\Delta\alpha} \cdot \int_{\alpha_m}^{\alpha_M} \eta_i \cdot d\alpha = \frac{1}{\Delta\alpha} \int_{\alpha_m}^{\alpha_M} \cos^2 \alpha \cdot d\alpha = \\
&= \frac{1}{2 \cdot \Delta\alpha} \cdot [\frac{1}{2} \cdot \sin(2 \cdot \alpha) + \alpha]_{\alpha_m}^{\alpha_M} = \\
&= \frac{1}{2 \cdot \Delta\alpha} [\frac{\sin(2\alpha_M) - \sin(2\alpha_m)}{2} + \Delta\alpha] = \\
&= \frac{\sin(2 \cdot \alpha_M) - \sin(2 \cdot \alpha_m)}{4 \cdot (\alpha_M - \alpha_m)} + 0.5
\end{aligned} \tag{20}
$$

10.3.4. Determinarea randamentului mecanic al angrenării în funcţie şi de gradul de acoperire

Se calculează randamentul unei transmisii dinţate, având în vedere faptul că într-un moment oarecare al angrenării se află în contact (în angrenare) mai multe perechi de dinţi, şi nu doar una singură. Modelul de pornire a fost ales ca având patru perechi de dinţi aflate în angrenare simultan. Prima pereche de dinţi în angrenare are punctul de contact i, definit de raza r_{i1}, şi de unghiul de presiune α_{i1}; forţele cuplei care acţionează în acest punct sunt: forţa motoare F_{mi}, perpendiculară pe vectorul de poziţie r_{i1} în i şi forţa transmisă de la roata conducătoare 1 la roata condusă 2 prin punctul i, $F_{\tau i}$, paralelă cu linia de angrenare şi având sensul de la roata 1 către roata 2, forţa transmisă fiind practic proiecţia forţei motoare pe segmentul de angrenare; vitezele definite sunt similare forţelor (având în vedere cinematica originală, precisă, descrisă); aceiaşi parametrii vor fi definiţi şi pentru celelalte trei puncte de contact simultan, j, k, l (figura 2.).

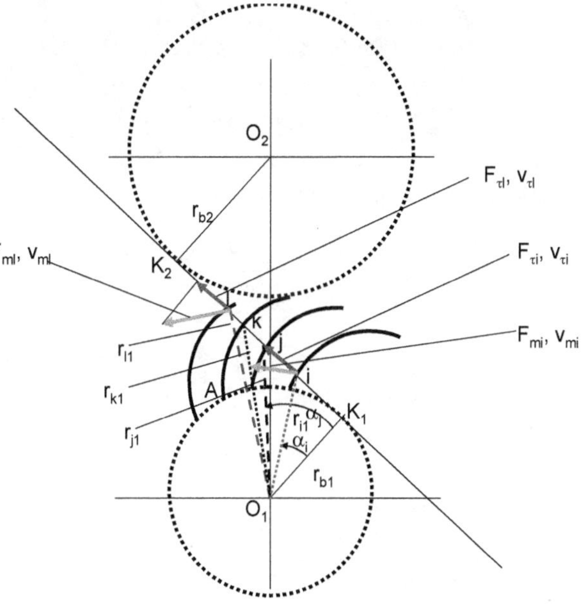

Fig. 2. *Distribuţia forţelor şi vitezelor la un angrenaj cilindric când există mai multe perechi de dinţi în angrenare simultan*

Pentru început scriem relaţiile dintre viteze (21).

$$\begin{aligned} v_{\tau i} &= v_{mi} \cdot \cos\alpha_i = r_i \cdot \omega_1 \cdot \cos\alpha_i = r_{b1} \cdot \omega_1 \\ v_{\tau j} &= v_{mj} \cdot \cos\alpha_j = r_j \cdot \omega_1 \cdot \cos\alpha_j = r_{b1} \cdot \omega_1 \\ v_{\tau k} &= v_{mk} \cdot \cos\alpha_k = r_k \cdot \omega_1 \cdot \cos\alpha_k = r_{b1} \cdot \omega_1 \\ v_{\tau l} &= v_{ml} \cdot \cos\alpha_l = r_l \cdot \omega_1 \cdot \cos\alpha_l = r_{b1} \cdot \omega_1 \end{aligned} \quad (21)$$

Din relaţiile de viteze (21), se deduc egalităţile vitezelor tangenţiale (22), şi se explicitează vitezele motoare (23).

$$v_{\tau i} = v_{\tau j} = v_{\tau k} = v_{\tau l} = r_{b1} \cdot \omega_1 \quad (22)$$

$$\begin{aligned} v_{mi} &= \frac{r_{b1} \cdot \omega_1}{\cos\alpha_i}; v_{mj} = \frac{r_{b1} \cdot \omega_1}{\cos\alpha_j}; \\ v_{mk} &= \frac{r_{b1} \cdot \omega_1}{\cos\alpha_k}; v_{ml} = \frac{r_{b1} \cdot \omega_1}{\cos\alpha_l} \end{aligned} \quad (23)$$

Forţele transmise simultan de cele patru puncte ale aceleiaşi cuple trebuie să fie egale (trebuie să aibă aceiaşi valoare) (24).

$$F_{\tau i} = F_{\tau j} = F_{\tau k} = F_{\tau l} = F_\tau \quad (24)$$

Forţele motoare sunt exprimate de relaţiile (25).

$$\begin{aligned} F_{mi} &= \frac{F_\tau}{\cos\alpha_i}; F_{mj} = \frac{F_\tau}{\cos\alpha_j}; \\ F_{mk} &= \frac{F_\tau}{\cos\alpha_k}; F_{ml} = \frac{F_\tau}{\cos\alpha_l} \end{aligned} \quad (25)$$

Randamentul instantaneu se poate scrie în forma (26).

$$\begin{aligned} \eta_i &= \frac{P_u}{P_c} = \frac{P_\tau}{P_m} = \frac{F_{\tau i} \cdot v_{\tau i} + F_{\tau j} \cdot v_{\tau j} + F_{\tau k} \cdot v_{\tau k} + F_{\tau l} \cdot v_{\tau l}}{F_{mi} \cdot v_{mi} + F_{mj} \cdot v_{mj} + F_{mk} \cdot v_{mk} + F_{ml} \cdot v_{ml}} = \\ &= \frac{4 \cdot F_\tau \cdot r_{b1} \cdot \omega_1}{\frac{F_\tau \cdot r_{b1} \cdot \omega_1}{\cos^2\alpha_i} + \frac{F_\tau \cdot r_{b1} \cdot \omega_1}{\cos^2\alpha_j} + \frac{F_\tau \cdot r_{b1} \cdot \omega_1}{\cos^2\alpha_k} + \frac{F_\tau \cdot r_{b1} \cdot \omega_1}{\cos^2\alpha_l}} = \\ &= \frac{4}{\frac{1}{\cos^2\alpha_i} + \frac{1}{\cos^2\alpha_j} + \frac{1}{\cos^2\alpha_k} + \frac{1}{\cos^2\alpha_l}} = \\ &= \frac{4}{4 + tg^2\alpha_i + tg^2\alpha_j + tg^2\alpha_k + tg^2\alpha_l} \end{aligned} \quad (26)$$

Relaţiile (27) şi (28) sunt auxiliare (ajutătoare).

$$
\begin{aligned}
&K_1i = r_{b1}\cdot tg\alpha_i; K_1j = r_{b1}\cdot tg\alpha_j; K_1k = r_{b1}\cdot tg\alpha_k; K_1l = r_{b1}\cdot tg\alpha_l\\
&K_1j - K_1i = r_{b1}\cdot(tg\alpha_j - tg\alpha_i); K_1j - K_1i = r_{b1}\cdot\frac{2\cdot\pi}{z_1} \Rightarrow tg\alpha_j = tg\alpha_i + \frac{2\cdot\pi}{z_1}\\
&K_1k - K_1i = r_{b1}\cdot(tg\alpha_k - tg\alpha_i); K_1k - K_1i = r_{b1}\cdot 2\cdot\frac{2\cdot\pi}{z_1} \Rightarrow tg\alpha_k = tg\alpha_i + 2\cdot\frac{2\cdot\pi}{z_1}\\
&K_1l - K_1i = r_{b1}\cdot(tg\alpha_l - tg\alpha_i); K_1l - K_1i = r_{b1}\cdot 3\cdot\frac{2\cdot\pi}{z_1} \Rightarrow tg\alpha_l = tg\alpha_i + 3\cdot\frac{2\cdot\pi}{z_1}
\end{aligned}
\tag{27}
$$

$$
\begin{aligned}
&tg\alpha_j = tg\alpha_i \pm \frac{2\cdot\pi}{z_1};\\
&tg\alpha_k = tg\alpha_i \pm 2\cdot\frac{2\cdot\pi}{z_1};\\
&tg\alpha_l = tg\alpha_i \pm 3\cdot\frac{2\cdot\pi}{z_1}
\end{aligned}
\tag{28}
$$

Se păstrează relaţiile (28), cu semnul plus (+) pentru angrenările la care roata conducătoare-1 are dantură exterioară (acest lucru este posibil atât la angrenările exterioare cât şi la cele interioare), şi cu semnul minus (-) numai pentru angrenările la care roata conducătoare 1 are dantură interioară, adică atunci când roata conducătoare-1 este un inel (numai la angrenările interioare). Relaţia de calcul a randamentului instantaneu (26) utilizează relaţiile auxiliare (28) şi capătă astfel aspectul (29).

$$
\begin{aligned}
\eta_i &= \frac{4}{4 + tg^2\alpha_i + tg^2\alpha_j + tg^2\alpha_k + tg^2\alpha_l} =\\
&= \frac{4}{4 + tg^2\alpha_i + (tg\alpha_i \pm \frac{2\pi}{z_1})^2 + (tg\alpha_i \pm 2\cdot\frac{2\pi}{z_1})^2 + (tg\alpha_i \pm 3\cdot\frac{2\pi}{z_1})^2} =\\
&= \frac{4}{4 + 4\cdot tg^2\alpha_i + \frac{4\pi^2}{z_1^2}\cdot(0^2+1^2+2^2+3^2) \pm 2\cdot tg\alpha_i\cdot\frac{2\pi}{z_1}\cdot(0+1+2+3)} =\\
&= \frac{1}{1 + tg^2\alpha_i + \frac{4\pi^2}{E\cdot z_1^2}\cdot\sum_{i=1}^{E}(i-1)^2 \pm 2\cdot tg\alpha_i\cdot\frac{2\pi}{E\cdot z_1}\cdot\sum_{i=1}^{E}(i-1)} =\\
&= \frac{1}{1 + tg^2\alpha_1 + \frac{4\pi^2}{E\cdot z_1^2}\cdot\frac{E\cdot(E-1)\cdot(2\cdot E-1)}{6} \pm \frac{4\pi\cdot tg\alpha_1}{E\cdot z_1}\cdot\frac{E\cdot(E-1)}{2}} =\\
&= \frac{1}{1 + tg^2\alpha_1 + \frac{2\pi^2\cdot(E-1)\cdot(2E-1)}{3\cdot z_1^2} \pm \frac{2\pi\cdot tg\alpha_1\cdot(E-1)}{z_1}} =\\
&= \frac{1}{1 + tg^2\alpha_1 + \frac{2\pi^2}{3\cdot z_1^2}\cdot(\varepsilon_{12}-1)\cdot(2\cdot\varepsilon_{12}-1) \pm \frac{2\pi\cdot tg\alpha_1}{z_1}\cdot(\varepsilon_{12}-1)}
\end{aligned}
\tag{29}
$$

În expresia (29) s-a pornit cu relaţia (26) scrisă pentru patru perechi de dinţi aflate simultan în angrenare, dar se continuă apoi printr-o generalizare a expresiei randamentului instantaneu, prin înlocuirea celor patru perechi de dinţi aflaţi simultan în angrenare cu un număr oarecare E de perechi aflate simultan în angrenare, numărul E reprezentând o variabilă reală care poate lua şi valori diferite de un întreg, variabilă reală care aşa cum se va observa reprezintă de fapt suma dintre gradul de acoperire +1, iar după restrângerea expresiilor date de sumele numerice din relaţie vom putea înlocui şi variabila de lucru respectivă E cu gradul de acoperire efectiv ε_{12}.

Este necesar să determinăm în final randamentul mecanic al angrenării, fapt pentru care utilizăm următoarea aproximare: unghiul de presiune α_1, va fi mediat (înlocuit) cu valoarea unghiului de presiune normal pe diametrul de divizare α_0. În acest fel relaţia (29) a randamentului instantaneu capătă forma (30) a randamentului mecanic; pentru determinarea sa (a randamentului mecanic) aşa cum s-a specificat deja utilizăm şi variabila ε_{12} reprezentând gradul de acoperire al angrenajului, grad ce se determină cu expresia (31) la angrenările exterioare, şi cu relaţia (32) în cazul angrenărilor interioare.

$$\eta_m = \frac{1}{1+tg^2\alpha_0+\frac{2\pi^2}{3\cdot z_1^2}\cdot(\varepsilon_{12}-1)\cdot(2\cdot\varepsilon_{12}-1)\pm\frac{2\pi\cdot tg\alpha_0}{z_1}\cdot(\varepsilon_{12}-1)} \tag{30}$$

$$\varepsilon_{12}^{a.e.} = \frac{\sqrt{z_1^2\cdot\sin^2\alpha_0+4\cdot z_1+4}+\sqrt{z_2^2\cdot\sin^2\alpha_0+4\cdot z_2+4}-(z_1+z_2)\cdot\sin\alpha_0}{2\cdot\pi\cdot\cos\alpha_0} \tag{31}$$

$$\varepsilon_{12}^{a.i.} = \frac{\sqrt{z_e^2\cdot\sin^2\alpha_0+4\cdot z_e+4}-\sqrt{z_i^2\cdot\sin^2\alpha_0-4\cdot z_i+4}+(z_i-z_e)\cdot\sin\alpha_0}{2\cdot\pi\cdot\cos\alpha_0} \tag{32}$$

10.3.5. Concluzii

Randamentele cele mai mari se obţin cu angrenările interioare la care roata conducătoare este coroana dinţată (inelul); randamentele cele mai mici se obţin tot cu angrenările interioare, atunci când roata conducătoare este cea cu dantură exterioară. La angrenările exterioare, randamentele sunt mai mari atunci când roata mai mare este conducătoare. Dacă scădem valoarea unghiului normal de angrenare α_0, *creşte atât gradul de acoperire cât şi randamentul mecanic al angrenării respective, de orice tip ar fi ea.*

10.3.6. Calculul randamentului mecamic pentru angrenajele cu dantură înclinată

Randamentul mecanic la dantura înclinată (ca dealtfel orice parametru de la angrenajele cu dantură înclinată) se poate calcula utilizând relaţiile de la dantura dreaptă, cu minimile modificări necesare, şi anume de a trece în formule numerele de dinţi împărţite la $\cos\beta$ (pentru a lucra cu angrenajul echivalent din secţiunea normală), iar în locul tangentei $tg\alpha_0$ se va trece $tg\alpha_t$.

Se obţin astfel din relaţiile (30-32) relaţiile (33-35) care au un caracter mai general.

$$\eta_m = \frac{z_1^2\cdot\cos^2\beta}{z_1^2\cdot(tg^2\alpha_t+\cos^2\beta)+\frac{2}{3}\cdot\pi^2\cdot\cos^4\beta\cdot(\varepsilon-1)\cdot(2\cdot\varepsilon-1)\pm 2\cdot\pi\cdot tg\alpha_t\cdot z_1\cdot\cos^2\beta\cdot(\varepsilon-1)} \tag{33}$$

$$\varepsilon^{a.e.} = \frac{1+tg^2\beta}{2\cdot\pi}\cdot$$
$$\cdot\left\{\sqrt{[(z_1+2\cdot\cos\beta)\cdot tg\alpha_t]^2+4\cdot\cos^3\beta\cdot(z_1+\cos\beta)}+\right.$$
$$+\sqrt{[(z_2+2\cdot\cos\beta)\cdot tg\alpha_t]^2+4\cdot\cos^3\beta\cdot(z_2+\cos\beta)}-$$
$$\left.-(z_1+z_2)\cdot tg\alpha_t\right\} \tag{34}$$

$$\varepsilon^{a.i.} = \frac{1+tg^2\beta}{2\cdot\pi}\cdot$$
$$\cdot\left\{\sqrt{[(z_e+2\cdot\cos\beta)\cdot tg\alpha_t]^2+4\cdot\cos^3\beta\cdot(z_e+\cos\beta)}-\right.$$
$$-\sqrt{[(z_i-2\cdot\cos\beta)\cdot tg\alpha_t]^2-4\cdot\cos^3\beta\cdot(z_i-\cos\beta)}-$$
$$\left.-(z_e-z_i)\cdot tg\alpha_t\right\} \tag{35}$$

10.4. DINAMICA ANGRENAJELOR
LEGEA FUNDAMENTALĂ A ANGRENĂRII

Legea fundamentală a angrenării postulează faptul că:

„***normala comună la cele două profile aflate în contact trebuie să treacă în permanenţă printr-un punct fix***".

Acest punct fix este punctul C, şi reprezintă pe lângă punctul de tangenţă dintre cele două cercuri de rostogolire, şi centrul instantaneu de rotaţie (CIR=I).

Consecinţa imediată a legii fundamentale a angrenării este constanţa vitezei unghiulare a elementului 2 de ieşire. Faptul că cinematic viteza unghiulară la ieşire este permanent constantă reprezintă unul din marile avantaje ale angrenărilor cu roţi dinţate (alături şi de cel al realizării de randamente foarte ridicate).

Acest avantaj cinematic nu este însă chiar atât de riguros respectat şi în funcţionarea reală a angrenajelor, adică în funcţionarea lor dinamică, unde vitezele unghiulare nu numai pe elementul doi de ieşire ci şi pe elementul 1 de intrare, sunt variabile în permanenţă.

Prezentarea unui „Model dinamic original" utilizat la studiul angrenajelor cu axe paralele

Aproape toate modelele dinamice studiate referitoare la angrenajele cu axe paralele, se bazează pe modelele mecanice clasice (cunoscute) care studiază vibraţiile torsionale ale arborilor angrenajului şi determină pulsaţiile proprii şi deformaţiile torsionale ale arborilor; sigur că sunt foarte utile, dar nu tratează efectiv cupla formată din cei doi dinţi în angrenare (sau mai multe perechi de dinţi în angrenare), adică nu tratează fiziologia propriuzisă a mecanismului cu roţi dinţate pentru a vedea care sunt fenomenele dinamice ce au loc în cupla superioară plană; Tocmai acest lucru încearcă să-l facă prezentul paragraf.

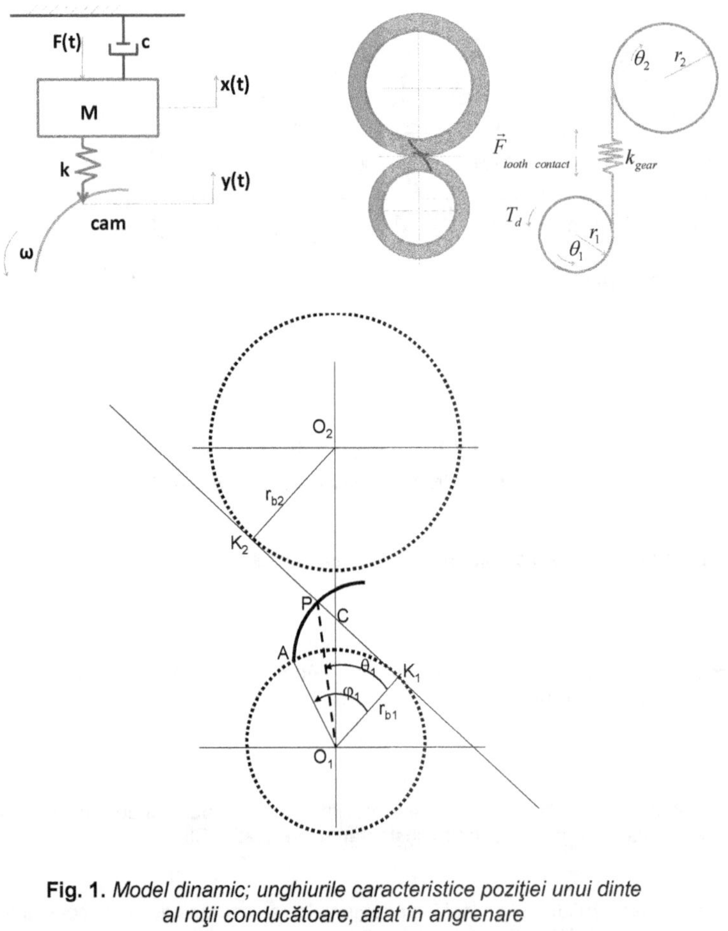

Fig. 1. *Model dinamic; unghiurile caracteristice poziţiei unui dinte al roţii conducătoare, aflat în angrenare*

În figura 1 jos, este prezentat un dinte al roţii 1 conducătoare, aflat în angrenare într-o poziţie oarecare pe segmentul de angrenare K_1K_2.

El este caracterizat de unghiurile θ_1 şi φ_1, primul arătând poziţia vectorului O_1P (vectorul de contact) în raport cu vectorul fix O_1K_1, iar al doilea arătând cu cât s-a rotit dintele (roata conducătoare 1) în raport cu O_1K_1.

Între cele două unghiuri există relaţiile de legătură 1.

$$\begin{aligned} \varphi_1 &= tg\theta_1 \\ \theta_1 &= arctg\varphi_1 \end{aligned} \tag{1}$$

Deoarece φ_1 este suma dintre unghiurile θ_1 şi γ_1, unde unghiul γ_1 reprezintă funcţia cunoscută $inv\theta_1$:

$$\varphi_1 = \theta_1 + \gamma_1 = \theta_1 + inv\theta_1 = \theta_1 + (tg\theta_1 - \theta_1) = tg\theta_1 \tag{2}$$

Relaţiile (1) se derivează şi obţinem relaţiile (3).

$$\begin{aligned} &\dot{\varphi}_1 = (1+tg^2\theta_1)\cdot\dot{\theta}_1 = (1+\varphi_1^2)\cdot\dot{\theta}_1 \\ &\dot{\theta}_1 = \frac{\dot{\varphi}_1}{1+\varphi_1^2} = D_1\cdot\omega_1; D_1 = \frac{1}{1+\varphi_1^2} = \frac{1}{1+tg^2\theta_1} \\ &\ddot{\theta}_1 = \dot{D}_1\cdot\omega_1 = D_1^{'}\cdot\omega_1^2; D_1^{'} = \frac{-2\cdot\varphi_1}{(1+\varphi_1^2)^2} = \frac{-2\cdot tg\theta_1}{(1+tg^2\theta_1)^2} \end{aligned} \tag{3}$$

Modelul dinamic luat în considerare este similar celui de la mecanismele cu camă şi tachet deoarece mecanismele cu roţi dinţate sunt similare celor cu came; practic roata dinţată este o camă multiplă, fiecare dinte fiind o camă, prezentând numai faza de ridicare. Forţele şi J* (M*) se modifică, deci şi ecuaţia de mişcare va căpăta un alt aspect.

Contactul dintre cei doi dinţi este practic contactul dintre o camă de rotaţie şi un tachet balansier (tot de rotaţie).

Similar deci modelelor cu came se va determina cinematica de precizie (dinamică) la cupla superioară cu angrenaje cu axe paralele. Vectorul care se impune pe roata 1 conducătoare (la cinematica dinamică), este vectorul de contact O_1P, unghiul său de poziţie fiind θ_1, iar viteza sa unghiulară $\dot{\theta}_1$. La roata 2, condusă, se transmite viteza v_2 (vezi relaţia 4 şi schema cinematică din figura 1).

$$\begin{aligned} &v_2 = -v_1\cdot\cos\theta_1 = -r_{p1}\cdot\dot{\theta}_1\cdot\cos\theta_1 = -r_{b1}\cdot\dot{\theta}_1 = -r_{b1}\cdot D_1\cdot\omega_1 \\ &dar: v_2 = r_{b2}\cdot\omega_2 => \omega_2 = -\frac{r_{b1}}{r_{b2}}\cdot D_1\cdot\omega_1 \end{aligned} \tag{4}$$

Prin derivare se calculează şi acceleraţia unghiulară (de precizie), la roata 2 (5), iar prin integrare deplasarea roţii 2 (6):

$$\varepsilon_2 = -\frac{r_{b1}}{r_{b2}}\cdot D_1^{'}\cdot\omega_1^2 \tag{5}$$

$$\varphi_2 = -\frac{r_{b1}}{r_{b2}}\cdot arctg(\varphi_1) = -\frac{r_{b1}}{r_{b2}}\cdot\theta_1 \tag{6}$$

Forţa redusă (motoare şi rezistentă) la roata 1, conducătoare, este egală cu forţa elastică din cuplă (atâta timp cât la roata condusă 2 nu mai intervine şi o forţă rezistentă tehnologică suplimentară) şi se scrie sub forma (7).

$$F^* = K \cdot (r_{b1} \cdot \varphi_1 - r_{b2} \cdot \varphi_2) =$$

$$= K \cdot (r_{b1} \cdot \varphi_1 - r_{b2} \cdot \frac{r_{b1}}{r_{b2}} \cdot \theta_1) = \quad (7)$$

$$= K \cdot r_{b1} \cdot (tg\theta_1 - \theta_1)$$

Semnul minus a fost luat odată, astfel încât φ_2 se înlocuieşte doar în modul, în expresia 7, iar K reprezintă constanta elastică a dinţilor în angrenare, şi se măsoară în [N/m].

Ecuaţia dinamică de mişcare se scrie:

$$M^* \cdot \ddot{x} + \frac{1}{2} \cdot \frac{dM^*}{dt} \cdot \dot{x} = F^* \quad (8)$$

Masa redusă, M^*, se determină cu relaţia (9):

$$M^* = (J_1 + \frac{1}{i^2} \cdot J_2) \cdot \frac{1}{r_{p1}^2} = (J_1 + \frac{1}{i^2} \cdot J_2) \cdot \frac{\cos^2 \theta_1}{r_{b1}^2} =$$

$$= \frac{J_1 + \frac{1}{i^2} \cdot J_2}{r_{b1}^2} \cdot \cos^2 \theta_1 = C_M \cdot \cos^2 \theta_1 ; C_M = \frac{J_1 + \frac{1}{i^2} \cdot J_2}{r_{b1}^2} \quad (9)$$

Unde, J_1 şi J_2 reprezintă momentele de inerţie (masice, mecanice), reduse la roata 1, iar i este modulul raportului de transmitere de la roata 1 la roata 2 (vezi relaţia 10):

$$i = \frac{r_{b2}}{r_{b1}} = -\frac{\omega_1}{\omega_2} \quad (10)$$

Deplasarea x a roţii 2 pe segmentul de angrenare, se scrie:

$$x = r_{b2} \cdot \varphi_2 = r_{b2} \cdot -\frac{r_{b1}}{r_{b2}} \cdot arctg\varphi_1 = -r_{b1} \cdot arctg\varphi_1 = -r_{b1} \cdot \theta_1 \quad (11)$$

Viteza şi acceleraţia corespunzătoare se scriu:

$$\dot{x} = -r_{b1} \cdot \dot{\theta}_1 = -r_{b1} \cdot \frac{1}{1 + tg^2 \theta_1} \cdot \omega_1 \quad (12)$$

$$\ddot{x} = -r_{b1} \cdot \ddot{\theta}_1 = -r_{b1} \cdot \frac{-2 \cdot tg\theta_1}{(1 + tg^2 \theta_1)^2} \cdot \omega_1^2 = 2 \cdot r_{b1} \cdot \frac{tg\theta_1}{(1 + tg^2 \theta_1)^2} \cdot \omega_1^2 \quad (13)$$

Se derivează masa redusă în raport cu timpul şi rezultă expresia (14):

$$\frac{dM^*}{dt} = -2 \cdot C_M \cdot \frac{\cos\theta_1 \cdot \sin\theta_1}{1+tg^2\theta_1} \cdot \omega_1 \tag{14}$$

Ecuaţia de mişcare (8) ia acum forma (15), care se poate aranja şi sub forma (16):

$$3 \cdot C_M \cdot r_{b1} \cdot \frac{tg\theta_1}{(1+tg^2\theta_1)^3} \cdot \omega_1^2 = K \cdot r_{b1} \cdot (tg\theta_1 - \theta_1) \tag{15}$$

$$\theta_1^d \equiv \theta_1 = tg\theta_1 - \frac{3 \cdot C_M \cdot tg\theta_1 \cdot \omega_1^2}{K \cdot (1+tg^2\theta_1)^3} =$$

$$= tg\theta_1 \cdot [1 - \frac{3 \cdot (J_1 + \frac{r_{b1}^2}{r_{b2}^2} \cdot J_2) \cdot \omega_1^2}{r_{b1}^2 \cdot K \cdot (1+tg^2\theta_1)^3}] \tag{16}$$

Expresia (16) reprezintă soluţia ecuaţiei de mişcare a cuplei superioare; pentru un unghi de rotaţie al roţii 1, φ_1, cunoscut, căruia îi corespunde un unghi de presiune θ_1, cunoscut, expresia (16) generează un unghi de presiune dinamic, θ_1^d.

În condiţiile în care constanta de elasticitate a dinţilor în contact, K, este suficient de mare, dacă raza cercului de bază a roţii 1 nu scade prea mult (z_1 să fie mai mare de 15-20), pentru turaţii normale sau chiar ridicate (dar nu foarte mari), raportul din paranteza expresiei 16 rămâne subunitar şi chiar mult mai mic decât 1, astfel încât expresia 16 se poate aproxima firesc la forma (17):

$$\theta_1^d = tg\theta_1 = \varphi_1^c \equiv \varphi_1 \tag{17}$$

Acum se poate determina viteza unghiulară instantanee a roţii 1 conducătoare (relaţia 19):

$$\frac{\Delta\omega_1}{\omega_m} = \frac{\Delta\varphi_1}{\varphi_1} \Rightarrow$$

$$\Delta\omega_1 = \frac{\Delta\varphi_1}{\varphi_1} \cdot \omega_m = \frac{\varphi_1^d - \varphi_1}{\varphi_1} \cdot \omega_m = \frac{tg(\theta_1^d) - \varphi_1}{\varphi_1} \cdot \omega_m =$$

$$= \frac{tg(\varphi_1) - \varphi_1}{\varphi_1} \cdot \omega_m = \frac{inv\varphi_1}{\varphi_1} \cdot \omega_m \tag{18}$$

$$\omega_1 = \omega_m + \Delta\omega_1 = (1 + \frac{inv\varphi_1}{\varphi_1}) \cdot \omega_m =$$

$$= \frac{tg(\varphi_1)}{\varphi_1} \cdot \omega_m = \frac{tg(tg\theta_1)}{tg\theta_1} \cdot \omega_m = R_{d1} \cdot \omega_m \tag{19}$$

Se defineşte ***coeficientul dinamic*, R_{d1},** ca fiind raportul între tangentă de fi1 şi unghiul fi1, sau raportul $\frac{tg(tg\theta_1)}{tg\theta_1}$, relaţia 20:

$$R_{d1} = \frac{tg(tg\theta_1)}{tg\theta_1} \tag{20}$$

Sinteza dinamică a angrenajelor cu axe paralele se poate face ţinând cont de relaţia (20).

Necesitatea obţinerii unui coeficient dinamic cât mai scăzut (cât mai apropiat de valoarea 1), impune limitarea unghiului de presiune maxim, θ_{1M} şi a celui normal, α_0, cât şi creşterea numărului minim de dinţi al roţii conducătoare, 1, z_{1min}.

În tabelul 1 sunt prezentate câteva valori ale coeficientului dinamic R_{d1} în funcţie de unghiul de presiune normal şi de numărul minim de dinţi al roţii 1 conducătoare.

Valoarea unghiului de presiune normal (standardizată) trebuie scăzută pentru a atinge coeficienţi dinamici apropiaţi de valoarea unitară.

În acelaşi timp trebuie mărit numărul minim de dinţi al roţii 1 conducătoare.

Tabelul 1

α_0 [grad]	z_{1min} []	θ_{1M} [grad]	R_{d1} []
20	20	31,321	1,145
	25	29,531	1,123
	60	24,580	1,076
	100	22,888	1,064
	z_{1min} []	θ_{1M} [grad]	R_{d1} []
10	20	26,456	1,092
	25	24,236	1,074
	60	17,629	1,035
	100	15,094	1,025
	z_{1min} []	θ_{1M} [grad]	R_{d1} []
5	20	25,092	1,080
	25	22,720	1,063
	60	15,408	1,026
	100	12,403	1,016

Dinamica la roata 2, a angrenajului; Pentru roata 2 condusă putem scrie următoarele relaţii (cu c-cinematic, cp-cinematica de precizie, d-dinamic):

$$\varphi_2^c = -\frac{r_{b1}}{r_{b2}} \cdot \varphi_1 \tag{21}$$

$$\omega_2^c = -\frac{r_{b1}}{r_{b2}} \cdot \omega_1 \tag{22}$$

$$\varepsilon_2^c = -\frac{r_{b1}}{r_{b2}} \cdot \varepsilon_1 = 0 \tag{23}$$

$$\varphi_2^{cp} = -\frac{r_{b1}}{r_{b2}} \cdot arctg\varphi_1 = -\frac{r_{b1}}{r_{b2}} \cdot \theta_1 \tag{24}$$

$$\omega_2^{cp} = -\frac{r_{b1}}{r_{b2}} \cdot \frac{1}{1+\varphi_1^2} \cdot \omega_1 = -\frac{r_{b1}}{r_{b2}} \cdot \frac{1}{1+tg^2\theta_1} \cdot \omega_1 \tag{25}$$

$$\varepsilon_2^{cp} = -\frac{r_{b1}}{r_{b2}} \cdot \frac{-2\cdot\varphi_1}{(1+\varphi_1^2)^2} \cdot \omega_1^2 = -\frac{r_{b1}}{r_{b2}} \cdot \frac{-2\cdot tg\theta_1}{(1+tg^2\theta_1)^2} \cdot \omega_1^2 \tag{26}$$

$$\varphi_2^d = -\frac{r_{b1}}{r_{b2}} \cdot \int \frac{tg\varphi_1}{\varphi_1+\varphi_1^3} d\varphi_1 \tag{27}$$

$$\omega_2^d = -\frac{r_{b1}}{r_{b2}} \cdot \frac{1}{1+\varphi_1^2} \cdot \frac{tg\varphi_1}{\varphi_1} \cdot \omega_1 = -\frac{r_{b1}}{r_{b2}} \cdot \frac{1}{1+tg^2\theta_1} \cdot \frac{tg(tg\theta_1)}{tg\theta_1} \cdot \omega_1 \tag{28}$$

$$\varepsilon_2^d = -\frac{r_{b1}}{r_{b2}} \cdot \frac{(1+tg^2\varphi_1)\cdot(\varphi_1+\varphi_1^3) - tg\varphi_1 \cdot (1+3\cdot\varphi_1^2)}{(\varphi_1+\varphi_1^3)^2} \cdot \omega_1^2 \tag{29}$$

Cu:

$$\varphi_{1m} = tg\theta_{1m} = \frac{(z_1+z_2)\cdot\sin\alpha_0 - \sqrt{z_2^2\cdot\sin^2\alpha_0 + 4\cdot z_2 + 4}}{z_1\cdot\cos\alpha_0} \tag{30}$$

$$\varphi_{1M} = tg\theta_{1M} = \frac{\sqrt{z_1^2\cdot\sin^2\alpha_0 + 4\cdot z_1 + 4}}{z_1\cdot\cos\alpha_0} \tag{31}$$

Dinamica la roata 2 (condusă), se calculează cu relaţiile (27-31).

Se poate defini şi pentru roata 2 un coeficient dinamic R_{d2}, (a se vedea relaţiile 28 şi 32):

$$R_{d2} = \frac{1}{1+\varphi_1^2} \cdot \frac{tg\varphi_1}{\varphi_1} = \frac{1}{1+tg^2\theta_1} \cdot \frac{tg(tg\theta_1)}{tg\theta_1} \tag{32}$$

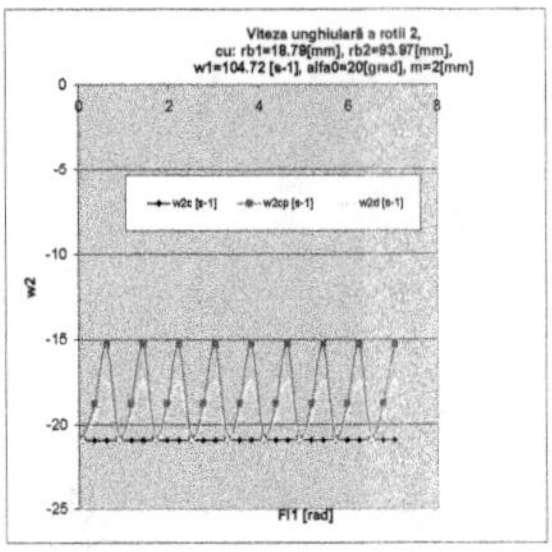

Fig. 12. *Dinamica la roata 2; variaţia vitezei unghiulare cinematice, în cinematica de precizie, a roţii 2, conduse, în funcţie de unghiul FI1*

Reprezentarea vitezei unghiulare, ω_2, în funcţie de unghiul φ_1, pentru r_{b1} şi r_{b2} date (z_1, z_2, m şi α_0 impuse), şi pentru o anumită valoare a vitezei unghiulare de intrare, constantă (impusă de turaţia arborelui pe care este montată roata conducătoare 1), se poate urmări în figurile 12-14; Se observă aspectul de vibraţie al vitezei unghiulare dinamice, ω_2; se porneşte cu raze diferite şi unghiul normal de 20 grade, apoi se continuă cu raze egale şi alfa0 tot 20 grade, iar în ultima diagramă rămânem pe raze egale şi se scade alfa0 la 5 grade.

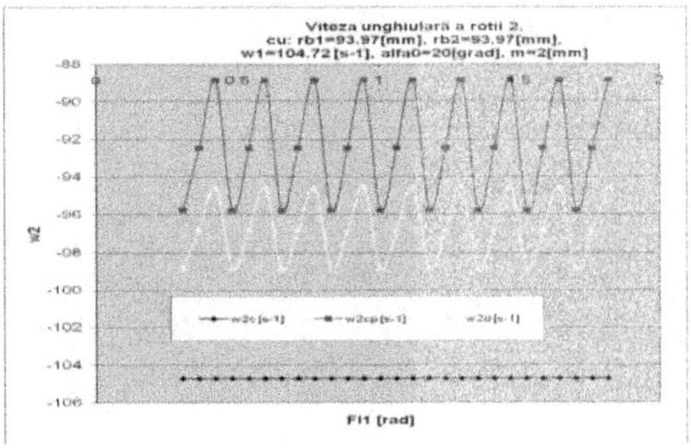

Fig. 13. *Dinamica la roata 2; variaţia vitezei unghiulare cinematice, în cinematica de precizie şi dinamice, a roţii 2, conduse, în funcţie de unghiul FI1*

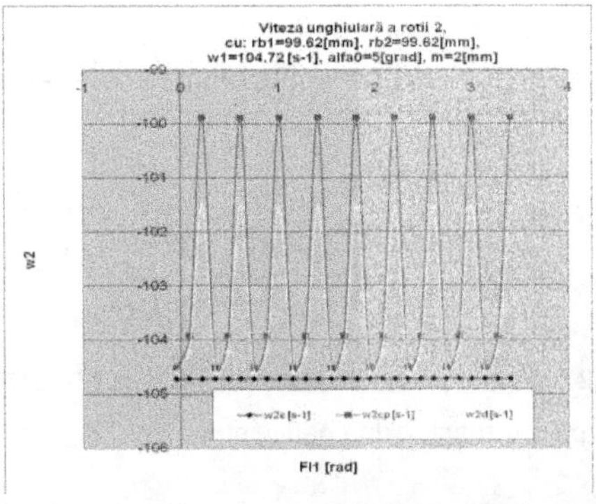

Fig. 14. *Dinamica la roata 2; variaţia vitezei unghiulare cinematice, în cinematica de precizie şi dinamice, a roţii 2, conduse, în funcţie de unghiul FI1*

CAP. XI TRANSMISII MECANICE CU AXE FIXE

Transmisiile mecanice cu axe fixe au astăzi cea mai largă răspândire pe întreaga planetă, fiind practic utilizate în aproape toate domeniile. De la cutiile de viteze ale vehiculelor, la reductoarele staţionare, utilizate la aparatura electrocasnică, electronică şi electrotehnică, în industria grea dar şi în cea uşoară, în energetică şi în transporturi, practic transmisiile cu axe fixe se întâlnesc astăzi pretutindeni, făcând parte din viaţa noastră cotidiană.

- **Scurt istoric privind apariţia şi evoluţia mecanismelor cu roţi dinţate şi bare**

Începutul utilizării mecanismelor cu bare şi roţi dinţate trebuie căutat în Egiptul antic cu cel puţin o mie de ani înainte de Christos. Aici s-au utilizat, pentru prima dată, transmisiile cu roţi „pintenate" la irigarea culturilor cât şi angrenajele melcate la prelucrarea bumbacului.

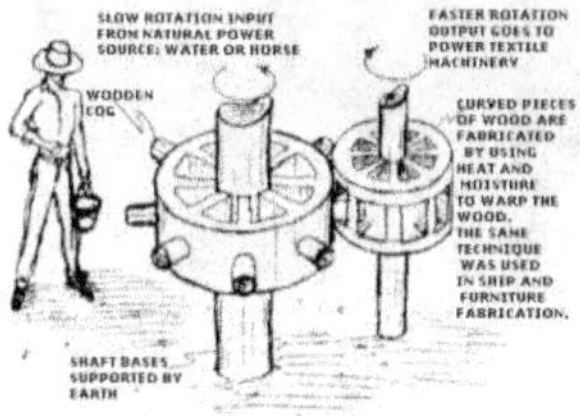

Astfel de angrenaje au fost construite şi utilizate din cele mai vechi timpuri, la început pentru ridicarea ancorelor grele ale navelor cât şi pentru pretensionarea catapultelor folosite pe câmpurile de luptă. Apoi au fost introduse la maşinile cu vânt şi cu apă (pe post de reductoare sau multiplicatoare la pompe, mori de vânt, sau cu apă).

Cu 230 de ani î.Ch., în oraşul Alexandria din Egipt, se folosea roata cu mai multe pârghii şi angrenajul cu cremalieră.

Transmiterea mişcării cu ajutorul angrenajelor cu roţi dinţate a cunoscut un progres substanţial începând cu anul 1364 d.Ch., când meşterul italian Giovani da Dondi a realizat un orologiu astronomic, în a cărui componenţă se aflau angrenaje interioare şi roţi dinţate eliptice.

Primele transmisii reglabile cu roţi dinţate au fost folosite în 1769 de către Cugnot la echiparea primului autovehicul propulsat de un motor cu abur.

Primul inginer (om de ştiinţă), care proiectează efectiv astfel de transmisii, este considerat a fi meşterul italian Leonardo da Vinci (secolul al XV-lea).

Motorul Benz (în stânga) avea transmisii cu angrenaje cu roţi dinţate dar şi cu roţi dinţate cu lanţ (patentate după anul 1882). În dreapta se poate vedea schiţa unui prim patent de transmisii cu roţi dinţate (angrenaje cu roţi dinţate) şi cu roţi dinţate cu lanţ realizate în anul 1870 de britanicii **Starley & Hillman.**

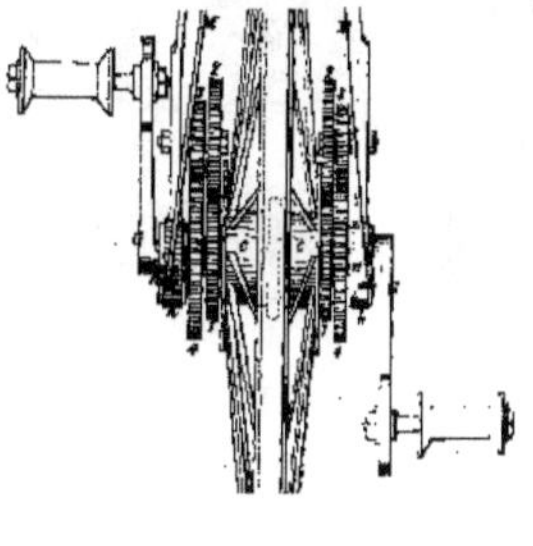

După 1912, în Cleveland (USA), încep să se producă industrial, roţi şi angrenaje specializate (cilindrice, melcate, conice, cu dantură dreaptă, înclinată sau curbă).

Cele mai vechi mecanisme cu roţi dinţate care s-au conservat A-mecanism cu clichet; B-mecanism cu şurub melc şi roată melcată; C-pendul; D-Mecanism planetar.

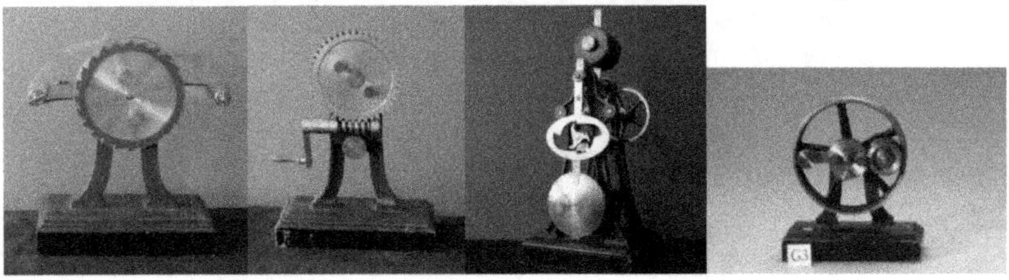

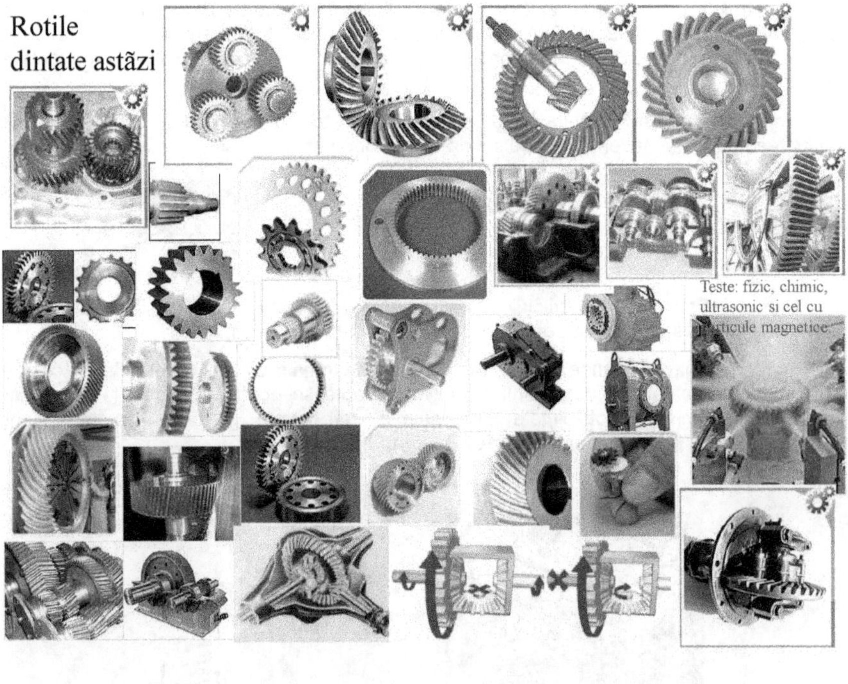

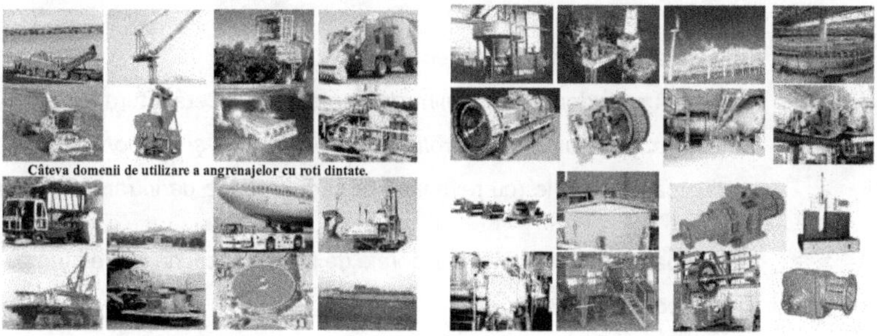

Cutiile de viteze (schimbătoarele de viteze) cu axe fixe au cea mai largă răspândire pe toate tipurile de vehicule.

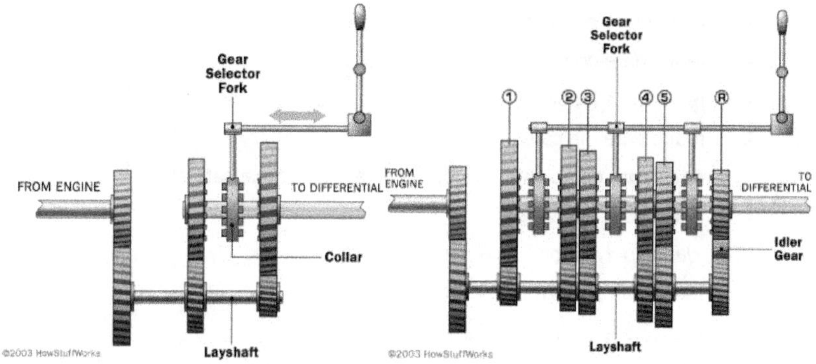

Reductoare (de turaţie) cu roţi dinţate

Reductoarele cu roţi dinţate sunt mecanisme independente formate din roţi dinţate cu angrenare permanentă, montate pe arbori şi închise într-o carcasă etanşă. Ele servesc la:

- micşorarea turaţiei;
- creşterea momentului transmis;
- modificarea sensului de rotaţie sau a planului de mişcare;
- însumează fluxul de putere de la mai multe motoare către o maşină de lucru;

- distribuie fluxul de putere de la un motor către mai multe maşini de lucru.

În cazul reductoarelor de turaţie, roţile dinţate sunt montate fix pe arbori, angrenează permanent şi realizează un raport de transmitere total fix, definit ca raportul dintre turaţia la intrare şi turaţia la ieşirea reductorului, spre deosebire de cutiile de viteze la care unele roţi sunt mobile pe arbori (roţi baladoare), angrenează intermitent şi realizează un raport de transmitere total în trepte. Ele se deosebesc şi de variatoarele de turaţie cu roţi dinţate (utilizate mai rar) la care raportul de transmitere total poate fi variat continuu.

Reductoarele de turaţie cu roţi dinţate se utilizează în toate domeniile construcţiilor de maşini.

Există o mare varietate constructivă a reductoarelor de turaţie. Ele se clasifică în funcţie de următoarele criterii:

1. *după raportul de transmitere*:

- reductoare cu o treaptă de reducere a turaţiei;
- reductoare cu două, sau mai multe trepte de reducere a turaţiei.

2. *după poziţia relativă a arborelui de intrare (motor) şi a arborelui de ieşire*:

- reductoare coaxiale (cu revenire), la care arborele de intrare este coaxial cu cel de ieşire;
- reductoare paralele, la care arborele de intrare şi cel de ieşire sunt paralele.

3. *după poziţia arborilor*:

- reductoare cu axe orizontale;
- reductoare cu axe verticale;
- reductoare cu axe înclinate.

4. *după tipul angrenajelor*:

- reductoare cilindrice;
- reductoare conice;
- reductoare hipoide;
- reductoare melcate;
- reductoare combinate (cilindro-conice, cilindro-melcate etc);
- reductoare planetere.

5. *după tipul axelor*:

- reductoare cu axe fixe;
- reductoare cu axe mobile.

Dacă reductorul împreună cu motorul constituie un singur agregat (motorul este motat direct la arborele de intrare printr-o flanşă) atunci unitatea se numeşte *motoreductor*.

În multe soluţii constructive reductoarele de turaţie cu roţi dinţate se utilizează în scheme cinematice alături de alte tipuri de transmisii: prin curele, prin lanţuri, cu fricţiune, cu şurub-piuliţă, variatoare, cutii de viteză, etc.

Avantajele utilizării reductoarelor în schemele cinematice ale maşinilor şi mecanismelor sunt:

- raport de transmitere constant;
- asigură o mare gamă de puteri;
- gabarit relativ redus;
- randament mare (cu excepţia reductoarelor melcate);

- întreţinere simplă şi ieftină.

Printre dezavantaje se enumeră:

- preţ de cost ridicat;
- necesitatea unei uzinări şi montări de precizie;
- funcţionarea lor este însoţită de zgomote şi vibraţii.

Parametrii principali ai unui reductor cu roţi dinţate sunt:

- puterea nominală;
- raportul de transmitere realizat;
- turaţia arborelui de intrare;
- distanţa dintre axe (standardizată).

Datorită multiplelor utilizări în industria construcţiilor de maşini şi la diverse aparate, parametrii reductoarelor de turaţie cu roţi dinţate sunt standardizaţi.

Alegerea tipului de reductor într-o schemă cinematică se face în funcţie de:

- raportul de transmitere necesar;
- puterea nominală necesară;
- sarcina medie necesară;
- turaţia medie de lucru solicitată;
- gabaritul disponibil;
- poziţia relativă a axelor motorului şi a organului (maşinii) de lucru;
- randamentul global al schemei cinematice.

În funcţie de aceste cerinţe se pot utililiza următoarele tipuri de reductoare cu roţi dinţate: cilindrice, conice, conico-cilindrice, melcate, cilindro-melcate, planetare.

Reductoare cu roţi dinţate cilindrice. Acestea sunt cele mai utilizate tipuri de reductoare cu roţi dinţate deoarece:

- se produc într-o gamă largă de puteri: de la puteri instalate foarte mici (de ordinul Waţilor) până la *900000 W* (*900 kW*);
- rapoarte de transmitere totale, $i_{T\,max} = 200$ ($i_{T\,max} = 6,3$, pentru reductoare cu o treapta; $i_T = 60$, pentru reductoare cu 2 treapte, $i_T = 200$, pentru reductoare cu 3 treapte);
- viteze periferice mari, $v_{max} = 200$ *m/s*;
- posibilitatea tipizării şi execuţiei tipizate sau standardizate.

Se construiesc în variante cu 1, 2 şi 3 trepte de reducere, având dantura dreaptă sau înclinată. Notaţiile din figură sunt:

- intrarea în reductor, cu litera I;
- ieşirea din reductor, cu litera E;
- cifrele 1, 2, 3, 4, 5, 6, reprezintă roţile ce compun angrenajele treptelor de reducere.

Din punct de vedere al înclinării danturii, la alegerea tipului de reductor cu roţi dinţate cilindrice se ţine seama de următoarele recomandări:

- reductoarele cu roţi dinţate cilindrice drepte, pentru puteri instalate mici şi mijlocii, viteze periferice mici şi mijlocii şi la roţile baladoare de la cutiile de viteze;

- reductoarele cu roţi dinţate cilindrice înclinate, pentru puteri instalate mici şi mijlocii, viteze periferice mari, angrenaje silenţioase;
- reductoarele cu roţi dinţate cilindrice cu dantura în V, pentru puteri instalate mari, şi viteze periferice mici.

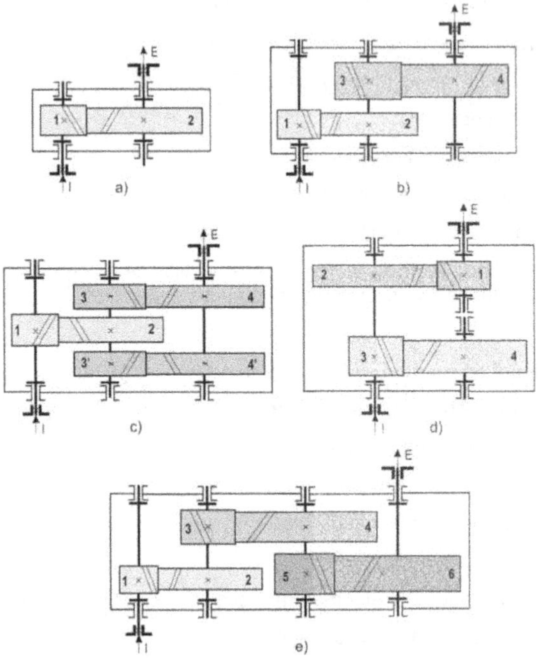

Scheme cinematice pentru reductoarele cu roţi dinţate cilindrice

Reductor de turaţie cilindric produs de SC Neptun din Câmpina (motoreductoare)

- putere de la 0,06 kw la 37 Kw
- momentul maxim 1800 Nm
- raport maxim 100
- 9 marimi

CAP. XII ANGRENAJE CU AXE MOBILE (SINTEZA SISTEMELOR PLANETARE)

12.1. Sinteza cinematică

Sinteza mecanismelor planetare clasice se face de regulă pe baza relaţiilor cinematice, ţinând cont în principal de raportul de transmitere intrare-ieşire realizat. Cel mai utilizat model de mecanism planetar diferenţial este cel prezentat în figura 1.

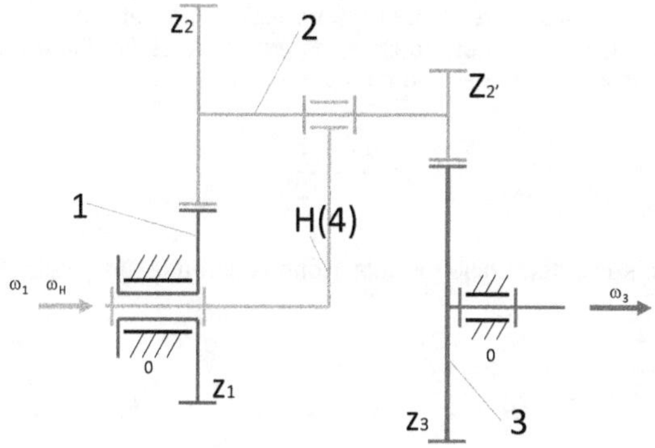

Fig. 1. *Schema cinematică a unui planetar diferenţial (M=2)*

Pentru ca acest mecanism să aibă un singur grad de mobilitate, rămânând desmodrom în utilizările cu o acţionare unică şi o ieşire unică, este necesară reducerea gradului de mobilitate al mecanismului de la doi la unu, fapt ce se poate obţine prin cuplările în serie sau în paralel a două sau mai multe planetare, prin legarea cu angrenaje cu axe fixe, sau cel mai simplu prin rigidizarea unui element mobil; a elementului 1 la acest model (caz în care roata 1 se identifică cu batiul 0; fig. 2).

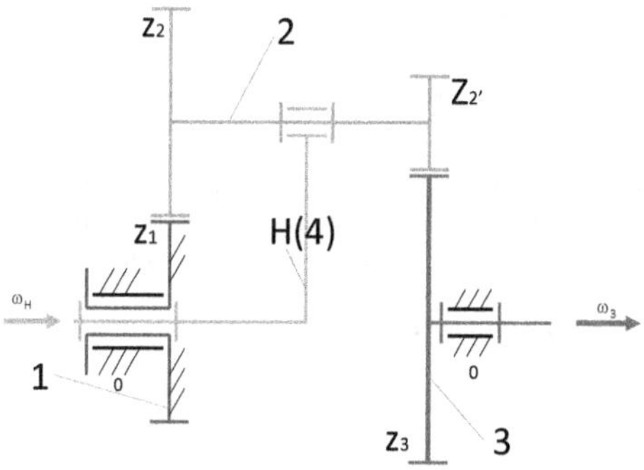

Fig. 2. *Schema cinematică a unui planetar simplu (M=1)*

Intrarea se face la planetarul simplu din figura 2 prin braţul portsatelit, H, iar ieşirea se realizează prin elementul cinematic mobil 3 (roata 3). Raportul cinematic intrare-ieşire (H-3), se scrie direct (relaţia 1).

$$i_{H3}^{1} = \frac{1}{i_{3H}^{1}} = \frac{1}{1 - i_{31}^{H}} = \frac{1}{1 - \frac{1}{i_{13}^{H}}} \quad (1)$$

Unde i_{13}^{H} reprezintă raportul de transmitere intrare ieşire corespunzător mecanismului cu axe fixe (atunci când braţul portsatelit H stă pe loc), şi se determină în funcţie de schema cinematică a mecanismului planetar utilizat; pentru modelul din figura 2 el se determină cu relaţia 2, fiind o funcţie de numerele de dinţi ale roţilor 1, 2, 2', 3.

$$i_{13}^{H} = \frac{z_2}{z_1} \cdot \frac{z_3}{z_{2'}} \quad (2)$$

Se obijnuieşte să se determine formula 1 prin scrierea relaţiei Willis (1'):

$$\begin{cases} i_{13}^{H} = \dfrac{\omega_1 - \omega_H}{\omega_3 - \omega_H} \equiv \dfrac{z_2}{z_1} \cdot \dfrac{z_3}{z_{2'}} \\[2ex] \dfrac{z_2}{z_1} \cdot \dfrac{z_3}{z_{2'}} = \dfrac{\dfrac{\omega_1}{\omega_H} - \dfrac{\omega_H}{\omega_H}}{\dfrac{\omega_3}{\omega_H} - \dfrac{\omega_H}{\omega_H}} \\[2ex] i_{13}^{H} = \dfrac{z_2 \cdot z_3}{z_1 \cdot z_{2'}} = \dfrac{0 - 1}{\dfrac{\omega_3}{\omega_H} - 1} = \dfrac{1}{1 - i_{3H}} = \dfrac{1}{1 - \dfrac{1}{i_{H3}^{1}}} \Rightarrow \\[2ex] \Rightarrow i_{H3}^{1} = \dfrac{1}{1 - \dfrac{1}{i_{13}^{H}}} \end{cases} \quad (1')$$

Pentru diferitele scheme cinematice planetare prezentate în figura 3, dacă intrarea se face prin braţul portsatelit H, iar ieşirea se realizează prin elementul final f, elementul iniţial i fiind de regulă imobilizat, se vor utiliza pentru calculele cinematice relaţiile 1 şi 2 generalizate; relaţia 1 ia forma generală 3, iar 2 se scrie sub una din formele 4 particularizate pentru fiecare schemă în parte, utilizată; unde i devine 1, iar f ia valoarea 3 sau 4 după caz.

$$i_{Hf}^{i} = \frac{1}{i_{fH}^{i}} = \frac{1}{1 - i_{fi}^{H}} = \frac{1}{1 - \frac{1}{i_{if}^{H}}} \quad (3)$$

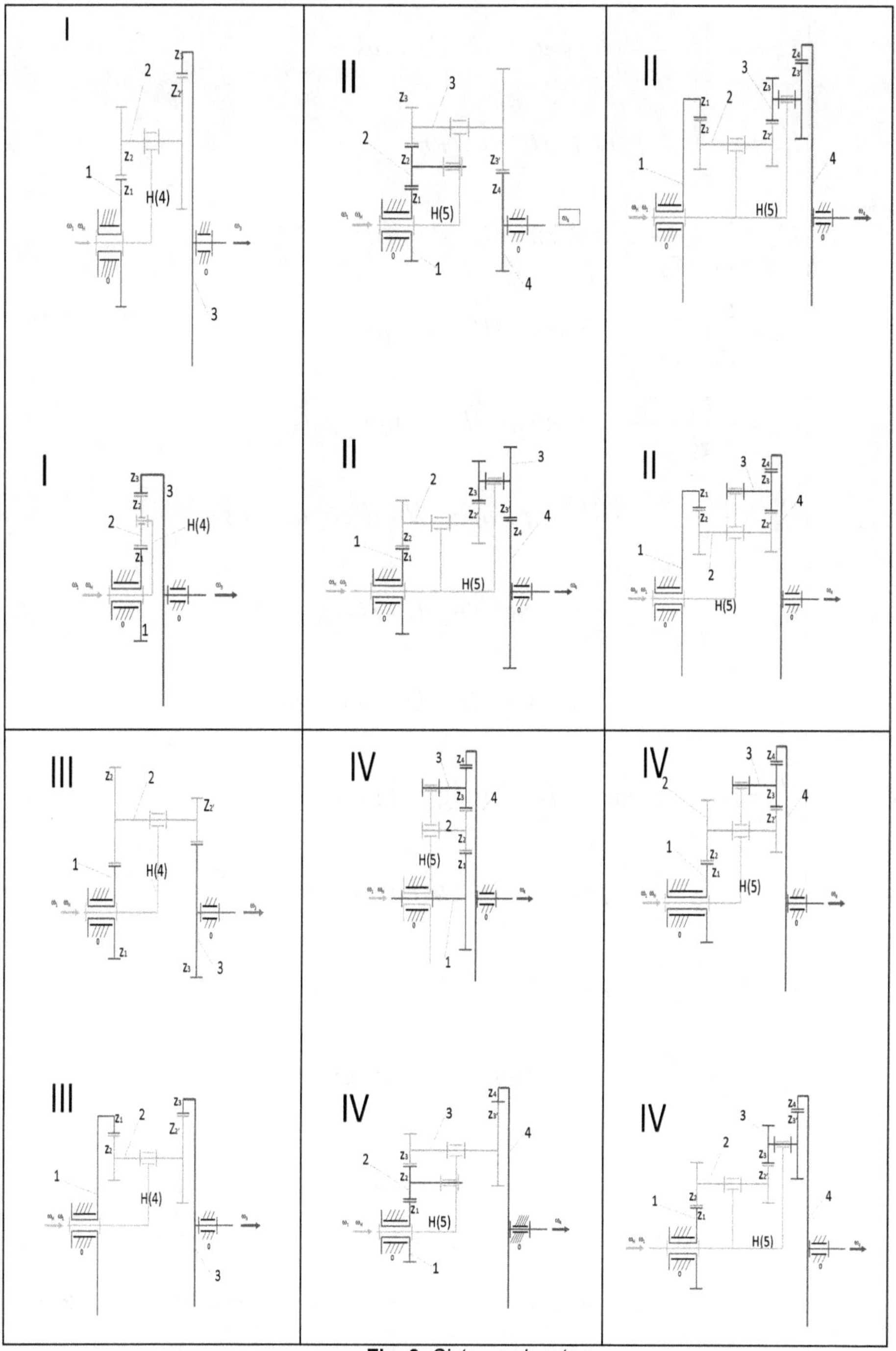

Fig. 3. *Sisteme planetare*

$$
\begin{cases}
i_{13}^{H} = -\dfrac{z_2}{z_1} \cdot \dfrac{z_3}{z_{2'}} & pentru \;\; I \;\; de \;\; sus \\
i_{13}^{H} = -\dfrac{z_3}{z_1} & pentru \;\; I \;\; de \;\; jos \\
i_{13}^{H} = \dfrac{z_2}{z_1} \cdot \dfrac{z_3}{z_{2'}} & pentru \;\; III \;\; de \;\; sus \\
i_{13}^{H} = \dfrac{z_2}{z_1} \cdot \dfrac{z_3}{z_{2'}} & pentru \;\; III \;\; de \;\; jos \\
i_{14}^{H} = -\dfrac{z_3}{z_1} \cdot \dfrac{z_4}{z_{3'}} & pentru \;\; II \;\; stânga \;\; sus \\
i_{14}^{H} = -\dfrac{z_2}{z_1} \cdot \dfrac{z_3}{z_{2'}} \cdot \dfrac{z_4}{z_{3'}} & pentru \;\; II \;\; dreapta \;\; sus \\
i_{14}^{H} = -\dfrac{z_2}{z_1} \cdot \dfrac{z_3}{z_{2'}} \cdot \dfrac{z_4}{z_{3'}} & pentru \;\; II \;\; stânga \;\; jos \\
i_{14}^{H} = -\dfrac{z_2}{z_1} \cdot \dfrac{z_4}{z_{2'}} & pentru \;\; II \;\; dreapta \;\; jos \\
i_{14}^{H} = \dfrac{z_4}{z_1} & pentru \;\; IV \;\; stânga \;\; sus \\
i_{14}^{H} = \dfrac{z_2}{z_1} \cdot \dfrac{z_4}{z_{2'}} & pentru \;\; IV \;\; dreapta \;\; sus \\
i_{14}^{H} = \dfrac{z_3}{z_1} \cdot \dfrac{z_4}{z_{3'}} & pentru \;\; IV \;\; stânga \;\; jos \\
i_{14}^{H} = \dfrac{z_2}{z_1} \cdot \dfrac{z_3}{z_{2'}} \cdot \dfrac{z_4}{z_{3'}} & pentru \;\; IV \;\; dreapta \;\; jos
\end{cases}
\tag{4}
$$

Mult mai rar mecanismele planetare sunt sintetizate şi pe criteriul randamentului lor mecanic realizat în funcţionare, deşi acest criteriu face parte din dinamica reală a mecanismelor, fiind totodată şi criteriul cel mai important din punct de vedere al performanţei unui mecanism.

Dar şi în aceste cazuri se utilizează pentru determinarea randamentului mecanic al planetarului respectiv numai relaţii de calcul aproximative (cele mai răspândite şi recunoscute fiind cele ale şcolii ruseşti de mecanisme), care în cele mai multe situaţii generează calcule eronate promiţând randamente mai mari decât cele reale posibile.

Din această cauză mecanismele planetare în general şi planetarele utilizate la cutiile de viteze automate în particular, au fost mult supraevaluate în cea ce priveşte posibilităţile lor mecanice, crezându-se că ele pot realiza (compact) rapoarte de transmitere foarte mari (mult mai mari decât cele ale angrenajelor cu axe fixe) fără compromiterea randamentului mecanic. Ei bine lucrurile nu stau chiar aşa; pentru trecerea de la angrenajele cu axe fixe la cele cu axe mobile vom avea compactizare, însă rapoartele de transmitere trebuie să fie moderate pentru randamente ridicate, în caz contrar la realizarea unor rapoarte de transmitere foarte mari riscând să utilizăm mecanisme cu randamente foarte mici şi pierderi de putere mecanică foarte mari.

E posibil chiar ca angrenajele cu axe fixe să genereze randamente mult mai ridicate decât cele cu axe mobile, separat de faptul că transmisiile realizate cu axe fixe sunt mai rigide (solide), mai rezistente la deformaţii (a se urmări în figura 4 deformaţiile ce pot apărea la sistemele planetare în funcţionare), şi mult mai rapide în reacţii (au un răspuns mecanic mult mai rapid decât mecanismele cu axe mobile, fapt ce a şi împiedicat multă vreme generalizarea cutiilor de viteze automate pe autovehicule, şi în special pe automobile, ca să nu mai amintim de cele de curse: formula I, etc...). Aşa au apărut şi hibrizii (ca un compromis).

Fig. 4. *Deformaţii la mecanismele planetare*

Aplicaţii:

A23-STUDIUL CINEMATIC AL MECANISMELOR CU ROŢI DINŢATE

1. Consideraţii generale

Mecanismele cu roţi dinţate, numite şi angrenaje, reprezintă cea mai răspândită categorie de transmisii mecanice, fiind caracterizate prin durabilitate şi siguranţă în funcţionare, gabarit redus, randament mecanic ridicat şi raport de transmitere constant.

Raportul de transmitere al mecanismului, i_{1n}, este raportul dintre viteza unghiulară a arborelui conducător (de intrare), ω_1 şi viteza unghiulară a arborelui condus (de ieşire), ω_n.

$$i_{1n} = \frac{\omega_1}{\omega_n} \quad (1) \qquad\qquad i_{12} = \frac{\omega_1}{\omega_2} = \pm\frac{z_2}{z_1} \quad (2)$$

Dacă cei doi arbori, de intrare şi de ieşire, sunt paraleli, atunci raportul de transmitere se consideră pozitiv dacă arborii se rotesc în acelaşi sens şi negativ dacă se rotesc în sensuri contrare.

Pentru angrenajul cu două axe paralele (angrenajul cilindric), raportul de transmitere se exprimă prin relaţia (2), unde z_1 şi z_2 sunt numerele de dinţi ale celor două roţi dinţate.

Semnul ”-” corespunde angrenajului exterior, iar ”+” angrenajului interior (Fig. 1.)

În cazul mecanismelor complexe (mecanisme cu mai mult de două roţi), raportul de transmitere se determină cu relaţia (3)

$$i_{1n} = i_{12} \cdot i_{23} \cdot ... \cdot i_{n-1,n} \quad (3)$$

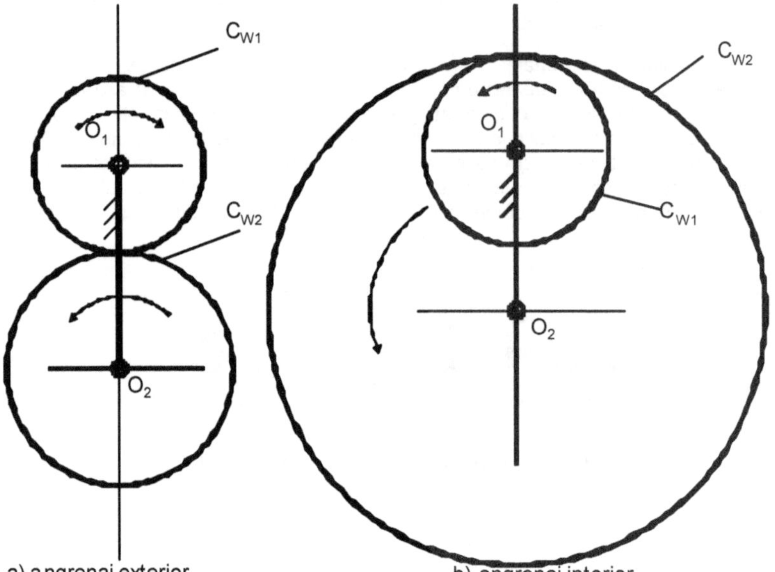

Fig. 1. *Schema angrenajului cilindric*

Utilizarea mecanismelor cu mai multe trepte (fiecare pereche de două roţi dinţate în angrenare, constituie o treaptă), se face în scopul obţinerii unor rapoarte de transmitere mai mari (deoarece raportul pentru o treaptă este limitat, pentru a nu scădea randamentul angrenării şi pentru a nu avea o variaţie de sarcină foarte mare pe un singur angrenaj, între roata de intrare şi cea de ieşire; i<6...10).

De obicei raportul de transmitere total al angrenării este supraunitar ($i_{1n}>1$), ceea ce face ca turaţia (sau viteza unghiulară) la ieşire să fie mai mică decât cea de intrare ($\omega_n < \omega_1$), transmisia numindu-se în acest caz reductor; se reduce turaţia (viteza unghiulară) dar în schimb creşte momentul M (sarcina, cuplul), deoarece puterea de la intrare este aproximativ egală cu cea de la ieşire (dacă nu ţinem cont de pierderile mecanice şi prin frecări, de randamentul mecanismului), $P_1 \equiv M_1 \cdot \omega_1 = M_n \cdot \omega_n \equiv P_n$.

În figura 2 se prezintă un exemplu de reductor cu două trepte. La acest mecanism, raportul de transmitere în funcţie de numerele de dinţi se scrie:

$$i_{13} = i_{12} \cdot i_{23} = (-\frac{z_2}{z_1}) \cdot (-\frac{z_3}{z_{2'}}) = \frac{z_2 \cdot z_3}{z_1 \cdot z_{2'}} \quad (4)$$

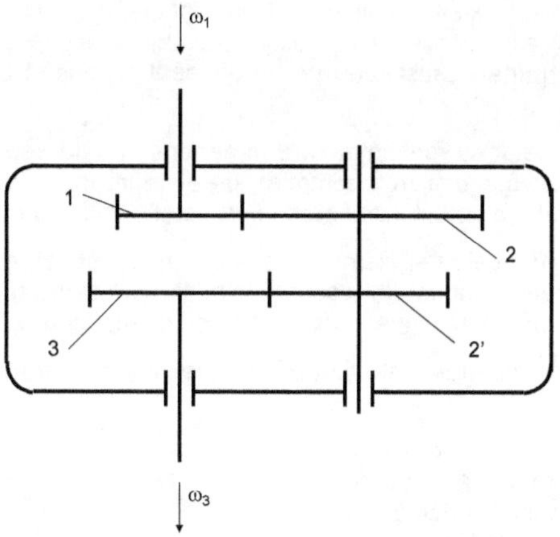

Fig. 2. *Schema cinematică a unui reductor cu două trepte cu revenire*

Deoarece i_{13} este pozitiv, reductorul nu schimbă sensul de rotaţie (dacă se schimba sensul de rotaţie între intrare-ieşire reductorul se chema inversor; dacă în loc să micşorăm turaţia am fi crescut-o mecanismul s-ar fi numit în loc de reductor, multiplicator).

Atunci când arborele de ieşire este coaxial cu cel de intrare (cum este cazul reductorului cu două trepte din figura 2), reductorul este denumit cu revenire.

Se numeşte cutie de viteze, un mecanism cu roţi dinţate la care raportul de transmitere se poate modifica în salturi, prin schimbarea roţilor în angrenare.

În figura 3. se dă un exemplu de cutie de viteze cu două trepte. Prima treaptă:roţile 1-2; a doua treaptă: roţile 1'-2'.

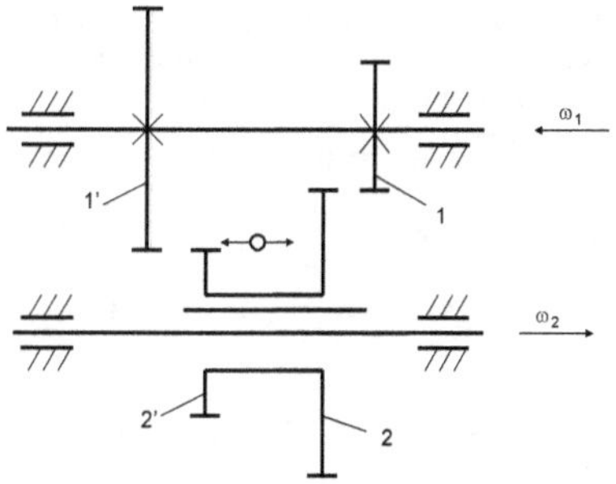

Fig. 3. *Schema cinematică a unei cutii de viteze cu două trepte*

Roţile 2 şi 2', care se pot deplasa axial, se numesc roţi baladoare.

Mecanismele cu roţi dinţate se pot clasifica în mecanisme cu axe fixe (cum au fost cele prezentate până acum) şi mecanisme cu axe mobile, sau planetare, care au în structura lor şi roţi dinţate cu axe mobile (aceste roţi dinţate cu axe mobile purtând denumirea de sateliţi); roţile dinţate cu axe fixe din cadrul unui planetar se cheamă roţi centrale sau planetare, iar cele cu axe mobile se numesc roţi sateliţi şi se rotesc în jurul planetarelor (roţilor centrale) fiind purtate (susţinute) de un element ce poartă denumirea de braţ port satelit.

Un mecanism planetar cu roţi dinţate are în general următoarele componente de bază: două roţi cu o axă fixă comună (roţi centrale), un element în rotaţie care susţine sateliţii, coaxial cu roţile centrale (elementul sau braţul port-satelit, notat cu H) şi sateliţii.

În principiu, două din cele trei elemente legate la bază, sunt elemente conducătoare şi al treilea este element condus. În această situaţie, mecanismul are două grade de mobilitate (M=2) şi se numeşte planetar diferenţial, ori direct diferenţial (fig. 4.).

Dacă una din roţile centrale este fixă (M=1), mecanismul se numeşte planetar simplu (fig. 5).

Mecanismele planetare permit obţinerea unor rapoarte de transmitere mari, folosind un număr mic de roţi dinţate, cu randamente ridicate, transmisiile rezultate fiind compacte, uşoare, economice; în plus aceste mecanisme permit automatizarea mişcării, prin transformarea cutiei de viteze clasice cu angrenaje fixe, într-o cutie (schimbător) de viteze automată, la care nu mai este necesară schimbarea manuală a vitezelor de către conducătorul vehiculului. Tot prin angrenajele planetare diferenţiale s-a putut realiza diferenţierea mişcării între roţile unei punţi motoare, diferenţiere extrem de necesară atunci când vehiculul respectiv rulează în curbă.

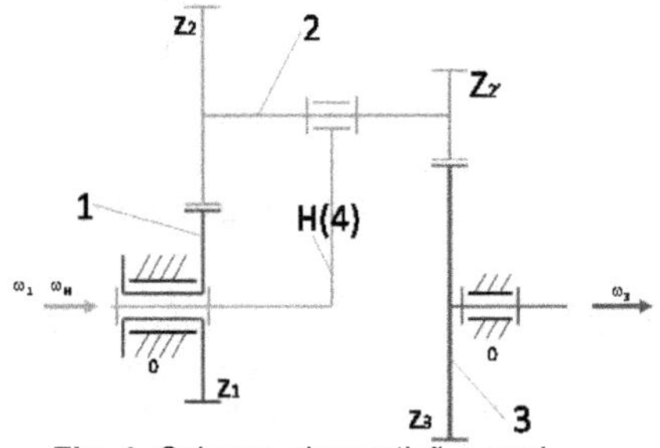

Fig. 4. *Schema cinematică a unui mecanism planetar diferenţial (M=2)*

În figura 4 se exemplifică un mecanism planetar diferenţial. După cum se observă, 1 şi 3 sunt roţile centrale, H este braţul port-satelit, iar roţile 2 şi 2' solidare pe un ax comun, reprezintă un singur element numit satelitul 2.

Dacă mecanismului planetar, în ansamblu, i se imprimă o rotaţie inversă "$-\omega_H$", acesta se transformă într-un mecanism cu axe fixe (cu revenire), numit mecanism de bază (metoda se numeşte "Willis"). Se poate observa că, mecanismul de bază al diferenţialului de mai sus, este reductorul cu două trepte din figura 2.

Aplicând metoda Willis pentru diferenţialul din figura 4, se poate scrie (relaţia 5); din care extragem relaţia (6):

$$i_{31}^{H} = \frac{\omega_3 - \omega_H}{\omega_1 - \omega_H} \quad (5) \qquad \omega_3 = \omega_1 \cdot i_{31}^{H} + \omega_H \cdot (1 - i_{31}^{H}) \quad (6)$$

Totodată, considerând mecanismul de bază, putem scrie relaţia (7):

$$i_{31}^{H} = \frac{1}{i_{13}^{H}} = \frac{z_1 \cdot z_{2'}}{z_2 \cdot z_3} \quad (7)$$

$$i_{H3} = \frac{\omega_H}{\omega_3} = \frac{\omega_H}{\omega_1 \cdot i_{31}^{H} + \omega_H \cdot (1 - i_{31}^{H})} \quad (8)$$

Dacă roata 1 se fixează (ω_1=0), se obţine un mecanism planetar simplu, ca cel din figura 5.

Presupunând că H este elementul conducător (cazul cel mai utilizat), din relaţia vitezelor unghiulare stabilită deja, rezultă (8) particularizat:

Din relaţia (8) se observă că dacă i_{31}^{H} este aproximativ 1, raportul de transmitere este foarte mare. Astfel, dacă numerele de dinţi ale roţilor sunt apropiate între ele, i_{H3} poate lua valori de ordinul miilor, milioanelor, sau chiar mai mari (în detrimentul randamentului).

Observaţie: Din punct de vedere practic, într-un mecanism planetar există mai mulţi sateliţi identici, dispuşi echidistant, pentru reducerea solicitărilor dinamice şi pentru echilibrarea elementului port-satelit. Sateliţii suplimentari sunt elemente pasive şi nu figurează în schema cinematică. În figura 6 se arată pozele unui schimbător de viteze 3+1 clasic (a) şi a unui planetar simplu (b).

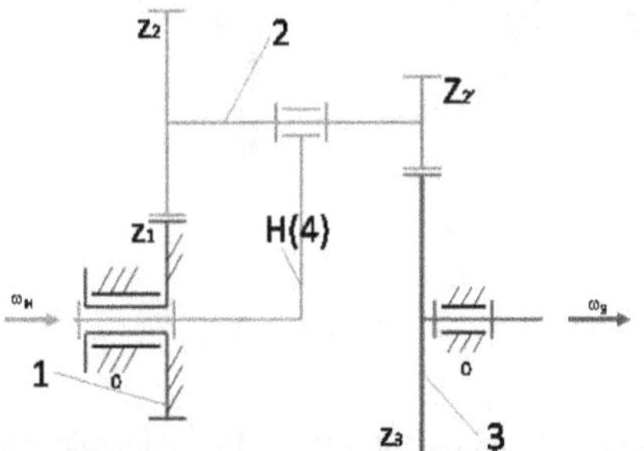

Fig. 5. *Schema cinematică a unui mecanism planetar simplu (M=1).*

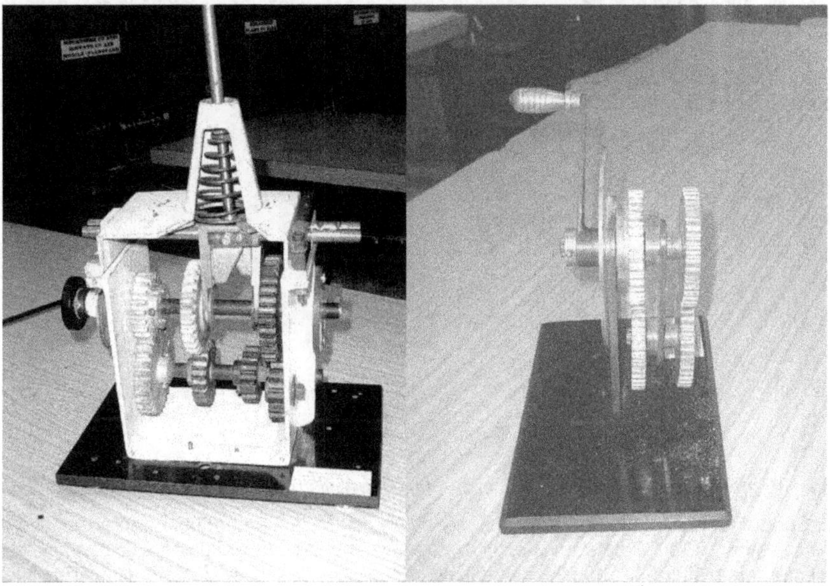

a b

Fig. 6. *Schemele constructive (poze-machete) ale unui SV clasic 3+1(a)şi a unui mecanism planetar simplu (b).*

În figura 7 este arătată schema constructivă a unei cutii de viteze automate (e vorba de o secţiune transversală a unui schimbător de viteze automat). Deşi este mai greu de realizat din punct de vedere tehnologic, totuşi avantajele evidente ale unei astfel de transmisii o impun acum şi tot mai mult în viitor. Schimbarea vitezelor se face automat, pe o plajă mărită, printr-o acţionare automată şi continuă, aproape fără şocuri, vibraţii şi zgomote; fără uzura de la schimbătorul clasic, fără manevrarea dificilă a ambreiajului acţionat de şofer cu o pedală, acum cuplajele fiind automate şi silenţioase. Schema constructivă arată utilizarea mai multor grupuri de mecanisme planetare.

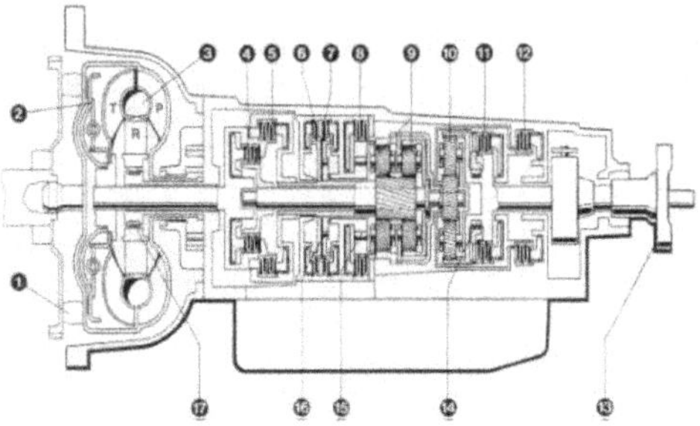

Fig. 7. *Schema constructivă a unui schimbător de viteze automat*

Şi de aici, se poate vedea avantajul mecanismului cu axe mobile în comparaţie cu cel cu axe fixe.

În figura 8 este prezentată fotografia unui mecanism diferenţial conic.

El realizează diferenţierea vitezelor celor două roţi ale punţii conducătoare pe care este montat, atunci când este nevoie; necesitatea diferenţierii vitezelor de rotaţie la cele două roţi de tracţiune de pe aceeaşi punte apare în special atunci când vehiculul respectiv se află în curbă; roata care rulează pe cercul exterior poate astfel să capete o viteză unghiulară mai mare decât cea a roţii care rulează pe cercul interior, de curbură mai mică (de rază mai mică). Se evită astfel uzura puternică a roţii şi a transmisiei.

Fig. 8. *Schema constructivă (poză) a unui mecanism planetar diferenţial (conic).*

2. Scopul lucrării Lucrarea are ca scop analiza cinematică a unor tipuri reprezentative de mecanisme cu roţi dinţate, existente în dotarea laboratorului: reductoare, cutii de viteză, mecanisme planetare, simple şi diferenţiale (dintre acestea existând diferenţiale cilindrice şi conice).

3. Modul de lucru Mecanismele care urmează a fi studiate sunt prezentate într-un formular (model de referat), anexat la lucrarea de faţă. El conţine schemele cinematice ale mecanismelor respective cu precizarea mărimilor care se determină. Lucrarea efectivă constă în: identificarea elementelor şi verificarea schemelor cinematice; determinarea numerelor de dinţi ale roţilor din angrenajele respective; stabilirea (verificarea) relaţiei de calcul şi calculul rapoartelor de transmitere, parţiale şi final, pentru fiecare mecanism în parte; tragerea unor concluzii pe baza celor prezentate mai înainte.

NOTĂ: Referatul lucrării se va întocmi conform modelului anexat.

DEPARTAMENTUL TEORIA MECANISMELOR ŞI A ROBOŢILOR **STUDENT..................**

GRUPA..........DATA......

STUDIUL CINEMATIC AL MECANISMELOR CU ROŢI DINŢATE

I - MECANISME CU AXE FIXE

a) Reductor cu roţi cilindrice cu două trepte, cu revenire

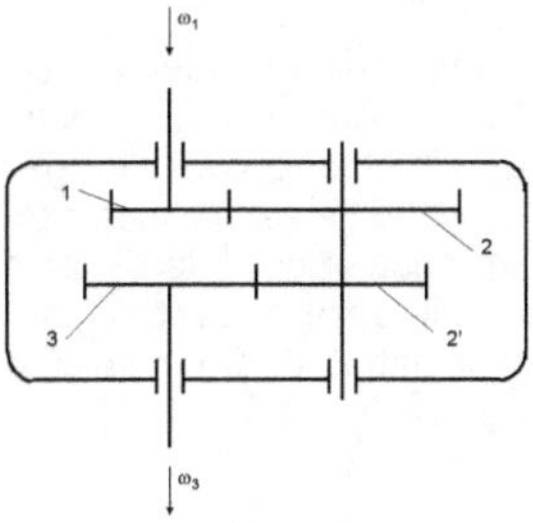

z_1=...

z_2=...

$z_{2'}$=...

z_3=...

$$i_{13} = i_{12} \cdot i_{23} = (-\frac{z_2}{z_1}) \cdot (-\frac{z_3}{z_{2'}}) = \frac{z_2 \cdot z_3}{z_1 \cdot z_{2'}}$$

b) Cutie de viteze cu 3+1 trepte;

$$z_1 = .., z_2 = .., z_3 = .., z_4 = .., z_5 = .., z_6 = .., z_7 = .., z_8 = ..$$

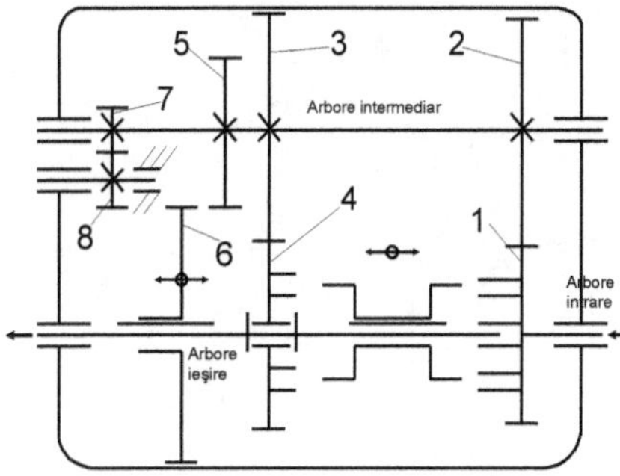

Treapta de viteză	Roţi în angrenare	raport de transmitere	
		relaţie	valoare
I	1-2 5-6	$i_I = i_{12} \cdot i_{56}$	
II	1-2 3-4	$i_{II} = i_{12} \cdot i_{34}$	
III	priză directă	-	
MR	1-2 7-8 8-6	$i_{MR} = i_{12} \cdot i_{78} \cdot i_{86}$	

II - MECANISME CU AXE MOBILE (planetar simplu)

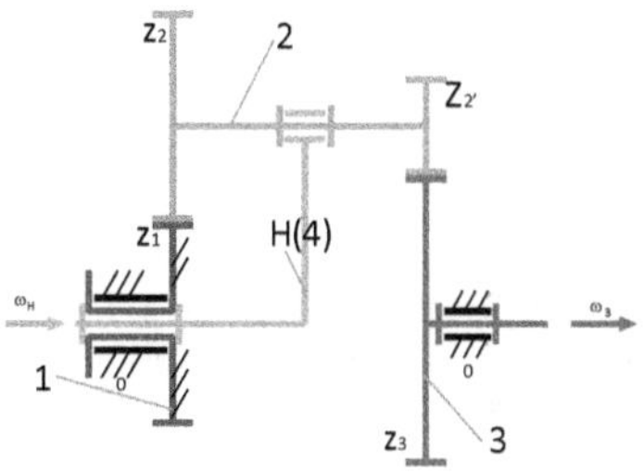

$$i_{31}^{H} = \frac{1}{i_{13}^{H}} = \frac{z_1 \cdot z_{2'}}{z_2 \cdot z_3}$$

$$i_{H3}^{1} = \frac{1}{i_{3H}^{1}} = \frac{1}{1 - i_{31}^{H}}$$

A24 – SINTEZA GEOMETRO-CINEMATICĂ A MECANISMELOR PLANETARE; DETERMINAREA NUMERELOR DE DINŢI ALE ROŢILOR COMPONENTE

Mecanismul planetar simplu (vezi figura 1) se sintetizează (proiectează) geometric, prin determinarea celor patru numere de dinţi ale roţilor componente. Se impun patru condiţii.

a) Prima condiţie în sinteza geometro-cinematică a unui planetar simplu este cea de încărcare uniformă a (grupurilor satelite) sateliţilor (sau condiţia de angrenare simultană).

Pentru ca grupurile satelite să fie uniform încărcate (determinând astfel o uzură uniformă şi minimă cu o funcţionare liniştită, lungă, fără zgomote, vibraţii, şocuri), angrenarea trebuie să se realizeze simultan, sateliţii fiind dispuşi simetric, la distanţe egale. E vorba evident de grupurile de sateliţi; dacă s-ar utiliza un singur grup de sateliţi încărcarea ar fi mare şi mai ales neuniformă, dinamic funcţionarea fiind aproape imposibilă deoarece nu s-ar putea realiza echilibrarea dinamică. Din acest motiv se utilizează două, trei, patru, cinci, etc, grupuri de sateliţi. O echilibrare foarte bună nu doar statică ci şi dinamică se realizează de exemplu la utilizarea a minim trei grupuri de sateliţi.

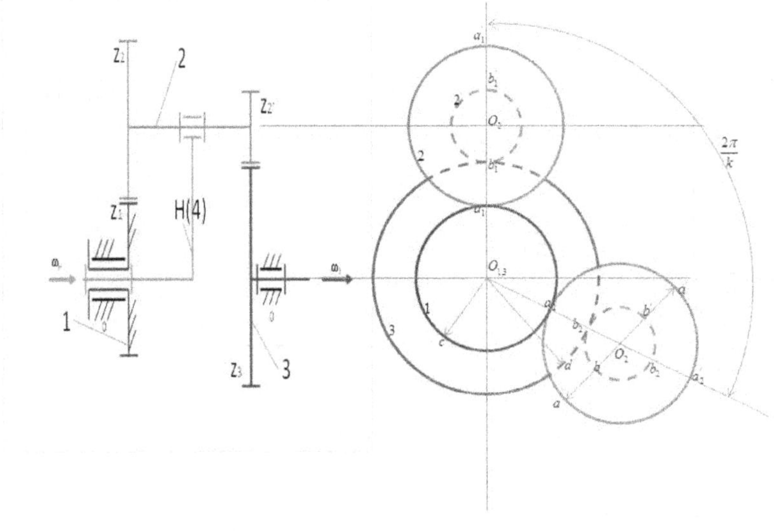

Fig. 1. *Sinteza geometrică a unui mecanism planetar simplu*

Dacă calibrăm primul grup de sateliţi (aşezat pe verticală – vezi figura 1), astfel încât diametrul a_1a_1' să fie o axă de simetrie, la grupul satelit doi axa respectivă nu mai poate fi poziţionată în general după direcţia a_2a_2' ci va fi dezaxată (rotită cu un unghi oarecare α) ocupând poziţia aa'. Poziţionarea dezaxată a satelitului 2 cu segmentul a_2a trebuie să se încadreze totuşi într-un număr întreg de paşi: $a_2a=n_1.p_1$; acelaşi fenomen se produce şi la roata 2': $b_2b=n_2.p_2$; dar şi la roata centrală 1: $a_1c=n_3.p_1$; cât şi la roata centrală 3: $b_1d=n_4.p_2$;

cum procesul se produce fără alunecare segmentul a_2a de pe roata satelit 2 trebuie să fie egal cu segmentul a_2c de pe roata centrală 1. În plus $a_1a_2=z_1.p_1/k$; rezultă relaţia 1.

$$\begin{cases} a_1a_2 = a_1c - a_2c = a_1c - a_2a = n_3 \cdot p_1 - n_1 \cdot p_1 \\ a_1a_2 = \dfrac{z_1 \cdot p_1}{k} \end{cases} \Rightarrow z_1 = k \cdot (n_3 - n_1) \tag{1}$$

La fel se determină şi relaţia 2.

$$\begin{cases} b_1b_2 = b_1d - b_2d = b_1d - b_2b = n_4 \cdot p_2 - n_2 \cdot p_2 \\ b_1b_2 = \dfrac{z_3 \cdot p_2}{k} \end{cases} \Rightarrow z_3 = k \cdot (n_4 - n_2) \tag{2}$$

Se pot scrie imediat patru relaţii (sistemul 3), de unde se pot concluziona cele patru condiţii de angrenare simultană: z_1, z_3, z_3-z_1, z_1+z_3, toate patru trebuie să fie numere naturale, şi în plus multipli de k.

$$\begin{cases} z_1 = k \cdot (n_3 - n_1) = k \cdot N_1 \\ z_3 = k \cdot (n_4 - n_2) = k \cdot N_2 \\ z_3 - z_1 = k \cdot (n_1 + n_4 - n_2 - n_3) = k \cdot N_3 \\ z_3 + z_1 = k \cdot (n_3 + n_4 - n_1 - n_2) = k \cdot N_4 \end{cases} \tag{3}$$

b) Condiţia de coaxialitate

Pentru ca axele tuturor roţilor să fie coaxiale, trebuie îndeplinită condiţia $O_1O_2=O_3O_2$; care se mai poate scrie şi $r_1+r_2=r_3+r_{2'}$; sau ½($d_1+d_2=d_3+d_{2'}$); sau ½($m_1z_1+m_1z_2=m_2z_3+m_2z_{2'}$); dacă utilizăm acelaşi modul la ambele angrenaje ($m_1=m_2=m$) se obţine forma particulară a condiţiei de coaxialitate (4), exprimată în două moduri diferite.

$$\begin{cases} z_1 + z_2 = z_3 + z_{2'} \\ z_3 - z_1 = z_2 - z_{2'} \end{cases} \tag{4}$$

c) Condiţia de realizare a unui raport de transmitere intrare-ieşire impus, i_{H3}

Se scriu în sistemul (5) relaţiile deja cunoscute de la cinematica planetarelor.

$$\begin{cases} i_{H3} = i^1_{H3} = \dfrac{1}{i^1_{3H}} = \dfrac{1}{1 - i^H_{31}} = \dfrac{1}{1 - \dfrac{1}{i^H_{13}}} = \dfrac{1}{1 - \dfrac{1}{\dfrac{z_2}{z_1} \cdot \dfrac{z_3}{z_{2'}}}} = \dfrac{z_2 \cdot z_3}{z_2 \cdot z_3 - z_1 \cdot z_{2'}} \Rightarrow \\ \Rightarrow z_1 \cdot z_{2'} = z_2 \cdot z_3 \cdot \left(1 - \dfrac{1}{i_{H3}}\right) \Rightarrow z_1 \cdot z_{2'} = z_2 \cdot z_3 \cdot (1 - i_{3H}) \end{cases} \tag{5}$$

d) Condiţia de (bună) vecinătate (a grupurilor de sateliţi)

Pentru ca sateliţii cei mai mari aparţinând la două grupuri de sateliţi vecini să nu se atingă e necesară introducerea condiţiei suplimentare, de vecinătate. La mecanismul utilizat (fig. 1), mai mari sunt roţile satelite 2, comparativ cu 2', astfel încât condiţia de vecinătate se va verifica doar la roţile 2 (vezi figura 2).

În figura 2, sateliţii mai mari (roţile 2), a două grupuri vecine au fost apropiaţi forţat până la tangenţă. Mai mult nu se poate. Vor veni în tangenţă cele două cercuri exterioare ale roţilor 2. Cercurile de rulare (aici şi de divizare) ale roţilor 2 (micşorate exagerat în figură, tocmai pentru înţelegerea fenomenului) sunt tangente la cercul de rulare (divizare) al roţii centrale 1.

Distanţa OB reprezintă suma razelor de divizare $r_1 + r_2$ (distanţa dintre axe).

Unghiul π/k (jumătate din unghiul $2\pi/k$) este cunoscut (deoarece k se precizează înainte de sinteză).

Se poate calcula imediat cu funcţia trigonometrică sin, lungimea TB:

$TB=BT=(r_1+r_2).\sin(\pi/k)=m/2.(z_1+z_2).\sin(\pi/k)$

Raza exterioară a roţii 2 se scrie: $r_{a2}=m/2.(z_2+2)$

Condiţia de vecinătate rezultă din inegalitatea $BT>r_{a2}$, şi se exprimă cu relaţiile (6).

$$\begin{cases} \frac{m}{2}\cdot(z_1+z_2)\cdot\sin\frac{\pi}{k} > \frac{m}{2}\cdot(z_2+2) \\ (z_1+z_2)\cdot\sin\frac{\pi}{k} > (z_2+2) \\ z_1 > \frac{z_2\cdot\left(1-\sin\frac{\pi}{k}\right)+2}{\sin\frac{\pi}{k}} \end{cases} \qquad (6)$$

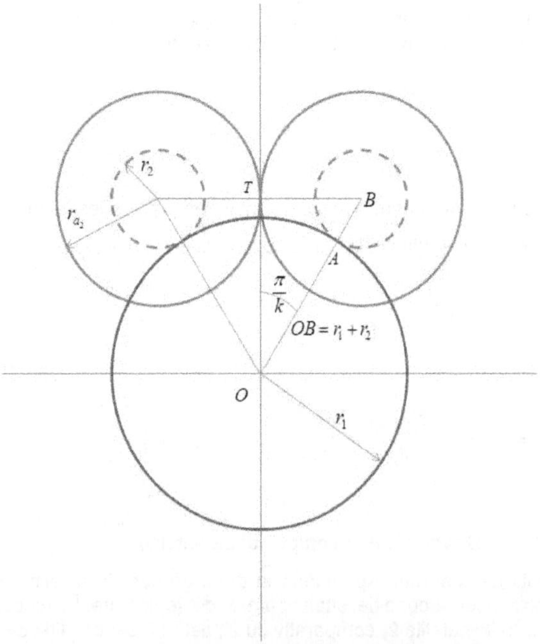

Fig. 2. *Condiţia de vecinătate*

Relaţiile de calcul reunite pentru toate cele patru condiţii se recapitulează în sistemul (7).

$$\begin{cases} z_3 - z_1 = z_2 - z_{2'} \\ z_1 \cdot z_{2'} = (1 - i_{3H}) \cdot z_2 \cdot z_3 \Rightarrow z_1 \cdot z_{2'} = C \cdot z_2 \cdot z_3; \;\; C = 1 - i_{3H} \\ \hline z_1 = k \cdot N_1; \;\; z_3 = k \cdot N_2; \;\; z_3 - z_1 = k \cdot N_3; \;\; z_3 + z_1 = k \cdot N_4 \\ \hline z_1 > \dfrac{z_2 \cdot \left(1 - \sin\dfrac{\pi}{k}\right) + 2}{\sin\dfrac{\pi}{k}} \end{cases} \tag{7}$$

Modul de lucru:

Se scriu relaţiile de calcul de iniţiere (8):

$$\begin{cases} z_2 = z_1 \cdot \dfrac{z_3 - z_1}{z_1 - C \cdot z_3} \\ z_{2'} = C \cdot z_3 \cdot \dfrac{z_3 - z_1}{z_1 - C \cdot z_3} \end{cases} \tag{8}$$

- Se dau: k şi i_{H3}. Se calculează imediat: i_{3H} şi C.

- Se aleg z_1 şi z_3 astfel încât ambele să fie mai mari sau cel mult egale cu z_{min} pentru a se respecta automat condiţia de evitare a interferenţei (z_{min}=18), dar şi cele patru condiţii de angrenare simultană.

- Se calculează cu (8) z_2 şi $z_{2'}$. Dacă ambele sunt exact numere întregi, se mai verifică şi condiţia de vecinătate şi dacă şi aceasta e OK se opreşte procesul.

Dacă z_2 şi/sau $z_{2'}$ nu sunt exact numere întregi, atunci ele se rotunjesc la valoarea naturală cea mai apropiată, obţinând $z_2^*, z_{2'}^*$, cu care se recalculează raportul de transmitere impus, i_{H3}^*, folosind relaţia (9).

$$i_{H3}^* = \frac{z_2^* \cdot z_3}{z_2^* \cdot z_3 - z_1 \cdot z_{2'}^*} \tag{9}$$

Dacă i_{H3}^* nu depăşeşte i_{H3} cu plus sau minus circa şase-şapte procente atunci calculele sunt OK şi sinteza se încheie; în caz contrar, se reia tot procesul de la capăt cu o altă pereche de dinţi z_1, z_3.

Datele culese la ieşire vor fi: $i_{H3}^*, \;\; z_1, \;\; z_3, \;\; z_2^*, \;\; z_{2'}^*$

A25 – Deducerea lungimii segmentului de angrenare AE, şi a mărimii gradului de acoperire la o angrenare exterioară.

În figura 1 este prezentată schematic deducerea gradului de acoperire ε, pe baza obţinerii (calculării) lungimii segmentului de angrenare AE.

Se trasează cele două cercuri de bază (C_{b1} şi C_{b2}) şi tangenta lor comună tt'. Ducem r_{b1} şi r_{b2}, razele celor două cercuri de bază, perpendiculare pe dreapta de angrenare t-t' în punctele k_1 respectiv k_2. Angrenarea poate avea loc cel mult între aceste două puncte. Se vor determina în continuare cu exactitate punctul A de intrare în angrenare, cât şi punctul E de ieşire din angrenare. Punctul A se obţine prin intersectarea cercului de cap (addendum) al roţii 2, C_{a2} cu dreapta tt'. Punctul E se obţine prin intersectarea cercului de cap al roţii 1, C_{a1} cu dreapta tt'. Angrenarea se va face exact între cele două puncte AE de intrare în angrenare şi de ieşire din angrenare (vezi figura 1).

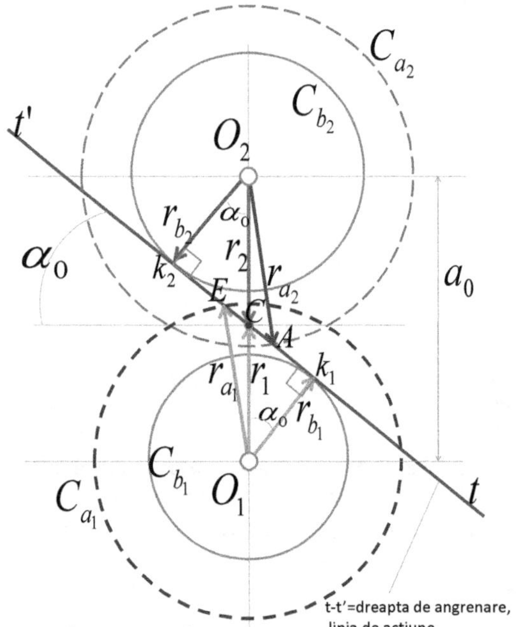

$A = C_{a_2} \cap tt'; \quad E = C_{a_1} \cap tt' \quad \Rightarrow$

$\Rightarrow AE = segmentul \ de \ angrenare$

Fig. 1. *Elementele geometrice ale unui angrenaj cilindric cu dinţi drepţi; dreapta de angrenare; deducerea segmentului de angrenare AE şi a gradului de acoperire* ε_{12}

Segmentul AE (lungimea lui în mm) în cadrul căruia se face angrenarea efectivă a perechilor de dinţi, se compară cu lungimea desfăşurată a pasului circular pe cercul de bază p_b, obţinută prin proiectarea pasului circular p de pe cercul de divizare pe cercul de bază, conform relaţiei (1).

$$p_b \equiv p_{b_0} = p \cdot \cos\alpha_0 = m \cdot \pi \cdot \cos\alpha_0 \qquad (1)$$

Pasul circular pe cercul de bază arată cât durează angrenarea unei perechi. De câte ori el se cuprinde în segmentul efectiv de angrenare AE, atâtea perechi de angrenare vor încăpea simultan în segmentul AE pe care se face angrenarea efectivă. Practic gradul de acoperire va fi raportul dintre AE şi p_b. El trebuie să fie supraunitar, pentru a avea mai multe perechi în angrenare simultană astfel încât să nu mai apară „timpi morţi", întreruperi ale angrenării, jocuri şi ciocniri la intrarea în angrenare datorate jocurilor, acestea producând şi vibraţii şi zgomote. Un grad de acoperire cât mai mare aduce şi un randament mecanic al angrenajului sporit.

Segmentul de angrenare AE se calculează direct cu relaţia (2).

$$AE = K_1E + K_2A - K_1K_2 \tag{2}$$

Expresia K_1E se obţine din triunghiul dreptunghic O_1K_1E, prin aplicarea teoremei lui Pitagora (relaţia 3).

$$K_1E = \sqrt{r_{a_1}^2 - r_{b_1}^2} \tag{3}$$

Similar se determină şi expresia K_2A prin aplicarea teoremei lui Pitagora (relaţia 4) în triunghiul dreptunghic O_2K_2A.

$$K_2A = \sqrt{r_{a_2}^2 - r_{b_2}^2} \tag{4}$$

K_1K_2 se exprimă trigonometric prin calcularea segmentelor K_1C şi K_2C şi prin însumarea lor (relaţia 5).

$$\begin{aligned} K_1K_2 &= K_1C + K_2C = r_1 \cdot \sin\alpha_0 + r_2 \cdot \sin\alpha_0 = \\ &= (r_1 + r_2) \cdot \sin\alpha_0 = a_0 \cdot \sin\alpha_0 \end{aligned} \tag{5}$$

Se înlocuiesc apoi cele trei segmente calculate cu relaţiile (3), (4), (5), în expresia (2) şi rezultă lungimea segmentului de angrenare AE (relaţia 6).

$$AE = \sqrt{r_{a_1}^2 - r_{b_1}^2} + \sqrt{r_{a_2}^2 - r_{b_2}^2} - a_0 \cdot \sin\alpha_0 \tag{6}$$

Gradul de acoperire ε se determină prin împărţirea lui AE la pasul p_b (relaţia 7).

$$\varepsilon \equiv \varepsilon_{12} = \frac{\sqrt{r_{a_1}^2 - r_{b_1}^2} + \sqrt{r_{a_2}^2 - r_{b_2}^2} - a_0 \cdot \sin\alpha_0}{m \cdot \pi \cdot \cos\alpha_0} \tag{7}$$

A26 – Determinarea analitică a momentului de inerție masic (mecanic) al unui arbore motor, în raport cu axa sa principală (longitudinală)

Arborele cotit (numit şi Vilbrochen, fig. 1), transformă mişcarea rectilinie a pistonului, prin intermediul bolţului piston şi pendularea bielei, în mişcarea de rotaţie. Alternativ, arborele cotit transmite mişcarea de rotaţie (la compresoare cu piston şi pompe cu piston) la bielă. Arborele cotit este prevăzut cu fusuri manetoane coaxiale, şi cu fusuri paliere prin intermediul cărora arborele se sprijină pe lagărele paliere în blocul motor sau carcasă. Legătura dintre fusuri paliere şi fusuri manetoane este făcută de braţele manetoane în prelungirea cărora se găsesc contragreutăţile (turnate sau aplicate) care folosesc la echilibrarea şi la rotirea lină, a arborelui cotit. Pentru ca arborele cotit să se învârtească cît mai uniform şi lin, deci pentru ca motorul să funcţioneze cît mai silenţios, se efectuează echilibrarea arborelui cotit. Partea arborelui cotit prin care se transmite mişcarea la utilizator (la motoarele cu ardere internă) se numeşte partea posterioară, şi este prevăzută cu posibilitatea de fixare a unui pinion (pentru distribuţie sau angrenaj pentru anexe) şi volantă, sau numai volantă, în funcţie de construcţia motorului. La celălalt capăt, numit partea frontală, la fel sunt prevăzute posibilităţi de fixare a unui pinion (pentru distribuţie sau angrenaj pentru anexe) şi amortizorul de torsiune, sau numai amortizorul în funcţie de construcţia motorului.

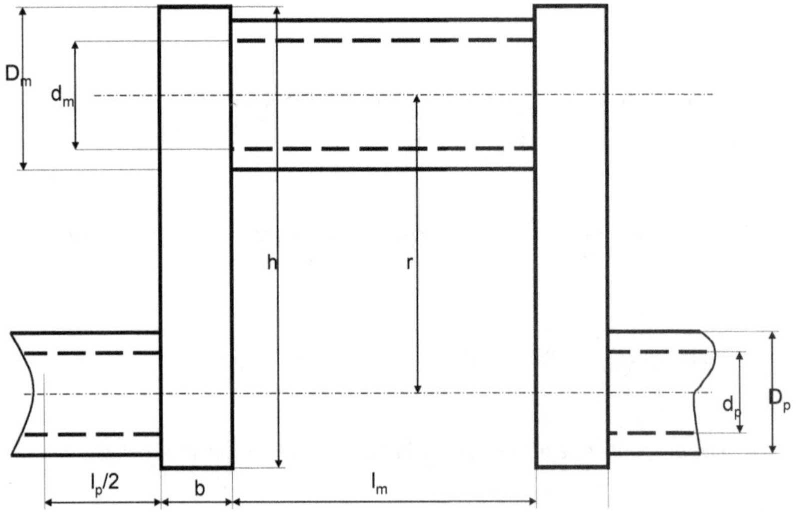

Fig. 1. *Parametrii cinematici ai unui arbore cotit (motor)*

În calculele de „dinamica motorului" este necesar a se cunoaşte fie momentul de inerţie mecanic al unui întreg arbore motor (J_a), fie doar momentul de inerţie masic al porţiunii din arborele cotit corespunzătoare unui singur piston (J_1), determinate în raport cu axa principală longitudinală a arborelui (axa fusurilor paliere, fig. 2).

Modul de lucru:

Se determină prin măsurare (direct pe **arborele motor**, denumit şi **arbore principal**, sau **arbore cotit**, sau tehnic **Vilbrochen**) lungimile: D_m, d_m, l_m, D_p, d_p, l_p, b, r (toate măsurate în [m]). Cu p sunt notate mărimile caracteristice fusului palier (fusurile de pe axa longitudinală sau principală a arborelui, prin care arborele se fixează pe blocul motor), iar cu m cele care caracterizează fusul maneton (fusurile dezaxate care prind bielele). Fusurile (paliere sau manetoane) se construiesc din bucşe de oţel pentru a avea rezistenţa necesară, dar şi masă mai scăzută. Cu r s-a notat raza manivelei (adică dezaxarea dintre un fus palier şi unul maneton). Grosimea unui braţ maneton se notează cu b. Observaţii: se efectuează şi măsurătorile şi calculele numai în sistemul internaţional; nu se ţine cont în calcule de contragreutăţile braţelor manetoane. ***În continuare se calculează J_1 şi J_a.***

Momentul de inerţie mecanic (masic), J_1, al unei porţiuni din arborele motor corespunzătoare unei biele (unui singur piston; vezi figura 1), se determină cu relaţia (1). Densitatea oţelului utilizat este de ρ =7800 [kg/m³].

$$J_1 = \frac{\pi \cdot \rho}{32} \cdot \{(l_p + 2 \cdot b) \cdot (D_p^4 - d_p^4) + (l_m + 2 \cdot b) \cdot [(D_m^4 - d_m^4) + (D_m^2 - d_m^2) \cdot 8 \cdot r^2]\} \qquad (1)$$

Fig. 2. *Schema cinematică a unui arbore motor*

Momentul de inerţie mecanic (masic), J_a al unui arbore motor întreg (vezi figura 2) se determină cu relaţia (2), unde p este numărul de fusuri paliere, iar m numărul de fusuri manetoane. În general la un motor cu patru cilindrii, p=5 iar m=4.

$$J_a = \frac{\pi \cdot \rho}{32} \cdot \{p \cdot (l_p + 2 \cdot b) \cdot (D_p^4 - d_p^4) + m \cdot (l_m + 2 \cdot b) \cdot [(D_m^4 - d_m^4) + (D_m^2 - d_m^2) \cdot 8 \cdot r^2]\} \qquad (2)$$

CAP. XIII
TRANSMISII MECANICE CU AXE MOBILE (TRENURI PLANETARE)

Sistemele planetare, transmisiile cu axe mobile, sau trenurile planetare, sunt mai compacte decât cele cu axe fixe, mai uşoare, mai diverse şi cu posibilităţi mai mari de automatizare a transmisiilor realizate (vezi figura 1).

Fig. 1. *Schema cinematică a unui sistem planetar*

Un scurt istoric

Angrenajele planetare cu roţi dinţate satelit au fost utilizate încă din perioada anilor 100-80 î.Ch. la un astrolab din Grecia antică. Acest mecanism ingenios (Antikythera 1; figura 2) afişa mişcarea soarelui şi a lunii, cu ajutorul a zeci de roţi dinţate de diferite dimensiuni, a căror mişcare venea de la un singur element cinematic de intrare.

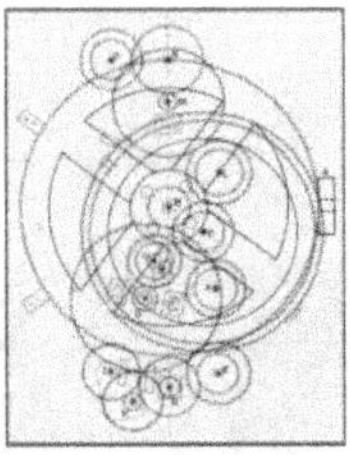

Fig. 2. *Antikythera 1; mecanismul unui astrolaborator de peste 2100 ani vechime*

În figura 3 este prezentat unul dintre cele mai vechi mecanisme planetare (în stare funcţională). Mecanisme planetare vechi mai întâlnim la ceasornicele şi orologiile destinate turnurilor vechilor clădiri, la pendulele de perete păstrate prin bătrânele castele sau muzee, ori la vestitele ceasuri de buzunar elveţiene rămase de la bunicii noştrii.

Fig. 3. *Mecanism planetar vechi*

Mecanismele planetare au fost utilizate industrial la cutiile de viteze automate destinate iniţial industriei aerospaţiale, apoi celei aeronautice, şi abia în al treilea rând celei producătoare de autovehicule rutiere. Primele schimbătoare automate erau greoaie şi voluminoase, acţionările, comenzile şi automatizările făcându-se la început doar hidraulic şi mecanic. Era electronică, şi informatică, a adus cipurile, softul şi automatizările cibernetice şi în sprijinul cutiilor de viteze automate (figura 4).

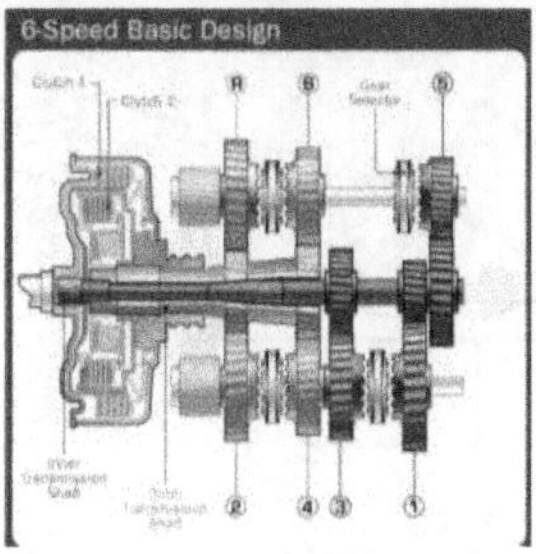

Fig. 4. *Mecanismul unei cutii de viteze automate cu şase trepte*

Dezvoltarea lor rapidă şi diversificarea modelelor a reprezentat apoi un lucru firesc.

Totuşi partea mecanică, cea care se referă la schema constructivă, la numărul de planetare utilizate, la modul lor de legare, etc, nu a evoluat corespunzător, modelele fiind tot cele greoaie, cu răspunsuri tardive, cu inerţii mari, şi timpi de reacţie mult prea mari, astfel încât căutările au căpătat o altă turnură mergându-se pe linia greşită a încercării unor combinaţii multiple, hibrizi, amestecuri, de schimbătoare de viteze automate sau semiautomate, CVTuri, etc. Este evident că „negăsindu-se soluţia raţională" s-au încercat diverse „alternative exotice", iar baza a rămas până la urmă „schimbătorul de viteze manual".

Un alt domeniu în care mecanismele planetare s-au răspândit foarte mult este cel al roboticii şi mecatronicii, unde sistemele planetare au cunoscut o dezvoltare şi o diversificare fără precedent.

Totuşi în ultimii 20-30 ani, sistemele mecanice mobile (mecatronice) au intrat pe o nouă direcţie, cea a sistemelor seriale n-R acţionate prin actuatori moderni electrici, sau cea a sistemelor paralele, ambele nemaiavând o nevoie stringentă de sisteme planetare. Cum nici în domeniul automobilelor cutiile de viteze automate nu şi-au găsit încă soluţia, iar ceasurile electronice au luat locul celor mecanice, sistemele planetare s-au mai dezvoltat doar la transmisiile automate de la aeronave, şi la mecanismele de diferenţiere a mişcării, montate pe aproape toate vehiculele terestre (autovehicule, trenuri, metrouri, etc), unde diferenţialul a rămas aproape neschimbat de la apariţia sa şi până în prezent (vezi fig. 5).

Fig. 5. *Mecanism diferenţial de la un automobil Dacia-Renault*

Geometria angrenajului conic

Pentru a putea înţelege cum lucrează un mecanism diferenţial trebuiesc expuse pe scurt şi câteva elemente referitoare la geometria angrenajelor conice. În figura 6 sunt prezentate elementele geometrice principale ale unui angrenaj conic, calculate cu relaţiile sistemului (1).

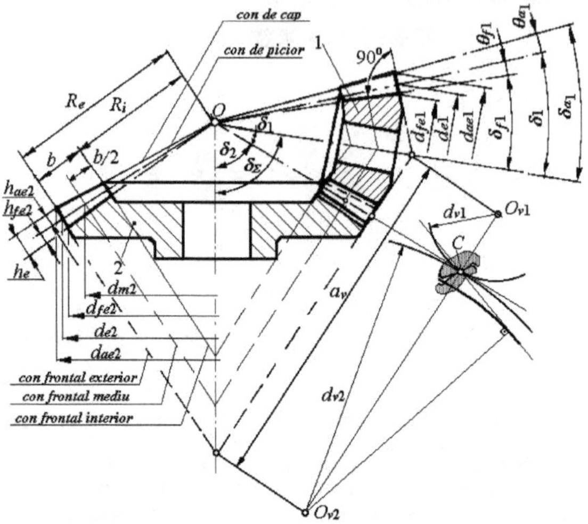

Fig. 6. *Elementele geometrice principale ale unui angrenaj conic*

$$\begin{cases} m_{te} = \dfrac{p_e}{\pi}; \; m_{ti} = \dfrac{p_i}{\pi}; \; m_{te} = m_t; la \; d \text{int} i \; drepti \; m_t \Rightarrow m; \\ d_1 = m_t \cdot z_1; \; d_2 = m_t \cdot z_2; \; d_0 = m_t \cdot z_0 = \dfrac{d_1}{\sin\delta_1} = \dfrac{d_2}{\sin\delta_2}; \\ pentru \; \Sigma = 90^0 \Rightarrow d_p = 2R = \sqrt{d_1^2 + d_2^2} \; si \; z_0 = \sqrt{z_1^2 + z_2^2}; \\ i_{12} = \dfrac{\sin\delta_2}{\sin\delta_1} = \dfrac{\sin(\Sigma - \delta_1)}{\sin\delta_1}; \\ h_{a_1} = m_t \cdot (h_a^* + x_r); \; h_{f_1} = m_t \cdot (h_a^* + c^* - x_r); \\ h_{a_2} = m_t \cdot (h_a^* - x_r); \; h_{f_2} = m_t \cdot (h_a^* + c^* + x_r); \; tg\alpha_t = \dfrac{tg\alpha_n}{\cos\beta_e} \\ \delta_{a_1} = \delta_1 + \theta_{a_1}; \; \delta_{a_2} = \delta_2 + \theta_{a_2}; \; \delta_{f_1} = \delta_1 - \theta_{f_1}; \; \delta_{f_2} = \delta_2 - \theta_{f_2}; \\ tg\theta_{a_1} = \dfrac{h_{a_1}}{R}; \; tg\theta_{a_2} = \dfrac{h_{a_2}}{R}; \; tg\theta_{f_1} = \dfrac{h_{f_1}}{R}; \; tg\theta_{f_2} = \dfrac{h_{f_2}}{R}; \\ d_{a_1} = d_1 + 2 \cdot h_{a_1} \cdot \cos\delta_1; \; d_{a_2} = d_2 + 2 \cdot h_{a_2} \cdot \cos\delta_2; \\ r_{v_1} = \begin{cases} = \dfrac{d_1}{2 \cdot \cos\delta_1} = \dfrac{m \cdot z_1}{2 \cdot \cos\delta_1} \\ = \dfrac{m \cdot z_{v_1}}{2} \end{cases} \Rightarrow z_{v_1} = \dfrac{z_1}{\cos\delta_1} \; si \; z_{v_2} = \dfrac{z_2}{\cos\delta_2} \\ pt. \; \Sigma = 90^0 \Rightarrow i_{v_{12}} = \dfrac{z_{v_2}}{z_{v_1}} = \dfrac{z_2}{z_1} \cdot \dfrac{\sin\delta_2}{\sin\delta_1} = i_{12} \cdot i_{12} = i_{12}^2 \end{cases} \quad (1)$$

Se disting: conurile de cap; conurile de divizare; conurile de picior; conurile frontale: - exterior; - mediu; - interior;

- unghiurile caracteristice: - δ_{Σ} - unghiul dintre axe;

- $\delta_{1,2}$ - semiunghiul conului de divizare-rostogolire; - $\delta_{a1,2}$ - semiunghiul conului de cap;

- $\delta_{f1,2}$ - semiunghiul conului de picior; - $\theta_{f1,2}$ - unghiul piciorului dintelui;

- $\theta_{a1,2}$ - unghiul capului dintelui

Cazul cel mai uzual este cel în care $\delta_1 + \delta_2 = \sum = 90^0$. Pentru dinţi drepţi se ia $\beta=0$ şi $m_t=m$. Liniile de referinţă corespunzătoare înfăşurate pe cilindrii respectivi formează un con de referinţă. Dacă $x_r=0$ conul de referinţă degenerează la un plan de referinţă, suprapunându-se peste planul de divizare.

Verificările evitării interferenţei, calculul gradului de acoperire, şi alte calcule suplimentare se pot face cu uşurinţă pe angrenajul cilindric echivalent Ov1-Ov2.

Fig. 7. *Mecanism diferenţial*

Un mecanism diferenţial (vezi figura 7) este compus dintr-un pinion „de atac" care acţionează coroana diferenţială (transmiţând mişcarea la 90 grade şi efectuând şi o reducţie), care este sudată de platoul portsatelit, ce poartă sateliţii care transmit mişcarea pinioanelor (axelor) planetare, axe ce acţionează roţile vehiculului. La mersul în linie dreaptă cele două axe (roţi) planetare (stânga şi dreapta) se rotesc cu viteze egale şi având fiecare valoarea vitezei unghiulare a coroanei portsatelit. Suma vitezei planetarei din stânga plus cea a planetarei din dreapta este în permanenţă egală cu dublul vitezei coroanei (port satelit). Dacă viteza uneia din roţile planetare scade, automat viteza celeilalte planetare creşte pentru a putea compensa şi conserva suma vitezelor lor conform relaţiilor (2).

$$\omega_{ps} + \omega_{pd} = 2 \cdot \omega_c \qquad (2)$$

Dacă viteza unei roţi planetare scade până la zero viteza celeilalte roţi planetare se dublează atingând dublul vitezei unghiulare a coroanei port-satelit. Dacă o roată planetară ajunge chiar să se rotească în sens invers decât coroana, atunci viteza unghiulară a celeilalte roţi planetare creşte şi mai mult depăşind dublul vitezei coroanei.

Când coroana se opreşte (capătă viteza 0) este încă posibilă mişcarea relativă a roţilor planetare, în aşa fel încât viteza uneia este egală cu viteza celeilalte dar având sensul opus.

Mecanismul diferenţial a apărut cu scopul de a diferenţia viteza roţilor stânga şi dreapta ale unui vehicul terestru în curbe, unde o roată (cea din exteriorul virajului) trebuie să parcurgă o distanţă mai mare decât cealaltă roată (situată în interiorul virajului), pentru a nu mai forţa transmisia în curbe, suprasolicitând-o, şi conducând-o la uzuri foarte mari, premature, şi chiar la ruperi ale mecanismului transmisiei, aşa cum se întâmpla în lipsa lui.

În anumite situaţii (când aderenţa roată-sol este foarte mică spre exemplu) este necesar să blocăm mecanismul diferenţial, fapt pentru care la multe vehicule a apărut dispozitivul care să blocheze diferenţialul, atunci când este nevoie.

CAP. XIV ECHILIBRĂRI STATICE ŞI DINAMICE

1. ECHILIBRAREA UNUI MOTOR ÎN LINIE CU UN DECALAJ AL MANIVELEI DE 180 [DEG]

Motoarele termice cu ardere internă în linie (fie că lucrează în patru timpi, ori în doi timpi, motoare de tip Otto, Diesel, sau Lenoir) sunt în general cele mai utilizate.

Problema echilibrării lor este una extrem de importantă pentru buna lor funcţionare.

Există două tipuri de echilibrări posibile: statice şi dinamice.

Echilibrarea statică (totală) face ca suma forţelor inerţiale dintr-un mecanism să fie zero. Există însă şi echilibrări statice parţiale.

Echilibrarea dinamică înseamnă anularea tuturor momentelor (sarcinilor) inerţiale din mecanism.

Un tip constructiv de motoare în linie este cel cu decalajul dintre manivele de 180 grade sexazecimale.

La acest tip de motoare (indiferent de poziţionarea lor, care este cel mai adesea verticală) pentru doi cilindri motori avem o dezechilibrare statică parţială (altfel spus există o echilibrare statică parţială) şi o dezechilibrare dinamică.

În figura 1 este prezentată schema cinematică a unui astfel de mecanism de la un motor în linie cu doi cilindri, cu decalajul manivelei de 180 [deg].

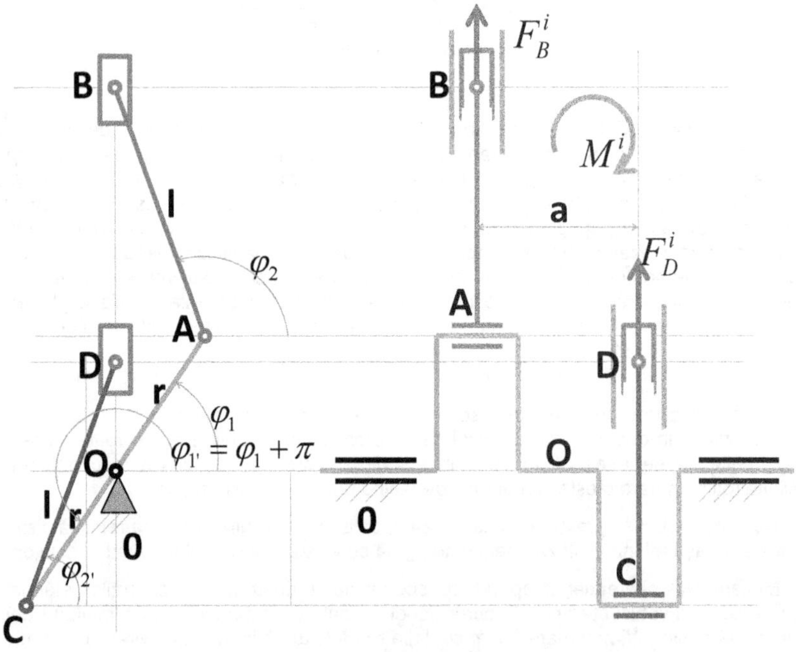

Fig. 1. *Schema cinematică a unui motor în linie cu doi cilindri verticali, cu decalajul manivelei de 180 [deg]*

Putem scrie relaţiile (1).

$$\begin{cases} s_B = r \cdot \sin\varphi_1 + l \cdot \sin\varphi_2; \; \ddot{s}_B = -r \cdot \sin\varphi_1 \cdot \omega_1^2 - l \cdot \sin\varphi_2 \cdot \omega_2^2 \\ F = F_B^i = -m_p \cdot \ddot{s}_B = m_p \cdot r \cdot \sin\varphi_1 \cdot \omega_1^2 + m_p \cdot l \cdot \sin\varphi_2 \cdot \omega_2^2 \\ \\ \sin(\varphi_1 + \pi) = -\sin\varphi_1; \; \sin\varphi_{2'} = \sin\varphi_2 \\ s_D = r \cdot \sin(\varphi_1 + \pi) + l \cdot \sin\varphi_{2'} \\ \ddot{s}_D = -r \cdot \sin(\varphi_1 + \pi) \cdot \omega_1^2 - l \cdot \sin\varphi_{2'} \cdot \omega_2^2 = \\ = r \cdot \sin\varphi_1 \cdot \omega_1^2 - l \cdot \sin\varphi_2 \cdot \omega_2^2 \\ F_D^i = -m_p \cdot \ddot{s}_D = -m_p \cdot r \cdot \sin\varphi_1 \cdot \omega_1^2 + m_p \cdot l \cdot \sin\varphi_2 \cdot \omega_2^2 \\ M^i = a \cdot m_p \cdot r \cdot \sin\varphi_1 \cdot \omega_1^2 \end{cases} \quad (1)$$

Părţile din relaţiile forţelor F_B^i si F_D^i care sunt egale în modul dar au semne contrare se anulează reciproc producând o echilibrare statică (parţială) a motorului. Celelalte două părţi din expresiile forţelor care au acelaşi semn, deşi sunt egale nu se anulează reciproc ci dimpotrivă se adună, producând o dezechilibrare statică (parţială) a motorului.

Pe de altă parte părţile egale pozitive din cele două forţe nu dau moment deci produc o echilibrare dinamică (parţială) a motorului. În schimb tocmai părţile din cele două forţe care sunt egale în modul dar au semne contrare, deşi se anulează ca forţe (static), dau un moment (o sarcină) negativă care dezechilibrează (parţial) dinamic motorul.

Soluţia adoptată pentru echilibrarea totală dinamică a unui astfel de motor este cea a dublării motorului în oglindă, astfel încât să se obţină un motor în linie decalat la manivele cu 180 [deg] în patru cilindri.

2. ECHILIBRAREA UNUI MOTOR ÎN LINIE CU UN DECALAJ AL MANIVELEI DE 120 [DEG]

Un alt tip constructiv de motoare în linie este cel cu decalajul dintre manivele de 120 grade sexazecimale.

La acest tip de motoare (indiferent de poziţionarea lor, care este cel mai adesea verticală) pentru trei cilindri motori avem o dezechilibrare statică parţială (altfel spus există o echilibrare statică parţială) şi o dezechilibrare dinamică.

În figura 1 este prezentată schema cinematică a unui astfel de mecanism de la un motor în linie cu trei cilindri, cu decalajul manivelei de 120 [deg].

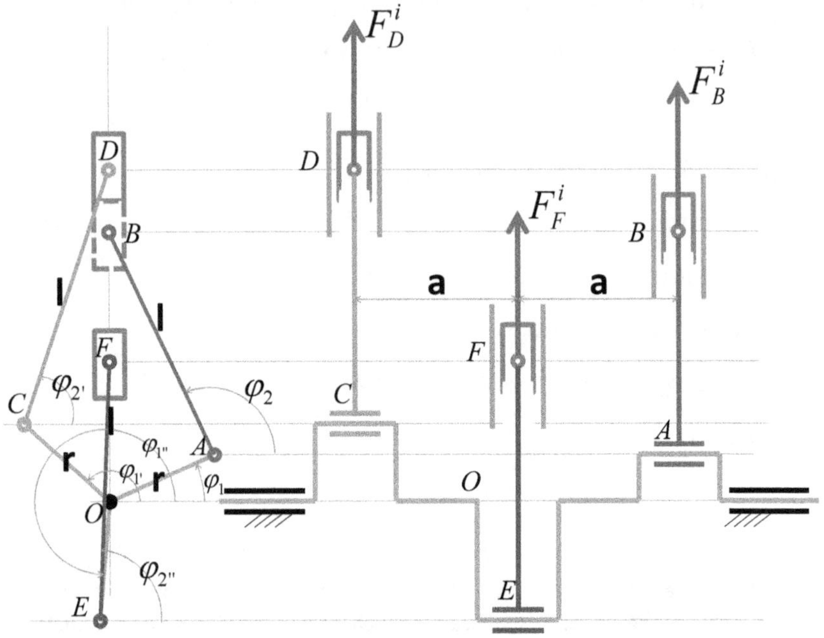

Fig. 1. *Schema cinematică a unui motor în linie cu trei cilindri verticali, cu decalajul manivelei de 120 [deg]*

Putem scrie relaţiile (1).

Prima componentă a forţei F_B^i se anulează cu prima componentă a celorlalte două forţe F_D^i şi F_F^i, deci se produce o echilibrare statică (parţială), dar aceste prime componente dau un moment dinamic, deci avem deja o dezechilibrare dinamică.

A doua componentă a forţei F_D^i este egală şi de semn contrar celei de-a doua componente a forţei F_F^i, ele anulându-se reciproc, şi generând astfel tot o echilibrare statică (parţială) suplimentară, dar producând şi un moment dinamic suplimentar, care produce o dezechilibrare dinamică suplimentară.

A doua componentă a forţei F_B^i se adună cu cea de-a treia componentă a celorlalte două forţe F_D^i şi F_F^i.

Ele produc o dezechilibrare statică, şi dau şi un moment dinamic producând totodată şi o dezechilibrare dinamică.

$$
\begin{cases}
s_B = r\cdot\sin\varphi_1 + l\cdot\sin\varphi_2;\quad \ddot{s}_B = -r\cdot\sin\varphi_1\cdot\omega_1^2 - l\cdot\sin\varphi_2\cdot\omega_2^2 \\
F = F_B^i = -m_p\cdot\ddot{s}_B = m_p\cdot r\cdot\sin\varphi_1\cdot\omega_1^2 + m_p\cdot l\cdot\sin\varphi_2\cdot\omega_2^2 \\
\\
s_D = r\cdot\sin\left(\varphi_1+\dfrac{2\pi}{3}\right) + l\cdot\sin\varphi_{2'} \\
\ddot{s}_D = -r\cdot\sin\left(\varphi_1+\dfrac{2\pi}{3}\right)\cdot\omega_1^2 - l\cdot\sin\varphi_{2'}\cdot\omega_2^2 = \\
= 0.5\cdot r\cdot\sin\varphi_1\cdot\omega_1^2 - 0.866\cdot r\cdot\cos\varphi_1\cdot\omega_1^2 - l\cdot\sin\varphi_{2'}\cdot\omega_2^2 \\
F_D^i = -m_p\cdot\ddot{s}_D = -0.5\cdot m_p\cdot r\cdot\sin\varphi_1\cdot\omega_1^2 + \\
+0.866\cdot m_p\cdot r\cdot\cos\varphi_1\cdot\omega_1^2 + m_p\cdot l\cdot\sin\varphi_{2'}\cdot\omega_2^2 \\
\\
s_F = r\cdot\sin\left(\varphi_1-\dfrac{2\pi}{3}\right) + l\cdot\sin\varphi_{2''} \\
\ddot{s}_F = -r\cdot\sin\left(\varphi_1-\dfrac{2\pi}{3}\right)\cdot\omega_1^2 - l\cdot\sin\varphi_{2''}\cdot\omega_2^2 = \\
= 0.5\cdot r\cdot\sin\varphi_1\cdot\omega_1^2 + 0.866\cdot r\cdot\cos\varphi_1\cdot\omega_1^2 - l\cdot\sin\varphi_{2''}\cdot\omega_2^2 \\
F_F^i = -m_p\cdot\ddot{s}_F = -0.5\cdot m_p\cdot r\cdot\sin\varphi_1\cdot\omega_1^2 - \\
-0.866\cdot m_p\cdot r\cdot\cos\varphi_1\cdot\omega_1^2 + m_p\cdot l\cdot\sin\varphi_{2''}\cdot\omega_2^2
\end{cases}
\tag{1}
$$

Adoptând soluţia unui motor dublat simetric, în oglindă, (un motor cu şase cilindri în linie cu manivele decalate la 120 [deg]) reuşim o echilibrare dinamică totală (o anulare a tuturor momentelor date de forţele de inerţie), şi o echilibrare statică (parţială) a două treimi din forţele inerţiale totale, echilibrare care oricum este superioară celei de la motoarele în linie cu un decalaj (defazaj) al manivelelor de 180 [deg].

Observaţii:

Construind în mod similar motoare în linie, cu mai mulţi cilindri, având decalajele la manivelă tot mai mici, se obţin prin dublarea numărului de cilindri în oglindă, motoare liniare echilibrate dinamic total, şi static parţial din ce în ce mai bine.

Astfel la un motor liniar cu cinci cilindri cu decalajul dintre manivele de 720/5=72 [deg], se obţine o echilibrare statică parţială superioară, iar prin dublarea motorului simetric, în oglindă, construind un motor liniar cu zece cilindri, se obţine o echilibrare statică parţială superioară, şi una dinamică totală.

Şi tot aşa, dar deja cerinţele constructive şi tehnologice devin apoi tot mai dificile.

La motoarele în V nu se poate realiza nici o echilibrare statică totală, dar nici măcar una dinamică totală.

Pentru o ameliorare a dinamicii acestor motoare de randamente superioare, vezi cinematica dinamică şi condiţiile de alegere a unghiului alpha constructiv, de la paragraful (2.5.).

Soluţia cea mai completă de echilibrare a unui motor termic cu ardere internă este cea cu cilindri în linie opuşi (boxeri). Pentru doi cilindri opuşi se obţine o echilibrare statică totală (a forţelor de inerţie), iar prin dublarea constructivă, simetric, în oglindă, a numărului de cilindri, pentru un motor boxer cu patru cilindri, opuşi doi câte doi, se obţine şi echilibrarea dinamică totală (a momentelor date de forţele inerţiale) împreună cu echilibrarea statică totală.

3. ECHILIBRAREA UNUI MOTOR ÎN LINIE CU CILINDRI OPUŞI (BOXERI)

Un alt tip constructiv de motoare în linie este cel cu cilindri opuşi, denumiţi cilindri „boxeri".

La acest tip de motoare (indiferent de poziţionarea lor, care este cel mai adesea verticală) pentru doi cilindri motori avem o echilibrare statică totală şi o dezechilibrare dinamică.

În figura 1 este prezentată schema cinematică a unui astfel de mecanism de la un motor în linie cu doi cilindri opuşi (boxeri).

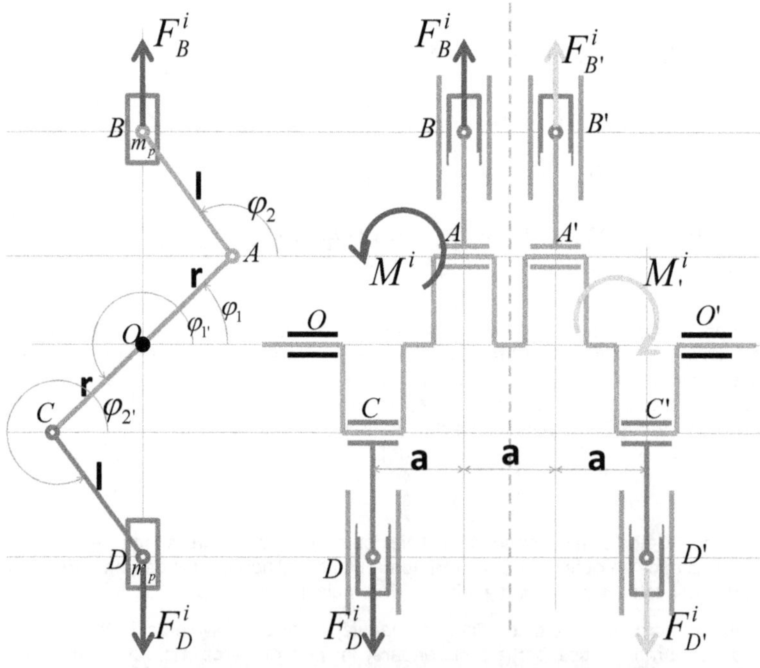

Fig. 1. *Schema cinematică a unui motor în linie cu doi cilindri opuşi (boxeri), dublat apoi în oglindă se obţine un motor termic cu ardere internă cu patru cilindri opuşi doi câte doi*

Relaţiile de calcul sunt prezentate în sistemul (1).

$$\left\{\begin{array}{l}
s_B = r\cdot\sin\varphi_1 + l\cdot\sin\varphi_2;\ \ \ddot{s}_B = -r\cdot\sin\varphi_1\cdot\omega_1^2 - l\cdot\sin\varphi_2\cdot\omega_2^2 \\
F = F_B^i = -m_p\cdot\ddot{s}_B = m_p\cdot r\cdot\sin\varphi_1\cdot\omega_1^2 + m_p\cdot l\cdot\sin\varphi_2\cdot\omega_2^2 \\
\\
\sin(\varphi_1+\pi) = -\sin\varphi_1;\ \ \sin(\varphi_2+\pi) = -\sin\varphi_2 \\
s_D = r\cdot\sin(\varphi_1+\pi) + l\cdot\sin(\varphi_2+\pi) \\
\ddot{s}_D = -r\cdot\sin(\varphi_1+\pi)\cdot\omega_1^2 - l\cdot\sin(\varphi_2+\pi)\cdot\omega_2^2 = \\
= r\cdot\sin\varphi_1\cdot\omega_1^2 + l\cdot\sin\varphi_2\cdot\omega_2^2 = -\ddot{s}_B \\
F_D^i = -m_p\cdot\ddot{s}_D = m_p\cdot\ddot{s}_B = -F_B^i = -F = \\
= -m_p\cdot r\cdot\sin\varphi_1\cdot\omega_1^2 - m_p\cdot l\cdot\sin\varphi_2\cdot\omega_2^2 \\
\\
F_D^i + F_B^i = 0\ \ dar\ \ M^i \neq 0\ \ M^i = a\cdot F_B^i = -a\cdot m_p\cdot\ddot{s}_B \Rightarrow \\
\Rightarrow M^i = a\cdot m_p\cdot r\cdot\sin\varphi_1\cdot\omega_1^2 + a\cdot m_p\cdot l\cdot\sin\varphi_2\cdot\omega_2^2 \\
\\
La\ motorul\ dublat\ in\ oglinda\ avem: \\
\sum F^i = 0 \\
\sum M^i = 0
\end{array}\right. \tag{1}$$

Acest tip de motor cu doi cilindri boxeri este echilibrat static total (face ca suma forţelor de inerţie să se anuleze).

El este dezechilibrat doar dinamic (are un moment inerţial diferit de zero), dar poate fi echilibrat şi dinamic prin adăugarea a încă doi cilindri (prin simetrizarea în oglindă) boxeri (vezi figura 1).

Deşi pare să aibă un gabarit mai mare, totuşi la numai patru cilindri (opuşi doi câte doi) acest tip de motor termic cu ardere internă este echilibrat practic total atât static cât şi dinamic.

Primul inginer care a patentat un motor boxer a fost germanul Karl Benz, care a prezentat un astfel de brevet al unui motor boxer (vezi figura 2) în anul 1896.

În 1923 Max Friz proiectează şi construieşte un motor BMW boxer de 500 cc, care se mai produce şi utilizează şi astăzi, datorită puterii sale, a consumului său redus şi mai ales echilibrării statice şi dinamice totale.

Mai utilizează motoare boxer concernul german Volkswagen, evident concernul german BMW, cel francez Citroen, divizia Chevrolet a concernului american GM (divizie creată în america de elveţianul Louis Chevrolet în 30-mai-1911, împreună cu William Durant, deţinătorul companiei Buick din cadrul concernului General Motors), diviziile Lancia şi Ferrari din cadrul concernului italian FIAT, concernele nipone Honda şi Subaru, cât şi fostul concern german Porsche, actualmente el fiind o divizie majoră în cadrul megaconcernului german VW.

Fig. 2. *Schema cinematică a unui motor în linie cu doi cilindri opuşi (boxeri), patentat pentru prima oară în 1896, de inginerul german Karl Benz*

Un motor tot cu echilibrare totală statică şi dinamică similar oarecum boxerului, este motorul termic cu ardere internă cu cilindri opuşi (cu pistoane opuse; vezi figura 3).

Fig. 3. *Schema cinematică a unui motor cu doi cilindri opuşi*

4. ECHILIBRAREA MASELOR CONCENTRATE ÎN MIŞCARE DE ROTAŢIE

Un alt tip de echilibrare este cel al maselor concentrate aflate în mişcare de rotaţie.

Se consideră mai multe mase prinse de un arbore aflat în mişcare de rotaţie.

Masele se rotesc şi ele odată cu arborele. Pot fi mase punctiforme, sfere, corpuri, etc, oricum vom considera nişte sfere fiecare din ele având masa concentrată în centrul de greutate, conform figurii 1.

Masele sunt prinse de arborele aflat în mişcare de rotaţie prin diverşi suporţi, dar teoria va considera doar distanţele de la centrul fiecărei sfere până la axa arborelui. Punctele în care cad perpendicularele duse de la centrul fiecărei sfere la axa arborelui se notează cu 1, 2, 3, ...i, ... n.

Prin aceste picioare se duc paralele la axa absciselor, de la care se măsoară unghiurile pe care le fac distanţele respective în raport cu axele orizontale. Se măsoară şi distanţele acestor puncte măsurate pe axa de rotaţie faţă de originea O a sistemului cartezian xOyz (vezi figura 1).

$$\begin{cases} \sum_{j=1}^{n}\left(F_j^i \cdot b_j \cdot \sin\varphi_j\right) + F_{II}^i \cdot b \cdot \sin\varphi_{II} = 0 \\ \sum_{j=1}^{n}\left(F_j^i \cdot b_j \cdot \cos\varphi_j\right) + F_{II}^i \cdot b \cdot \cos\varphi_{II} = 0 \\ \sum_{j=1}^{n}\left[F_j^i \cdot \left(b - b_j\right) \cdot \sin\varphi_j\right] + F_I^i \cdot b \cdot \sin\varphi_I = 0 \\ \sum_{j=1}^{n}\left[F_j^i \cdot \left(b - b_j\right) \cdot \cos\varphi_j\right] + F_I^i \cdot b \cdot \cos\varphi_I = 0 \end{cases} \quad (1)$$

Se scriu sumele momentelor date de forţele de inerţie ale maselor concentrate în raport cu axele Ox, Oy, O'x', respectiv O'y' (sistemul 1).

Rezolvarea sistemului (1) se face cu formulele date de sistemul (2) (altfel spus soluţiile sistemului 1 sunt date de sistemul 2).

$$\begin{cases} F_I^i = \dfrac{1}{b}\cdot\sqrt{\left\{\sum\limits_{j=1}^{n}\left[F_j^i\left(b-b_j\right)\sin\varphi_j\right]\right\}^2+\left\{\sum\limits_{j=1}^{n}\left[F_j^i\left(b-b_j\right)\cos\varphi_j\right]\right\}^2} \\ F_{II}^i = \dfrac{1}{b}\cdot\sqrt{\left[\sum\limits_{j=1}^{n}\left(F_j^i\cdot b_j\cdot\sin\varphi_j\right)\right]^2+\left[\sum\limits_{j=1}^{n}\left(F_j^i\cdot b_j\cdot\cos\varphi_j\right)\right]^2} \\ \sin\varphi_I = -\dfrac{\sum\limits_{j=1}^{n}\left[F_j^i\cdot\left(b-b_j\right)\cdot\sin\varphi_j\right]}{F_I^i\cdot b};\quad \cos\varphi_I = -\dfrac{\sum\limits_{j=1}^{n}\left[F_j^i\cdot\left(b-b_j\right)\cdot\cos\varphi_j\right]}{F_I^i\cdot b} \\ \varphi_I = semn\left(\sin\varphi_I\right)\cdot\arccos\left(\cos\varphi_I\right) \\ \sin\varphi_{II} = -\dfrac{\sum\limits_{j=1}^{n}\left(F_j^i\cdot b_j\cdot\sin\varphi_j\right)}{F_{II}^i\cdot b};\quad \cos\varphi_{II} = -\dfrac{\sum\limits_{j=1}^{n}\left(F_j^i\cdot b_j\cdot\cos\varphi_j\right)}{F_{II}^i\cdot b} \\ \varphi_{II} = semn\left(\sin\varphi_{II}\right)\cdot\arccos\left(\cos\varphi_{II}\right) \end{cases} \qquad (2)$$

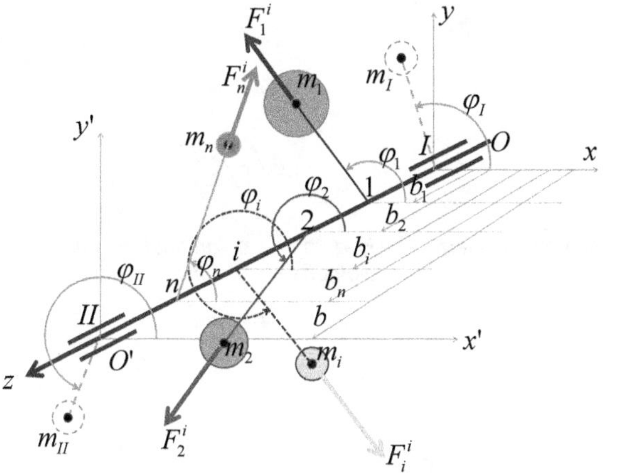

Fig. 1. *Mase rotative concentrate într-un punct*

Similar cu modelul maselor concentrate aflate în mişcare de rotaţie, se rezolvă şi echilibrarea arborilor aflaţi în mişcare de rotaţie.

Bibliografie

[1] **Antonescu P.**, *Mecanisme, calculul structural şi cinematic,* Editura IPB, Bucureşti, 1979.

[2] **Artobolevski, I.I.,** *Teoria mecanismelor şi a maşinilor,* Proceedings of 8th Editura Ştiinţa, Chişinău, 1992.

[3] **Pelecudi, Chr., ş.a.,** Mecanisme, Editura Didactică şi Pedagogică, Bucureşti, 1985.

CAP. XV

DETERMINAREA MOMENTELOR DE INERŢIE MASICE (MECANICE)

La începutul acestui capitol se vor prezenta formulele pentru calcularea momentelor de inerţie masice sau mecanice pentru diferite corpuri (diverse forme geometrice), faţă de anumite axe importante indicate (ca fiind axa de calcul).

Se notează cu M masa totală a corpului la care se determină momentul de inerţie mecanic (masic). Formulele de calcul vor fi afişate în cadrul figurii respective.

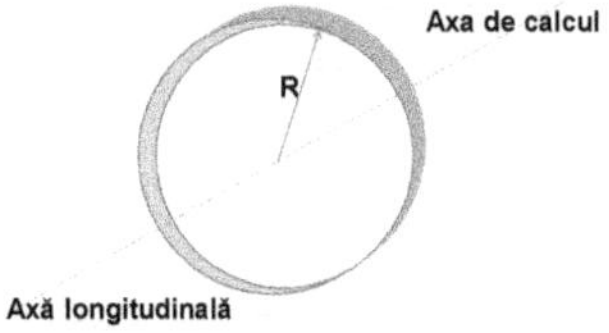

$$J = M \cdot R^2$$

Fig. 1. *Momentul de inerţie masic la un inel, determinat în jurul axei longitudinale a inelului*

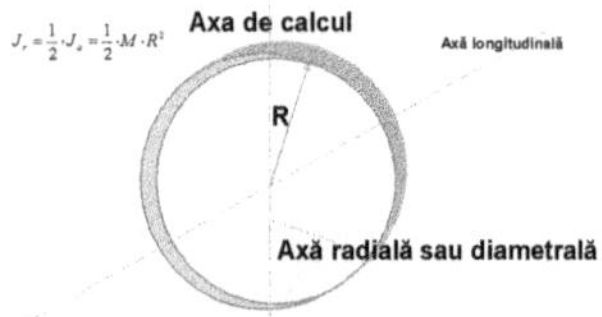

$$J = \frac{1}{2} \cdot M \cdot R^2$$

Fig. 2. *Momentul de inerţie masic la un inel, determinat în jurul unei axe radiale sau diametrale a inelului*

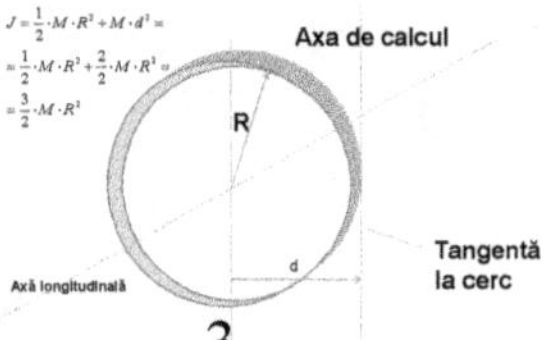

$$J = \frac{3}{2} \cdot M \cdot R^2$$

Fig. 3. *Momentul de inerţie masic la un inel, determinat în jurul unei axe tangente la cercul inelului*

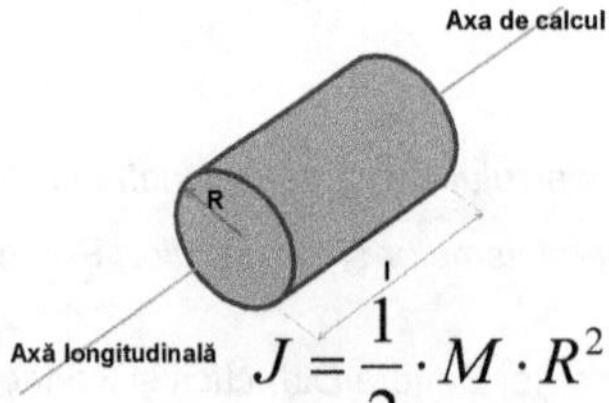

$$J = \frac{1}{2} \cdot M \cdot R^2$$

Fig. 4. *Momentul de inerţie masic la un cilindru sau la un disc, determinat în jurul axei longitudinale a cilindrului sau a discului*

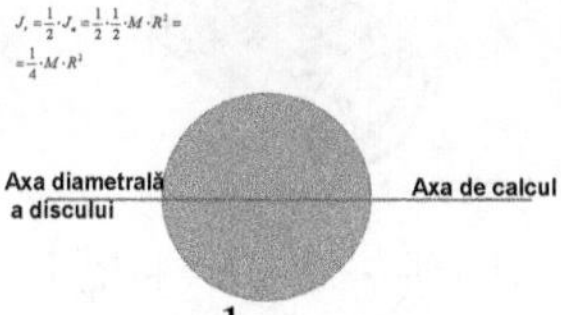

$$J = \frac{1}{4} \cdot M \cdot R^2$$

Fig. 5. *Momentul de inerţie masic la un disc, determinat în jurul axei diametrale sau radiale a discului*

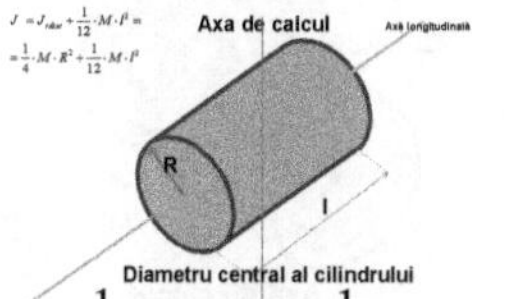

$$J = \frac{1}{4} \cdot M \cdot R^2 + \frac{1}{12} \cdot M \cdot l^2$$

Fig. 6. *Momentul de inerţie masic la un cilindru, determinat în jurul unei axe diametrale centrale (în jurul unui diametru central)*

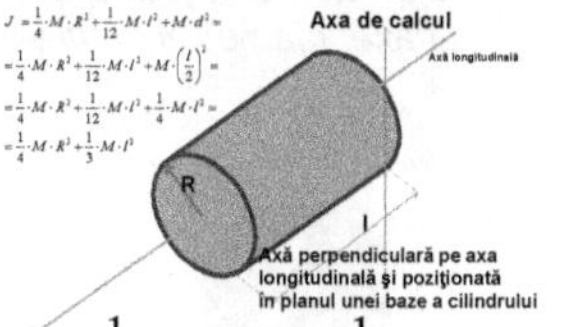

$$J = \frac{1}{4} \cdot M \cdot R^2 + \frac{1}{3} \cdot M \cdot l^2$$

Fig. 7. *Momentul de inerţie masic la un cilindru, determinat în jurul unei axe situate în planul de capăt al cilindrului (pe o bază a cilindrului), perpendicular pe axa longitudinală*

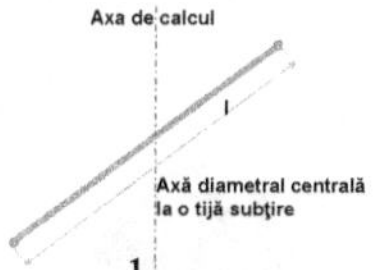

$$J = \frac{1}{12} \cdot M \cdot l^2$$

Fig. 8. *Momentul de inerţie masic la o tijă subţire, determinat în jurul unei axe ce trece printr-un diametru central al tijei*

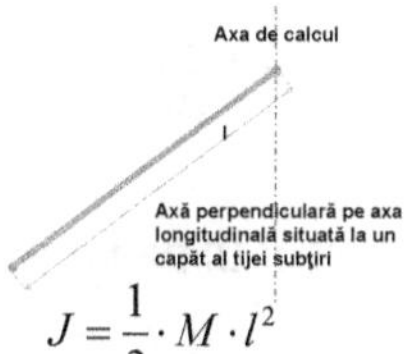

$$J = \frac{1}{3} \cdot M \cdot l^2$$

Fig. 9. *Momentul de inerţie masic la o tijă subţire, determinat în jurul unei axe situată în unul din capetele tijei perpendicular pe axa longitudinală a tijei*

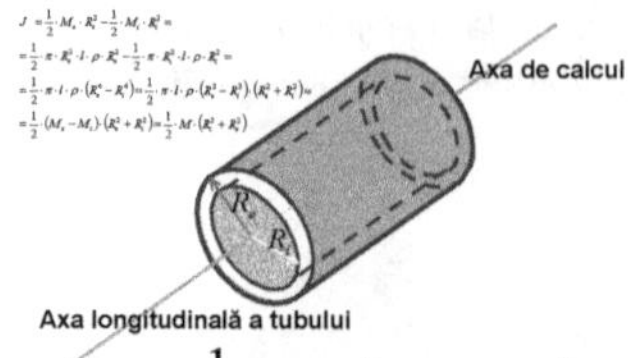

$$J = \frac{1}{2} \cdot M \cdot \left(R_i^2 + R_e^2\right)$$

Fig. 10. *Momentul de inerţie masic la un tub (sau ţeavă, sau coroană circulară), determinat în jurul axei longitudinale*

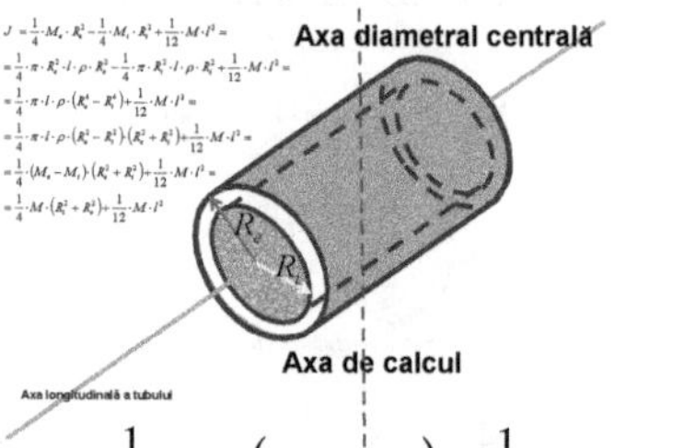

$$J = \frac{1}{4} \cdot M \cdot \left(R_i^2 + R_e^2\right) + \frac{1}{12} \cdot M \cdot l^2$$

Fig. 11. *Momentul de inerţie masic la un tub (sau ţeavă, sau coroană circulară), determinat în jurul axei diametral centrale*

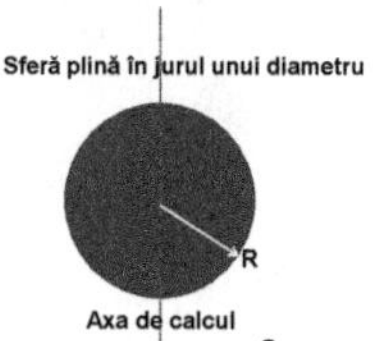

$$J = \frac{2}{5} \cdot M \cdot R^2$$

Fig. 12. *Momentul de inerţie masic la o sferă plină, determinat în jurul unui diametru*

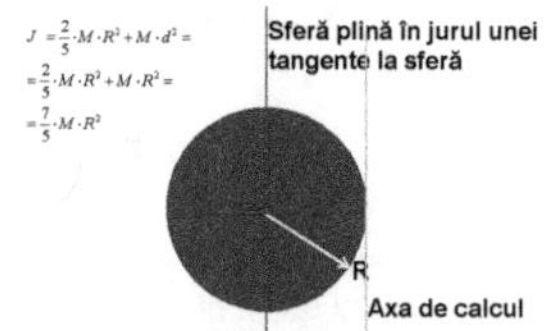

$$J = \frac{7}{5} \cdot M \cdot R^2$$

Fig. 13. *Momentul de inerţie masic la o sferă plină, determinat în jurul unei axe tangente la sferă*

1. DETERMINAREA MOMENTULUI DE INERŢIE MASIC AL VOLANTULUI (J_v)

Mersul uniform al unei maşini este caracterizat prin gradul de neuniformitate (neregularitate) δ, definit de relaţia (1):

$$\delta = \frac{\omega_{\max} - \omega_{\min}}{\omega_{med}} \tag{1}$$

Viteza unghiulară medie se exprimă prin relaţia (2).

$$\omega_{med} = \frac{\omega_{\max} + \omega_{\min}}{2} \tag{2}$$

Din relaţiile (1) şi (2) se pot explicita vitezele unghiulare maximă şi minimă (3).

$$\left\{ \omega_{\max} = \omega_{med} \cdot \left(1 + \frac{\delta}{2}\right); \quad \omega_{\min} = \omega_{med} \cdot \left(1 - \frac{\delta}{2}\right) \right. \tag{3}$$

Relaţiile sistemului (3) se ridică la pătrat şi se obţine sistemul relaţional (4).

$$\begin{cases} \omega_{\max}^2 = \omega_m^2 \cdot \left(1 + \frac{\delta}{2}\right)^2 = \omega_m^2 \cdot \left(1 + \frac{\delta^2}{4} + \delta\right) \\ \omega_{\min}^2 = \omega_m^2 \cdot \left(1 - \frac{\delta}{2}\right)^2 = \omega_m^2 \cdot \left(1 + \frac{\delta^2}{4} - \delta\right) \end{cases} \tag{4}$$

Momentul de inerţie masic (al întregului mecanism) redus la manivelă (redus la elementul conducător) J^*, se compune în mod obijnuit dintr-un moment inerţial masic constant J_0, şi unul variabil J, la care se mai poate adăuga eventual şi un moment inerţial masic suplimentar J_v, al unui volant, care are rolul de a micşora gradul de neuniformitate al mecanismului şi implicit al maşinii (vezi relaţia 5). Cu cât creşte J_v cu atât mai mult scade δ.

$$J^* = J_0 + J_v + J \tag{5}$$

Din conservarea energiei totale pentru întregul mecanism (în general fiind vorba numai de energia cinetică, atâta timp cât nu se iau în considerare şi deformaţiile elastice, considerându-se doar mecanica de bază a solidului rigid), se pot scrie relaţiile (6).

$$\begin{cases} \frac{1}{2} \cdot J_m^* \cdot \omega_m^2 = \frac{1}{2} \cdot J_{\max}^* \cdot \omega_{\min}^2 = \frac{1}{2} \cdot J_{\min}^* \cdot \omega_{\max}^2 = \frac{1}{2} \cdot J^* \cdot \omega^2 \\ J_m^* \cdot \omega_m^2 = J_{\max}^* \cdot \omega_{\min}^2 = J_{\min}^* \cdot \omega_{\max}^2 = J^* \cdot \omega^2 \end{cases} \tag{6}$$

Din (6) reţinem pentru moment doar relaţia (7), care se dezvoltă conform expresiei (5) sub forma (8).

$$J_{\max}^* \cdot \omega_{\min}^2 = J_{\min}^* \cdot \omega_{\max}^2 \tag{7}$$

$$(J_0 + J_v + J_{\max}) \cdot \omega_{\min}^2 = (J_0 + J_v + J_{\min}) \cdot \omega_{\max}^2 \tag{8}$$

unde $J_{\max}$ şi $J_{\min}$ reprezintă maximul respectiv minimul lui J din expresia (5).

Se explicitează J_v din (8) şi se obţine expresia (9).

$$J_v = \frac{J_0 \cdot (\omega_{\min}^2 - \omega_{\max}^2) + J_{\max} \cdot \omega_{\min}^2 - J_{\min} \cdot \omega_{\max}^2}{(\omega_{\max}^2 - \omega_{\min}^2)} \tag{9}$$

Utilizând expresiile (4) relaţia (9) capătă forma (10).

$$J_v = -J_0 + \frac{J_{max} \cdot \left(1 - \frac{\delta}{2}\right)^2 - J_{min} \cdot \left(1 + \frac{\delta}{2}\right)^2}{\left(1 + \frac{\delta}{2}\right)^2 - \left(1 - \frac{\delta}{2}\right)^2} \qquad (10)$$

Relaţia (10) se reduce la forma (11) prin prelucrarea numitorului, şi la forma (12) dacă prelucrăm şi numărătorul.

$$J_v = -J_0 + \frac{J_{max} \cdot \left(1 - \frac{\delta}{2}\right)^2 - J_{min} \cdot \left(1 + \frac{\delta}{2}\right)^2}{2 \cdot \delta} \qquad (11)$$

$$J_v = -J_0 - J_m + \frac{J_{max} - J_{min}}{2} \cdot \left(\frac{1}{\delta} + \frac{\delta}{4}\right) \qquad (12)$$

unde $J_m = \frac{J_{max} + J_{min}}{2}$, iar maximul şi minimul se găsesc prin anularea derivatei lui J (scos din 5) în raport cu variabila φ. Cunoscând δ maxim admis se calculează cu relaţia (12) momentul de inerţie masic minim necesar al volantului J_v.

2. DETERMINAREA VITEZELOR UNGHIULARE DINAMICE ALE MANIVELEI ÎN FUNCŢIE DE POZIŢIA MANIVELEI; ECUAȚIILE DE MIȘCARE ALE MAȘINII

Viteza unghiulară a manivelei (elementului conducător, sau de intrare), variabilă în funcţie de unghiul de poziţie φ, se găseşte pornind de la expresia (13) extrasă din relaţia (6).

$$J_m^* \cdot \omega_m^2 = J^* \cdot \omega^2 \qquad (13)$$

Din relaţia (13) se explicitează ω cu formulele (15), iar prin derivare rezultă și accelerația unghiulară ε, J_m^* determinându-se în prealabil din expresia (14), iar J^* din relaţia (5). Viteza unghiulară medie este dată de turaţia nominală a arborelui conducător (relaţia 15). Se consideră doar regimul de lucru stabil al maşinii (fără fazele tranzitorii). Dacă mecanismul nu are volant atunci în mod evident se va lua $J_v = 0$. Cu (15) se obține variația lui ω datorată maselor inerțiale; pentru a introduce și efectul forțelor asupra vitezelor se adaugă și coeficientul dinamic D; => sistemul (16).

$$J_m^* = J_0 + J_v + J_m = J_0 + J_v + \frac{J_{max} + J_{min}}{2} = \frac{J_{Max}^* + J_{min}^*}{2} \qquad (14)$$

$$\begin{cases} \omega^2 = \frac{J_m^*}{J^*} \cdot \omega_m^2; \quad \omega = \sqrt{\frac{J_m^*}{J^*}} \cdot \omega_m \\ \varepsilon = -\frac{\omega^2}{2} \cdot \frac{J^{*'}}{J^*} = -\frac{1}{2} \cdot \frac{J_m^* \cdot J^{*'}}{J^{*2}} \cdot \omega_m^2 \\ \omega_m \equiv \omega_{med} \equiv \omega_n = 2 \cdot \pi \cdot \nu = 2\pi \cdot \frac{n}{60} = \frac{\pi}{30} \cdot n \end{cases} \qquad (15)$$

Ecuațiile (15) generează vitezele unghiulare variabile datorate maselor inerțiale variabile ale unui mecanism. Variația are loc cu poziția φ a manivelei, dar și cu turația medie a arborelui principal. Accelerația unghiulară se obține direct prin derivarea lui ω cu timpul. Dacă dorim ca să ținem cont și de efectul forțelor din mecanism asupra vitezelor și accelerațiilor atunci în mod obligatoriu trebuie introdus și coeficientul dinamic D în expresia vitezei unghiulare, ω. În acest caz se schimbă și derivata lui ω cu timpul și deci și expresia lui ε (16).

$$\begin{cases} \omega^2 = \dfrac{J_m^*}{J^*} \cdot \omega_m^2 \cdot D^2; \quad \omega = \sqrt{\dfrac{J_m^*}{J^*}} \cdot \omega_m \cdot D \\ \varepsilon = -\dfrac{1}{2}\omega^2 \cdot \dfrac{J^{*'}}{J^*} + \dfrac{J_m^*}{J^*} \cdot \omega_m^2 \cdot D \cdot D' \\ \varepsilon = -\dfrac{1}{2}\dfrac{J_m^* \cdot J^{*'}}{J^{*2}} \cdot \omega_m^2 \cdot D^2 + \dfrac{J_m^*}{J^*} \cdot \omega_m^2 \cdot D \cdot D' \end{cases} \tag{16}$$

Din identificarea lui ε cu ecuația de mișcare a mașinii (Lagrange) se obține expresia momentului redus M* (17).

$$\begin{cases} \begin{cases} \varepsilon \cdot J^* + \dfrac{1}{2}\omega^2 \cdot J^{*'} = J_m^* \cdot \omega_m^2 \cdot D \cdot D' \\ \varepsilon \cdot J^* + \dfrac{1}{2}\omega^2 \cdot J^{*'} = M^* \end{cases} \Rightarrow \\ \Rightarrow M^* = J_m^* \cdot \omega_m^2 \cdot D \cdot D' \end{cases} \tag{17}$$

Bibliografie

[1] **Pelecudi, Chr., ş.a.,** Mecanisme, Editura Didactică şi Pedagogică, Bucureşti, 1985.

CAP. XVI

MECANISMUL TRANSMISIEI CARDANICE

Schema cinematică a unei transmisii cardanice poate fi urmărită în figura (1). Ea este compusă din două axe cardanice (unul de intrare şi altul de ieşire), ambele fiind dotate şi cu câte o cruce cardanică (articulaţie cardanică, sau cuplă universală). Între cele două cuple universale se mai montează un arbore (ax) cardanic (suplimentar). Acest mecanism are rolul de a transmite mişcarea mecanică (în cadrul unui vehicul) de la o punte la alta. Dacă motorizarea vehiculului este pe faţă şi transmisia pe puntea spate, sau invers când motorizarea vehiculului este pe spate iar transmisia se află pe puntea faţă, sau în situaţiile când avem transmisie multiplă (pe mai multe punţi) la vehiculele grele sau la automobilele 4x4.

Fig. 1. *Transmisie cardanică*

Mecanismul tip cuplaj cardanic este un mecanism sferic (vezi figura 2), datorită mişcărilor sferice impuse de orice cuplă (articulaţie) universală. Într-o cuplă cardanică cele patru axe de rotaţie sunt concurente într-un punct S (fig. 2). Mecanismul sferic este de tip manivelă-balansier dacă unghiul δ_1 este cel mai mic în raport cu unghiurile δ_2, δ_3, δ_0 (fig. 2a). În cazul mecanismului cardanic elementul 2 (element ce reprezintă o bielă cu mişcare pe o suprafaţă sferică cu centrul în S) este materializat prin cele două axe mobile Δ_{12} şi Δ_{23} (fig. 2b). Specificul mecanismului cardanic este faptul că unghiurile δ_1, δ_2, δ_3 sunt toate de 90^0, iar unghiul δ_0 dintre cele două axe fixe este obtuz, unghiul $\delta=\alpha$ (suplementul lui δ_0) fiind ascuţit (fig. 2c) [1].

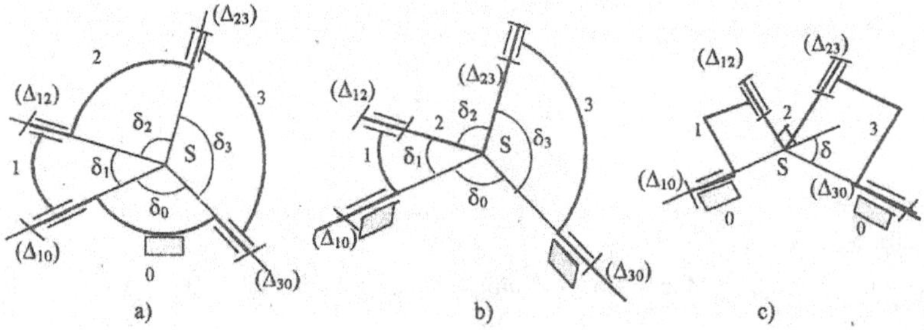

Fig. 2. *Articulaţia universală (cupla cardanică)*

Calculul analitic al funcţiei de transmitere intrare-ieşire se face cu ajutorul schemei cinematice a mecanismului cardanic (fig. 2c) şi a schemei ajutătoare a versorilor u_1 şi u_2 ai axelor Δ_{12} şi Δ_{23}, unde (fig. 3a) s-a notat cu Δ_1 axa arborelui conducător şi cu Δ_2 axa arborelui condus. Cu aceste notaţii (fig. 3a) funcţia de transmitere între arborele de intrare (conducător) şi cel de ieşire (condus) este de forma $\varphi_2(\varphi_1)$ sau $\psi_2(\varphi_1)$.

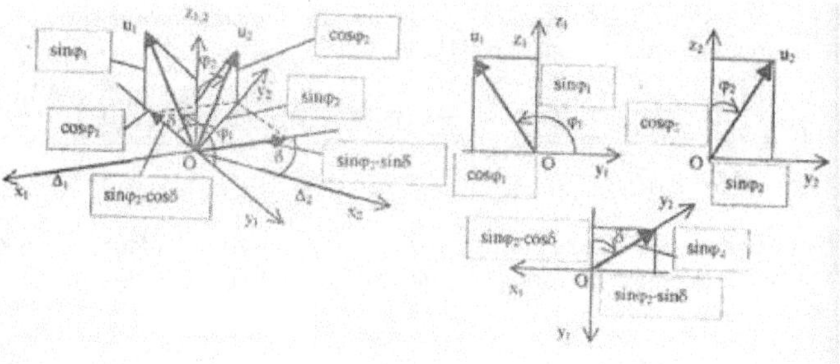

a) b)

Fig. 3. *Transmisie cardanică: versorii funcţiei de transmitere*

În acest scop se consideră versorii mobili $\vec{u}_1$ şi $\vec{u}_2$ (fig. 3a), care sunt ortogonali şi orientaţi pe direcţiile axelor mobile Δ_{12} şi Δ_{32} concurente în centrul O=S (fig. 2).

Versorul $\vec{u}_1$ se roteşte în planul $[y_1z_1]$, fiind poziţionat cu unghiul φ_1 faţă de axa y_1 (fig. 3). Versorul $\vec{u}_2$ se roteşte cu unghiul $\varphi_2=\psi_2$ în planul $[y_2z_2]$, fiind poziţionat în raport cu axa comună $z_2=z_1$ (fig. 3b).

Cei doi versori se exprimă analitic prin componentele lor pe axele x_1, y_1 şi $z_{1,2}$ (fig. 3a), conform relaţiilor sistemului (1).

$$\begin{cases} \vec{u}_1 = (\cos\varphi_1)\cdot\vec{j}_1 + (\sin\varphi_1)\cdot\vec{k}_1 \\ \vec{u}_2 = -(\sin\psi_2)(\sin\alpha)\cdot\vec{i}_1 - (\sin\psi_2)(\cos\alpha)\cdot\vec{j}_1 + (\cos\psi_2)\cdot\vec{k}_1 \end{cases} \tag{1}$$

Din condiţia $\vec{u}_1\cdot\vec{u}_2 = 0$ (de perpendicularitate a versorilor $\vec{u}_1$ şi $\vec{u}_2$) se deduce relaţia dintre proiecţiile acestora pe axele fixe (2).

$$-\cos\varphi_1\cdot\sin\psi_2\cdot\cos\alpha + \sin\varphi_1\cdot\cos\psi_2 = 0 \tag{2}$$

Expresia (2) se scrie sub forma implicită (3) în care apare unghiul de rotaţie al arborelui de ieşire 2 în funcţie de unghiul de rotaţie al arborelui de intrare 1, dar şi în funcţie şi de unghiul ascuţit $\alpha=\delta$.

$$tg\psi_2 = \frac{1}{\cos\alpha}\cdot tg\varphi_1 \tag{3}$$

Atunci funcţia de transmitere de ordinul 0 capătă expresia (4).

$$\psi_2 = arctg\left(\frac{1}{\cos\alpha}\cdot tg\varphi_1\right) \tag{4}$$

Prin derivare se obţine expresia vitezei unghiulare reduse (5). Iniţial expresia este şi în funcţie de ψ_2, iar la final se exprimă numai în funcţie de φ_1 (şi bineînţeles şi de α).

$$U \equiv \psi_2^{'} = \frac{\dot{\psi}_2}{\dot{\varphi}_1} \equiv \frac{\omega_2}{\omega_1} = \frac{1}{\cos\alpha}\cdot\frac{\cos^2\psi_2}{\cos^2\varphi_1} = \frac{\cos\alpha}{\cos^2\alpha\cdot\cos^2\varphi_1 + \sin^2\varphi_1} \tag{5}$$

Printr-o nouă derivare se obţine şi funcţia de transmitere de ordinul 2, respectiv acceleraţia unghiulară redusă (relaţia 6) [1].

$$W \equiv \psi_2'' = \frac{\ddot{\psi}_2}{\dot{\varphi}_1^2} \equiv \frac{\varepsilon_2}{\omega_1^2} = \frac{-\cos\alpha \cdot \sin^2\alpha \cdot \sin(2\varphi_1)}{\left(\cos^2\alpha \cdot \cos^2\varphi_1 + \sin^2\varphi_1\right)^2} \tag{6}$$

Valorile extreme ale vitezei unghiulare reduse a arborelui condus 2 se obţin din expresia analitică a acesteia cu condiţiile limită pentru unghiul de intrare φ_1.

$$\begin{cases} \varphi_1 = 0,\ \pi,\ 2\pi \Rightarrow \psi_{2\max}' = \dfrac{1}{\cos\alpha} \\ \varphi_1 = \dfrac{\pi}{2},\ \dfrac{3\pi}{2} \Rightarrow \psi_{2\min}' = \cos\alpha \end{cases} \tag{7}$$

Mecanismul cardanic dublu se obţine prin montarea în serie a două mecanisme cardanice simple, astfel încât cele două furci ale arborelui intermediar să fie coplanare (vezi fig. 4).

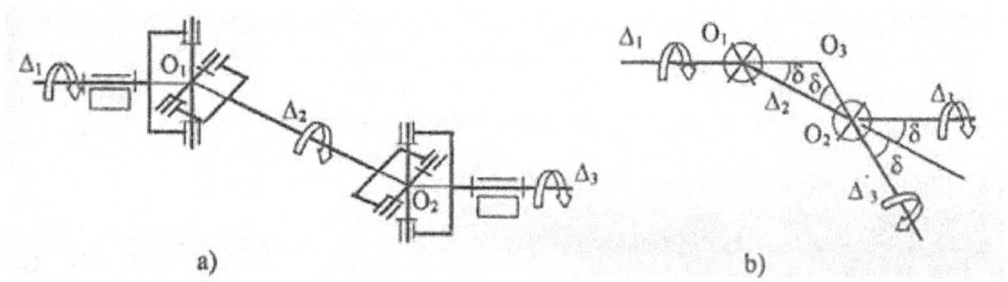

Fig. 4. *Transmisie cardanică (mecanismul cardanic dublu); se observă arborele intermediar*

Mecanismul cardanic dublu are avantajul că realizează mişcarea sincronă între arborii de intrare Δ_1 şi de ieşire Δ_3 (fig. 4a). Arborele intermediar cu axa Δ_2 are două puncte fixe $O_1 \in \Delta_1$ şi $O_2 \in \Delta_3$, astfel încât el nu mai are nevoie de o legătură materializată la batiu (fig. 4a).

Pentru arborele de ieşire există două poziţii (vezi fig. 4b): una $\Delta_3 \parallel \Delta_1$, şi alta Δ_3' simetrică cu axa Δ_3 în raport cu axa Δ_2. Sincronizarea celor două mişcări (intrare-ieşire) se poate dovedi cu ajutorul funcţiei de transmitere de ordinul 0 care se scrie pentru cele două cuplaje cardanice simple (fig. 4a), (relaţia 8).

$$tg\psi_2 = \frac{1}{\cos\alpha} \cdot tg\varphi_1 = \frac{1}{\cos\alpha} \cdot tg\psi_3 \Rightarrow tg\varphi_1 = tg\psi_3 \Rightarrow \psi_3 = \varphi_1 \tag{8}$$

Varianta de cuplaj cardanic dublu, cu axele de ieşire şi intrare paralele se utilizează în general la autovehiculele grele (autocamioane), astfel încât distanţa dintre cele două axe poate să varieze în anumite limite (vezi fig. 5); în această situaţie e necesară o lungime variabilă a arborelui intermediar 2, realizată constructiv printr-un arbore intermediar telescopic [1].

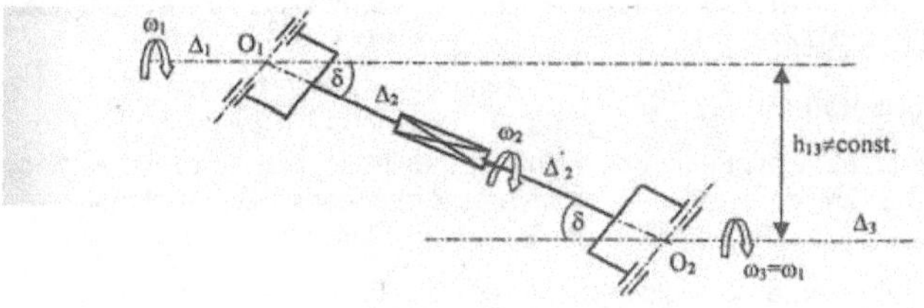

Fig. 5. *Transmisie cardanică dublă, sincronă şi telescopică (cu arbore intermediar telescopic)*

Cele două bucăţi ale axului 2, Δ_2 şi Δ_2', au furcile coplanare (fig. 5) şi sunt legate printr-o cuplă translantă cu caneluri, permiţând variaţia lungimii O_1O_2 şi a mărimii unghiului $\alpha=\delta$, atunci când distanţa dintre axe h_{13} variază.

În cazul în care cele două furci ale arborelui intermediar Δ_2 nu sunt coplanare (vezi figura 6) mişcarea arborelui condus (de ieşire) Δ_3 nu mai este sincronă cu cea a arborelui conducător Δ_1.

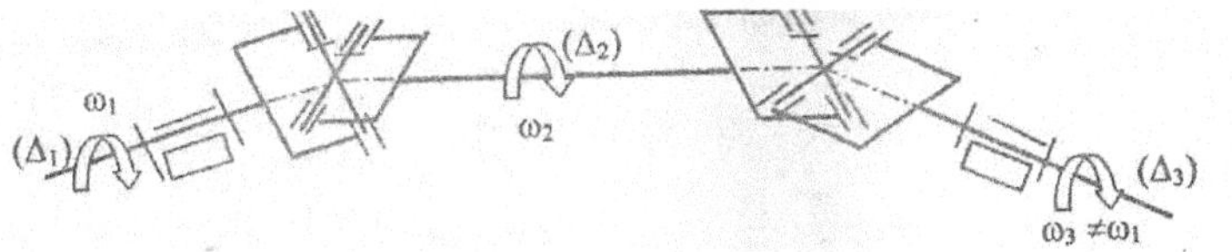

Fig. 6. *Transmisie cardanică dublă asincronă (furcile arborelui intermediar nu sunt coplanare)*

Concluzii şi observaţii

Deşi aparent încărcarea dinamică a transmisiei cardanice (duble) creşte odată cu momentul inerţial masic (mecanic), efectul în sine este neglijabil în condiţii reale de exploatare (pentru transmisiile cardanice normale, construite şi montate corespunzător).

Elasticitatea arborelui intermediar influenţează abaterea de la homocinetism a transmisiei astfel: a) în cazurile uzuale transmisia bicardanică devine cvasihomocinetică şi deci abaterea de la homocinetism poate fi practic neglijată; b) în cazurile speciale, cu arbori intermediari lungi (sau foarte lungi) şi momente mecanice de inerţie mari (sau foarte mari), se impune compensarea abaterii de la homocinetism prin proiectarea transmisiei astfel ca în stare deformată (încărcată) abaterea de la homocinetism să devină nulă, sau neglijabilă. c) în condiţii uzuale de funcţionare, influenţa elasticităţii arborelui intermediar asupra momentelor de torsiune poate fi neglijată [3].

Bibliografie-Cap. XVI

[1] **Antonescu P.**, *Mecanisme, calculul structural şi cinematic,* Editura IPB, Bucureşti, 1979.

[2] **Artobolevski, I.I.,** *Teoria mecanismelor şi a maşinilor,* Proceedings of 8th Editura Ştiinţa, Chişinău, 1992.

[3] **Săulescu R.**, ş.a., Dynamic Influences in Cardan Transmissions, in RECENT, Vol. 8, Nr. 2, July 2007.

APLICAŢII:

A27 – ANALIZA CINEMATICĂ A MECANISMULUI ARTICULAŢIEI UNIVERSALE SIMPLE

Consideraţii generale:

Mecanismul articulaţiei universale simple, numit şi cuplaj cardanic, este utilizat pentru transmiterea mişcării de rotaţie între doi arbori, ale căror axe sunt concurente (sau în prelungire), având şi rolul de a prelua abaterile unghiulare ale axelor arborilor.

Elementele cinematice rigidizate cu cei doi arbori sunt în formă de furcă, ele reprezentând elementul conducător 1 şi elementul condus 2. Cele două elemente sunt articulate la un element intermediar 3 constituit din două braţe rigide şi perpendiculare între ele.

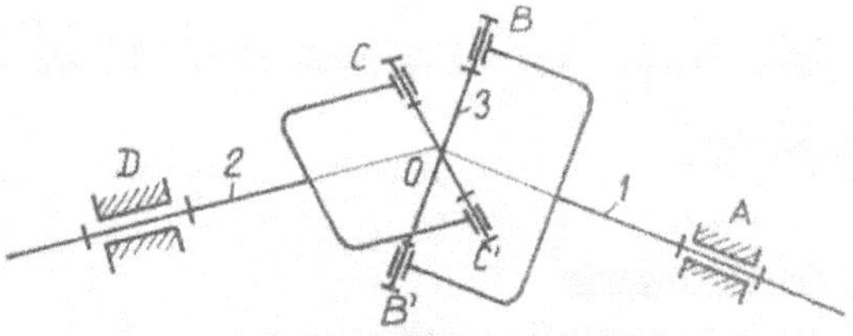

Fig.1.a

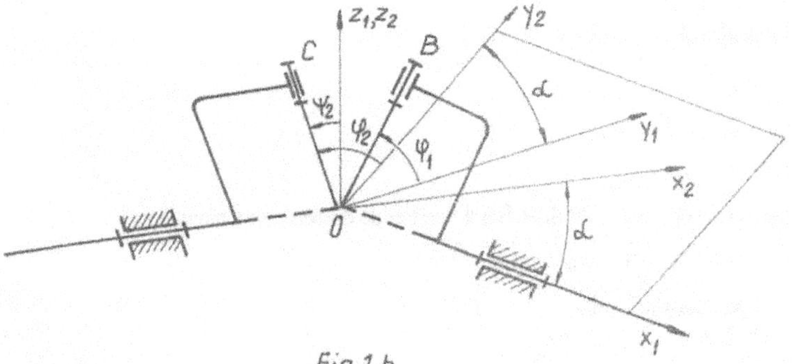

Fig.1.b

Axele cuplelor de rotaţie sunt concurente în punctul O=S (figura 1a) astfel încât mecanismul este unul sferic.Furca conducătoare este poziţionată prin parametrul φ_1, iar furca condusă este poziţionată prin parametrul $\varphi_2=\psi_2$ (figura 1b). Axele arborilor de intrare şi de ieşire, sunt dispuse sub unghiul α, numit unghi de încrucişare. Pentru $\alpha=0$, mecanismul este sincron, adică mişcarea la ieşire este identică cu cea de intrare. Pentru $\alpha\neq0$, mecanismul are la ieşire o mişcare variabilă diferită oricum de mişcarea constantă de la intrare. Acest fapt produce dinamic şi forţe inerţiale tangenţiale. Ştandul de experimentare este prezentat în figura 2.

Obiectivul lucrării: Lucrarea are ca obiectiv principal determinarea funcţiilor de transmitere ale poziţiilor, vitezelor şi acceleraţiilor, în funcţie şi de unghiul de încrucişare α.

Determinări experimentale:

a) ***Iniţializarea parametrilor:*** Pe cadranul r_1 se iniţializează parametrul φ_1, (se pune pe zero; $\varphi_1=0$); pe cadranul r_2 se iniţializează parametrul $\varphi_2=\psi_2$, ($\psi_2=0$); pe cadranul R_1 şi R_2 se iniţializează unghiul de încrucişare α ($\alpha=0$).

b) ***Verificarea sincronismului pentru α=0:*** Pentru poziţii discrete ale arborelui conducător, date de unghiul φ_1=k.$\Delta\varphi_1$ (cu $\Delta\varphi_1$=15^0) se măsoară unghiul φ_2=ψ_2 la arborele condus şi se verifică dacă ψ_2=φ_1.

c) ***Determinarea funcţiei de transmitere a poziţiilor.*** Se reglează unghiul α la una din valorile α=20^0; α=25^0; α=30^0; α=35^0; α=40^0 şi pentru poziţii discrete ale arborelui conducător date prin unghiul φ_1=k.$\Delta\varphi_1$, cu pasul $\Delta\varphi_1$=15^0, $\varphi_1\in[0^0,180^0]$ se determină valorile parametrului ψ_2^e (adică ψ_2 experimental).

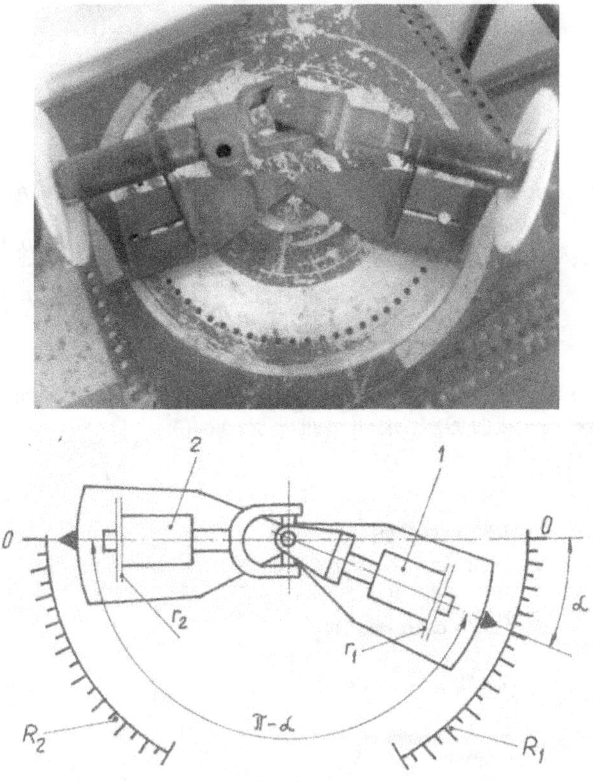

Fig.2

Prelucrarea datelor experimentale:

a) ***Se calculează funcţia de transmitere a poziţiilor cu relaţia:***

$$\varphi_2^t \equiv \psi_2^t = arctg\left(\frac{tg\varphi_1}{\cos\alpha}\right)$$

b) ***Se calculează asincronismul poziţiilor cu relaţia:***

$$\Delta\varphi = \varphi_2^t - \varphi_1 \equiv \psi_2^t - \varphi_1$$

c) ***Se calculează abaterile de fidelitate ale funcţiei de transmitere a poziţiilor, cu relaţia:***

$$\Delta\psi = \psi_2^t - \psi_2^e$$

Se consideră $\left|\Delta\psi_{ad}\right| \leq 1^0$. Pentru $\left|\Delta\psi\right| > 1^0$ se impune repetarea experimentului pentru poziţia respectivă.

d) ***Funcţia de transmitere a vitezelor se calculează cu următoarea relaţie:***

$$U_2 \equiv \psi_2^{'} = \frac{\dot{\psi}_2}{\dot{\varphi}_1} \equiv \frac{\omega_2}{\omega_1} = \frac{\cos\alpha}{\cos^2\alpha \cdot \cos^2\varphi_1 + \sin^2\varphi_1}$$

Ea variază între limitele $U_{2\max} = \dfrac{1}{\cos\alpha}$ pentru $\varphi_1 = 0$ şi

$U_{2\min} = \cos\alpha$ pentru $\varphi_1 = \dfrac{\pi}{2}$

e) ***Funcţia de transmitere a acceleraţiilor se calculează cu relaţia:***

$$W_2 \equiv \psi_2^{''} = \frac{\ddot{\psi}_2}{\dot{\varphi}_1^2} \equiv \frac{\varepsilon_2}{\omega_1^2} = \frac{-\cos\alpha \cdot \sin^2\alpha \cdot \sin(2\varphi_1)}{\left(\cos^2\alpha \cdot \cos^2\varphi_1 + \sin^2\varphi_1\right)^2}$$

Valorile sunt înregistrate în tabelul 1.

Viteza unghiulară ω_2 Şi acceleraţia unghiulară ε_2 sunt determinate de funcţiile de transmitere U_2 respectiv W_2, conform relaţiilor următoare:

$$\omega_2 = U_2 \cdot \omega_1 \qquad \varepsilon_2 = W_2 \cdot \omega_1^2 + U_2 \cdot \varepsilon_1$$

f) ***Diagramele funcţiilor de transmitere:***

Semnificativ pentru mecanismul articulaţiei universale simple este asincronismul, funcţia de transmitere a vitezei şi funcţia de transmitere a acceleraţiei. Se trasează diagramele:

$$\Delta\varphi(\varphi_1);\ U_2(\varphi_1);\ W_2(\varphi_1)$$

Şi se stabilesc apoi valorile extreme pentru $\Delta\varphi;\ U_2;\ W_2$

g) ***Gradul de neuniformitate δ:***

Gradul de neuniformitate depinde de de unghiul de încrucişare α şi se determină cu relaţia:

$$\delta = \frac{\omega_{2\max} - \omega_{2\min}}{\omega_{2med}} = \frac{2 \cdot (\omega_{2\max} - \omega_{2\min})}{\omega_{2\max} + \omega_{2\min}} = \frac{2 \cdot \sin^2\alpha}{2 - \sin^2\alpha}$$

Şi are valorile cuprinse între 0 şi 2 $(0 \leq \delta \leq 2)$. Valoarea maximă $\delta_{\max} = 2$ corespunde unghiului de încrucişare de 90 [deg], iar valoarea minimă $\delta_{\min} = 0$ corespunde unghiului de încrucişare $\alpha = 0$.

Gradul de neuniformitate se calculează pentru unghiurile $\alpha = 0^0, 10^0, 20^0, 30^0, 40^0$. Valorile sunt înregistrate în tabelul 2, după care se trasează diagrama $\delta(\alpha)$.

L	ANALIZA CINEMATICĂ A MECANISMULUI ARTICULAŢIEI UNIVERSALE SIMPLE	Student:	
A25		Grupa:	Data:

Tabelul 1

$\alpha = \dots$ [deg]							
Poz. k	φ_1 [deg]	ψ_2^e [deg]	ψ_2^t [deg]	$\Delta\varphi$ [deg]	$\Delta\psi$ [deg]	U_2 [ ]	W_2 [ ]
0.							
1.							
2.							
3.							
4.							
5.							
6.							
7.							
8.							
9.							
10.							
11.							
12.							
Valori extreme			max.				
			min.				

Tabelul 2

α [deg]	0	10	20	30	40
δ [ ]					

A28 – INFLUENŢA ABATERILOR DE PLANEITATE A FURCILOR INTERMEDIARE LA MECANISMUL ARTICULAŢIEI UNIVERSALE DUBLE

Consideraţii generale:

Mecanismul articulaţiei universale DUBLE, numit şi cuplaj bicardanic, este format prin legarea în serie a două articulaţii universale simple (fig. 1). El are rolul de a transmite mişcarea între doi arbori ale căror axe sunt poziţionate spaţial, aleator, (fără paralelism sau concurenţă), într-o poziţie oarecare.

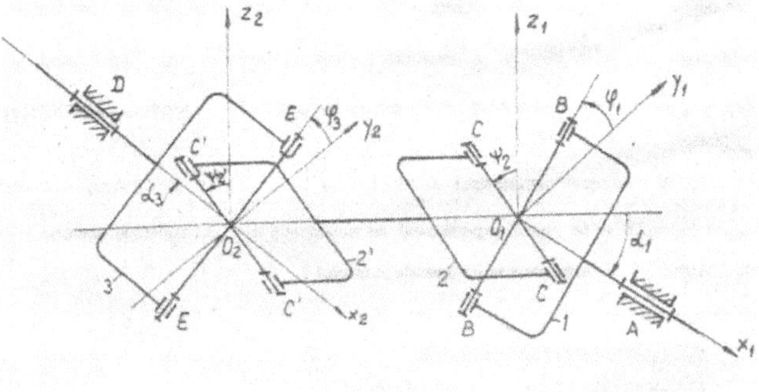

Fig.1

Furca 1 este fixată pe arborele conducător, furca 3 este fixată pe arborele condus, iar furcile intermediare 2 şi 2' sunt coplanare (pentru sincronizarea mişcării de la intrare la ieşire). Furca condusă a primei articulaţii simple cu centrul în O1 este legată de furca conducătoare a celei de a doua articulaţii simple cu centrul în O2, printr-o legătură rigidă (sau o cuplă de translaţie formată din doi arbori canelaţi, unul cu caneluri exterioare iar celălalt cu caneluri interioare, care glisează unul pe celălalt). Abaterea de la planeitate a furcilor intermediare influenţează funcţia de transmitere a poziţiilor.

În condiţiile date, sincronismul mecanismului este condiţionat şi de egalitatea unghiurilor α_1 şi α_3. Pe standul de experimentare (fig. 2), poziţia furcii conducătoare este dată de unghiul φ_1 reperat pe cadranul r_1, iar poziţia furcii conduse este dată de unghiul φ_3 reperat pe cadranul r_3. Defazarea furcilor intermediare este dată de unghiul γ, reperat pe cadranul r_2.

Obiectivul lucrării:

Lucrarea are drept scop principal determinarea asincronismului mecanismului, cauzat de defazarea furcilor intermediare cu unghiul γ, în cazul când axele furcilor conducătoare şi condusă sunt paralele, dar dispuse faţă de axa centrelor sub diverse unghiuri identice $\alpha_1=\alpha_3$.

Determinări experimentale:

a) Iniţializarea parametrilor

Axele furcilor conducătoare şi conduse sunt poziţionate sub unghiurile $\alpha_1=\alpha_3=15^0$. Apoi se iniţializează parametrul φ_1 ($\varphi_1=0^0$) pe cadranul r_1, parametrul φ_3 ($\varphi_3=0^0$) pe cadranul r_3, şi parametrul γ ($\gamma=0^0$) pe cadranul r_2.

b) Verificarea sincronismului mecanismului

Pentru poziţii discrete ale elementului conducător date de unghiul $\varphi_1=k.\Delta\varphi_1$ (unde $\Delta\varphi_1=15^0$) se măsoară unghiul φ_3 şi se verifică dacă $\varphi_3=\varphi_1$.

c) Determinarea funcţiei de transmitere

Se realizează defazajul furcilor intermediare, prin unghiul γ, (γ=45^0) şi se iniţializează parametrii φ_1=0^0, φ_3=0^0. Pentru valori discrete ale parametrului φ_1 obţinute cu pasul $\Delta\varphi_1$=15^0, $\varphi_1 \in$[0^0, 180^0], se determină valorile parametrului φ_3^e. Experimentul se repetă apoi pentru γ=90^0. Pentru cele două valori atribuite parametrului γ, rezultatele sunt înregistrate în tabelul 1.

d) Se realizează paralelismul axelor furcilor conducătoare şi condusă, sub unghiurile α_1=α_3=30^0 şi se repetă experimentul cu punctele b şi c, considerând aceleaşi valori ale parametrului γ. Rezultatele se înregistrează în tabelul 1.

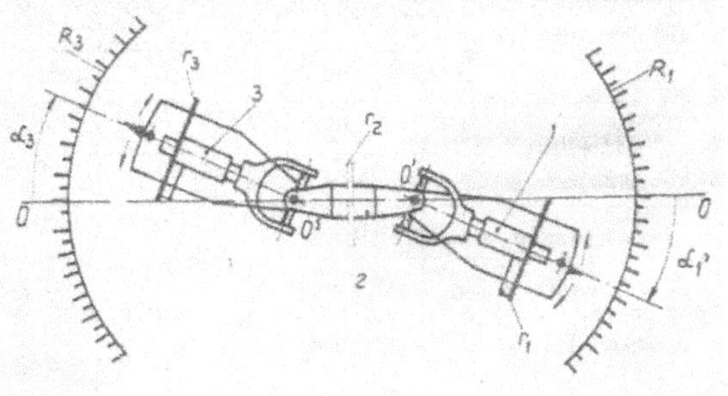

Fig.2.

Prelucrarea datelor experimentale:

a) Calculul funcţiei de transmitere a poziţiilor

Se calculează funcţia de transmitere a poziţiilor, cu următoarea relaţie:

$$\varphi_3^t = arctg\left(\cos\alpha_3 \cdot \frac{tg\varphi_1 + \cos\alpha_1 \cdot tg\gamma}{\cos\alpha_1 - tg\varphi_1 \cdot tg\gamma}\right) - arctg(\cos\alpha_3 \cdot tg\gamma)$$

b) Asincronismul mecanismului

Se calculează asincronismul cu una din relaţiile următoare:

$$\Delta\varphi_3 = \varphi_3^e - \varphi_1 \text{ sau } \Delta\varphi_3 = \varphi_3^t - \varphi_1$$

Unde $\varphi_3 = \varphi_3^e \quad sau \quad \varphi_3^t$

Valorile se înregistrează în tabelul 1.

c) Trasarea diagramei $\Delta\varphi\ (\varphi_1)$ în cele patru variante

- Varianta 1, pentru $\alpha_1=\alpha_3=15^0$, şi $\gamma=45^0$; - Varianta 2, pentru $\alpha_1=\alpha_3=15^0$, şi $\gamma=90^0$;
- Varianta 3, pentru $\alpha_1=\alpha_3=30^0$, şi $\gamma=45^0$; - Varianta 4, pentru $\alpha_1=\alpha_3=30^0$, şi $\gamma=90^0$;

L	**INFLUENŢA ABATERILOR DE PLANEITATE A FURCILOR INTERMEDIARE LA MECANISMUL ARTICULAŢIEI UNIVERSALE DUBLE**	Student:	
A26		Grupa:	Data:

Tabelul 1

α [deg]	φ_1 [deg]	$\gamma=45^0$			$\gamma=90^0$		
		φ_3^e [deg]	φ_3^t [deg]	$\Delta\varphi_3$ [deg]	φ_3^e [deg]	φ_3^t [deg]	$\Delta\varphi_3$ [deg]
$\alpha_1 = \alpha_3 = 15^0$	0						
	15						
	30						
	45						
	60						
	75						
	90						
	105						
	120						
	135						
	150						
	165						
	180						
$\alpha_1 = \alpha_3 = 30^0$	0						
	15						
	30						
	45						
	60						
	75						
	90						
	105						
	120						
	135						
	150						
	165						
	180						

A29-Determinarea forței principale R (reacțiunea din fusul maneton), de la mecanismul de bază al motorului Otto

Se precizează: φ1 [deg], n1 [rot/min]

Se dau: $r=l_1=0{,}1$ [m]; $l=l_2=0{,}3$ [m]; $m_2=3$ [kg]; $m_3=1{,}8$ [kg]; $J_{G2}=0.0225$ [kgm^2]; $s_2=b_2=2/3.l_2$; $\omega_1=2\pi\upsilon_1=\pi n_1/30$, $\lambda=l_1/l_2$.

Relațiile de calcul sunt următoarele:

$$\begin{cases} x_B = l_1\cdot\cos\varphi_1 \\ y_B = l_1\cdot\sin\varphi_1 \\ x_C = 0 \\ y_C = y_B-\sqrt{l_2^2-x_B^2} \end{cases} \quad \begin{cases} \cos\varphi_2 = -\lambda\cdot\cos\varphi_1 = -\dfrac{x_B}{l_2} \\ \sin\varphi_2 = \dfrac{y_C-y_B}{l_2} \end{cases} \Rightarrow$$

$$\Rightarrow \varphi_2 = semn(\sin\varphi_2)\cdot\arccos(\cos\varphi_2) \begin{cases} x_{G2} = x_C - s_2\cdot\cos\varphi_2 \\ y_{G2} = y_C - s_2\cdot\sin\varphi_2 \end{cases}$$

$$\begin{cases} \dot\varphi_2 \equiv \omega_2 = -\lambda\cdot\dfrac{\sin\varphi_1}{\sin\varphi_2}\cdot\omega_1 \\ \ddot\varphi_2 \equiv \varepsilon_2 = -\lambda\cdot(1-\lambda^2)\cdot\dfrac{\cos\varphi_1}{\sin^3\varphi_2}\cdot\omega_1^2 \end{cases}$$

$$\begin{cases} F_{G_3}^{iy} = m_3\cdot\left(l_1\cdot\sin\varphi_1\cdot\omega_1^2 + l_2\cdot\sin\varphi_2\cdot\omega_2^2 - l_2\cdot\cos\varphi_2\cdot\varepsilon_2\right) \\ F_{G_2}^{ix} = -m_2\cdot s_2\cdot\left(\cos\varphi_2\cdot\omega_2^2+\sin\varphi_2\cdot\varepsilon_2\right) \end{cases}$$

$$\begin{cases} F_{G_2}^{iy} = m_2\cdot\left(l_1\cdot\sin\varphi_1\cdot\omega_1^2 + l_2\cdot\sin\varphi_2\cdot\omega_2^2 - l_2\cdot\cos\varphi_2\cdot\varepsilon_2 - s_2\cdot\sin\varphi_2\cdot\omega_2^2 + s_2\cdot\cos\varphi_2\cdot\varepsilon_2\right) \\ M_2^i = -J_{G_2}\cdot\varepsilon_2 \end{cases}$$

$$\begin{cases} R_{12}^x = \dfrac{F_{G_2}^{ix}\cdot\left(y_C-y_{G_2}\right)+F_{G_2}^{iy}\cdot\left(x_{G_2}-x_B\right)+F_{G_3}^{iy}\cdot\left(x_C-x_B\right)+M_2^i}{y_B-y_C} \\ R_{12}^y = -F_{G_2}^{iy}-F_{G_3}^{iy} \Rightarrow \left|R_{12}\right| = \sqrt{\left(R_{12}^x\right)^2+\left(R_{12}^y\right)^2} \end{cases}$$

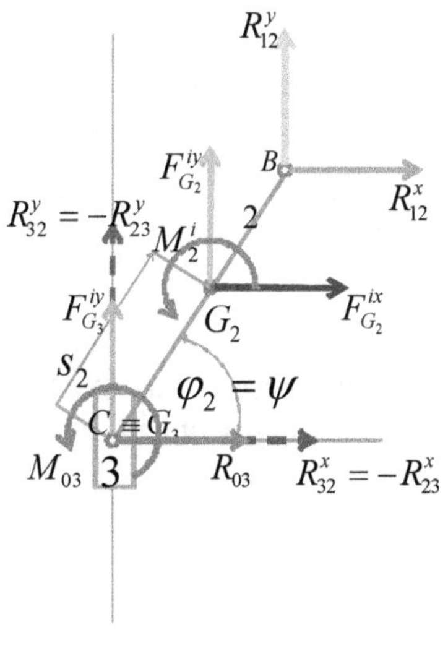

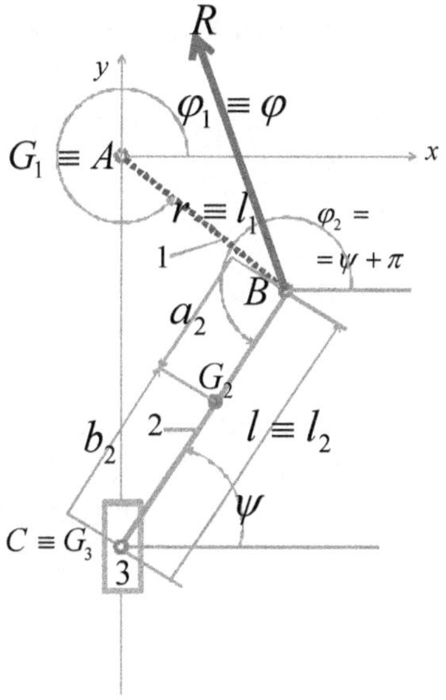

Să se calculeze forța principală din mecanismul principal al motorului Otto, adică modulul forței ce acționează în cupla B, sau forța cu care elementul 2 (biela) acționează asupra elementului 1 (manivela); se cere deci R=|R21|=|R12| adică reacțiunea din fusul maneton.

A30-Determinarea momentului de inerție masic (sau mecanic) redus la manivelă, la mecanismul principal al motorului Otto, J* [kg.m^2]

Se precizează: φ_1 [deg].

Se dau: $r=l_1=0,1$ [m]; $l=l_2=0,3$ [m]; $m_1=4$ [kg]; $m_2=3$ [kg]; $m_3=1,8$ [kg].

Se determină imediat:

$$J_{G_1}=\frac{1}{2}\cdot m_1\cdot l_1^2;\quad J_{G_2}=\frac{1}{12}\cdot m_2\cdot l_2^2;\quad a_1=\frac{1}{5}\cdot l_1;\quad a_2=\frac{1}{3}\cdot l_2;\quad \lambda=\frac{l_1}{l_2};\quad \sin\varphi_1;\quad \cos\varphi_1$$

Se precalculează:

$$\sin\varphi_2=\sqrt{1-\lambda^2\cdot\cos^2\varphi_1};\qquad \cos(\varphi_2-\varphi_1)=\lambda\cdot\cos^2\varphi_1+\sin\varphi_1\cdot\sin\varphi_2$$

Se cere să se determine (calculeze) J* în [kg.m^2] pentru poziția precizată () cu relația de mai jos.

$$J^*=J_{G_1}+a_1^2\cdot m_1+l_1^2\cdot\left(m_2+m_3\cdot\cos^2\varphi_1\right)-$$

$$-2\cdot l_1\cdot\lambda\cdot\frac{\sin\varphi_1}{\sin\varphi_2}\cdot\left[a_2\cdot m_2\cdot\cos(\varphi_2-\varphi_1)+l_1\cdot m_3\cdot\cos^2\varphi_1\right]+$$

$$+\lambda^2\cdot\frac{\sin^2\varphi_1}{\sin^2\varphi_2}\cdot\left(J_{G_2}+a_2^2\cdot m_2+l_1^2\cdot m_3\cdot\cos^2\varphi_1\right)$$

Se va lucra numai în sistemul internațional (pot face excepție funcțiile trigonometrice , unde unghiul se poate utiliza direct în deg, cu calculatorul setat pe deg).

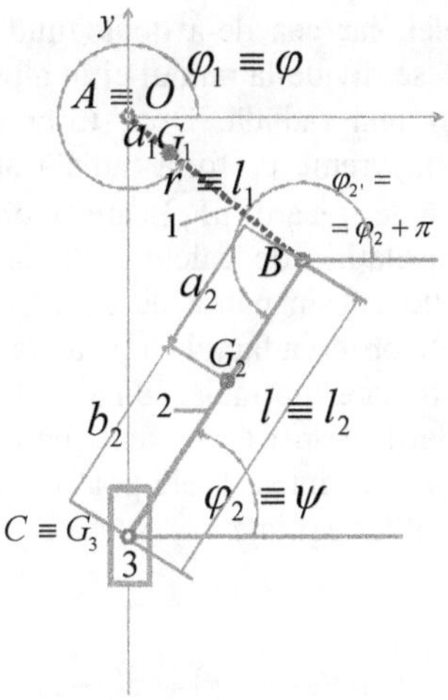

A31-Determinarea randamentului unui motor Otto

Mecanismul motorului Otto are două regimuri de lucru distincte: compresor şi motor. Din aceasta cauză transmiterea forţelor şi determinarea randamentului se va face iniţial, separat, pentru fiecare din cele două regimuri de lucru. **Motorul Otto în regim de compresor.** Cei mai mulţi timpi de lucru ai unui motor termic (cu ardere internă) sunt de tip compresor, adică cu acţionarea mecanismului dinspre manivelă (arborele cotit). În figura de mai jos (fig. 1) se poate observa distribuţia forţelor în mecanismul motor acţionat dinspre manivelă.

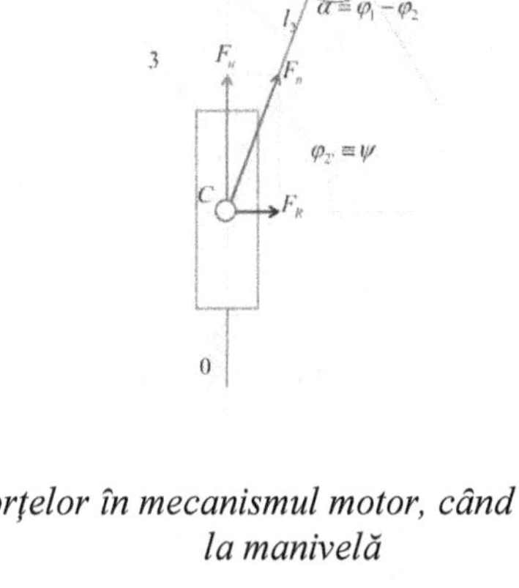

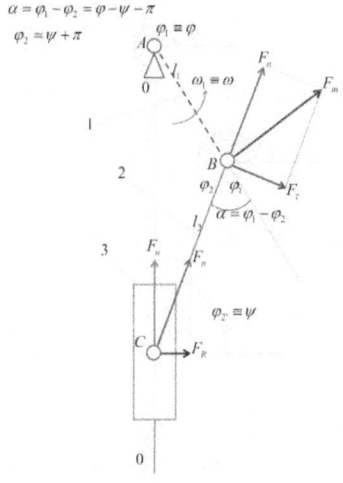

Fig. 1. *Distribuţia forţelor în mecanismul motor, când acţionarea lui se face de la manivelă*

Forța motoare, perpendiculară pe manivelă în punctul B, se divide în două forțe perpendiculare (F_n și F_t), prima fiind forța nominală sau normală care se transmite în lungul bielei, iar cea de-a doua fiind o forță tangențială care rotește biela. Forța normală se divide la rândul ei în alte două forțe componente: (F_u și F_R) o forță utilă și una radială. Doar forța utilă mișcă (deplasează) elementul final (pistonul), în vreme ce forța radială apasă pistonul pe camașa cilindrului și produce o forță de frecare (μF_R) care se opune întotdeauna mișcării diminuând forța utilă F_u. Relațiile de calcul sunt date de relațiile (1). Dacă randamentul instantaneu este un sin pătrat de beta, randamentul mecanic fără frecare este de 50%. Se poate observa faptul că beta maxim devine pi [în rad], iar beta min este 0. La o frecare normală, dinamică, în condiții de ungere (lubrificare) normală, pierderile prin frecare sunt foarte mici, în general sub un procent, iar în condiții de frecare intensă, ele pot atinge 2-3%. Din acest motiv pierderile datorate frecării pot fi neglijate.

$$
\begin{cases}
\begin{cases} F_\tau = F_m \cdot \cos(\varphi_1 - \varphi_2) \\ F_n = F_m \cdot \sin(\varphi_1 - \varphi_2) \end{cases}; \quad \sin(\varphi_1 - \varphi_2) = \sin(\varphi - \psi - \pi) = \sin(\psi - \varphi) \\
\begin{cases} F_n = F_m \cdot \sin(\psi - \varphi) \\ F_u = F_n \cdot \sin\psi = F_m \cdot \sin\psi \cdot \sin(\psi - \varphi) \end{cases} \\
\begin{cases} y_C = l_1 \cdot \sin\varphi - l_2 \cdot \sin\psi \\ v_C \equiv \dot{y}_C = l_1 \cdot \cos\varphi \cdot \dot{\varphi} - l_2 \cdot \cos\psi \cdot \dot{\psi} = l_1 \cdot \cos\varphi \cdot \dot{\varphi} - l_2 \cdot \cos\psi \cdot \lambda \cdot \dfrac{\sin\varphi}{\sin\psi} \cdot \dot{\varphi} = \\ = \dfrac{l_1 \cdot \dot{\varphi}}{\sin\psi} \cdot (\sin\psi \cdot \cos\varphi - \sin\varphi \cdot \cos\psi) = \dfrac{l_1 \cdot \sin(\psi - \varphi) \cdot \omega}{\sin\psi} \end{cases} \\
\begin{cases} P_c \equiv P_m = F_m \cdot v_m = F_m \cdot l_1 \cdot \omega; \quad P_u = F_u \cdot v_C = F_m \cdot \sin\psi \cdot \sin(\psi - \varphi) \cdot \dfrac{l_1 \cdot \sin(\psi - \varphi) \cdot \omega}{\sin\psi} \\ P_u = F_m \cdot l_1 \cdot \omega \cdot \sin^2(\psi - \varphi) \end{cases} \\
\eta_i^c = \dfrac{P_u}{P_c} = \dfrac{F_m \cdot l_1 \cdot \omega \cdot \sin^2(\psi - \varphi)}{F_m \cdot l_1 \cdot \omega} = \sin^2(\psi - \varphi); \quad \beta = \psi - \varphi; \quad \beta_M = \pi; \beta_m = 0; \\
\begin{cases} \eta^c = \dfrac{1}{\Delta\beta} \cdot \displaystyle\int_{\beta_m}^{\beta_M} \sin^2 \beta d\beta = \dfrac{1}{\Delta\beta} \cdot \displaystyle\int_{\beta_m}^{\beta_M} \dfrac{1 - \cos 2\beta}{2} d\beta = \dfrac{1}{2 \cdot \Delta\beta} \cdot \displaystyle\int_{\beta_m}^{\beta_M} (1 - \cos 2\beta) d\beta = \\ = \dfrac{1}{2 \cdot \Delta\beta} \cdot \left[\beta - \dfrac{\sin 2\beta}{2}\right]_{\beta_m}^{\beta_M} = \dfrac{\Delta\beta}{2 \cdot \Delta\beta} - \dfrac{1}{4 \cdot \Delta\beta} \cdot (\sin 2\beta_M - \sin 2\beta_m) = \dfrac{1}{2} - 0 = \dfrac{1}{2} \end{cases}
\end{cases}
\quad (1)
$$

Dacă se neglijează pierderile prin frecare, se poate considera randamentul mecanic al motorului Otto în regim de compresor egal cu 0,5. Calcule mai precise ar trebui încă să-l mai diminueze (pe baza raționamentului că mecanismul este antrenat permanent de la manivelă datorită forțelor inerțiale, dar în realitate și această energie este obținută tot de la timpii motori ai mecanismului); în acest caz ar mai trebui aplicat un coeficient de corecție care ar mai diminua din cele 50%.

Totuși un prim calcul, aproximativ, poate permite calculul randamentului motorului Otto, prin considerarea valorii de 50% pentru timpii compresori ai mecanismului (nemotori).

În continuare se va urmări o metodă de calcul a randamentului mecanismului motorului Otto în regim motor, adică atunci când acționarea mecanismului se face de la piston.

Motorul Otto în regim de motor.

Este esențial ca un motor să aibă și timpi motori; normal ar fi ca ei să fie cei mai mulți, dar acest lucru se poate petrece doar la motoarele termice cu ardere externă (motoare cu aburi Watt sau Stephenson, motoare Stirling, turbine, sau motoare cu reacție). La motoarele termice cu ardere internă doar la cele în doi timpi (Lenoir) avem un timp motor dintr-un total de doi timpi ai ciclului energetic al mașinii.

La motoarele termice cu ardere internă în patru timpi (Otto, Diesel), adică la cele mai utilizate motoare în ultimii 150 ani, avem un singur timp motor din totalul de patru ai ciclului energetic al mașinii motoare. Din acest motiv randamentul mecanic al motoarelor termice cele mai utilizate a fost în general foarte scăzut. În figura 2 se poate observa distribuția forțelor mașinii motoare când mecanismul Otto lucrează în regim motor. Se observă că forța motoare pornită acum de la piston se împarte în două componente, normală și tangențială, numai cea normală transmițându-se prin bielă către cupla B, unde se divide și ea în alte două componente, Fu și Fc, din care doar componenta utilă rotind manivela, în vreme ce componenta de comprimare (compresie) apasă pe fusul maneton (B) și apoi pe manivelă și pe fusurile paliere (A).

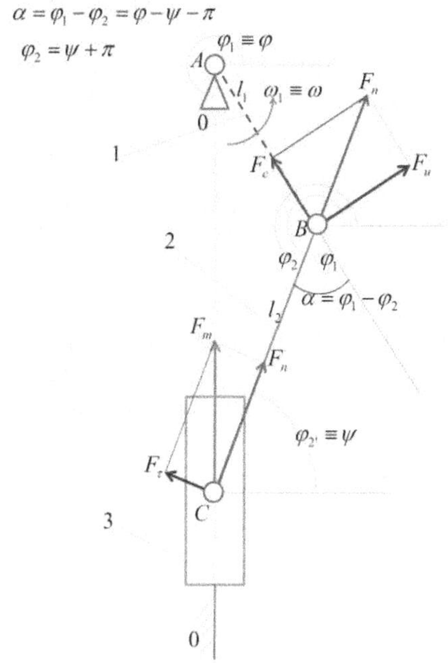

Fig. 2. *Distribuția forțelor în mecanismul motor, când acționarea lui se face de la piston*

Relațiile de calcul pot fi urmărite în cadrul sistemului (2) de ecuații.

$$\begin{cases}\begin{cases}F_\tau = F_m\cdot\cos\psi\\ F_n = F_m\cdot\sin\psi\end{cases};\ \sin(\varphi_1-\varphi_2)=\sin(\varphi-\psi-\pi)=\sin(\psi-\varphi)\\ \begin{cases}F_c = F_n\cdot\cos(\varphi-\varphi_2)\\ F_u = F_n\cdot\sin(\varphi-\varphi_2)=F_m\cdot\sin\psi\cdot\sin(\psi-\varphi)\end{cases}\\ \begin{cases}y_C = l_1\cdot\sin\varphi - l_2\cdot\sin\psi\\ v_C\equiv\dot y_C = l_1\cdot\cos\varphi\cdot\dot\varphi - l_2\cdot\cos\psi\cdot\dot\psi = l_1\cdot\cos\varphi\cdot\dot\varphi - l_2\cdot\cos\psi\cdot\lambda\cdot\dfrac{\sin\varphi}{\sin\psi}\cdot\dot\varphi=\\ =\dfrac{l_1\cdot\dot\varphi}{\sin\psi}\cdot(\sin\psi\cdot\cos\varphi-\sin\varphi\cdot\cos\psi)=\dfrac{l_1\cdot\sin(\psi-\varphi)\cdot\omega}{\sin\psi}\end{cases}\\ \begin{cases}P_u = F_u\cdot v_u = F_m\cdot\sin\psi\cdot\sin(\psi-\varphi)\cdot l_1\cdot\omega\\ P_c = F_m\cdot v_c = F_m\cdot l_1\cdot\omega\cdot\dfrac{\sin(\psi-\varphi)}{\sin\psi}\end{cases}\\ \eta_i^m=\dfrac{P_u}{P_c}=\dfrac{F_m\cdot\sin\psi\cdot\sin(\psi-\varphi)\cdot l_1\cdot\omega}{F_m\cdot l_1\cdot\omega\cdot\dfrac{\sin(\psi-\varphi)}{\sin\psi}}=\sin^2\psi;\\ \begin{cases}\eta^m=\dfrac{1}{\Delta\psi}\cdot\displaystyle\int_{\psi_m}^{\psi_M}\sin^2\psi d\psi=\dfrac{1}{\Delta\psi}\cdot\int_{\psi_m}^{\psi_M}\dfrac{1-\cos2\psi}{2}d\psi=\dfrac{1}{2\cdot\Delta\psi}\cdot\int_{\psi_m}^{\psi_M}(1-\cos2\psi)d\psi=\\ =\dfrac{1}{2\cdot\Delta\psi}\cdot\left[\psi-\dfrac{\sin2\psi}{2}\right]_{\psi_m}^{\psi_M}=\dfrac{\Delta\psi}{2\cdot\Delta\psi}-\dfrac{1}{4\cdot\Delta\psi}\cdot(\sin2\psi_M-\sin2\psi_m)=\\ =\dfrac12-\dfrac{1}{4\cdot\Delta\psi}\cdot(\sin2\psi_M-\sin2\psi_m)\\ \begin{cases}\Delta\psi=\psi_M-\psi_m=\pi-2\cdot\psi_m;\psi_M=\pi-\psi_m;\sin(2\psi_M)=\sin(2\pi-2\psi_m)=-\sin2\psi_m\\ \cos\psi=\lambda\cdot\cos\varphi;\ \ \psi=\arccos(\lambda\cdot\cos\varphi)\\ \psi_m=\dfrac{\pi}{2}-\arcsin\lambda;\ \ \cos\psi_m=\lambda;\ \ \sin\psi_m=\sqrt{1-\lambda^2}\end{cases}\\ \eta^m=\dfrac12-\dfrac{-2\cdot\sin2\psi_m}{4\cdot\Delta\psi}=\dfrac12+\dfrac{\sin2\psi_m}{2\cdot(\pi-2\cdot\psi_m)}=\dfrac12+\dfrac{\sin\psi_m\cdot\cos\psi_m}{\pi-2\cdot\psi_m}=\dfrac12+\dfrac{\sin\psi_m\cdot\cos\psi_m}{2\cdot\arcsin\lambda}\\ \eta^m=\dfrac12+\dfrac{\lambda\cdot\sqrt{1-\lambda^2}}{2\cdot\arcsin\lambda}\end{cases}\end{cases}\tag{2}$$

Se rețin doar relațiile (3) de calcul ale randamentului mecanic pentru cele două situații ale mecanismului motor Otto, când mecanismul lucrează în regim de compresor, și atunci când lucrează în regim motor.

$$\begin{cases}\eta^c=\dfrac12\\ \eta^m=\dfrac12+\dfrac{\lambda\cdot\sqrt{1-\lambda^2}}{2\cdot\arcsin\lambda}\end{cases}\tag{3}$$

Randamentul termic (se utilizează de regulă cel dat de ciclul Carnot) este o funcție de temperatura medie de lucru a motorului termic (a se vedea diagrama din figura 3).

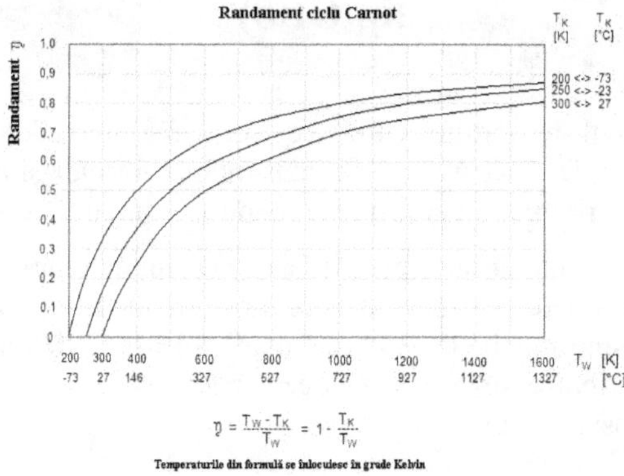

Fig. 3. *Randamentul ciclului Carnot în funcţie de temperatura T*

Pentru o temperatură minimă (de răcire) egală cu cea a aerului exterior, şi o temperatură maximă de lucru a motorului de circa 1000 [K] se obţine un randament termic al motorului considerat bun, de 0,7 adica de 70%. Considerând în continuare această valoare a randamentului termic care se poate obţine pentru motoarele termice cu ardere internă, dar e dificil de obţinut şi mai ales de menţinut la cele cu ardere externă, se vor determina în continuare valorile randamentului final al unui motor termic cu ardere internă pentru trei cazuri distincte: un motor în doi timpi (Lenoir), un motor în patru timpi (Otto sau Diesel) normal, şi unul în patru timpi în V.

Modul de lucru: Fiecare student va primi o mărime landa (λ), cu ajutorul căreia va determina cele trei randamente finale ale celor trei motoare propuse, utilizând relaţiile de calcul (4). Se va lua pentru randamentul termic al motorului valoarea medie η^t=0,7. Se vor efectua calculele cu cât mai multe zecimale posibile (minim 7).

$$\begin{cases} \eta^{mot.in.2.timpi} = \eta^t \cdot \eta^{mec};\ \eta^{mec} = \dfrac{\eta^c + \eta^m}{2} = \dfrac{1}{2}\cdot\left(\dfrac{1}{2}+\dfrac{1}{2}+\dfrac{\lambda\cdot\sqrt{1-\lambda^2}}{2\cdot\arcsin\lambda}\right) = \dfrac{1}{2}+\dfrac{\lambda\cdot\sqrt{1-\lambda^2}}{4\cdot\arcsin\lambda} \\ \eta^{mot.in.4.timpi.normal} = \eta^t \cdot \eta^{mec};\ \eta^{mec} = \dfrac{3\cdot\eta^c + \eta^m}{4} = \dfrac{1}{4}\cdot\left(\dfrac{3}{2}+\dfrac{1}{2}+\dfrac{\lambda\cdot\sqrt{1-\lambda^2}}{2\cdot\arcsin\lambda}\right) = \dfrac{1}{2}+\dfrac{\lambda\cdot\sqrt{1-\lambda^2}}{8\cdot\arcsin\lambda} \\ \eta^{mot.in.4.timpi.inV} = \eta^t \cdot \eta^{mec};\ \eta^{mec} = \dfrac{3\cdot\eta^c + 2\cdot\eta^m}{4} = \dfrac{1}{4}\cdot\left(\dfrac{3}{2}+\dfrac{2}{2}+\dfrac{2\lambda\cdot\sqrt{1-\lambda^2}}{2\cdot\arcsin\lambda}\right) = \dfrac{5}{8}+\dfrac{\lambda\cdot\sqrt{1-\lambda^2}}{4\cdot\arcsin\lambda} \end{cases} \quad (4)$$

A32-Cinematica impusă de forțe (la un motor de tip Otto)

Mecanismul motorului Otto are două regimuri de lucru distincte: compresor și motor. Din aceasta cauză transmiterea forțelor și a vitezelor se va face separat, pentru fiecare din cele două regimuri de lucru.

Motorul Otto în regim de compresor. Cei mai mulți timpi de lucru ai unui motor termic (cu ardere internă) sunt de tip compresor, adică cu acționarea mecanismului dinspre manivelă (arborele cotit). În figura de mai jos (fig. 1) se poate observa distribuția forțelor și a vitezelor impuse de forțe, pe mecanismul motor, acționat dinspre manivelă.

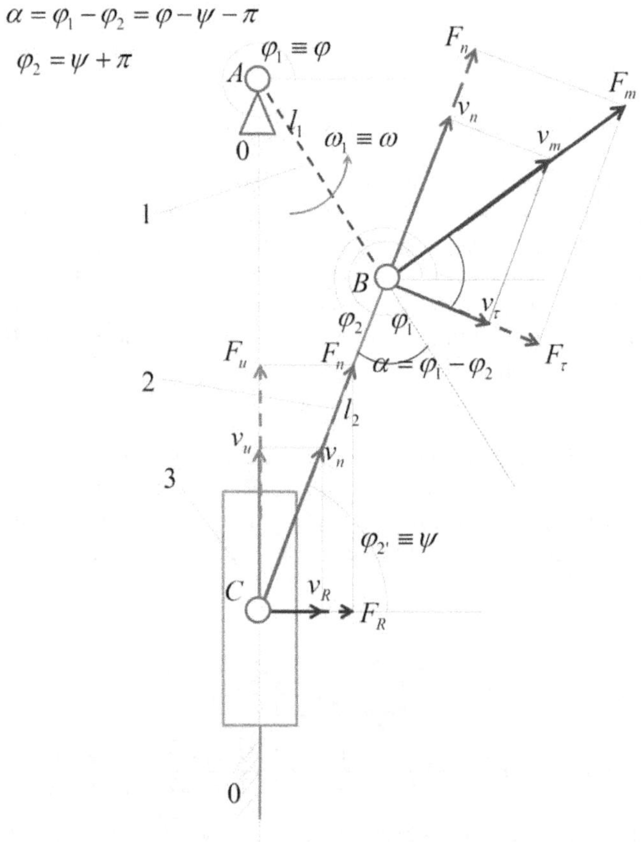

Fig. 1. *Distribuția forțelor și a vitezelor impuse de forțe, pe mecanismul motor, când acționarea lui se face de la manivelă*

Forța motoare, perpendiculară pe manivelă în punctul B, se divide în două forțe perpendiculare (F_n și F_t), prima fiind forța normală care se transmite în lungul bielei, iar cea de-a doua fiind o forță tangențială care rotește biela. Forța normală se divide la rândul ei în alte două forțe componente: (F_u și F_R) o forță utilă și una radială. Doar forța utilă mișcă (deplasează) elementul final (pistonul), în vreme ce forța radială apasă pistonul pe camașa cilindrului și produce o forță de frecare (μF_R) care se opune întotdeauna mișcării diminuând forța utilă F_u.

Distribuția vitezelor impuse de forțe, este identică cu cea a forțelor, care le genereazaă (impun). Relațiile de calcul sunt date de relațiile sistemului (1). Calculele efective se vor face cu relațiile (2).

Se compară apoi viteza cinematică cu cea dinamică (cinetostatică, impusă de forțe), și accelerația cinematică (clasică) cu cea dinamică (cinetostatică, impusă de forțe).

$$\begin{cases} \begin{cases} v_m \equiv v_B = l_1 \cdot \omega \\ v_n = v_m \cdot \sin(\varphi - \varphi_2) = v_m \cdot \sin(\psi - \varphi) \\ v_\tau = v_m \cdot \cos(\varphi - \varphi_2) = -v_m \cdot \cos(\psi - \varphi) \\ \\ v_u = v_n \cdot \sin\psi = v_m \cdot \sin(\psi - \varphi) \cdot \sin\psi \\ v_R = v_n \cdot \cos\psi = v_m \cdot \sin(\psi - \varphi) \cdot \cos\psi \end{cases} \\ \begin{cases} v^{Din.c}_C = v_u = l_1 \cdot \omega \cdot \sin(\psi - \varphi) \cdot \sin\psi \\ v^{Din.c}_C = v_C \cdot D^c = \dfrac{l_1 \cdot \omega \cdot \sin(\psi - \varphi)}{\sin\psi} \cdot D^c \end{cases} \Rightarrow D^c = \sin^2\psi \\ \Rightarrow w^c \equiv \omega^{Din.c} = \omega \cdot D^c; \quad \dot{D}^c = 2 \cdot \sin\psi \cdot \cos\psi \cdot \dot{\psi} = \sin 2\psi \cdot \dot{\psi} \\ \begin{cases} derivam \quad v_C \cdot \sin\psi = l_1 \cdot \omega \cdot \sin(\psi - \varphi) \Rightarrow \\ \Rightarrow a_C \cdot \sin\psi + v_C \cdot \cos\psi \cdot \dot{\psi} = l_1 \cdot \omega \cdot \cos(\psi - \varphi) \cdot (\dot{\psi} - \omega) \Rightarrow \\ \Rightarrow a_C = \dfrac{l_1 \cdot \omega \cdot \cos(\psi - \varphi) \cdot (\dot{\psi} - \omega)}{\sin\psi} - \dfrac{l_1 \cdot \omega \cdot \sin(\psi - \varphi) \cdot \cos\psi \cdot \dot{\psi}}{\sin^2\psi} \end{cases} \\ a_C^{Din.c} = \dfrac{d}{dt}\left(v_C^{Din.c}\right) = \dfrac{d}{dt}\left(v_C \cdot D^c\right) = a_C \cdot D^c + v_C \cdot \dot{D}^c \end{cases} \tag{1}$$

$$
\begin{cases}
\begin{cases}
\cos\psi = \lambda \cdot \cos\varphi \\
\sin\psi = \sqrt{1-\lambda^2 \cdot \cos^2\varphi} \\
\psi = \arccos(\lambda \cdot \cos\varphi)
\end{cases} \\
\begin{cases}
\dot{\psi} = \dfrac{\lambda \cdot \omega \cdot \sin\varphi}{\sin\psi} \\
v_C = l_1 \cdot \omega \cdot \sin(\psi - \varphi) \cdot \dfrac{1}{\sin\psi} \\
D^c = \sin^2\psi \\
v_C^{Din.c} = v_C \cdot D^c \\
\dot{D}^c = \sin 2\psi \cdot \dot{\psi}
\end{cases} \\
\begin{cases}
a_C = \dfrac{l_1 \cdot \omega \cdot \cos(\psi - \varphi) \cdot (\dot{\psi} - \omega) - v_c \cdot \cos\psi \cdot \dot{\psi}}{\sin\psi} \\
a_C^{Din.c} = a_C \cdot D^c + v_C \cdot \dot{D}^c
\end{cases}
\end{cases}
\tag{2}
$$

Motorul Otto în regim de motor. Este esențial ca un motor să aibă și timpi motori; normal ar fi ca ei să fie cei mai mulți, dar acest lucru se poate petrece doar la motoarele termice cu ardere externă (motoare cu aburi Watt sau Stephenson, motoare Stirling, turbine, sau motoare cu reacție). La motoarele termice cu ardere internă doar la cele în doi timpi (Lenoir) avem un timp motor dintr-un total de doi timpi ai ciclului energetic al mașinii. La motoarele termice cu ardere internă în patru timpi (Otto, Diesel), adică la cele mai utilizate motoare în ultimii 150 ani, avem un singur timp motor din totalul de patru ai ciclului energetic al mașinii motoare. Din acest motiv randamentul mecanic al motoarelor termice cele mai utilizate a fost în general foarte scăzut. În figura 2 se poate observa distribuția forțelor și a vitezelor date de forțe, când mecanismul Otto lucrează în regim motor.

Se observă că forța motoare pornită acum de la piston se împarte în două componente, normală și tangențială, numai cea normală transmițându-se prin bielă către cupla B, unde se divide și ea în alte două componente, Fu și Fc, din care doar componenta utilă rotind manivela, în vreme ce componenta de comprimare (compresie) apasă pe fusul maneton (B) și apoi pe manivelă și pe fusurile paliere (A). Vitezele impuse de forțe au aceiași distribuție cu forțele generatoare. Deducerea vitezelor poate fi urmărită în cadrul sistemului (3) de ecuații, iar calculele efective se fac cu relațiile date de sistemul (4).

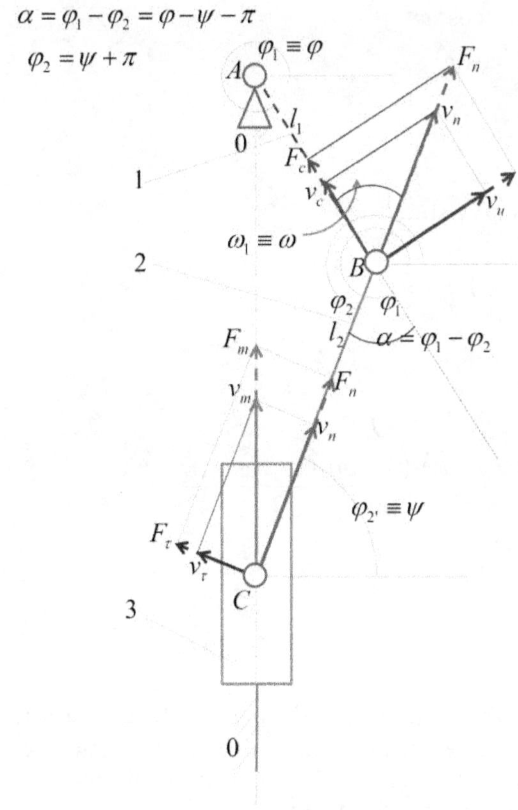

Fig. 2. *Distribuția forțelor și a vitezelor impuse de forțe, pe mecanismul motor, când acționarea lui se face de la piston*

$$\begin{cases} \begin{cases} v_n = v_m \cdot \sin\psi \\ v_u = v_n \cdot \sin(\psi - \varphi) = v_m \cdot \sin\psi \cdot \sin(\psi - \varphi) \\ v_u = \dfrac{l_1 \cdot \omega \cdot \sin(\psi - \varphi)}{\sin\psi} \cdot \sin\psi \cdot \sin(\psi - \varphi) \end{cases} \\ \begin{cases} v_u = l_1 \cdot \omega \cdot \sin^2(\psi - \varphi) \equiv v_B^{Din.m} \\ v_B^{Din.m} = v_B \cdot D^m = l_1 \cdot \omega \cdot D^m \end{cases} \Rightarrow D^m = \sin^2(\psi - \varphi) \\ \dot{D}^m = \sin 2(\psi - \varphi) \cdot (\dot{\psi} - \omega) \\ \begin{cases} a_C = \dfrac{l_1 \cdot \omega \cdot \cos(\psi - \varphi) \cdot (\dot{\psi} - \omega) - v_c \cdot \cos\psi \cdot \dot{\psi}}{\sin\psi} \\ a_C^{Din.m} = a_C \cdot D^m + v_C \cdot \dot{D}^m \end{cases} \end{cases} \tag{3}$$

$$
\begin{cases}
\begin{cases}
\cos\psi = \lambda\cdot\cos\varphi \\
\sin\psi = \sqrt{1-\lambda^2\cdot\cos^2\varphi} \\
\psi = \arccos(\lambda\cdot\cos\varphi)
\end{cases} \\
\begin{cases}
\dot{\psi} = \dfrac{\lambda\cdot\omega\cdot\sin\varphi}{\sin\psi} \\
v_C = l_1\cdot\omega\cdot\sin(\psi-\varphi)\cdot\dfrac{1}{\sin\psi} \\
D^m = \sin^2(\psi-\varphi) \\
v_C^{Din.m} = v_C\cdot D^m \\
\\
\dot{D}^m = \sin 2(\psi-\varphi)\cdot(\dot{\psi}-\omega)
\end{cases} \\
\begin{cases}
a_C = \dfrac{l_1\cdot\omega\cdot\cos(\psi-\varphi)\cdot(\dot{\psi}-\omega)-v_c\cdot\cos\psi\cdot\dot{\psi}}{\sin\psi} \\
a_C^{Din.m} = a_C\cdot D^m + v_C\cdot\dot{D}^m
\end{cases}
\end{cases}
\qquad (4)
$$

Modul de lucru: se măsoară (sau se dau) l_1 [m] şi l_2 [m], se determină (se impun) φ [deg] şi ω [s^{-1}]. Se determină λ, şi se efectuează calculele complete, utilizând relaţiile sistemelor (2) şi (4). Se scot apoi în evidenţă (prin tabelare) vitezele şi acceleraţiile cinematice şi cinetostatice:

l1[m]=	φ[deg]=		v_C	$v_C^{Din.c}$	$v_C^{Din.m}$
l2[m]=	ω[s-1]=		a_C	$a_C^{Din.c}$	$a_C^{Din.m}$

CAP. XVII GEOMETRIA ȘI CINEMATICA UNUI MODUL MECATRONIC 2R

Schema geometro-cinematică a unui modul mecatronic 2R poate fi urmărită în figura 1.

Se dau (se cunosc întotdeauna): x_C, y_C, l_2, l_3.

A) În cinematica directă se mai dau: $\varphi_2, \varphi_3, \omega_2, \omega_3$ și se cer: $x_A, y_A, \dot{x}_A, \dot{y}_A, \ddot{x}_A, \ddot{y}_A$.

B) În cinematica inversă se cunosc și: x_A, y_A și se cer φ_2, φ_3 pentru poziții. Iar pentru viteze și accelerații avem două situații distincte posibile, I și II:

I) Se dau și ω_2, ω_3 și se solicită $\dot{x}_A, \dot{y}_A, \ddot{x}_A, \ddot{y}_A$.

II) Se dau și $\dot{x}_A, \dot{y}_A, \ddot{x}_A, \ddot{y}_A$ și se cer $\omega_2, \omega_3, \varepsilon_2, \varepsilon_3$.

Cinematica directă se rezolvă cu ecuațiile sistemului (1).

$$\begin{cases} \begin{cases} x_C + l_2 \cdot \cos\varphi_2 + l_3 \cdot \cos\varphi_3 = x_A \\ y_C + l_2 \cdot \sin\varphi_2 + l_3 \cdot \sin\varphi_3 = y_A \end{cases} \\ \begin{cases} -l_2 \cdot \sin\varphi_2 \cdot \omega_2 - l_3 \cdot \sin\varphi_3 \cdot \omega_3 = \dot{x}_A - \dot{x}_C ; \dot{x}_C = 0 \\ l_2 \cdot \cos\varphi_2 \cdot \omega_2 + l_3 \cdot \cos\varphi_3 \cdot \omega_3 = \dot{y}_A - \dot{y}_C ; \dot{y}_C = 0 \end{cases} \Rightarrow \\ \begin{cases} \dot{x}_A = -l_2 \cdot \sin\varphi_2 \cdot \omega_2 - l_3 \cdot \sin\varphi_3 \cdot \omega_3 \\ \dot{y}_A = l_2 \cdot \cos\varphi_2 \cdot \omega_2 + l_3 \cdot \cos\varphi_3 \cdot \omega_3 \end{cases} \\ \begin{cases} l_2 \cdot \cos\varphi_2 \cdot \omega_2^2 + l_3 \cdot \cos\varphi_3 \cdot \omega_3^2 = -\ddot{x}_A \\ l_2 \cdot \sin\varphi_2 \cdot \omega_2^2 + l_3 \cdot \sin\varphi_3 \cdot \omega_3^2 = -\ddot{y}_A \end{cases} \end{cases} \quad (1)$$

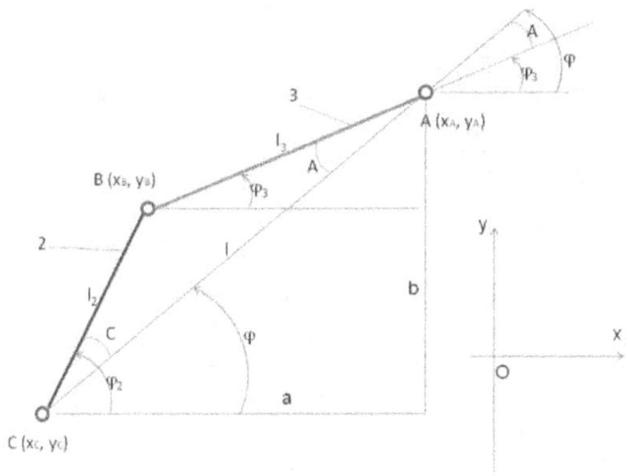

Fig. 1. Schema geometro-cinematică a unui modul mecatronic 2R

Pentru cinematica inversă pozițiile se pot determina direct cu ajutorul metodei trigonometrice, ale cărei relații de calcul sunt prezentate în sistemul (2).

$$\begin{cases} a = x_A - x_C; \quad b = y_A - y_C; \quad l^2 = a^2 + b^2; l = \sqrt{l^2} \\ \cos\varphi = \frac{a}{l}; \quad \sin\varphi = \frac{b}{l}; \quad \varphi = semn(\sin\varphi)\cdot\arccos(\cos\varphi) \\ \varphi = semn\left(\frac{b}{l}\right)\cdot\arccos\left(\frac{a}{l}\right) \\ \cos C = \frac{l^2 + l_2^2 - l_3^2}{2\cdot l\cdot l_2} \Rightarrow C = \arccos\left(\frac{l^2 + l_2^2 - l_3^2}{2\cdot l\cdot l_2}\right) \\ \cos A = \frac{l^2 + l_3^2 - l_2^2}{2\cdot l\cdot l_3} \Rightarrow C = \arccos\left(\frac{l^2 + l_3^2 - l_2^2}{2\cdot l\cdot l_3}\right) \\ \begin{cases} \varphi_2 = \varphi + C \\ \varphi_3 = \varphi - A \end{cases} \end{cases} \tag{2}$$

Vitezele și accelerațiile liniare se determină apoi pentru cazul BI tot cu ultimile două relații ale sistemului (1), asemănător cinematicii directe. În schimb pentru cazul BII se vor utiliza relațiile sistemului (3).

$$\begin{cases} \begin{cases} l_2\cdot\sin\varphi_2\cdot\omega_2 + l_3\cdot\sin\varphi_3\cdot\omega_3 = -\dot{x}_A \\ l_2\cdot\cos\varphi_2\cdot\omega_2 + l_3\cdot\cos\varphi_3\cdot\omega_3 = \dot{y}_A \end{cases} \left\| \begin{matrix} \cdot(\cos\varphi_3) \\ \cdot(-\sin\varphi_3) \end{matrix} \right| \begin{matrix} \cdot(\cos\varphi_2) \\ \cdot(-\sin\varphi_2) \end{matrix} \Bigg| \Rightarrow \\ \Rightarrow \begin{cases} \omega_2 = \frac{\dot{x}_A\cdot\cos\varphi_3 + \dot{y}_A\cdot\sin\varphi_3}{l_2\cdot\sin(\varphi_3 - \varphi_2)} \\ \omega_3 = \frac{\dot{x}_A\cdot\cos\varphi_2 + \dot{y}_A\cdot\sin\varphi_2}{l_3\cdot\sin(\varphi_2 - \varphi_3)} \end{cases} \\ \begin{cases} l_2\cos\varphi_2\omega_2^2 + l_2\sin\varphi_2\varepsilon_2 + l_3\cos\varphi_3\omega_3^2 + l_3\sin\varphi_3\varepsilon_3 = -\ddot{x}_A \\ -l_2\sin\varphi_2\omega_2^2 + l_2\cos\varphi_2\varepsilon_2 - l_3\sin\varphi_3\omega_3^2 + l_3\cos\varphi_3\varepsilon_3 = \ddot{y}_A \end{cases} \left| \begin{matrix} \cdot(\cos\varphi_3) \\ \cdot(-\sin\varphi_3) \end{matrix} \right| \begin{matrix} \cdot(\cos\varphi_2) \\ \cdot(-\sin\varphi_2) \end{matrix} \Bigg| \\ \Rightarrow \begin{cases} \varepsilon_2 = \frac{\ddot{x}_A\cdot\cos\varphi_3 + \ddot{y}_A\cdot\sin\varphi_3 + l_2\cdot\cos(\varphi_3 - \varphi_2)\cdot\omega_2^2 + l_3\cdot\omega_3^2}{l_2\cdot\sin(\varphi_3 - \varphi_2)} \\ \varepsilon_3 = \frac{\ddot{x}_A\cdot\cos\varphi_2 + \ddot{y}_A\cdot\sin\varphi_2 + l_3\cdot\cos(\varphi_2 - \varphi_3)\cdot\omega_3^2 + l_2\cdot\omega_2^2}{l_3\cdot\sin(\varphi_2 - \varphi_3)} \end{cases} \end{cases} \tag{3}$$

În continuare se va prezenta o metodă geometrică de rezolvare a pozițiilor, în cinematica inversă, la modulul mecatronic 2R (sistemul de relații 4).

$$
\begin{cases}
x_A^2 + y_A^2 = l^2 \\
\begin{cases} x \equiv x_B = l_2 \cdot \cos\varphi_2 \\ y \equiv y_B = l_2 \cdot \sin\varphi_2 \end{cases} \Rightarrow x^2 + y^2 = l_2^2 \\
\begin{cases} x_A - x_B = l_3 \cdot \cos\varphi_3 \\ y_A - y_B = l_3 \cdot \sin\varphi_3 \end{cases} \Rightarrow (x_A - x)^2 + (y_A - y)^2 = l_3^2 \Rightarrow \\
\Rightarrow x^2 + y^2 + x_A^2 + y_A^2 - 2x_A \cdot x - 2y_A \cdot y - l_3^2 = 0 \Rightarrow \\
\Rightarrow l^2 + l_2^2 - l_3^2 - 2x_A \cdot x - 2y_A \cdot y = 0 \Rightarrow x = \dfrac{\left(l^2 + l_2^2 - l_3^2\right) - 2y_A \cdot y}{2 \cdot x_A} \Rightarrow \\
\Rightarrow x^2 = \dfrac{\left(l^2 + l_2^2 - l_3^2\right)^2 + 4y_A^2 \cdot y^2 - 4y_A \cdot \left(l^2 + l_2^2 - l_3^2\right) \cdot y}{4x_A^2} \\
\begin{cases} x^2 = \dfrac{\left(l^2 + l_2^2 - l_3^2\right)^2 + 4y_A^2 \cdot y^2 - 4y_A \cdot \left(l^2 + l_2^2 - l_3^2\right) \cdot y}{4x_A^2} \\ x^2 + y^2 = l_2^2 \end{cases} \Rightarrow \\
\Rightarrow \left(l^2 + l_2^2 - l_3^2\right)^2 + 4y_A^2 \cdot y^2 - 4y_A \cdot \left(l^2 + l_2^2 - l_3^2\right) \cdot y + 4x_A^2 \cdot y^2 - 4l_2^2 \cdot x_A^2 = 0 \Rightarrow \\
\Rightarrow \left(l^2 + l_2^2 - l_3^2\right)^2 + 4\left(x_A^2 + y_A^2\right) \cdot y^2 - 4y_A \cdot \left(l^2 + l_2^2 - l_3^2\right) \cdot y - 4l_2^2 \cdot x_A^2 = 0 \Rightarrow \\
\Rightarrow 4l^2 \cdot y^2 - 4y_A \cdot \left(l^2 + l_2^2 - l_3^2\right) \cdot y - 4l_2^2 \cdot x_A^2 + \left(l^2 + l_2^2 - l_3^2\right)^2 = 0 \Rightarrow \\
\Rightarrow y_{1,2} = \dfrac{2y_A\left(l^2 + l_2^2 - l_3^2\right) \pm \sqrt{4y_A^2\left(l^2 + l_2^2 - l_3^2\right)^2 + 16l^2l_2^2x_A^2 - 4l^2\left(l^2 + l_2^2 - l_3^2\right)^2}}{4l^2} \\
\Rightarrow y = y_{1,2} = \dfrac{y_A \cdot \left(l^2 + l_2^2 - l_3^2\right) \pm \sqrt{4l^2 \cdot l_2^2 \cdot x_A^2 - \left(l^2 - y_A^2\right) \cdot \left(l^2 + l_2^2 - l_3^2\right)^2}}{2l^2} \\
x = \dfrac{l^2 + l_2^2 - l_3^2 - 2y_A \cdot y}{2x_A} \\
\cos\varphi_2 = \dfrac{x}{l_2}; \sin\varphi_2 = \dfrac{y}{l_2}; \varphi_2 = semn\left(\dfrac{y}{l_2}\right) \cdot \arccos\left(\dfrac{x}{l_2}\right) \\
\cos\varphi_3 = \dfrac{x_A - x}{l_3}; \sin\varphi_3 = \dfrac{y_A - y}{l_3}; \varphi_3 = semn\left(\dfrac{y_A - y}{l_3}\right) \cdot \arccos\left(\dfrac{x_A - x}{l_3}\right)
\end{cases}
\tag{4}
$$

La determinarea lui y se ia semnul + când mecanismul este orientat cu B în sus (la nord) și semnul – când cupla B este poziționată în partea de jos (la sud, pe desen e notată cu B') (vezi fig. 2).

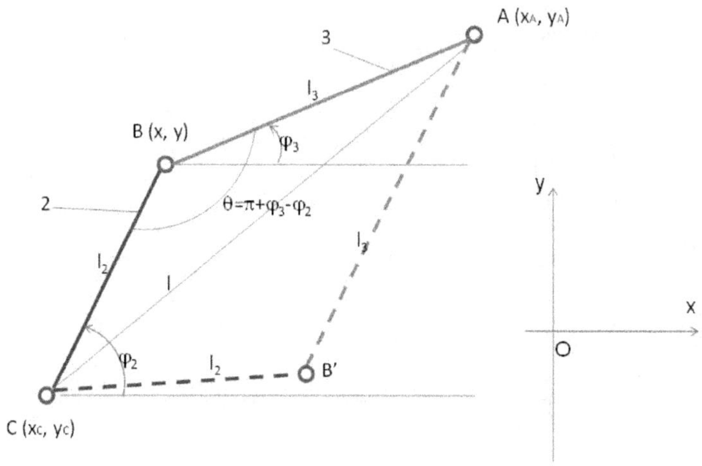

Fig. 2. Schema geometro-cinematică a unui modul mecatronic 2R (există două poziții posibile)

Determinarea pozițiilor unei diade 3R utilizând o metodă trigonometrică

Se dau (se cunosc; date de intrare): l_2, l_3, x_A, y_A, x_C, y_C
Se cer (date de ieșire): φ_2, φ_3, x_B, y_B, și intermediar: a, b, l, α_*, A, C

Diada 3R este prezentată în figura de mai jos.

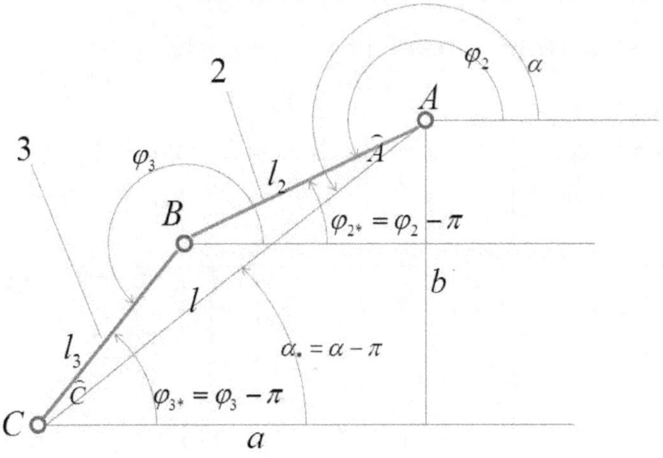

Se pot scrie relațiile (sistemul 1 și 2):

$$\begin{cases} \begin{cases} \varphi_{3*} = \alpha_* + \widehat{C} \\ \varphi_{2*} = \alpha_* - \widehat{A} \end{cases} \begin{cases} a = x_A - x_C \\ b = y_A - y_C \\ l = \sqrt{a^2 + b^2} \end{cases} \begin{cases} \cos\alpha_* = \dfrac{a}{l} \\ \sin\alpha_* = \dfrac{b}{l} \\ \alpha_* = semn(\sin\alpha_*) \cdot \arccos(\cos\alpha_*) \end{cases} \\ \begin{cases} \cos\widehat{C} = \dfrac{l^2 + l_3^2 - l_2^2}{2 \cdot l \cdot l_3} \Rightarrow \widehat{C} = \arccos(\cos\widehat{C}) \\ \cos\widehat{A} = \dfrac{l^2 + l_2^2 - l_3^2}{2 \cdot l \cdot l_2} \Rightarrow \widehat{A} = \arccos(\cos\widehat{A}) \end{cases} \begin{cases} \varphi_2 = \pi + \varphi_{2*} \\ \varphi_3 = \pi + \varphi_{3*} \end{cases} \end{cases} \tag{1}$$

$$\begin{cases} x_B = x_A + l_2 \cdot \cos\varphi_2 \\ y_B = y_A + l_2 \cdot \sin\varphi_2 \end{cases} \tag{2}$$

Determinarea vitezelor și accelerațiilor diadei 3R pentru cazul general, utilizând o metodă combinată geometro-trigonometrică

Se dau (se cunosc; date de intrare): $\dot{x}_A, \dot{y}_A, \ddot{x}_A, \ddot{y}_A, \dot{x}_C, \dot{y}_C, \ddot{x}_C, \ddot{y}_C$

Se cer (date de ieșire): $\omega_2, \omega_3, \varepsilon_2, \varepsilon_3, \dot{x}_B, \dot{y}_B, \ddot{x}_B, \ddot{y}_B$

Pornim de la sistemul relațional 3, în care se derivează apoi ultimile două relații în funcție de timp obținându-se astfel sistemul relațional 4, care se identifică cu un sistem liniar de două ecuații cu două necunoscute și se rezolvă cu relațiile sistemului 5.

$$\begin{cases} \begin{cases} x_B = x_A + l_2 \cdot \cos\varphi_2 \\ y_B = y_A + l_2 \cdot \sin\varphi_2 \end{cases} & \begin{cases} x_C = x_B + l_3 \cdot \cos\varphi_3 \\ y_C = y_B + l_3 \cdot \sin\varphi_3 \end{cases} \\ \begin{cases} x_B - x_A = l_2 \cdot \cos\varphi_2 \\ y_B - y_A = l_2 \cdot \sin\varphi_2 \end{cases} \Big| \wedge 2 & \begin{cases} x_C - x_B = l_3 \cdot \cos\varphi_3 \\ y_C - y_B = l_3 \cdot \sin\varphi_3 \end{cases} \Big| \wedge 2 \\ \hline (x_B - x_A)^2 + (y_B - y_A)^2 = l_2^2 & (x_C - x_B)^2 + (y_C - y_B)^2 = l_3^2 \end{cases} \tag{3}$$

$$\begin{cases} \begin{cases} 2\cdot(x_B - x_A)\cdot(\dot{x}_B - \dot{x}_A) + 2\cdot(y_B - y_A)\cdot(\dot{y}_B - \dot{y}_A) = 0 \\ 2\cdot(x_C - x_B)\cdot(\dot{x}_C - \dot{x}_B) + 2\cdot(y_C - y_B)\cdot(\dot{y}_C - \dot{y}_B) = 0 \end{cases} \\ \begin{cases} (x_B - x_A)\cdot\dot{x}_B - (x_B - x_A)\cdot\dot{x}_A + (y_B - y_A)\cdot\dot{y}_B - (y_B - y_A)\cdot\dot{y}_A = 0 \\ (x_B - x_C)\cdot\dot{x}_B - (x_B - x_C)\cdot\dot{x}_C + (y_B - y_C)\cdot\dot{y}_B - (y_B - y_C)\cdot\dot{y}_C = 0 \end{cases} \\ \begin{cases} (x_B - x_A)\cdot\dot{x}_B + (y_B - y_A)\cdot\dot{y}_B = (x_B - x_A)\cdot\dot{x}_A + (y_B - y_A)\cdot\dot{y}_A \\ (x_B - x_C)\cdot\dot{x}_B + (y_B - y_C)\cdot\dot{y}_B = (x_B - x_C)\cdot\dot{x}_C + (y_B - y_C)\cdot\dot{y}_C \end{cases} \end{cases} \tag{4}$$

$$\begin{cases} \begin{cases} a_{11}\cdot\dot{x}_B + a_{12}\cdot\dot{y}_B = a_1 \\ a_{21}\cdot\dot{x}_B + a_{22}\cdot\dot{y}_B = a_2 \end{cases} cu \begin{cases} a_{11} = x_B - x_A; a_{12} = y_B - y_A \\ a_1 = (x_B - x_A)\cdot\dot{x}_A + (y_B - y_A)\cdot\dot{y}_A \\ a_{21} = x_B - x_C; a_{22} = y_B - y_C \\ a_2 = (x_B - x_C)\cdot\dot{x}_C + (y_B - y_C)\cdot\dot{y}_C \end{cases} \\ \Delta = \begin{vmatrix} a_{11} & a_{12} \\ a_{21} & a_{22} \end{vmatrix} = a_{11}\cdot a_{22} - a_{12}\cdot a_{21}; \Delta_x = \begin{vmatrix} a_1 & a_{12} \\ a_2 & a_{22} \end{vmatrix} = a_1\cdot a_{22} - a_2\cdot a_{12} \\ \Delta_y = \begin{vmatrix} a_{11} & a_1 \\ a_{21} & a_2 \end{vmatrix} = a_{11}\cdot a_2 - a_1\cdot a_{21}; \quad \dot{x}_B = \frac{\Delta_x}{\Delta}; \quad \dot{y}_B = \frac{\Delta_y}{\Delta} \end{cases} \tag{5}$$

Pentru accelerații se derivează din nou ultima relație (ecuație) liniară a sistemului 4 în funcție de timp (se obține sistemul relaționar 6), și se rezolvă sistemul liniar de două ecuații cu două necunoscute obținut (vezi sistemul relaționar 7).

$$\begin{cases} \begin{cases} (x_B - x_A)\cdot \dot{x}_B + (y_B - y_A)\cdot \dot{y}_B = (x_B - x_A)\cdot \dot{x}_A + (y_B - y_A)\cdot \dot{y}_A \\ (x_B - x_C)\cdot \dot{x}_B + (y_B - y_C)\cdot \dot{y}_B = (x_B - x_C)\cdot \dot{x}_C + (y_B - y_C)\cdot \dot{y}_C \end{cases} \\ \begin{cases} (x_B - x_A)\cdot \ddot{x}_B + (y_B - y_A)\cdot \ddot{y}_B = (x_B - x_A)\cdot \ddot{x}_A + (y_B - y_A)\cdot \ddot{y}_A + \\ + (\dot{x}_B - \dot{x}_A)\cdot(\dot{x}_A - \dot{x}_B) + (\dot{y}_B - \dot{y}_A)\cdot(\dot{y}_A - \dot{y}_B) \\ \\ (x_B - x_C)\cdot \ddot{x}_B + (y_B - y_C)\cdot \ddot{y}_B = (x_B - x_C)\cdot \ddot{x}_C + (y_B - y_C)\cdot \ddot{y}_C + \\ + (\dot{x}_B - \dot{x}_C)\cdot(\dot{x}_C - \dot{x}_B) + (\dot{y}_B - \dot{y}_C)\cdot(\dot{y}_C - \dot{y}_B) \end{cases} \\ \begin{cases} (x_B - x_A)\cdot \ddot{x}_B + (y_B - y_A)\cdot \ddot{y}_B = (x_B - x_A)\cdot \ddot{x}_A + (y_B - y_A)\cdot \ddot{y}_A - \\ - (\dot{x}_B - \dot{x}_A)^2 - (\dot{y}_B - \dot{y}_A)^2 \\ \\ (x_B - x_C)\cdot \ddot{x}_B + (y_B - y_C)\cdot \ddot{y}_B = (x_B - x_C)\cdot \ddot{x}_C + (y_B - y_C)\cdot \ddot{y}_C - \\ - (\dot{x}_B - \dot{x}_C)^2 - (\dot{y}_B - \dot{y}_C)^2 \end{cases} \end{cases} \tag{6}$$

$$\begin{cases} \begin{cases} a_{11}\cdot \ddot{x}_B + a_{12}\cdot \ddot{y}_B = b_1 \\ a_{21}\cdot \ddot{x}_B + a_{22}\cdot \ddot{y}_B = b_2 \end{cases} cu \begin{cases} b_1 = (x_B - x_A)\cdot \ddot{x}_A + (y_B - y_A)\cdot \ddot{y}_A - \\ - (\dot{x}_B - \dot{x}_A)^2 - (\dot{y}_B - \dot{y}_A)^2 \\ b_2 = (x_B - x_C)\cdot \ddot{x}_C + (y_B - y_C)\cdot \ddot{y}_C - \\ - (\dot{x}_B - \dot{x}_C)^2 - (\dot{y}_B - \dot{y}_C)^2 \end{cases} \\ \Delta_{xb} = \begin{vmatrix} b_1 & a_{12} \\ b_2 & a_{22} \end{vmatrix} = b_1\cdot a_{22} - b_2\cdot a_{12} \\ \Delta_{yb} = \begin{vmatrix} a_{11} & b_1 \\ a_{21} & b_2 \end{vmatrix} = a_{11}\cdot b_2 - b_1\cdot a_{21}; \quad \ddot{x}_B = \frac{\Delta_{xb}}{\Delta}; \quad \ddot{y}_B = \frac{\Delta_{yb}}{\Delta} \end{cases} \tag{7}$$

S-au obținut astfel vitezele și accelerațiile punctului B: $\dot{x}_B, \dot{y}_B, \ddot{x}_B, \ddot{y}_B$

Pentru determinarea vitezelor și accelerațiilor unghiulare ale celor două elemente ale diadei 3R se pornește de la relațiile 3 care se rescriu sub forma convenabilă 8, după care se derivează și se rezolvă obținându-se vitezele unghiulare (vezi relațiile sistemului 9). Relațiile sistemului 9 se derivează din nou în raport cu timpul și rezolvând sistemele se obțin acum accelerațiile unghiulare (relațiile sistemului 10).

$$\left\{\begin{cases} l_2 \cdot \cos\varphi_2 = x_B - x_A \\ l_2 \cdot \sin\varphi_2 = y_B - y_A \end{cases} \qquad \begin{cases} l_3 \cdot \cos\varphi_3 = x_C - x_B \\ l_3 \cdot \sin\varphi_3 = y_C - y_B \end{cases}\right. \tag{8}$$

$$\begin{cases} \begin{cases} -l_2 \cdot \sin\varphi_2 \cdot \omega_2 = \dot{x}_B - \dot{x}_A \\ l_2 \cdot \cos\varphi_2 \cdot \omega_2 = \dot{y}_B - \dot{y}_A \end{cases} \begin{vmatrix} \cdot(-\sin\varphi_2) \\ \cdot(\cos\varphi_2) \end{vmatrix} \Rightarrow \\ \Rightarrow l_2 \cdot \omega_2 = (\dot{y}_B - \dot{y}_A)\cdot\cos\varphi_2 - (\dot{x}_B - \dot{x}_A)\cdot\sin\varphi_2 \Rightarrow \\ \Rightarrow \omega_2 = \dfrac{(\dot{y}_B - \dot{y}_A)\cdot\cos\varphi_2 - (\dot{x}_B - \dot{x}_A)\cdot\sin\varphi_2}{l_2} \\ \\ \begin{cases} -l_3 \cdot \sin\varphi_3 \cdot \omega_3 = \dot{x}_C - \dot{x}_B \\ l_3 \cdot \cos\varphi_3 \cdot \omega_3 = \dot{y}_C - \dot{y}_B \end{cases} \begin{vmatrix} \cdot(-\sin\varphi_3) \\ \cdot(\cos\varphi_3) \end{vmatrix} \Rightarrow \\ \Rightarrow l_3 \cdot \omega_3 = (\dot{y}_C - \dot{y}_B)\cdot\cos\varphi_3 - (\dot{x}_C - \dot{x}_B)\cdot\sin\varphi_3 \Rightarrow \\ \Rightarrow \omega_3 = \dfrac{(\dot{y}_C - \dot{y}_B)\cdot\cos\varphi_3 - (\dot{x}_C - \dot{x}_B)\cdot\sin\varphi_3}{l_3} \end{cases} \tag{9}$$

$$\begin{cases} \begin{cases} -l_2 \cdot \cos\varphi_2 \cdot \omega_2^2 - l_2 \cdot \sin\varphi_2 \cdot \varepsilon_2 = \ddot{x}_B - \ddot{x}_A \\ -l_2 \cdot \sin\varphi_2 \cdot \omega_2^2 + l_2 \cdot \cos\varphi_2 \cdot \varepsilon_2 = \ddot{y}_B - \ddot{y}_A \end{cases} \begin{vmatrix} \cdot(-\sin\varphi_2) \\ \cdot(\cos\varphi_2) \end{vmatrix} \Rightarrow \\ \Rightarrow l_2 \cdot \varepsilon_2 = (\ddot{y}_B - \ddot{y}_A)\cdot\cos\varphi_2 - (\ddot{x}_B - \ddot{x}_A)\cdot\sin\varphi_2 \Rightarrow \\ \Rightarrow \varepsilon_2 = \dfrac{(\ddot{y}_B - \ddot{y}_A)\cdot\cos\varphi_2 - (\ddot{x}_B - \ddot{x}_A)\cdot\sin\varphi_2}{l_2} \\ \\ \begin{cases} -l_3 \cdot \cos\varphi_3 \cdot \omega_3^2 - l_3 \cdot \sin\varphi_3 \cdot \varepsilon_3 = \ddot{x}_C - \ddot{x}_B \\ -l_3 \cdot \sin\varphi_3 \cdot \omega_3^2 + l_3 \cdot \cos\varphi_3 \cdot \varepsilon_3 = \ddot{y}_C - \ddot{y}_B \end{cases} \begin{vmatrix} \cdot(-\sin\varphi_3) \\ \cdot(\cos\varphi_3) \end{vmatrix} \Rightarrow \\ \Rightarrow l_3 \cdot \varepsilon_3 = (\ddot{y}_C - \ddot{y}_B)\cdot\cos\varphi_3 - (\ddot{x}_C - \ddot{x}_B)\cdot\sin\varphi_3 \Rightarrow \\ \Rightarrow \varepsilon_3 = \dfrac{(\ddot{y}_C - \ddot{y}_B)\cdot\cos\varphi_3 - (\ddot{x}_C - \ddot{x}_B)\cdot\sin\varphi_3}{l_3} \end{cases} \tag{10}$$

Bibliografie

1. Antonescu P., Mecanisme şi manipulatoare, Editura Printech, Bucharest, 2000, p. 103-104.
2. Angeles J., s.a., An algorithm for inverse dynamics of n-axis general manipulator using Kane's equations, Computers Math. Applic, Vol.17, No.12, 1989.
3. Atkenson C., Chae H.A., Hollerbach J., Estimation of inertial parameters of manipulator load and links, Cambridge, Massachuesetts, MIT Press, 1986.
4. Avallone E.A., Baumeister T., Marks' Standard Handbook for Mechanical Engineers 10th Edition, McGraw-Hill, New York, 1996.
5. Baili M., Classification of 3R Ortogonal positioning manipulators. Technical report, University of Nantes, September 2003.
6. Baron L. and Angeles J., The on-line direct kinematics of parallel manipulators using joint-sensor redundancy. In ARK, Strobl, 29 Juin-4 Juillet, 1998, p. 127-136.
7. I. Bogdanov, Conducerea roboţilor. Editura Orizonturi Universitare Timisoara, 2009, ISBN 978-973-638-419-6.
8. Borrel P., Liegeois A., A study of manipulator inverse kinematic solutions with application to trajectory planning and workspace determination. In Prod. IEEE Int. Conf. Rob. and Aut., pp. 1180-1185, 1986.
9. Burdick J.W., Kinematic analysis and design of redundant manipulators. PhD Dissertation, Stanford, 1988.
10. C. Caleanu, V. Tiponut, Ivan Bogdanov, I. Lie, Emergent Behaviour Evolution in Collective Autonomous Mobile Robots. WSEAS International Conference on SYSTEMS, Heraklion, Crete Island, Greece, Iulie 22-24, 2008.
11. Carvalho, J.C.M, Ceccarelli, M., A Dynamic Analysis for Casino Parallel Manipulator, Proc. of Tenth World Congress on The Theory of Machines and Mechanisms, Oulul, Finland, 1999, p. 1202-1207.
12. Ceccarelli M., A formulation for the workspace boundary of general n-revolute manipulators. Mechanisms and Machine Theory, Vol. 31, pp. 637-646, 1996.
13. Chen, N-X., Song, S-M., Direct Position Analysis of the 4-6 Stewart Platforms, DE-Vol. 45, Robotics, Spatial Mechanisms and Mecahanical Systems, ASME, 1992, 380-386.
14. Chircor M., Noutăţi în cinematica şi dinamica roboţilor industriali, Editura Fundaţiei Andrei Saguna, Constanţa, 1997.
15. Choi J-K., Mori, O., Omata, T., Dynamics and stable reconfiguration of self-reconfigurable planar parallel robots, Advanced Robotics, vol. 18, no. 16, 2004, p.565-582 (18).
16. Ciobanu L., Sisteme de roboti celulari- Editura Tehnică, Bucureşti, 2002.
17. Clavel, R., DELTA, a Fast Robot with Parallel Geometry, Proc. Int. Symposium on Industrial Robots, April 1988, ISBN 0-948507-97-7, p. 91-100.
18. Codourey, A., Contribution a la Commande des Robots Rapides et Precis. Application au robot DELTA a Entrainement Direct, These a l'Ecole Polytechnique Federale de Lausanne, 1991.
19. Cojocaru G., Fr. Kovaci, Roboţii în acţiune, Ed. Facla, Timişoara, 1998.
20. Coman D., Algoritmi Fuzzy pentru conducerea robotilor... Teză de doctorat, Universitatea din Craiova, 2008.
21. Comănescu Adr., Comănescu D., Neagoe A., Fractals models for human body systems simulation. Journal of Biomechanics, 2006, Vol. 39, Suppl. 1, p S431.
22. Craig J., Introduction to Robotics, Mechanics and Control. Stanford University. Addison – Wesley Publishing Company, 1986.
23. Dasgupta, B., Mruthyunjaya, T.S., The Stewart platform manipulator: a review, mechanism and machine Theory 35, 2000, p. 15-40.
24. De Luca A., Zero dynamics in robotic systems. In C.I. Byrnes and A. Kurzhansky editors, Nonlinear Synthesis, pp. 68-87, Birkhauser, Boston, MA, 1991.
25. Denavit J., McGraw-Hill, Kinematic Syntesis of Linkage, Hartenberg R.SN.Y.1964.
26. Devaquet, G., Brauchli, H., A Simple Mechanical Model for the DELTA-Robot, Robotersysteme, vol. 8, 1992, p. 193-199.
27. Di Gregorio, R., Parenti-Castelli, V., Dynamic Performance Indices for 3-DOF Parallel Manipulators, Advances in Robot Kinematics (J. Lenarcic and F. Thomas -edit), 2002, Kluver Academic Publisher, p. 11-20.
28. Do W.Q.D., Yang, D.C.H. (1988). Inverse dynamic analysis and simulation of a platform type of robot. Journal of Robotic Systems, 5(3), p. 209-227.
29. Dombre E., Wisama Khalil, Modelisation et commande des robots, Editions Hermes, Paris 1988.
30. Doroftei Ioan, Introducere în roboţii păşitori, Editura CERMI, Iaşi 1998.
31. Drimer D., A.Oprea, Al. Dorin, Roboţi industriali şi manipulatoare, Ed. Tehnică 1985.
32. Dumitrescu D., Costin H., Reţele neuronale. Teorie şi aplicaţii. Ed. Teora, Bucureşti, 1996.
33. Faugere, J.C., Lazard, D., The combinatorial classes of parallel manipulators, Mechanism and Machines Theory, 30 (6), 1995, p. 765-776.
34. Fioretti A., Implementation-oriented kinematics analysis of a 6 dof parallel robotic platform. In 4th IFAC Symp. on Robot Control, Capri, 19-21 Septembre 1994, p. 43-50.
35. Fong T., Design and Testing of a Stewart Platform Augmented Manipulator for Space Applications. Massachusetts Institute of Technology, Master of Science Thesis, 1990.
36. Fu, K.S., Gonzales, R.C., Lee, C.S.G., Robotics: Control, Sensing, Vision and Intelligence, McGraw-Hill Book Company, 1987.
37. Fujimoto, K., a.o., Derivation and analysis of equations of motion for a 6 d.o.f. direct drive wrist joint. In IEEE Int. Workshop on Intelligent Robots and Systems (IROS), Osaka, 1991, p. 779-784.
38. Geng Z. and Haynes L.S. Six-degree-of-freedom active vibration isolation using a Stewart platform mechanism. J. of Robotic Systems, 10(5), July 1993, p. 725-744.
39. Gerstmann, U., Der Getriebeeinfluß auf die Arbeits- und Positionsgenauigkeit, Disertation, VDI Verlag, 1991.
40. Ghorbel F., Chetelat O., Longchamp R., A reduced model for constrained rigid bodies with application to parallel robots. In 4th IFAC Symp. on Robot Control, pages 57-62, Capri, September, 19-21, 1994.
41. Giordano, M., Structure Mechanique des Robots et Manipulateurs en Chaines Complex, Le Point en Robotique, France, vol. 2, 1985.

42. Goldsmith, P.B., Kinematics and Stiffness of a Simmetrical 3-UPU Translational Parallel Manipulator, Proc. of the 2002 IEEE, International Conference on Robotics &Automation, Washington DC, 2002, p. 4102-4107.
43. Grosu D., Contribuţii la studiul sistemelor robotizate aplicate în tehnica de blindate, teză de doctorat, Academia Tehnică Militară, Bucureşti, 2001.
44. Grotjahn, M., Heimann, B., Abdellatif,H., Identification of Friction and Rigid-Body Dynamics of parallel Kinematic structures for Model-based Control, Multibody system Dynamics, vol. 11, no.3, 2004, p. 273-294 (22).
45. Guegan, S., Khalil, W., Dynamic Modeling of the Orthoglide, Advances in Robot Kinematics (J. Lenarcic and F. Thomas -eds), Kluver Academic Publisher, 2002, p. 287-396.
46. Guglielmetti, P., Longchamp, R., A Closed Form Inverse Dynamics Model of the DELTA Parallel Robot, Symposium on Robot Control, Capri, Italia, 1994, p. 51-56.
47. Guilin Yangt - Design and Kinematic Analysis of Modular Reconfigurable Parallel Robots, International Conference on Robotics & Automation, Detroit, Michigan, 1999.
48. Hale, Layon C., Principles and Techniques for Designing Precision Machines. UCRL-LR-133066, Lawrence National Laboratory, 1999.
49. Handra-Luca, V., Brisan, C., Bara, M., Brad, S., Introducere în modelarea roboţilor cu topologie specială, Ed. Dacia, Cluj-Napoca, 2003, 218 pg.
50. Hartemberg R.S. and J.Denavit, A kinematic notation for lower pair mechanisms, J. appl.Mech. 22,215-221 (1955).
51. Hasegawa, Matsushita, Kanedo, On the study of standardisation and symbol related to industrial robot in Japan, Industrial Robot Sept.1980.
52. Hayes, M.J.D., Husty, M.L., Zsombor-Murray, P.J., Solving the Forward Kinematics of a Planar Three-Legged Platform with Holonomic Higher Pairs, Transactions of the ASME, Vol. 121, June 1999, p. 212-219.
53. Hesselbach, J., Plitea, N., Kerle, H., Frindt, M., Bewegungsvorrichtung mit Parallelstruktur, Patentschrift DE 198 40 886 C2, 13.03.2003, Deutsches Patent –und Markenamt, Bundesrepublik Deutschland.
54. Hockey, The Method of Dynamically Similar Systems Applied to the Distribution of Mass in Spatial Mechanisms, Jnl. Mechanisms Volume 5, Pergamon Press, 1970, p. 169-180.
55. Hollerbach J.M., Wrist-partitioned inverse kinematic accelerations and manipulator dynamics, International Journal of Robotic Research 2, 61-76 (1983).
56. Huang, M.Z., Ling, S.-H., Sheng, Y., A Study of Velocity Kinematics for Hybrid manipulators with Parallel-Series Configurations, IEEE, Vol. I, 1993, p. 456-460.
57. Hudgens, J.C., Tesar, D., A Fully-Parallel Six Degrees-of Freedom Micromanipulator: Kinematic Analysis and Dynamic Model, Proceedings of the 5th International Conference on Advanced Robotics (ICAR), 1991, p. 814-820.
58. Husty, M.L., An Algorithm for Solving the Direct Kinematics of General Stewart-Gough Platforms, Mechanism and Machine Theory, Vol. 32, No. 4., p. 365-379.
59. Ion I., Ocnărescu C., Using the MERO-7A Robot in the Fabrication Process for Disk Type Pieces. In CITAF 2001, Tom 42, Bucharest, Romania, pp. 345-351.
60. Ivănescu M., Roboţi industriali. Editura Universităţii Craiova 1994.
61. Ji, Z., Dynamic decomposition for Stewart platform. ASME J. of Mechanical Design, 116 (1), 1994, p. 67-69.
62. Jo, D.,Y., Workspace Analysis of Multibody Mechanical Systems Using Continuation Methods, Journal of Mechanisms, Transmissions and Automation in Design, vol. 111, 1989, p. 581-589.
63. N. Joni, A. Dobra, M. Nitulescu, Actual Distribution and Midterm Development Prognosis of Industrial Robots in Romania. Lucrarile conferintei RAAD 2009, 25-27 Mai, Brasov, pag.107.
64. Kane T.R., D.A. Levinson, The use of Kane's dynamic equations in robotics, International Journal of Robotic Research, Nr. 2/1983.
65. Kazerounian K., Gupta K.C., Manipulator dynamics using the extended zero reference position description, IEEE Journal of Robotic and Automation RA-2/1986.
66. Kerle, H., Krefft, M., Hesselbach, J., Plitea, N., Vorschubeinrichtung für Werkzeugmaschinen, Patentanschrift, Bundesrepublik Deutschland, deutsches Patent- und markenamt, DE 102 30 287 B3 2004.01.08, Anmeldetag 05.07.2002, Veröffelntichungstag der Patentverteilung, 08.01.2004 (patent Nr. 102.287.1-14).
67. Khalil W. - J.F.Kleinfinger and M.Gautier, Reducing the computational burden of the dynamic model of robots, Proc. IEEE Conf.Robotics ana Automation, San Francisco, Vol.1, 1986.
68. Kim, H.S., Tsai, L-W., Kinematic Synthesis of Spatial 3-RPS Parallel Manipulators, DETC'02, ASME 2002 Design Engineering Technical Conferences and Computers and Information in Engineering Conference, Canada, 2002, p. 1-8.
69. Kohli D., Hsu M.S., The Jacobian analysis of workspaces of mechanical manipulators. Mechanisms and Machine Theory, Vol. 22(3), pp. 265-275, 1987.
70. Kovacs Fr, C. Rădulescu, Roboţi industriali, Universitatea Timişoara, 1992.
71. Krockenberger O., Industrial robots for the automotive industry, SAE journal, nr. 6/1998.
72. Kyriakopoulos K. J. and G.N.Saridis - Minimum distance estimation and collision prediction under uncertainty for on line robotic motion planning, International Journal of Robotic Research 3/1986.
73. Lebret, G., Liu, K., Lewis, F.L., Dynamic Analysis and Control of a Stewart Platform Manipulator, Journal of Robotic Systems 10(5), 1993, 629-655.
74. Lee, W.H., Sanderson, A.C., Dynamic Analysis and Distributed Control of the Tetrarobot Modular Reconfigurable Robotic System, Autonomous Systems, vol.10, no.1, 2001, p.67-82 (16).
75. Li, D., Salcudean, T., Modeling, simulation and control of hydraulic Stewart platform. In IEEE Int. Conf. on Robotics and Automation, Albuquerque, 1997, p. 3360-3366.
76. Liegeois, A., Fournier, A., Utilisation des Equations de Lagrange pour la Commande en Temps Reel d'un Robot de Peinture et de Manutention. Contract RNUR/LAM, Montpellier, France, 1979.
77. Liu, X-J., Kim, J., A New Three-Degree-of-Freedom Parallel Manipulator, Proc. of the IEEE International Conference on Robotics6Automation, 1155-1160, 2002.
78. Lorell K., et al, Design and preliminary test of precision segment positioning actuator for the California Extremely Large Telescope. Proceedings of the SPIE, Volume 4840, pp. 471-484, 2003.
79. Luh J.S.Y., Walker M.W., Paul R.P.C., Online computational scheme for mechanical manipulators, Journal of Dynamic Systems Measures and Control 102/1980.

80. Ma O., Dynamics of serial - typen-axis robotic manipulators, Thesis, Department of Mechanical Engineering, McGill University, Montreal,1987.
81. I. Maniu, S. Varga, C. Radulescu, V. Dolga, I. Bogdanov, V. Ciupe – Robotica. Aplicatii robotizate, Ed.Politehnica, Timisoara 2009, ISBN 978-973-625-842-8.
82. McCallion, H., Truong, P. D., The Analysis of a Six-Degree-of-Freedom Work Station for Mechanised Assembly, Proceedings of the Fifth World Congress on Theory of Machines and Mechanisms, Montreal, 1979.
83. Merlet, J.-P., Parallel robots, Kluver Academic Publisher, 2000.
84. Miller, K., Optimal Design and Modeling of Spatial Manipulators, The International Journal of Robotics research, vol.23, 2004, p. 127-140 (14).
85. Minotti, P., Decouplage Dynamique des Manipulateurs. Prepositions de Solutions Mecaniques, Mech. Mach. Theory, vol 26, nr.1, 1991, p 107-122.
86. Mitrea M., Asigurarea calităţii în fabricaţia de autovehicule militare, Editura Academiei Tehnice Militare, Bucureşti, 1997.
87. Ocnărescu C., The Kinematic and Dynamics Parameters Monitoring of Didactic Serial Manipulator, Proceedings of International Conference of Advanced Manufacturing Technologies, ICAMaT 2007, Sibiu, pp. 223-228.
88. Omri J.El., Kinematic analysis of robotic manipulators. PhD Thesis, University of Nantes, 1996 (in french).
89. Papadopoulous E., Path planning for space manipulators exhibiting nonholonomic behavior. Proceedings of the IEEE/RSJ Int. Workshop on Intelligent Robots Systems, pp. 669-675, 1992.
90. Parenti C.V., Innocenti C., Position Analysis of Robot Manipulators: Regions and Subregions. In Proc. of International Conf. on Advances in Robot Kunematics, pp. 150-158, 1988.
91. Petrescu F.I., Grecu B., Comănescu Adr., Petrescu R.V., Some Mechanical Design Elements, Proceedings of International Conference Computational Mechanics and Virtual Engineering, COMEC 2009, October 2009, Braşov, Romania, pp. 520-525.
92. Pierrot, F., Dauchez, P., Uchiyama, M., Iimura, K., Toyama, O., Unno, K., HEXA: a Fully-Parallel 6 DOF Japanese-French robot, 1er Congres Franco-Japonais de Mecatronique, Besancon, 20-22 oct. 1992, p.1-8.
93. Plitea, N., Hesselbach, J., Frindt, Kusiek,A., Bewegungsvorrichtung mit Parallelstruktur. Patentschrift DE 197 57 133 C1, Deutsches Patentamt, München, erteilt 29.07.1999 (angemeldet am 20.12.1997).
94. Pooran, F.J., Dynamics and Control of robot manipulators with closed-kinematic chain mechanism. Ph.D Thesis, Washington D.C., 1989.
95. Powell I.L., B.A.Miere, The kinematic analysis and simulation of the parallel topology manipulator, The Marconi Review, 1982.
96. Raghavan, M., Roth, B., Solving polynomial systems for the kinematics analysis of mechanisms and robot manipulators, ASME J. of Mechanical Design, 117 (2), 1995, p.71-79.
97. Riesler, H., Zur Berechnung geschlossener Lösungen des inversen kinematischen Problems, Fortschritte der Robotik, 16, Vieweg, 1992.
98. Rong, H., Liang, C.,G., A Direct Displacement Solution to the Triangle- Platform 6-SPS Parallel Manipulator, 8th Congres on the Theory of Machines and Mechanisms, Prague, Cehoslovacia, 1991, p. 1237-1239.
99. Seeger G., Self-tuning of commercial manipulator based on an inverse dynamic model, J.Robotics Syst. 2 / 1990.
100. Sefrioui, J. and Gosselin, C.M., Étude et reprézentation des lieux de singularité des manipulateurs parallèles spheriques à trois degrés de liberté avec actionneurs prismatiques, in Mech. Mach. Theory Vol. 29, No.4, 1994, p. 559-579.
101. Seyferth, W. (1972), Dynamische und kinetostatische Analyse eines räumlichen Getriebes unter Verwendung von Ersatzmassen, PhD. Thesis, TU Braunschweig.
102. Shi, X., Fenton, R., G., Structural Instabilities in Platform-Type Parallel Manipulators due to Singular Configurations, DE-Vol.45, Robotics, Spatial Mechanisms and Mechanical Systems, ASME, 1992.
103. Simionescu I., Ion I., Ciupitu Liviu, Mecanismele roboţilor industriali. Vol. I, Ed. AGIR, Bucureşti, 2008.
104. Smith S.T., Chetwynd D.G., Foundations of Ultraprecision Mechanism Design. Gordon and Breach Science Publishers, Switzerland, 1992.
105. Tahmasebi, F., Tsai, L-W., Jacobian and Stiffness Analysis of a Novel Class of Six-dof Parallel Minimanipulators, DE-Vol.47, Flexible Mechanisms, Dynamics and Analysis, ASME, 1992, p. 95-102.
106. Tamio Arai, Hisashi Osumi, Three wire suspension robot, Industrial Robot, 4/1992.
107. Tabacaru V., Sisteme flexibile de fabricaţie. Vol. I Roboţi industriali şi manipulatoare. Universitatea "Dunarea de Jos" Galaţi, 1995.
108. Trif N., Automatizarea proceselor de sudare, Editura Lux Libris, Braşov, 1996.
109. Tsai L-W. Solving the inverse dynamics of a Stewart-Gough manipulator by the principle of virtual work. ASME J. of Mechanical Design, 122(1), Mars 2000, p. 3-9.
110. Vazquez, F., Marin, R., Trillo, J. L., Garrido, J., Object Oriented Modeling, Design & Simulation of Industrial Autonomous Mobile Robots, EURISCON, 1994, p. 361-371.
111. Vukobratovic M., Applied dynamics of manipulation robots, New York, 1989.
112. Walker, M., W., Orin, D.E., Efficient Dynamic Computer Simulation of Robotic Mechanisms, Journal of Dynamic Systems, Measurement and Control, vol 104; 1982, p 205-211.
113. Wampler, C,W., Forward displacement analysis of general six-in parallel SPS (Stewart) platform manipulators using some coordinates. Mechanism and Machine Theory, 31 (3), 1996, p. 331-337.
114. Wang J. et Gosselin C.M. A new approach for the dynamic analysis of parallel manipulators. Multibody System Dynamics, 2(3), Septembre 1998, p. 317-334.
115. Wu, Y., Gosselin, C., On the Synthesis on a Reactionless 6-DOF Parallel Mechanism using Planar Four-Bar Linkages, Proc. of the Workshop on Fundamentals Issues and Future Research Directions for Parallel mechanism and Manipulators, Canada, 2002, p. 310-316.
116. Yang, K-H., Park, Y-S., Dynamic Stability Analysis of a Flexible Four-Bar Mechanism and its Experimental Investigation, Mech. Mach. Theory, Vol. 33, No. 3, 1998, p. 307-320.
117. Zhang C., Song S-M., Forward Position Analysis of Nearly General Stewart Platforms, ASME Robotics, Spatial Mechanisms and Mechanical Systems, DE-Vol 15, 1992, p. 81-87.
118. Zlatanov, D., Dai, M.,Q., Fenton, R., G., Benhabib, B., Mechanical Design and Kinematic Analysis of a Three-Legged Six Degree-of- Freedom Parallel Manipulator, De- Vol. 45, Robotics, Spatial Mechanisms and Mechanical Systems, ASME, 1992, p. 529-536.

www.ingramcontent.com/pod-product-compliance
Lightning Source LLC
Chambersburg PA
CBHW061503180526
45171CB00001B/19